计算机辅助绘图 AutoCAD2010

——国家职业资格认证培训教程

主　编　牟思惠
副主编　陈　刚　温智灵
参　编　葛志宏　余雄鹰　谢玲霖　米　军

机 械 工 业 出 版 社

本书是“重庆市示范性高职院校建设项目”成果教材之一，融入了当前高职教材改革先进理念，体现了“项目导向，任务驱动”、“理实一体”和“课证融合”三大特色。本书在内容选取时，充分分析了 AutoCAD 高级职业技能鉴定标准。全书分为八大模块：图层、平面图形绘制、属性与块、平面图形精确绘制与尺寸标注、三维绘图与尺寸标注、机械图绘制、建筑图绘制和建筑施工图绘制。课程内容以项目为载体，所选项目与以往认证考试真题极为相似，且难度大于认证考试真题难度，便于考生有针对性地系统训练和复习。随书光盘中提供了本教程的 PPT 课件和部分项目的图形。

本书内容安排由浅入深，轻松易懂，主要适合 AutoCAD 初、中级用户阅读，可作 AutoCAD 认证培训教材及自学参考资料，也可作为本科、高职院校的教材。

图书在版编目（CIP）数据

计算机辅助绘图 AutoCAD2010 / 牟思惠主编. —北京：机械工业出版社，2010.6

国家职业资格认证培训教程

ISBN 978-7-111-31058-7

Ⅰ. ①计… Ⅱ. ①牟… Ⅲ. ①计算机辅助设计－应用软件，AutoCAD－技术培训－教材 Ⅳ. ①TP391.72

中国版本图书馆 CIP 数据核字（2010）第 112919 号

机械工业出版社（北京市百万庄大街 22 号 邮政编码 100037）

策划编辑：李书全　　责任编辑：张晓英

封面设计：吕凤英　　责任印制：王书来

北京兴华昌盛印刷有限公司印刷

2010 年 6 月第 1 版 · 第 1 次印刷

184mm×260mm · 16.25 印张 · 400 千字

标准书号：ISBN 978-7-111-31058-7

　　　　　ISBN 978-7-89451-582-7（光盘）

定价：32.00 元（含 1CD-ROM）

凡购本书，如有缺页、倒页、脱页，由本社发行部调换

电话服务

社服务中心：（010）88361066

销 售 一 部：（010）68326294

销 售 二 部：（010）88379649

读者服务部：（010）68993821

网络服务

门户网：http://www.cmpbook.com

教材网：http://www.cmpedu.com

封面无防伪标均为盗版

前　言

AutoCAD 是美国 Autodesk 公司开发研制的一种通用计算机辅助设计软件包，随着其版本的不断更新、功能的不断完善和强大，日益成为工程类专业领域中最流行的绘图工具，在机械、建筑、电子、纺织、化工、地理和航空等领域都得到了广泛的使用。

《计算机辅助绘图 AutoCAD2010》是基于 AutoCAD 最新版本编写的，本教材是“重庆市示范性高职院校建设项目”成果教材之一，融入了当前高职教材改革的先进理念，具有三个鲜明特色：一是“课证融合”，教材编写过程中，仔细分析了 AutoCAD 高级职业技能鉴定标准，精心选取了例题，所选例题与以往 AutoCAD 高级认证考题相似，便于学生考取 AutoCAD 高级绘图员证书；二是“项目导向、任务驱动”教学，通过完成指定任务，可熟练掌握命令使用方法和使用技巧；三是“理实一体”，实现了在操作中学理论，在操作中学方法，在操作中学技巧，使理论与实践密切结合。

本书共分九章：第 1 章进行 AutoCAD2010 概述；第 2 章介绍使用图层进行图形文件管理的方法；第 3 章介绍平面图形的绘制与编辑方法，讲解常用命令的使用方法和使用技巧；第 4 章介绍属性与块的应用方法；第 5 章介绍平面精确绘图与尺寸标注方法；第 6 章介绍三维绘图与尺寸标注方法；第 7 章介绍机械图绘制方法；第 8 章介绍建筑图绘制方法；第 9 章介绍建筑施工图绘制方法。在每一章结束后都配有小结、思考与练习题，供读者及时总结和检验学习效果。

本书内容安排由浅入深，在实例中讲方法、讲技巧，避免了纸上谈兵，轻松易懂，主要适合 AutoCAD 初、中级用户阅读。书中例题与 AutoCAD 高级认证试题一脉相承，故既适合作为教材，也可作 AutoCAD 认证培训教材及自学参考资料。同时，本书也可作为工业设计人员和 AutoCAD 爱好者参考用书。

本书由长期从事 AutoCAD 教学的教师合作编写。第 1 章和第 2 章由牟思惠编写；第 3 章由葛志宏编写；第 4 章、第 7 章由余雄鹰编写；第 5 章、第 6 章由谢玲霖编写；第 8 章、第 9 章由米军编写。全书由牟思惠担任主编，陈刚、温智灵担任副主编，牟思惠负责全书的统稿，陈刚、温智灵负责书稿的审阅。

在编写过程中参考了大量同类书刊，也得到了相关企业技术人员的大力支持与帮助。在此，谨向相关人员表示诚挚谢意。

由于编者水平有限，书中不当和错误在所难免，恳请广大读者批评指正。

编　者

目　录

第1章　AutoCAD2010中文版概述

本章主要介绍 AutoCAD2010 中文版的主要功能、用户界面、图形文件管理、命令执行、绘图环境设置、控制图形显示、精确绘制图形等内容。

教学目标：

通过本章的学习，对 AutoCAD2010 中文版有一个初步的了解。熟悉用户界面，掌握建立、打开、保存文件的方法，掌握如何设置绘图环境，以及在绘图过程中控制图形显示和精确绘图的方法。

学习重点：

✧ AutoCAD2010 中文版的功能
✧ AutoCAD2010 中文版的用户界面
✧ 图形文件管理
✧ 控制图形显示
✧ 精确绘制图形

1.1　基本功能简介

Auto CAD 是一款美国 Auto Desk 公司研制开发用于计算机辅助绘图的软件包，是当今世界领域广泛使用的绘图工具之一。AutoCAD2010 中文版是最新版本，其功能在以前版本基础上得到了进一步的提高与完善，深受广大 AutoCAD 用户的青睐，为提高用户的 CAD 应用水平做出了贡献。

AutoCAD2010 中文版的基本功能主要有以下几个方面：

1. 绘制与编辑图形

利用绘图命令和编辑命令绘制二维图形、三维图形。

2. 创建表格

利用 AutoCAD2010 可以直接创建或编辑表格，还可以设置表格的样式，以便以后使用相同格式的表格。

3. 标注尺寸

利用尺寸标注命令对已绘出的图形进行尺寸标注。

4. 标注文字

用不同的文字样式，为图形标注说明或技术要求等。

5. 几何约束、标注约束

这是 AutoCAD2010 新增的两个功能。利用几何约束，在一些对象之间建立几何约束关系（如垂直约束、平行约束、同心约束等）保证图形之间准确的位置关系；利用标注约束，可以约束图形对象的尺寸，而且当更改约束尺寸后相应的图形对象也会发生变化，实现参数化绘图。

6. 图形的输入、输出

可以将不同格式的图形导入 AutoCAD 或将已绘制好的 AutoCAD 图形以其他格式打印输出。

1.2 AutoCAD2010 中文版经典工作界面

AutoCAD2010 中文版提供了“二维草图与注释”、“三维建模”和“AutoCAD 经典”三种工作界面。用户在桌面双击 AutoCAD2010 图标，打开 AutoCAD2010 中文版界面，单击界面最下面一栏“切换工作空间”按钮，AutoCAD 会弹出对应的菜单，如图 1-1 所示，从中选择 AutoCAD 经典，就进入了 AutoCAD2010 经典工作界面。

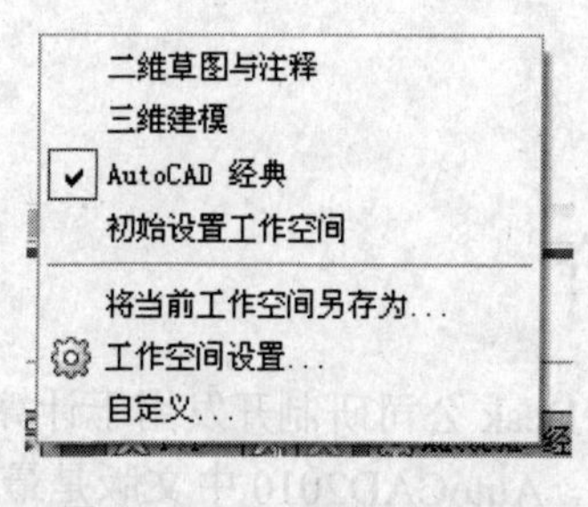

图 1-1 切换工作空间菜单

图 1-2 所示是 AutoCAD2010 经典工作界面的主窗口。它主要由标题栏、菜单栏、多个工具栏、图形窗口、命令行窗口、状态栏、光标、坐标系图标、模型/布局选择卡、滚动条和菜单浏览器组成。

1. 标题栏

标题栏位于用户界面的顶部，左端显示软件名 AutoCAD2010，其后是当前图形文件的名称，右端显示最小化、最大化和关闭按钮。

2. 菜单栏

菜单栏位于标题栏的下方，如图 1-2 中所示，它主要包括文件、编辑、视图、插入、格式、工具、绘图、标注、修改、窗口、帮助这 11 个一级菜单。使用时，单击某一个一级菜单项，即可弹出相应的下拉菜单，某些下拉菜单还含有相应的子菜单，在其中选择相应的命令选项或子菜单，即可执行相应的菜单命令。当鼠标停留在某项菜单命令上时，状态栏给出相应的提示、命令。如图 1-3 所示为“修改”下拉菜单。

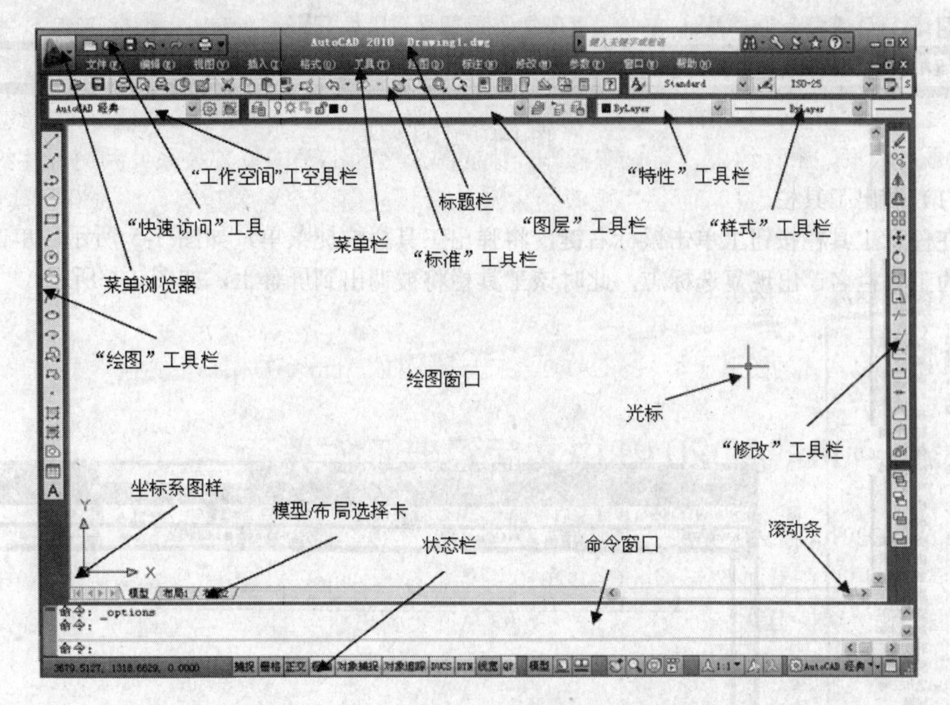

图 1-2 AutoCAD2010 中文版经典工作界面

AutoCAD2010 的下拉菜单有以下几个特点：

（1）在某些菜单命令后有"…"标志，说明选择该命令会打开一个对话框。

（2）在某些菜单命令的最右端有一个黑色小三角，说明选择该命令会打开下一级子菜单。

（3）在某些菜单命令的右侧有带下划线的字母，说明在该菜单打开的状态下，按下该字母可以执行该菜单命令。

（4）在某些菜单命令的右端有"Ctrl+字母"，说明在不打开该菜单的状态下，按下该组合键即可执行该菜单命令。

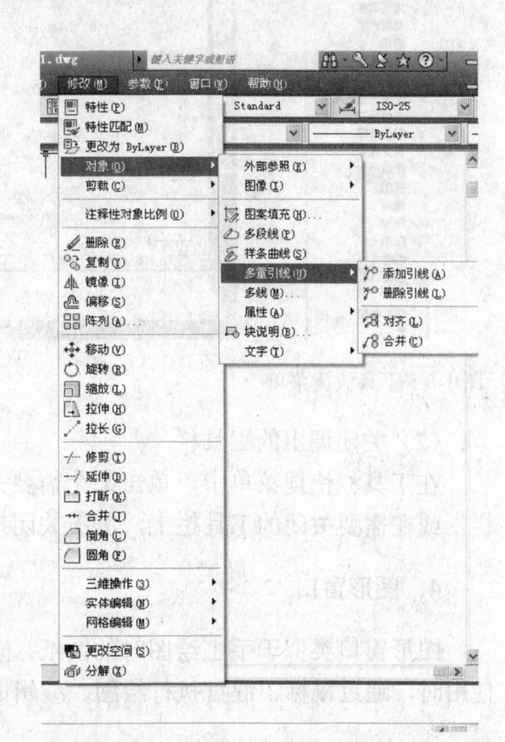

图 1-3 菜单栏

3. 工具栏

工具栏位于菜单栏的下方，如图 1-4 所示。它是一组常用命令图标的集合。使用时，移动鼠标到某个图标上时，该图标旁出现相应的提示，状态栏上显示相应的提示、命令，单击图标即可执行相应命令。

AutoCAD2010 提供了许多工具栏。利用这些工具栏中的按钮，可以方便地启动相应的 AutoCAD 命令。AutoCAD2010 的初始屏幕主要显示标准工具栏、对象特性工具栏等（参见图 1-2），其他工具栏可以根据需要调出后移至相应位置。

图 1-4　工具栏

（1）调出工具栏

在任意工具栏按钮上单击鼠标右键，将弹出工具栏快捷菜单，如图 1-5 所示。单击需要调出的工具栏名，出现复选标志，此时该工具栏将被调出到屏幕上，如图 1-6 所示。

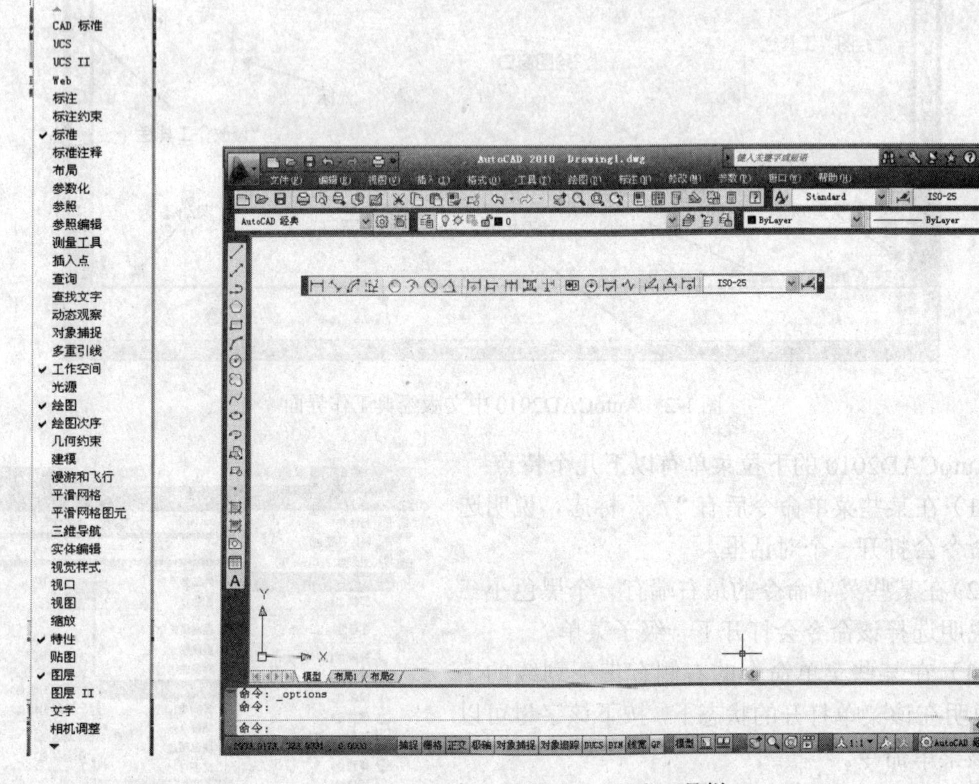

图 1-5　工具快捷菜单　　　　　　　　图 1-6　调出工具栏

（2）关闭调出的工具栏

在工具栏快捷菜单中，单击某个需要关闭的工具栏名，取消复选标志，即可关闭该工具栏；或在需要关闭的工具栏上，单击关闭按钮，也可关闭该工具栏。

4．图形窗口

图形窗口类似于手工绘图时的图纸，位于标题栏下方，它是用户绘制、编辑图形的区域。使用时，通过鼠标、键盘执行绘图、编辑命令，在图形窗口完成图形的绘制、编辑工作。

5．命令窗口

命令窗口位于图形窗口的下方，它是用户输入命令并显示相关提示的区域。使用时，通过键盘、鼠标输入命令，按照命令提示进行操作。

6．状态栏

状态栏位于用户界面的底部，用于显示或设置当前光标位置的坐标值和正交、栅格等各种模式状态。使用时，移动光标，坐标值自动更新；单击坐标显示区，可以关闭坐标显示。单击某个按钮实现启用或关闭对应功能的切换，按钮为蓝色时启用对应的功能，灰色时则关闭该功能。

在捕捉、栅格、正交、极轴、对象捕捉、对象追踪等模式按钮上均可以单击右键，对模式进行设置。如在“极轴模式”按钮上单击右键，弹出快捷菜单，如图 1-7 所示，选择“设置”，弹出“草图设置”对话框，如图 1-8 所示，即可对上述模式进行设置。

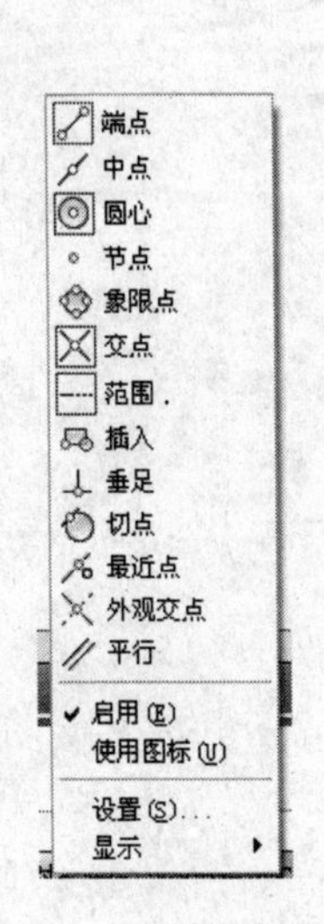

图 1-7　快捷菜单

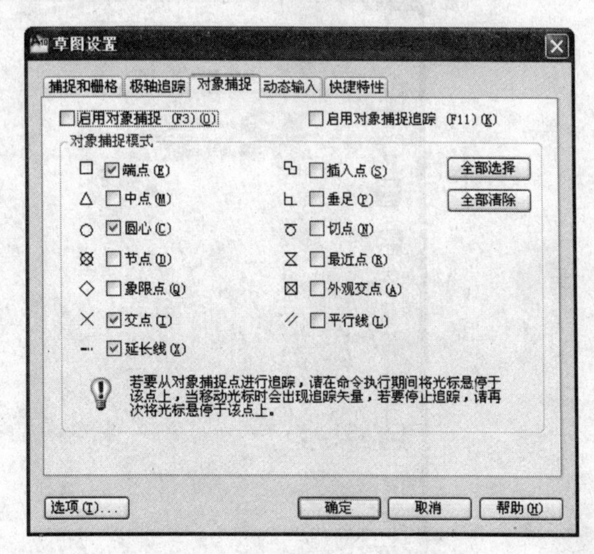

图 1-8　“草图设置”对话框

在“线宽”按钮上单击右键，弹出快捷菜单，如图 1-7 所示，选择设置，弹出“线宽设置”对话框，如图 1-9 所示，即可对线宽进行设置。

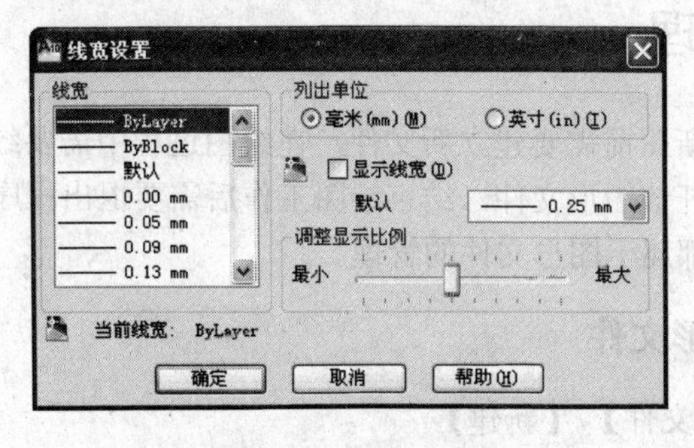

图 1-9　“线宽设置”对话框

7．坐标系图标

位于绘图窗口的左下角，表示当前绘图使用的坐标系的形式以及坐标方向等。AutoCAD 提供了世界坐标系（Word Coordinate System，WCS）和用户坐标系（User Coordinate System，UCS）。世界坐标系为默认坐标系，且默认水平向右为 X 轴的正方向，垂直向上为 Y 轴正方向。

8．模型/布局选择卡

模型/布局选择卡用于实现模型空间与图纸空间的切换。

9．菜单浏览器

AutoCAD2010 提供了菜单浏览器（参见图 1-2）。单击菜单浏览器，菜单浏览器展开，如图 1-10 所示。利用菜单浏览器可以执行 AutoCAD 的相应命令。

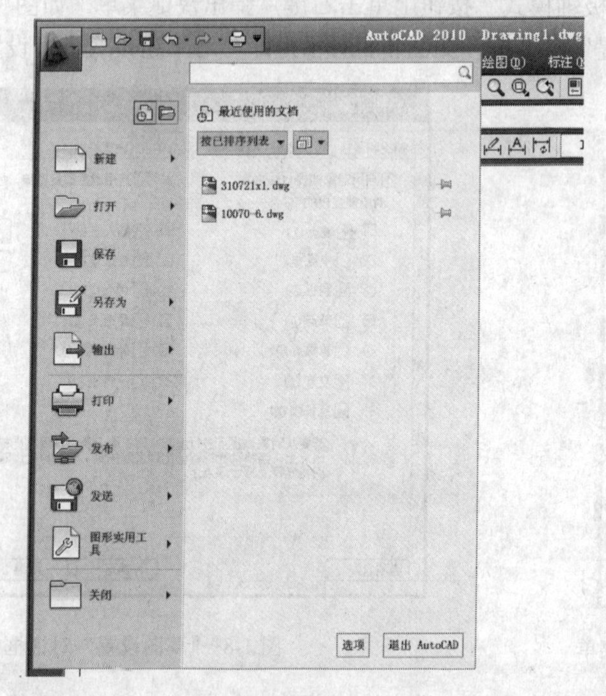

图 1-10 菜单浏览器

1.3 文件管理

用户开始绘制一张新图前需要建立新文件，在绘图过程中需要经常保存图形，继续编辑已有图形文件时需要打开该图形文件，结束绘图工作后需要退出程序以及设置文件的密码与数字签名等，这些操作都属于图形文件的管理。

1.3.1 建立新图形文件

◆ 选择下拉菜单【文件】/【新建】

◆ 单击标准工具栏按钮

◆ 在命令行输入命令 NEW

弹出“选择样板”对话框，如图 1-11 所示。在“文件类型”下拉列表框中有 3 种格式的图形样板，后缀分别是.dwg、.dwt 和.dws。一般情况下，.dwt 文件是标准的样板文件，通常将一些规定的标准性的样板文件设成.dwt 文件；.dwg 文件是普通的样板文件；而.dws 文件是包含标准图层、标准样式、线型和文字样式的样板文件。

图 1-11 “选择样板”对话框

1.3.2 打开已有图形文件

◆ 选择下拉菜单【文件】/【打开】

◆ 单击标准工具栏按钮

◆ 在命令行输入命令 OPEN

弹出“选择文件”对话框，如图 1-12 所示。在“查找范围”下拉框中选择打开图形文件所在路径；在“名称”列表框中选择要打开的图形文件；在“名称”列表框右侧可以观看所选图形文件的预览图；在“文件类型”列表框中，用户可选.dwg 文件、.dwt 文件、.dxf 文件和.dws 文件；单击“打开”按钮，打开所选图形。.dxf 文件是用文本形式存储的图形文件，能够被其他程序读取，许多第三方应用软件都支持.dxf 格式。

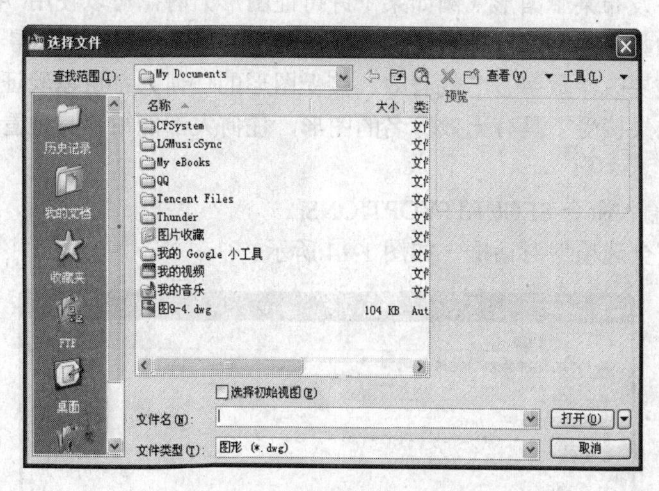

图 1-12 “选择文件”对话框

1.3.3 保存图形文件

◆ 选择下拉菜单【文件】/【保存】

◆ 单击标准工具栏按钮

◆ 在命令行输入命令 QSAVE（或 SAVE）

若文件已命名，则 AutoCAD 自动保存；若文件未命名（即为默认名 drawing1.dwg）则系统弹出“图形另存为”对话框，如图 1-13 所示。在“保存于”下拉框中选择保存图形文件所在路径，在“文件名”文本框中输入所需保存图形文件的文件名，单击“保存”按钮，保存图形文件。

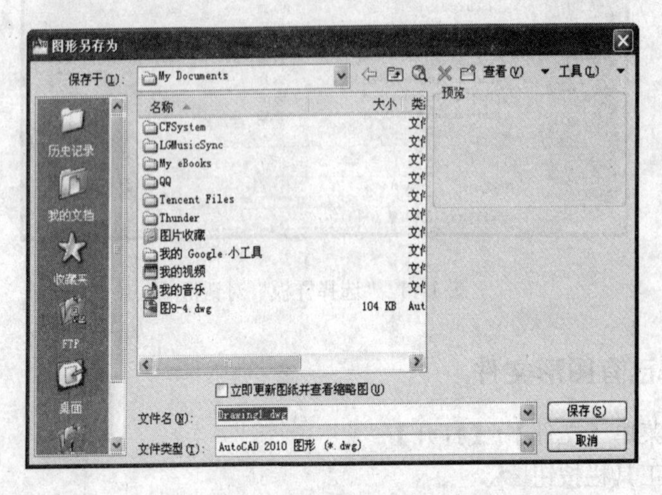

图 1-13 “图形另存为”对话框

1.3.4 密码与数字签名

密码有助于在进行工程协作时确保图形数据的安全。尤其是保留图形密码后，再将该图形发送给其他人时，可以防止未经授权的人员对其进行查看。

当绘图者准备发布某个图形（例如某个许可证图形）时，可以使用 AutoCAD 附加数字签名。如果要附加数字签名，首先需要从认证机构（例如 VeriSing）获得一个数字 ID。

只要图形未被更改，数字签名就有效。接受图形的任何人都可以验证图形是否确实由原始绘图者提供，如果接受了具有无效签名的图形，任何人都能很容易地看出图形自附加数字签名后已被更改。

◆ 在命令行输入命令 SECURITYOPTIONS

系统打开“安全选项”对话框，如图 1-14 所示。

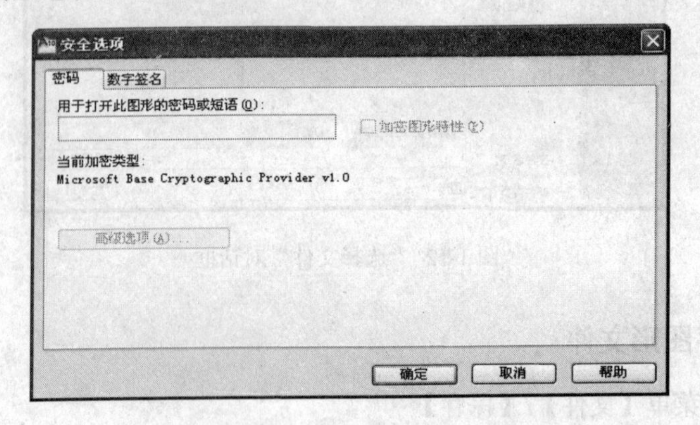

图 1-14 “安全选项”对话框

也可在图 1-13 所示的“图形另存为”对话框中的“工具”下拉菜单中选择“安全选项”命令，如图 1-15 所示。

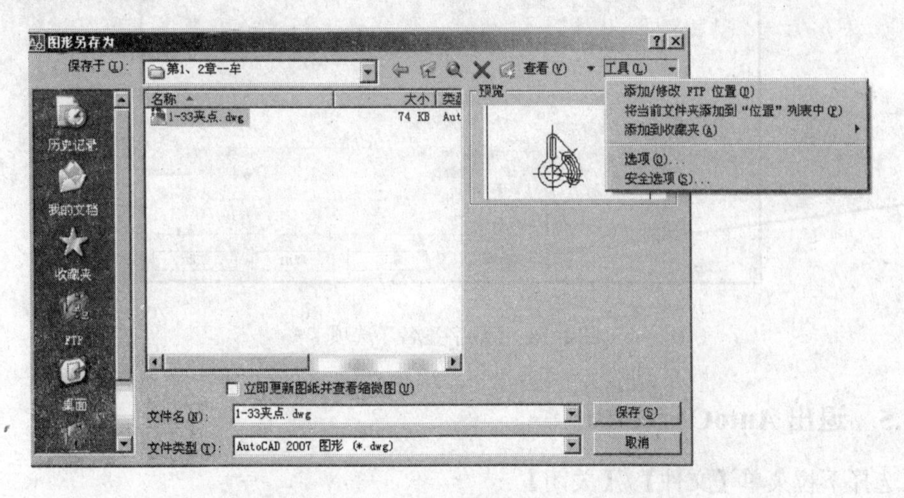

图 1-15 “图形另存为”对话框“工具”下拉菜单

1.“密码”选项卡

本选项用于在保存图形时为图形添加密码。

（1）“用于打开此图形的密码”文本框：在文本框中输入密码，用于下次保存图形时添加、更改或删除密码。添加或更改密码时，将显示“确认密码”对话框，如图 1-16 所示。密码丢失后不能恢复。因此在添加密码之前，应该创建设有密码保护的备份。

（2）“高级选项”按钮：打开“高级选项”对话框，从中可以选择加密提供者和密钥长度。如图 1-17 所示。

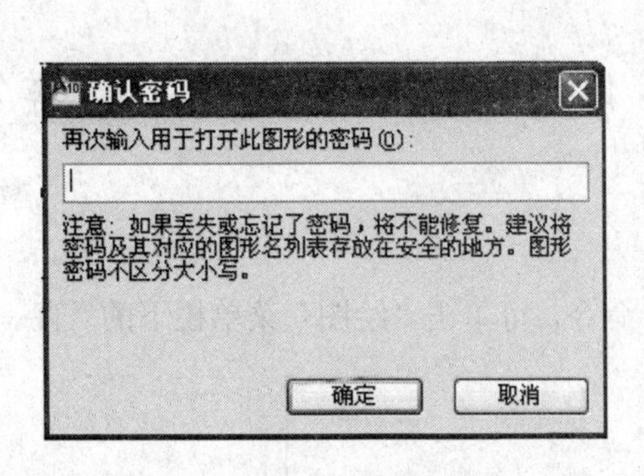

图 1-16 “确认密码”对话框

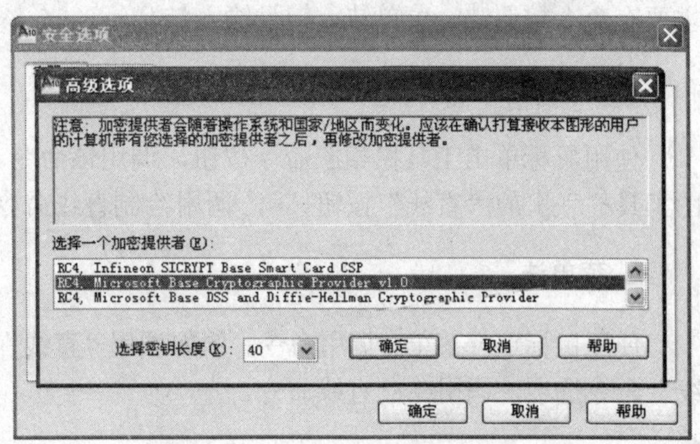

图 1-17 “高级选项”对话框

2.“数字签名”选项卡

本选项用于保存图形时为图形添加数字签名，如图 1-18 所示。

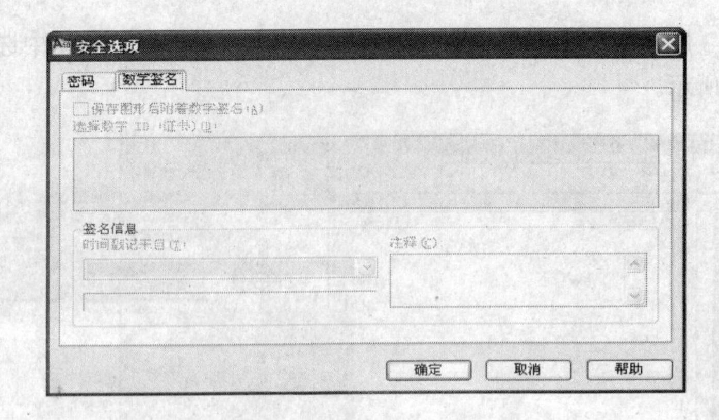

图 1-18 “数字签名”选项卡

1.3.5 退出 AutoCAD2010

◆ 选择下拉菜单【文件】/【关闭】

◆ 单击“标题栏”按钮

退出 AutoCAD。

1.4 命令的执行

在工程界，手工绘制工程图的方式是大脑支配双手利用绘图工具在绘图纸上绘制图形，而计算机绘图的方式是大脑支配双手在计算机屏幕上绘制图形。那么，AutoCAD 是如何接受绘图命令的呢？在 AutoCAD 中，有一些基本的输入操作方法，这些基本的输入操作方法是进行 AutoCAD 绘图的必备知识基础，也是深入学习 AutoCAD 功能的前提。命令的执行方法主要有命令按钮法、菜单法、键盘输入法。

1. 命令按钮法

使用鼠标单击工具栏相应命令按钮，调用该命令。例如调用“直线”命令，可单击“绘图工具栏”上的“直线”按钮，调用绘制直线命令。

2. 菜单法

使用鼠标选择菜单，调用命令。例如调用“直线”命令，可单击“绘图”菜单栏下的“直线”命令选项，调用绘制直线命令。

3. 键盘输入法

使用键盘在命令行窗口输入命令名。命令字符可不区分大小写。

例如，绘制如图 1-19 所示图形的操作如下：

命令：line　　//调用直线命令

指定第一点：100，100　　//键盘输入 A 点的绝对坐标

指定下一点或[放弃(U)]：100,50　　//键盘输入 B 点的绝对坐标

指定下一点或[放弃(U)]：150,50　　//键盘输入 C 点的绝对坐标

指定下一点或[闭合（C）/放弃(U)]：150,100　　//键盘输入 D 点的绝对坐标
指定下一点或[闭合（C）/放弃(U)]：C　　//键盘输入 C 闭合，回车确认

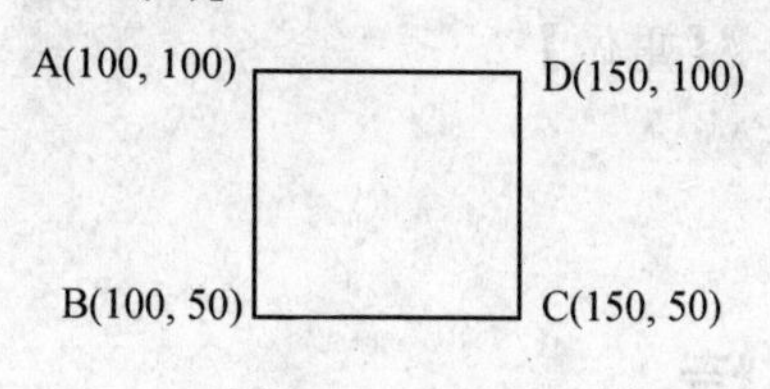

图 1-19　长方形

4．透明命令

在 AutoCAD 中有些命令不仅可以直接在命令行中使用，而且还可以在其他命令的执行过程中插入并执行，待该命令执行完毕后，系统继续执行原命令如实时平移命令 PAN、实时缩放命令 ZOOM 等，这种命令称为“透明命令”。“透明命令”一般多为修改图形设置或打开辅助绘图工具的命令。

5．命令的重复、撤销、重做

（1）重复上一次的命令

单击右键在弹出菜单中可选择重复上一次执行过的命令。例如重复上一次的直线命令，单击右键，弹出快捷菜单，如图 1-20 所示，选择“重复 LINE(R)”命令。也可在命令行没有命令的情况下，直接回车，则重复刚刚执行过的命令。

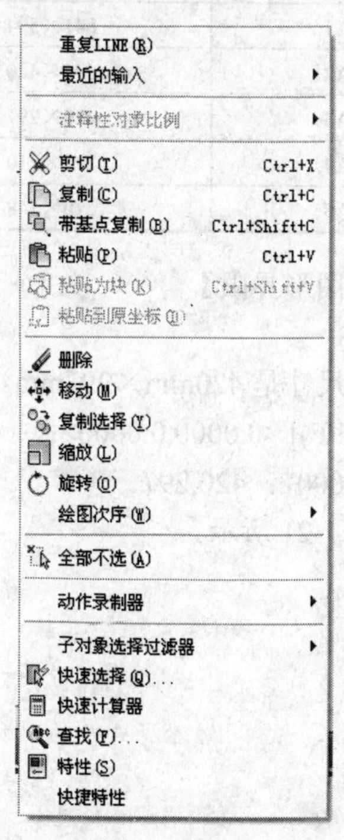

图 1-20　快捷菜单

（2）撤销上次操作

◆ 选择下拉菜单【编辑】/【放弃】
◆ 单击标准工具栏按钮
◆ 在命令行输入命令 Ctrl+Z

撤销上次操作。

（3）重做上次撤销的操作

◆ 选择下拉菜单【编辑】/【重做】

◆ 单击标准工具栏按钮

重做上次撤销的操作。

1.5 设置绘图环境

手工绘制零件图过程是：首先准备绘图纸、绘图工具；其次，在绘图纸上绘制边框及标题；最后，在绘图纸上绘图、标注尺寸、提出要求、填写标题栏。计算机绘图也有相应的过程，首先要做的就是设置绘图环境，即设置图幅、图形单位和选项对话框。

1.5.1 设置图幅

机械制图国家标准规定图纸分为 6 种，即 A0、A1、A2、A3、A4、A5。基本规格如表 1-1 所示。

表 1-1 图纸图幅

图　幅	基本尺寸/mm
A0	1189×841
A1	841×594
A2	594×420
A3	420×297
A4	297×210
A5	210×148

◆ 选择下拉菜单【格式】/【图形界限】

◆ 在命令行输入命令 LIMITS

以设置 A3 图幅为例，其图幅尺寸是 420mm×297mm。

指定左下角点或[开(ON)/关(OFF)] <0.0000,0.0000>：　　//回车确认

指定右上角点<420.0000,297.0000>：420,297　　//输入 420，297 后回车确认

即完成 A3 图幅的设置。如图 1-21 所示。

图 1-21　A3 图幅

要使绘制的图形不超出图形界限，可设置图形界限为“打开”状态。

◆ 选择下拉菜单【格式】/【图形界限】

◆ 在命令行输入命令 LIMITS

指定左下角点或[开(ON)/关(OFF)] <0.0000,0.0000>：ON　　//回车确认

完成以上设置后，则只能在设置的图幅范围内绘图，超出范围无法绘制，命令行窗口显示“超出图形界限”提示。

1.5.2　图形单位设置

机械制图国家标准默认的单位是毫米，而实际工作中的图形单位是不同的，计算机使用图形单位来计算，用户单位无论为米或毫米，计算机使用的图形单位应该是统一的。

◆ 选择下拉菜单【格式】/【单位】

◆ 在命令行输入命令 UNITS

弹出“图形单位”对话框，如图 1-22 所示。在“长度”选项组中设置长度单位的类型、精度，在“角度”选项组中设置角度单位的类型、精度；单击“方向”按钮，打开“方向控制”对话框，如图 1-23 所示，设定基准角度，单击“确定”按钮，回到“图形单位”对话框；单击“确定”按钮，完成图形单位的设置。

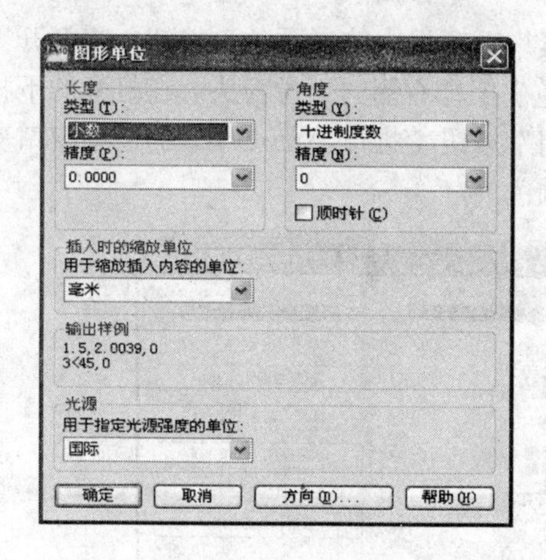

图 1-22 “图形单位”对话框

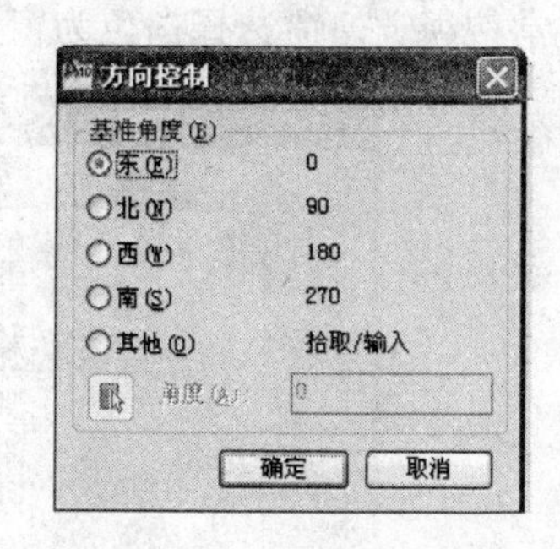

图 1-23 “方向控制”对话框

1.5.3　选项对话框

◆ 选项下拉菜单【工具】/【选项】

◆ 在命令行输入 OPTIONS

弹出“选项”对话框，如图 1-24 所示。

在“选项”对话框中的第二个选项卡为“显示”，该选项卡控制 AutoCAD 窗口的外观，如图 1-24 所示。

1．设置光标尺寸和背景

（1）设置光标

打开“显示”页标签，在“十字光标大小”文本框内输入数值，改变光标尺寸。

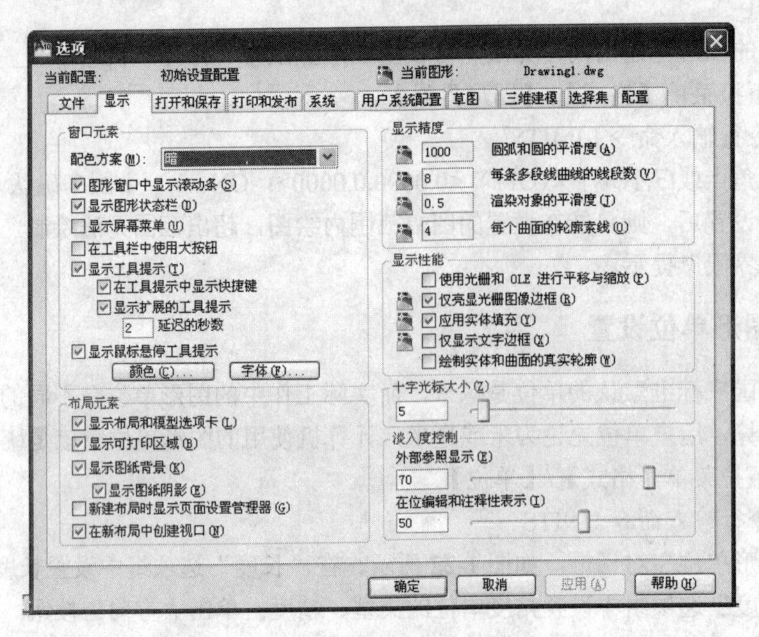

图 1-24 “选项”对话框（显示页标签）

（2）设置背景

打开“显示”页标签，单击“窗口元素”选项组中的“颜色”按钮，将打开“图形窗口颜色”对话框，如图 1-25 所示。单击“颜色”字样右侧的下拉箭头，在打开的下拉列表中选择需要的窗口颜色，然后单击“应用并关闭”按钮，此时 AutoCAD 的绘图窗口变成了窗口背景色。通常按视觉习惯选择白色为窗口颜色。

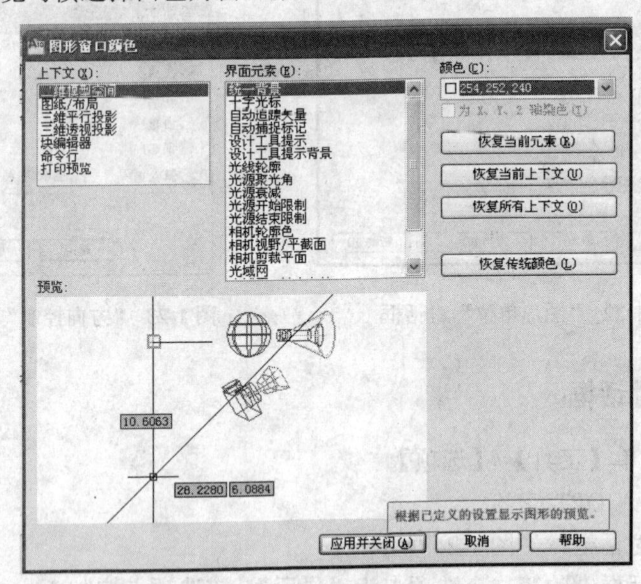

图 1-25 “图形窗口颜色”对话框

（3）设置文件自动存储时间

打开“打开和保存”页标签，在“文件安全措施”组中选中“自动保存”，在“保存间隔分钟数”文本框中输入时间间隔，如图 1-26 所示。

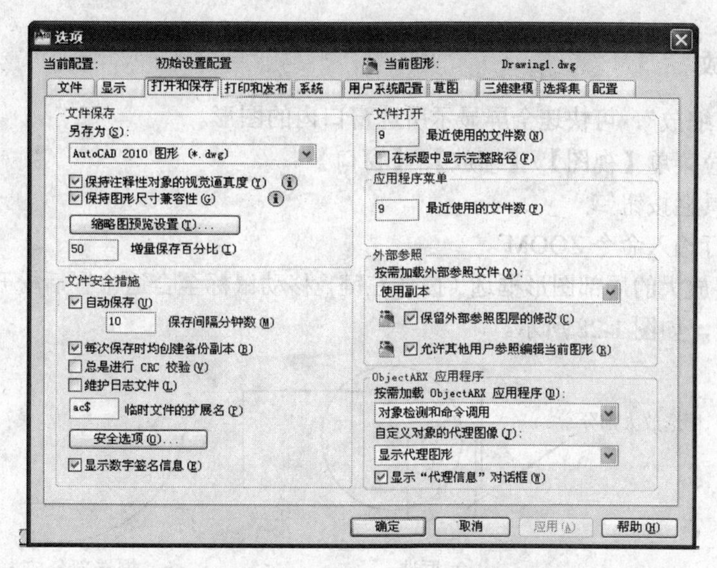

图 1-26 “选项”对话框（打开和保存页标签）

1.6 控制图形显示

使用 AutoCAD 绘图时，经常需要对所画图形进行缩放、平移等操作，以便更好地查看图形。下面对这类操作进行介绍。

1.6.1 缩放图形

1. 实时平移

使用“实时平移”，只平移视图的位置，而不改变图形中对象的相对位置。

◆ 选择下拉菜单【视图】/【平移】/【实时】

◆ 单击工具栏按钮

◆ 在命令行输入命令 PAN

在屏幕上会出现手形图标，按住鼠标左键，拖动到所需位置，松开鼠标左键，完成图形的平移。按 ESC 键或 ENTER 键退出实时平移，或单击右键在弹出的快捷中，选择退出，如图 1-27 所示。

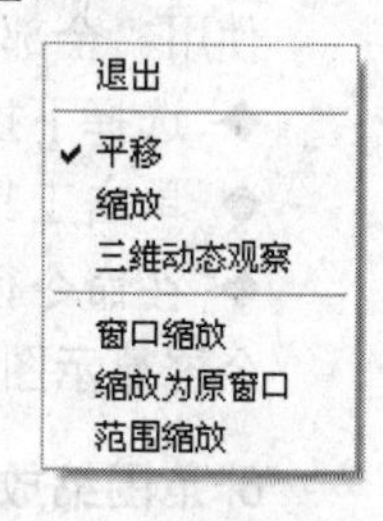

图 1-27 快捷菜单

如果使用三键鼠标，按住滑轮拖动鼠标，也可完成实时平移。

2. 实时缩放

使用“实时缩放”，不改变图形中对象的绝对大小，只改变视图显示的比例。

◆ 选择下拉菜单【视图】/【缩放】/【实时】

◆ 单击工具栏按钮

◆ 在命令行输入命令 ZOOM

按住左键前、后拖动鼠标，则图形可放大、缩小。按 ESC 键或 ENTER 键退出实时缩放，或单击右键在弹出的快捷菜单中选择退出。

如果使用三键鼠标，滚动滑轮，也可实现实时缩放。

3. 窗口缩放

使用“窗口缩放”，可快速全屏显示所选窗口内的图形。

◆ 选择下拉菜单【视图】/【缩放】/【窗口】

◆ 单击工具栏按钮

◆ 在命令行输入命令 ZOOM

将视图需要放大的局部图形框选（按住左键，移动鼠标至合适位置后松开左键），则框选部分放大至全屏，如图 1-28 所示。

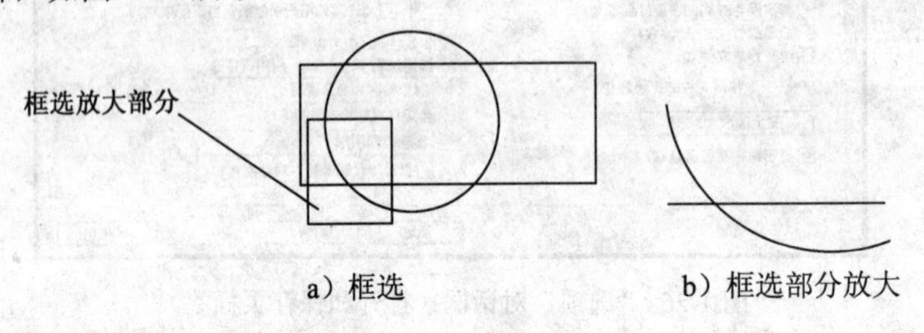

图 1-28　窗口缩放

4. 缩放对象

使用“缩放对象”，可快捷全屏显示所选对象。

◆ 选择下拉菜单【视图】/【缩放】/【对象】

◆ 单击工具栏按钮

◆ 在命令行输入命令 ZOOM

按照提示在屏幕上单击选择对象，右键确认，则所选择对象全屏显示。

5. 全部缩放

使用“全部缩放”，可快速全屏显示用户定义的图形范围。

◆ 选择下拉菜单【视图】/【缩放】/【全部】

◆ 单击工具栏按钮

◆ 在命令行输入命令 ZOOM

全屏显示图幅及全部图形。

6. 范围缩放

使用“范围缩放”，可在屏幕上显示所有图形对象。

◆ 选择下拉菜单【视图】/【缩放】/【范围】

◆ 单击工具栏按钮

◆ 在命令行输入命令 ZOOM

1.6.2　鸟瞰视图

鸟瞰视图能够提供一个独立的窗口显示图形，实现快速平移、缩放图形。

◆ 选择下拉菜单【视图】/【鸟瞰视图】

◆ 在命令行输入命令 DSVIEWER

弹出“鸟瞰视图”窗口。如图 1-29a 所示。

1．快速平移

黑框为视口边界，在任何一处单击，出现一细实线矩形框，移动鼠标指定合适位置，单击右键，则在屏幕绘图区显示矩形框框选内容。如图 1-29b 所示。

2．快速缩放

在窗口中双击左键，出现一个带箭头细实线矩形框，如图 1-29c 所示，左右移动鼠标，调整窗口大小，上下移动鼠标调整窗口位置，调整到合适位置后单击右键，则在屏幕绘图区放大、缩小显示矩形框框选内容。

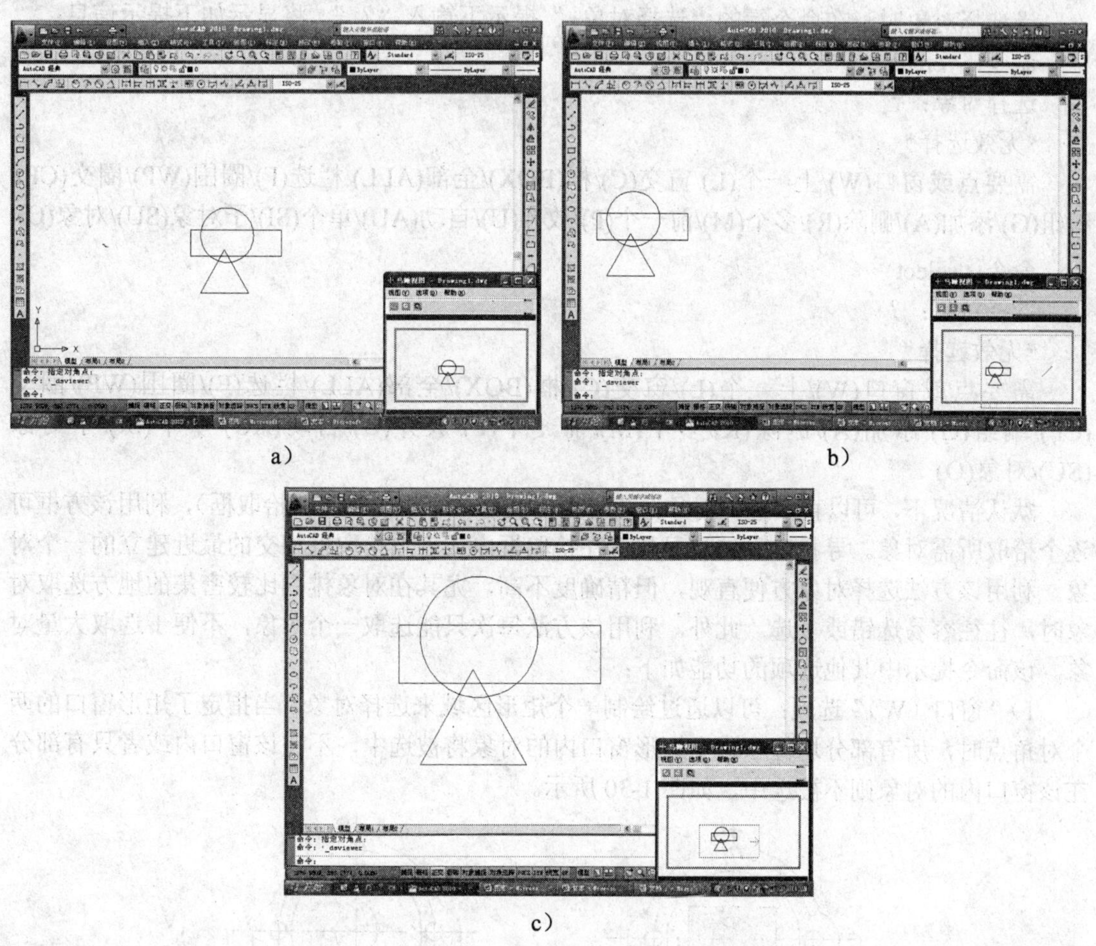

图 1-29　鸟瞰视图

1.7　选择对象

在 AutoCAD 中，单纯地使用绘图命令或绘图工具只能创建出一些基本图形对象，要绘制复杂的图形，就必须借助于“修改”菜单中的图形编辑命令。在编辑对象前，首先要选择对象，然后进行编辑。当选择对象时，在其中部或两端将显示若干个小方框（即夹点），利用它们可对图形进行简单编辑。此外，AutoCAD2010 还提供了丰富的对象编辑工具，可以合理地构造和组织图形，以保证绘图的准确性，简化绘图操作，极大地提高了绘图效率。

1.7.1 设置对象的选择模式

在 AutoCAD 中，选择“工具”/“选项”命令，打开“选项”对话框，在“选择”选项中，可设置选择集模式、拾取框的大小及夹点功能等。

1.7.2 选择对象的方法

在 AutoCAD 中，选择对象的方法很多。例如，可以通过单击对象逐个拾取，也可以利用矩形窗口或交叉窗口选择；可以选择最近创建的对象、前面的选择集或图形的所有对象，也可以向选择集中添加对象或从中删除对象。

当选择对象时，在命令行的“选择对象：”提示下输入“？”，将显示如下提示信息：

命令：_erase

选择对象：？

无效选择

需要点或窗口(W)/上一个(L)/窗交(C)/框(BOX)/全部(ALL)/栏选(F)/圈围(WP)/圈交(CP)/编组(G)/添加(A)/删除(R)/多个(M)/前一个(P)/放弃(U)/自动(AU)/单个(SI)/子对象(SU)/对象(O)

命令：select

选择对象：？

无效选择

需要点或窗口(W)/上一个(L)/窗交(C)/框(BOX)/全部(ALL)/栏选(F)/圈围(WP)/圈交(CP)/编组(G)/添加(A)/删除(R)/多个(M)/前一个(P)/放弃(U)/自动(AU)/单个(SI)/子对象(SU)/对象(O)

默认情况下，可以直接选择对象，此时光标变为一个小方框（即拾取框），利用该方框可逐个拾取所需对象。寻找时系统将寻找落在拾取框内或者与拾取框相交的最近建立的一个对象。利用该方法选择对象方便直观，但精确度不高，尤其在对象排列比较密集的地方选取对象时，往往容易选错或多选。此外。利用该方法每次只能选取一个对象，不便于选取大量对象。该命令提示中其他选项的功能如下：

1）“窗口（W）”选项：可以通过绘制一个矩形区域来选择对象。当指定了矩形窗口的两个对角点时，所有部分均位于这个矩形窗口内的对象将被选中，不在该窗口内或者只有部分在该窗口内的对象则不被选中，如图 1-30 所示。

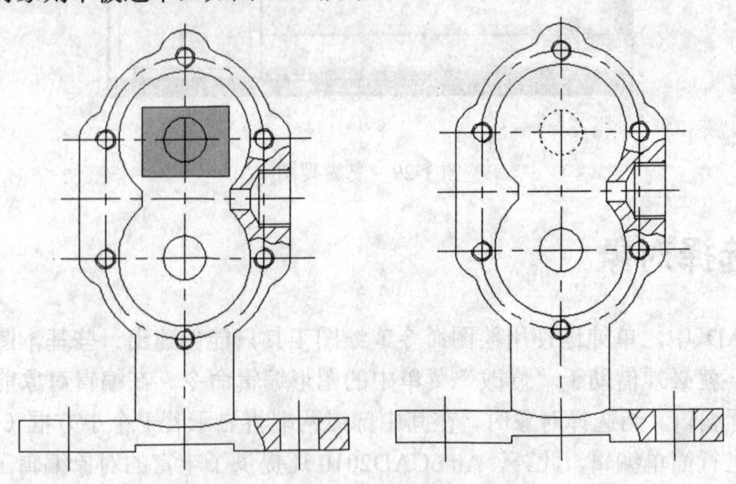

图 1-30 使用“窗口”方式选择对象

2）“上一个（L）”选项：选取图形窗口内可见元素中最后创建的对象。不管使用多少次“上一个（L）”选项，都只有一个对象被选中。

3）“窗交（C）”选项：使用交叉窗口选择对象，与用窗口选择对象的方法类似，但全部位于窗口之内或者与窗口边界相交的对象都将被选中。在定义交叉窗口的矩形窗口时，以虚线方式显示矩形，以区别于窗口选择方法，如图 1-31 所示。

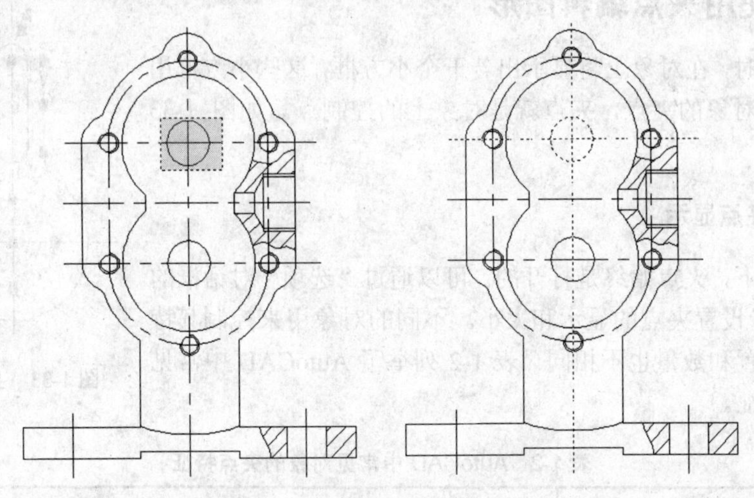

图 1-31　使用“窗交”方式选择对象

4）“框（BOX）”选项：由“窗口”和“窗交”组合的一个单独选项。从左到右设置拾取的两角点，则执行“窗口”选项；从右到左设置拾取框的两角点，则执行“窗交”选项。

5）“全部（ALL）”选项：选取图形中没有被锁定、关闭或冻结的层上的所有对象。

6）“栏选（F）”选项：绘制一条开放的多点栅栏（多段直线），其中所有与栅栏线相接触的对象均会被选中。“栏选”方式定义的直线可以自身相交。

7）“圈围（WP）”选项：绘制一个不规则的封闭多边形作为窗口来选取对象。完全包围在多边形中的对象被选中，如果给定的多边形定点不封闭，系统将自动将其封闭。

8）“圈交（CP）”选项：与“窗交”选取法类似，绘制一个不规则的封闭多边形作为交叉式窗选取对象，在多边形内或多边形相交的对象都将被选中。

9）“编组（G）”选项：使用组名字来选择一个已定义的对象编组。

10）“添加（A）”选项：通过设置 PICKADD 系统变量把东西加入到选择集中。如果 PICKADD 设置为 1（默认），则后面所选择的东西均被加入到选择集中；如果 PICKADD 被设置为 0，最近所选择的对象均被加入到选择集中。

11）“删除（R）”选项：从选择集中（而不是图中）移出已选取的对象，只需单击要从选择集中移出对象即可。

12）“多个（M）”选项：选取多点但不醒目显示对象，加速对象选取。

13）“前一个（P）”选项：选取将最近的选择集设置为当前选择集。

14）“放弃（U）”选项：取消最近的对象选择操作。如果最后一次选择的对象多于一个，将从集中删除最后一次选择的所有对象。

15）“自动（AU）”选项：自动选择对象。如果第一次拾取点就发现了一个对象，则单个对象被选取而“框”模式被中止。

16）“单个（SI）”选项：如果提前使用“单个”模式来完成选取，则当对象被发现后，对象工作就会自动结束，不要求按 Enter 键来确认。与其他选项配合使用。

17）“子对象”选项：选择对象的原始信息形状，这些形状是复合实体的一部分或三维实体的顶、边、面。

18）“对象”选项：结束选择子对象的功能，可以使用对象选择的方法。

1.7.3 使用夹点编辑图形

选择对象时，在对象上将显示出若干个小方框，这些小方框用来标记被选中对象的夹点，夹点就是对象上的控制点。如图 1-33 所示。

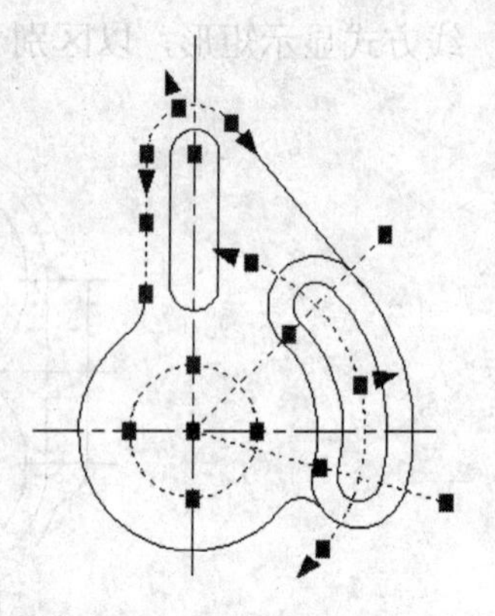

图 1-33 显示对象夹点

1．控制夹点显示

默认情况下，夹点始终是打开的。可以通过“选项”对话框的“选择”选项卡设置夹点的显示和大小。不同的对象用来控制其特征的夹点的位置和数量也不相同。表 1-2 列举了 AutoCAD 中常见对象的夹点特征。

表 1-2 AutoCAD 中常见对象的夹点特征

对象类型	夹点特征
直线	两个端点和中点
多段线	直线段的两端点、圆弧段的中点和两端点
构造线	控制点和线上的邻近两点
射线	起点和射线上的一个点
多线	控制线上的两个端点
圆弧	两个端点和中点
圆	4 个象限点和圆心
椭圆	4 个顶点和中心点
椭圆弧	端点、中点和中心点
区域填充	各个顶点
文字	插入点和第 2 个对齐点（如果有的话）
段落文字	各顶点
属性	插入点
形	插入点
三维网格	网格上的各个顶点
三维面	周边顶点
线性标注、对齐标注	尺寸线和尺寸界限的端点，尺寸文字的中心点
角度标注	尺寸线端点和指定尺寸标注弧的端点，尺寸文字的中心点
半径标注、直径标注	半径或直径标注的端点，尺寸文字的中点
坐标标注	被标注点，指定的引出线端点和尺寸文字的中点

2．使用夹点编辑对象

在 AutoCAD2010 中，夹点是一种集成的编辑模式，提供了一种方便快捷的编辑操作途径。例如，使用夹点可以对对象进行拉伸、移动、旋转、缩放及镜像等操作。

（1）拉伸对象

在不执行任何命令的情况下选择对象，显示其夹点，然后单击其中一个夹点，进入编辑状态。此时，AutoCAD 自动将其作为拉伸的基点，进入“拉伸”编辑模式，命令行将显示如下提示信息：

拉伸

指定拉伸点或[基点（B）/复制（C）/放弃（U）/退出（X）]

其选项功能如下。

“基点（B）”选项：重新确定拉伸基点。

“复制（C）”选项：允许确定一系列的拉伸点，以实现多次拉伸。

“放弃（U）”选项：取消上一次操作。

“退出（X）”选项：退出当前操作。

默认情况下，指定拉伸点（可以通过输入点的坐标或者直接用鼠标指针拾取点）后，AutoCAD 将把对象拉伸或移动到新的位置。因为对于某些夹点移动时只能移动对象而不能拉伸对象，如文字、块、直线中点、圆心、椭圆中心和点对象上的夹点。

（2）移动对象

移动对象仅仅是位置上的平移，对象的方向和大小并不会被改变。要精确地移动对象，可使用捕捉模式、坐标、夹点和对象捕捉模式。在夹点编辑模式下确定基点后，在命令行提示下输入“MO”进入移动模式，命令行将显示如下提示信息：

移动

指定移动点或[基点（B）/复制（C）/放弃（U）/退出（X）]

通过输入点的坐标或拾取点的方式来确定平移对象的目的点后，即可以基点为平移的起点，以目的点为终点将所选对象平移到新位置。

（3）旋转对象

在夹点编辑模式下，确定基点后，在命令行提示下输入“RO”进入旋转模式，命令行将显示如下提示信息：

旋转

指定旋转点或[基点（B）/复制（C）/放弃（U）/退出（X）]

默认情况下，输入旋转的角度值后或通过拖动方式确定了旋转角度后，即可将对象绕基点旋转指定的角度。也可以选择“参照”选项，以参照方式旋转对象，这与“旋转”命令中的“对照”选项功能相同。

（4）缩放对象

在夹点编辑模式下确定基点后，在命令行提示下输入“SC”进入缩放模式，命令行将显示如下提示信息：

比例缩放

指定比例因子或[基点（B）/复制（C）/放弃（U）/退出（X）]

默认情况下，当确定了缩放的比例因子后，AutoCAD 将相对于基点进行缩放对象操作。当比例因子大于 1 时放大对象，当比例因子大于 0 而小于 1 时缩小对象。

（5）镜像对象

与“镜像”命令的功能类似，镜像操作后将删除原对象。在夹点编辑模式下确定基点后，在命令行提示下输入“MI”进入镜像模式，命令行将显示如下提示信息：

镜像

指定第二点或[基点（B）/复制（C）/放弃（U）/退出（X）]

指定镜像线上的第 2 个点后，AutoCAD 将以基点作为镜像线上的第 1 点，新指定的点为镜像线上的第 2 个点，将对象进行镜像操作并删除原对象。

注意：在使用夹点移动、旋转及镜像对象时，在命令行输入 C，可以在进行编辑操作时复制图形。

1.8 精确绘制图形

1.8.1 使用坐标方法

数据的输入需要使用坐标系。AutoCAD 采用两种坐标系：世界坐标系（WCS）和用户坐标系（UCS）。用户刚进入 AutoCAD 时的坐标系就是世界坐标系，是固定的坐标系，绘制图形时多数情况下都是在这个坐标系下进行的。世界坐标系和用户坐标系图标如图 1-34 和图 1-35 所示，根据坐标系图标可以了解当前位于哪个坐标系中。

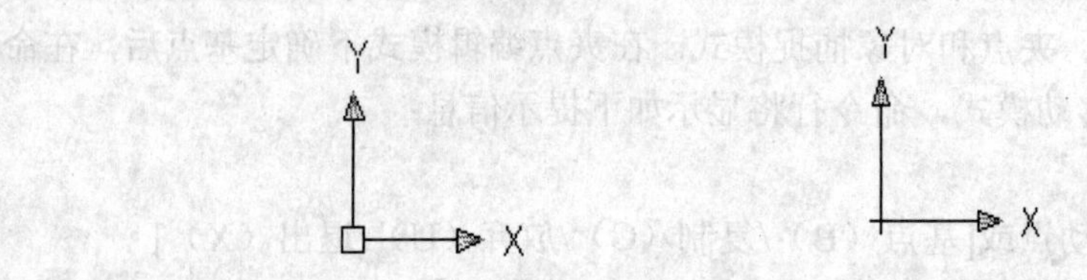

图 1-34　世界坐标系图标　　　　图 1-35　用户坐标系图标

在 AutoCAD 中，点的坐标可以用直角坐标、极坐标表示。每一种坐标又分别具有两种坐标输入方式：绝对坐标和相对坐标。

1. 绝对直角坐标

绝对直角坐标是指点距离原点在 X 与 Y 方向的位移，其二维坐标形式为 A（X，Y）。使用时，从键盘输入 X、Y 的数值即可。

例如，绘制如图 1-36 所示的平面图形，其操作步骤如下：

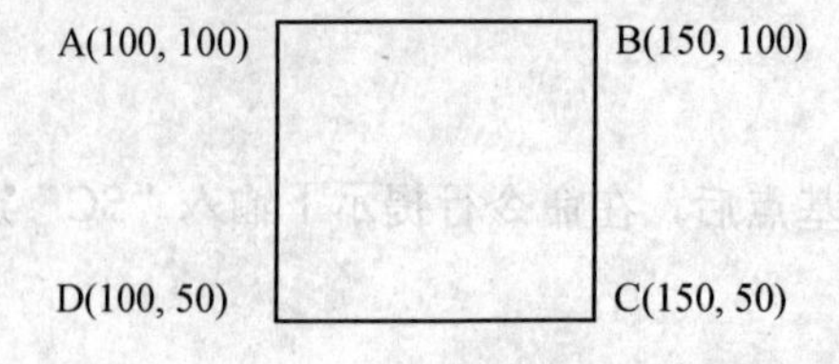

图 1-36　绝对直角坐标

命令：line　　//键盘输入 line，调用直线命令

指定第一点：100，100　　//键盘输入 A 点的绝对坐标值

指定下一点或[放弃（U）]：150，100　　//键盘输入 B 点的绝对坐标值

指定下一点或[放弃（U）]：150，50　　//键盘输入 C 点的绝对坐标值

指定下一点或[闭合（C）/放弃（U）]：100，50　　　　　//键盘输入 D 点的绝对坐标值
指定下一点或[闭合（C）/放弃（U）]：C　　　　　　　　//键盘输入 C 闭合，回车确认

2．相对直角坐标

相对直角坐标是指后一点的坐标相对于前一点的坐标差，其二维坐标形式为@X，Y。例如，绘制上例平面图形，其相对直角坐标如图 1-37 所示，操作步骤如下：

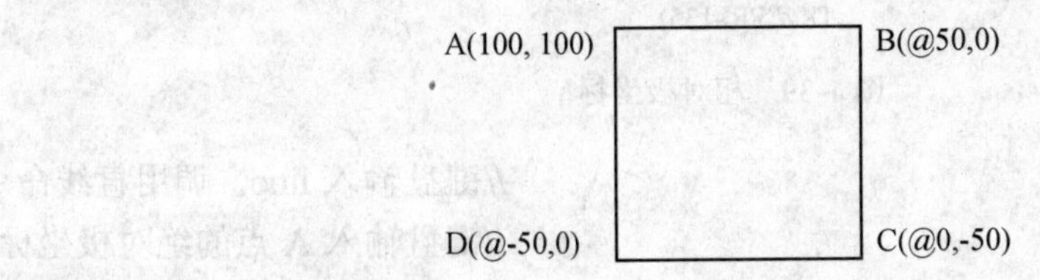

图 1-37　相对直角坐标

命令：line　　　　　　　　　　　　　　　　　　//键盘输入 line，调用直线命令
指定第一点：100，100　　　　　　　　　　　　　//键盘输入 A 点的绝对坐标值
指定下一点或[放弃（U）]：@50,0　　　　　　　　//键盘输入 B 点的相对坐标值
指定下一点或[放弃（U）]：@0，-50　　　　　　　//键盘输入 C 点的相对坐标值
指定下一点或[闭合（C）/放弃（U）]：@-50，0　　//键盘输入 D 点的相对坐标值
指定下一点或[闭合（C）/放弃（U）]：C　　　　　//键盘输入 C 闭合，回车确认

3．绝对极坐标

绝对极坐标是指某点与原点的距离及与 X 轴的夹角，其坐标形式为 $L<\theta$。使用时，键盘输入 $L<\theta$ 即可。

例如，绘制如图 1-38 所示的平面图形，其操作步骤如下：

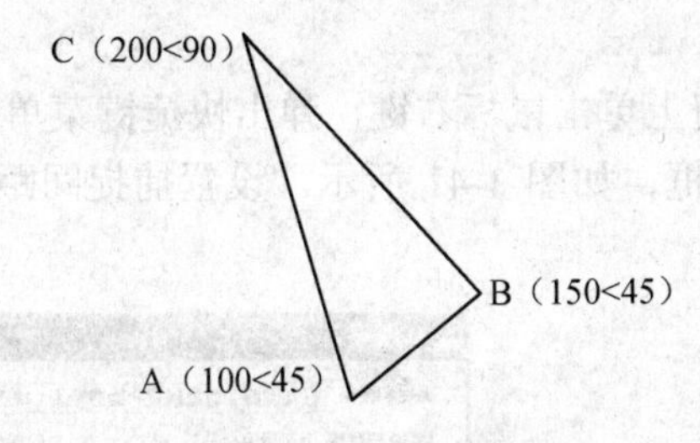

图 1-38　绝对极坐标

命令：line　　　　　　　　　　　　　　//键盘输入 line，调用直线命令
指定第一点：100<45　　　　　　　　　　//键盘输入 A 点的绝对极坐标值
指定下一点或[放弃(U)]：150<45　　　　//键盘输入 B 点的绝对极坐标值
指定下一点或[放弃(U)]：200<90　　　　//键盘输入 C 点的绝对极坐标值
指定下一点或[闭合(C)/放弃(U)]：c　　　//键盘输入 C 闭合，回车确认

4．相对极坐标

相对极坐标是某点相对于上一点的距离以及与 X 轴的夹角，其坐标为@$L<\theta$。使用时，键盘输入@$L<\theta$ 即可。

例如，绘制 1-39 所示的平面图形，其操作步骤如下：

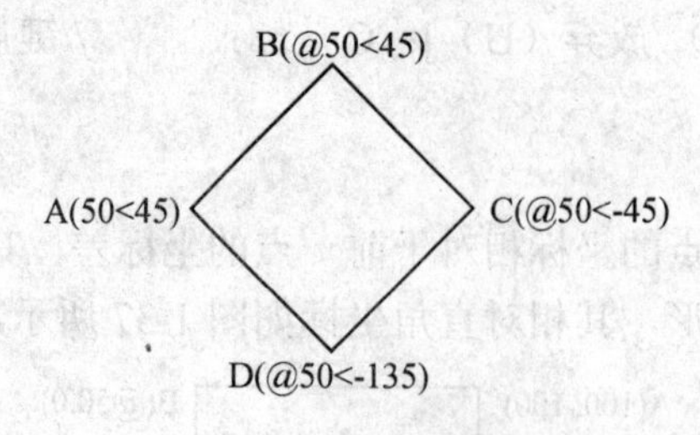

图 1-39　相对极坐标

命令：line　　//键盘输入 line，调用直线命令
指定第一点：50＜45　　//键盘输入 A 点的绝对极坐标值
指定下一点或[放弃（U）]：@50＜45　　//键盘输入 B 点的相对极坐标值
指定下一点或[放弃（U）]：@50＜-45　　//键盘输入 C 点的相对极坐标值
指定下一点或[闭合（C）/放弃（U）]：@50＜-135　　//键盘输入 D 点的相对极坐标
指定下一点或[闭合（C）/放弃（U）]：C　　//键盘输入 C 闭合，回车确认

1.8.2　使用捕捉

在绘图过程中，为了精确、快速作图，除了使用坐标输入点以外，还可以使用删格、捕捉等辅助绘图工具提高绘图效率。“捕捉”功能可以使光标只停留在图中的删格点上。

1. 打开、关闭“捕捉”功能

当“捕捉”按钮按下时为打开状态，捕捉生效；当“捕捉”按钮弹起时为关闭状态。快捷键 F9 可控制“捕捉”开关的切换，或用鼠标单击按钮切换开关状态。

2. 设置“捕捉”

在状态栏的“捕捉”按钮上单击鼠标右键，弹出快捷键菜单，如图 1-40 所示。选择“设置”，弹出“草图设置”对话框，如图 1-41 所示。设置捕捉间距，一般将捕捉间距与删格间距设为相同数值。

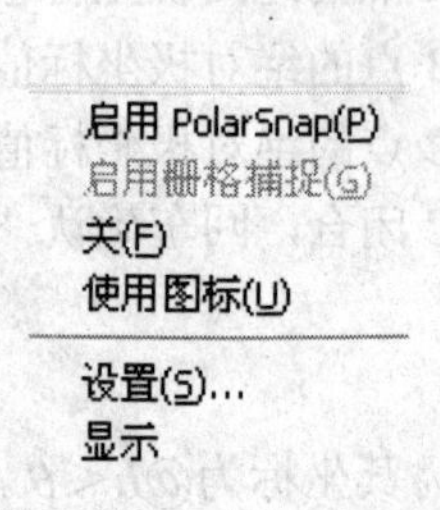

图 1-40　快捷菜单

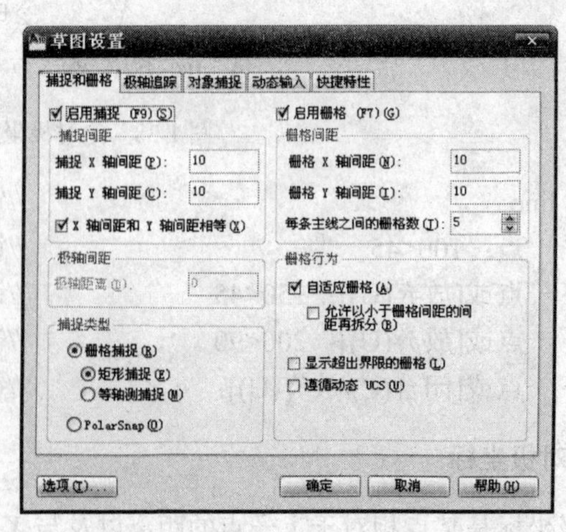

图 1-41　设置“捕捉”与“栅格”

1.8.3　使用删格

1. 打开、关闭“删格”功能

当“删格”按钮按下时为打开状态，屏幕上显示删格，当“删格”按钮弹起时为关闭状态。

2. 设置“栅格”

在“草图设置”对话框中，设置栅格间距，如图 1-41 所示。

1.8.4　使用正交模式

使用正交模式可以快速绘制水平线、垂直线。

可使用快捷键 F8 切换“正交”模式的开关，或用鼠标单击状态栏上的“正交”按钮切换开关状态。

1.8.5　使用极轴追踪

使用“极轴”功能可以快速绘制一定角度的直线。

1. 打开、关闭“极轴”功能

可使用快捷键 F10 切换“极轴”模式的开关，或用鼠标单击状态栏上的“极轴”按钮切换开关状态。

2. 设置“极轴”

调出“草图设置”对话框，选择“极轴追踪”页标签，如图 1-42 所示，在极轴“增量角”列表中设置极轴角度值。

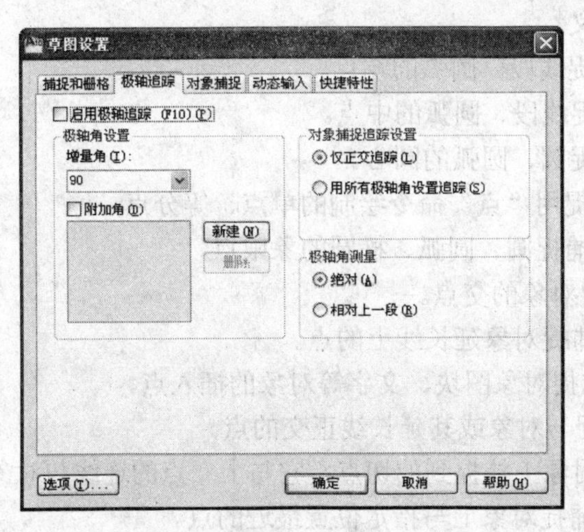

图 1-42　“极轴追踪”选项卡

1.8.6　使用对象捕捉

使用对象捕捉可以快速捕捉物体上的特殊点，如中点、端点、切点、圆心等。对象捕捉包括对象捕捉和单点捕捉两种方式。

1. 对象捕捉

打开“对象捕捉”，系统在光标接近对象上一系列特殊点时，会自动判断捕捉模式并逐个进行捕捉。

1）打开、关闭“对象捕捉”功能：可使用快捷键 F3 切换“对象捕捉”模式的开关，或用鼠标单击状态栏上的“对象捕捉”按钮切换开关状态。

2）设置“对象捕捉”：在“草图设置”对话框中选择“对象捕捉”页标签，如图 1-43 所示，设置对象捕捉模式。可同时选择多个模式，如中点、端点、切点，圆心等。

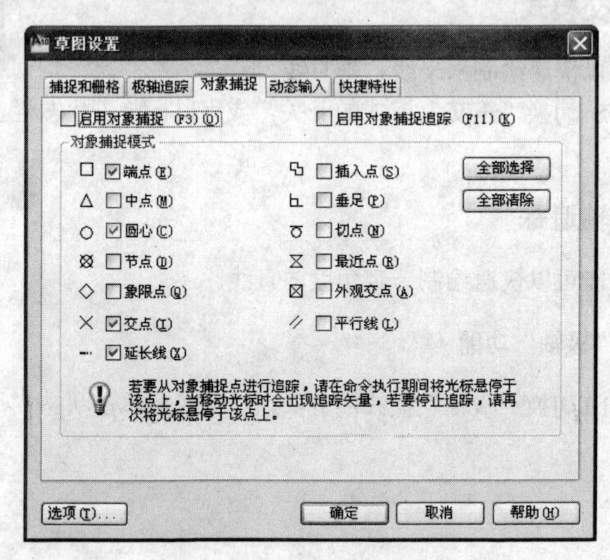

图 1-43　设置“对象捕捉”

3）捕捉模式的含义。

端点（END）：捕捉线段、圆弧的端点。

中点（MID）：捕捉线段、圆弧的中点。

圆心（CEN）：捕捉圆、圆弧的圆心。

节点（NOD）：捕捉用“点”命令绘制的单点、等分点。

象限点（QUA）：捕捉圆、圆弧、椭圆的象限点。

交点（INT）：捕捉对象的交点。

延长线（EXT）：捕捉对象延长线上的点。

插入点（INS）：捕捉对象图块、文字等对象的插入点。

垂足（PER）：捕捉与对象或其延长线正交的点。

切点（TAN）：在对象上捕捉到的切点，它与上一点的连线与对象相切。

最近点（NEA）：捕捉对象上与指定位置最近的点。

外观交点（APP）：捕捉对象的外观交点（包括异面直线在二维中显示的交点、对象延长线上的交点）。

平行线（PAR）：能够绘制一条与已知直线平行的直线。

2. 单点捕捉

使用单点捕捉，只能按指定的捕捉模式进行捕捉，并且只能捕捉一次。启动单点捕捉的方法是按住 Shift 键的同时单击鼠标右键，弹出快捷菜单，如图 1-44 所示，在其中选择所要捕捉的模式。

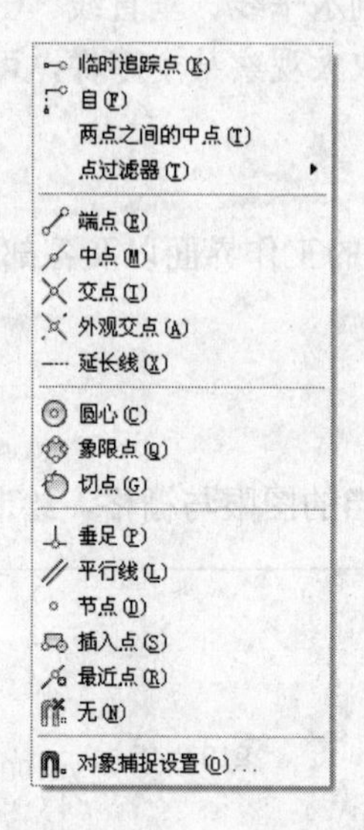

图 1-44 “捕捉”快捷菜单

1.8.7 使用对象追踪

使用对象追踪可以借助临时对齐路径，精确绘制图形的位置及形状。

可使用快捷键 F11 切换“对象追踪”模式的开关，或用鼠标单击按钮切换开关状态。“对象追踪”一般与“对象捕捉”或“极轴”同时使用。

小 结

本章介绍了 AutoCAD2010 中文版的基础知识，通过这些知识的学习，应该熟悉 AutoCAD2010 的界面组成，掌握新建图形、打开图形、保存图形的方法，熟练控制图形显示，掌握命令输入的基本方法、常用绘图环境的配置。

思考与练习

一、选择题

1. 直线 AB 长 80，与 X 轴平行，A 点的绝对直角坐标为（20，20），B 点在 A 点右侧，B 点的相对直角坐标是________。

A.（100，20） B.（20，100） C.（@80，0） D.（@0,80）

2. 直线 AB 长 100，与 X 轴平行，A 点的绝对直角坐标为（10，10），B 点在 A 点右侧，B 点的相对极坐标是________。

A.（110，10）　B.（100<0）　C.（@100<0）　D. A、B、C 都可以

二、判断题

1．按回车键或单击右键在弹出菜单中选择重复命令，可重复上次命令。（　　）
2．使用极轴功能可以快速绘制水平线、垂直线。（　　）
3．在绘图过程中，有时需要放大观察某个零件，可以使用“全屏缩放”。（　　）

三、简答题

1．简述 AutoCAD2010 中文版的工作界面以及各部分的主要功能。
2．如何调出、关闭工具栏？

四、操作题

请创建 A4 图纸模板，建立适当的图限与栅格，绘制如题图 1-1 所示的图形。

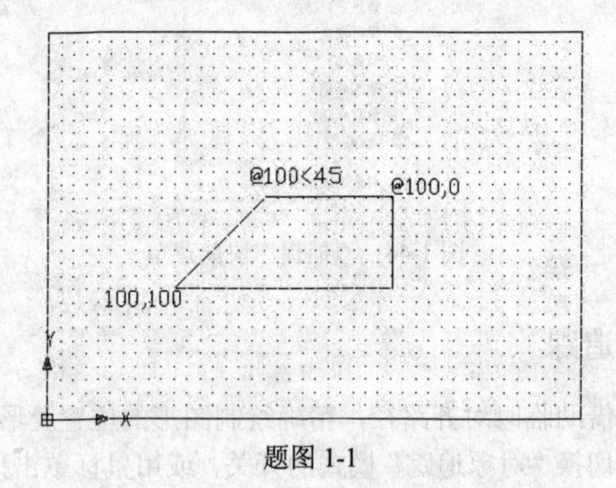

题图 1-1

第2章　图　　层

教学目标：

本章主要介绍如何建立图层，如何设置线型、线宽、颜色，如何设置当前层，如何在绘图的过程中更改图线的线型。通过本章的学习，可以掌握创建新图层及设置线型、线宽、颜色的方法。

学习重点：

✧ 创建新图层，设置线型、线宽、颜色等属性

✧ 分层绘制复杂平面图形

2.1　图层的建立与设置

2.1.1　图层的概念

图层的概念类似投影片，将不同属性的对象分别画在不同的投影片（图层）上。例如将图形的主要线段、中心线、尺寸标注等分别画在不同的图层上，每个图层可设置不同的线型、颜色，然后把不同的图层堆栈在一起成为一张完整的视图。这样可以使视图层次分明有条理，方便图形对象的编辑与管理。一个完整的图形就是它所包含的所有图层上的对象叠加在一起，如图 2-1 所示。表 2-1 为常见的图层设置。

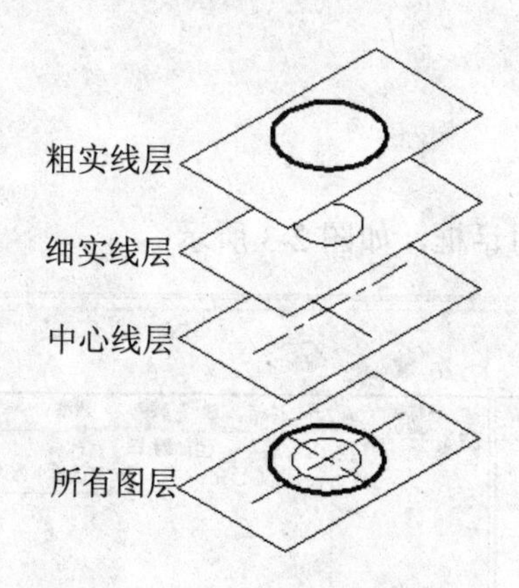

图 2-1　图层

表 2-1　图层设置

绘图线型	图层名称	颜　色	AutoCAD 线型	AutoCAD 线宽
粗实线	粗实线	白色	Continuous	0.3mm
细实线	细实线	白色	Continuous	0.09mm
波浪线	波浪线	绿色	Continuous	0.09mm

（续）

绘图线型	图层名称	颜　色	AutoCAD 线型	AutoCAD 线宽
虚线	虚线	黄色	DASHED	0.09mm
中心线	中心线	红色	CENTER	0.09mm
尺寸标注	尺寸标注	青色	Continuous	0.09mm
剖面线	剖面线	蓝色	Continuous	0.09mm
文字标注	文字标注	绿色	Continuous	0.09mm

2.1.2　创建新图层

1. 任务分析

创建虚线图层，设置线型、线宽、颜色，如图 2-2 所示。

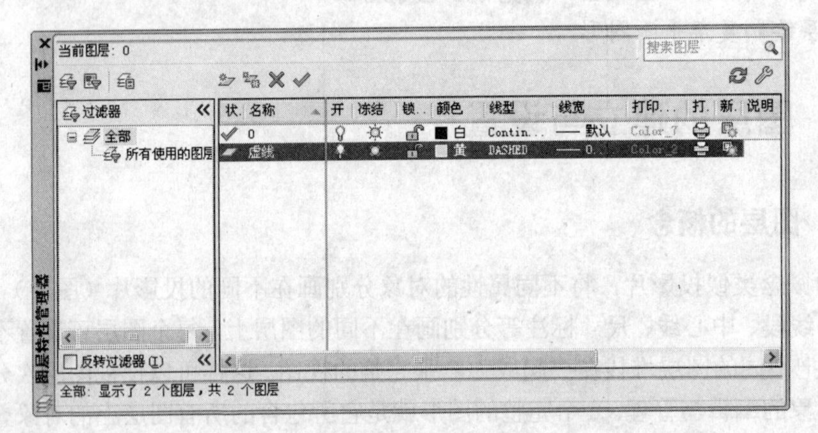

图 2-2　虚线层

2. 图层创建过程

（1）创建虚线图层

1）打开“图层特征管理器”对话框，如图 2-3 所示。

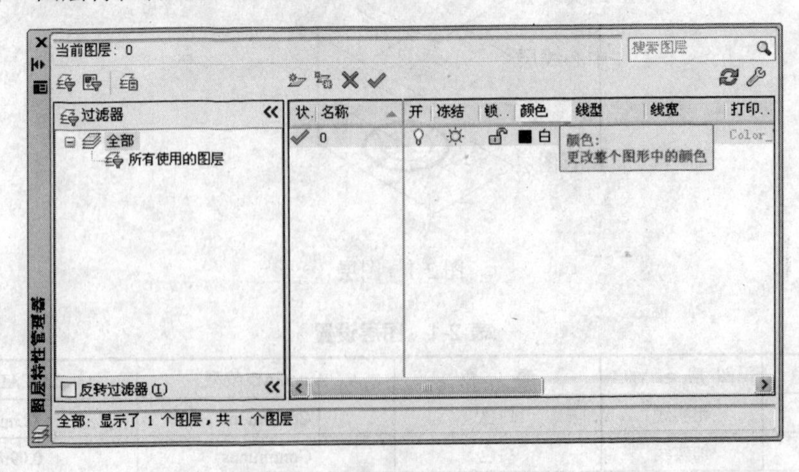

图 2-3 “图层特性管理器”对话框

◆ 选择下拉菜单【格式】/【图层】

◆ 单击图层工具栏按钮

◆ 在命令行输入命令 LAYER

2）单击“新建图层”按钮，出现一个新图层，图层名为“图层 1”，颜色为“白色”，线型为“Continuous”，线宽为“默认”。

3）在名称框中输入“虚线”，图层名改为“虚线”，单击“确定”，即创建了虚线层，如图 2-4 所示。

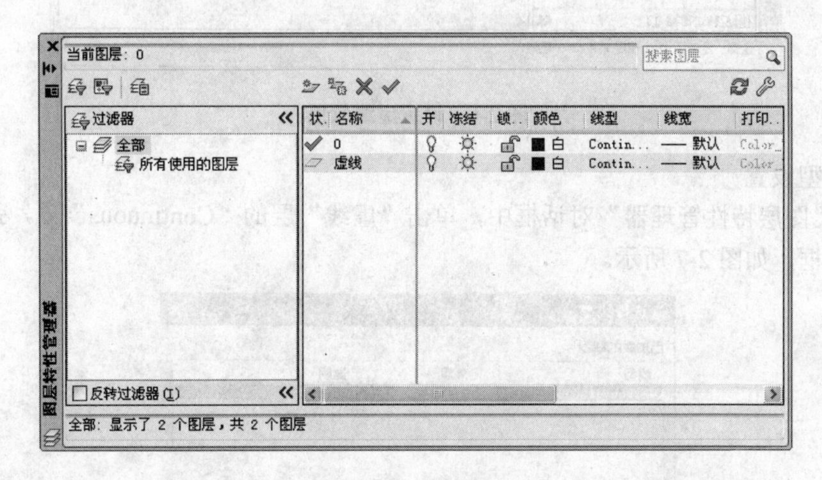

图 2-4　创建虚线新图层

（2）颜色设置

1）在“图层特性管理器”对话框中，单击“虚线”层的“白色”项区域，弹出“选择颜色”对话框，如图 2-5 所示。

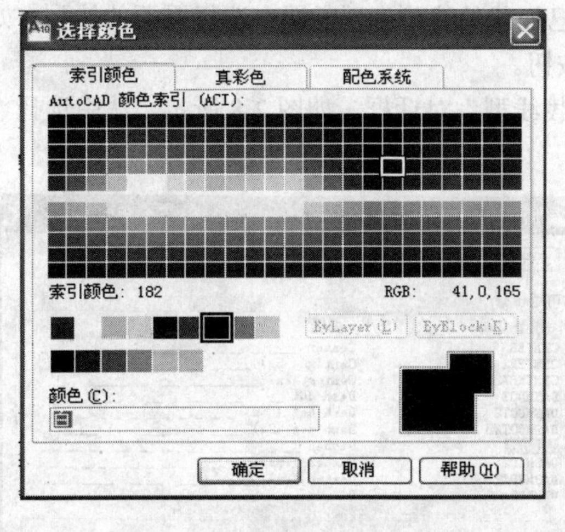

图 2-5　“选择颜色”对话框

2）在“选择颜色”对话框中选择“黄色”，单击“确定”按钮。

3）返回“图层特性管理器”对话框，单击“确定”按钮，完成虚线层的颜色设置，如图 2-6 所示。

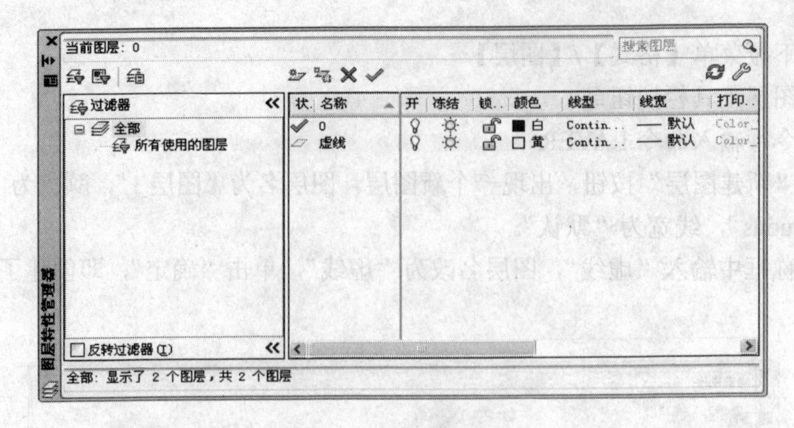

图 2-6　设置虚线颜色

（3）线型设置

1）在“图层特性管理器”对话框中，单击“虚线”层的“Continuous”项，弹出“选择线型”对话框，如图 2-7 所示。

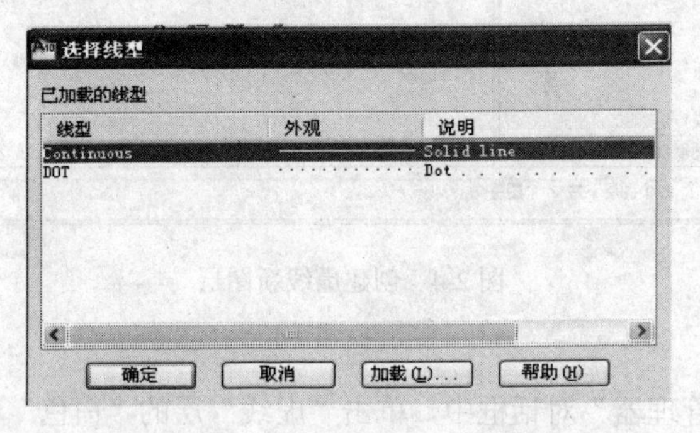

图 2-7　“选择线型”对话框

2）在对话框中的“已加载的线型”列表框中选择需要的线型。如果在列表中没有需要的线型，则单击“加载”按钮。

3）弹出“加载或重载线型”对话框，如图 2-8 所示。从中选择“DASHED”线型，单击“确定”按钮。

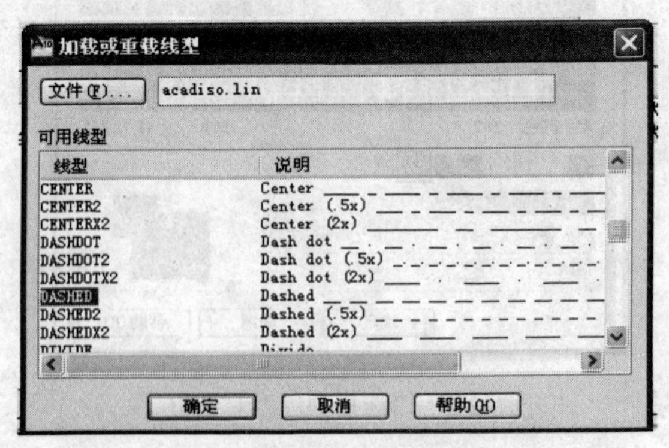

图 2-8　“加载或重载线型”对话框

4）回到“选择线型”对话框，选择“DASHED”线型，如图 2-9 所示，单击“确定”按钮。

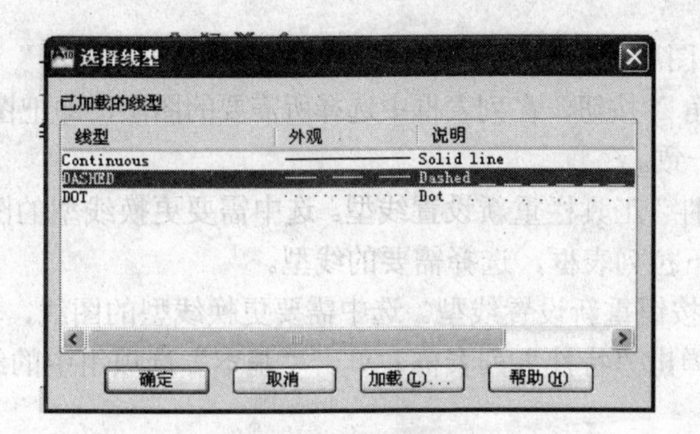

图 2-9　选择线型

5）回到“图层特性管理器”对话框，如图 2-10 所示，完成线型（DASHED）设置。

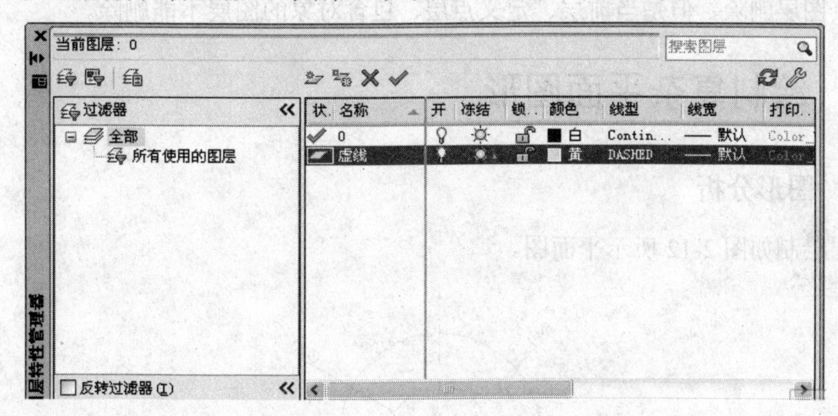

图 2-10　设置虚线线型

（4）线宽设置

1）在“图层特性管理器”对话框中，单击“虚线”层的线宽“默认”项区域，弹出“线宽”对话框，如图 2-11 所示。

2）在对话框中选择线宽 0.09mm，单击“确定”按钮。

3）返回“图层特性管理器”对话框，如图 2-2 所示，完成线宽设置。

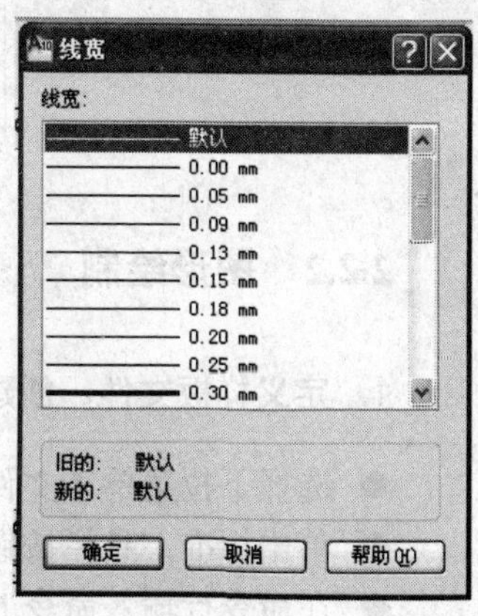

图 2-11　“线宽”对话框

3．知识扩展

（1）当前层的设置

所有的图形都在当前层上绘制。例如，需要绘制虚线时，应将虚线层设为当前层，方法如下：

◆ 打开“图层特性管理器”对话框，选中虚线层，单击“置为当前”按钮，即把虚线层设为当前层。

◆ 单击“图层”工具栏“图形特性管理器”右侧的向下小三角，在列表框中选择“虚线”即把虚线层设为当前层。

◆ 如图形中已有虚线存在，可选择图形中虚线线型，单击“图层”工具栏“将对象的图层置为当前”按钮，即把虚线层设为当前层。

（2）改变图层线型

当图形已经绘制完毕，发现某些图线线型错误时，可采用以下方法修改：

1）更改图线所在图层。选中需要更换线型的图线，单击“图层”工具栏“图层特性管理器”右侧的向下小三角按钮，在列表框中选择所需要的图层，即把图线放到所选的图层上。图线线型与所选图层一致。

2）采用“对象特性”工具栏重新设置线型。选中需要更换线型的图线，单击“对象特性”工具栏“线型控制”下拉列表框，选择需要的线型。

3）采用“特性”按钮重新设置线型。选中需要更换线型的图线，单击“标准”工具栏中的“特性”按钮，弹出“特性”列表框，单击“基本”选项组中的线型，在线型下拉框中选择需要的线型。

（3）删除多余图层

打开“图层特性管理器”对话框，选中需要删除的图层，单击“删除图层”按钮，就可以把多余图层删除。但是当前层、定义点层、包含对象的图层不能删除。

2.2 绘制复杂平面图形

2.2.1 图形分析

按图层绘制如图 2-12 所示平面图。

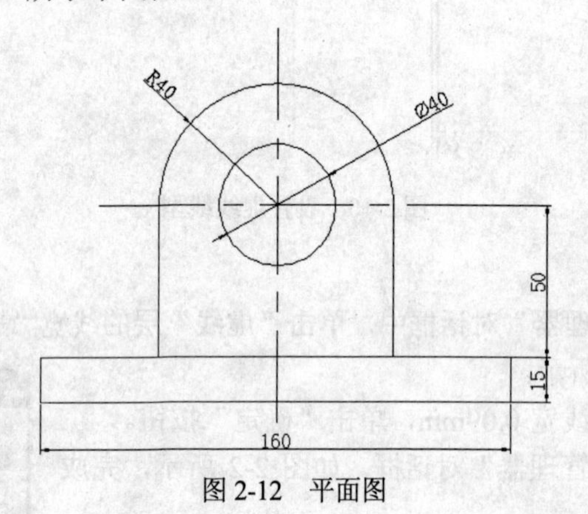

图 2-12 平面图

2.2.2 图形绘制

1. 定义样板文件，创建一个新图形

◆ 选择下拉菜单【文件】/【新建】

◆ 单击标准工具栏按钮

◆ 在命令行输入命令 NEW

绘制一幅图形前，应进行基本绘图设置。首先定义样板文件，创建一个新图形。打开“选择样板”对话框，从中选择样板文件 acadiso.dwt 作为新绘图形的样板（acadiso.dwt 文件是一公制样板，其有关设置接近我国的绘图标准），如图 2-13 所示。单击对话框中的“打开”按钮，AutoCAD 创建对应的新图形。此时就可以进行样板文件的相关设置或绘制相关图形。

图 2-13　选择样板文件 acadiso.dwt

2．设置绘图单位的格式

◆ 选择下拉菜单【格式】/【单位】

◆ 在命令行输入命令 UNITS

打开“图形单位”对话框，确定长度尺寸和角度尺寸的单位格式以及对应的精度。如图 2-14 所示。

单击对话框中的“方向”按钮，打开“方向控制”对话框，如图 2-15 所示。该对话框用于确定基准角度，即零角度的方向。设置完成后，单击对话框中的“确定”按钮，返回图 2-14 所示的“图形单位”对话框。单击对话框中的“确定”按钮，完成绘图单位格式及其精度设置。

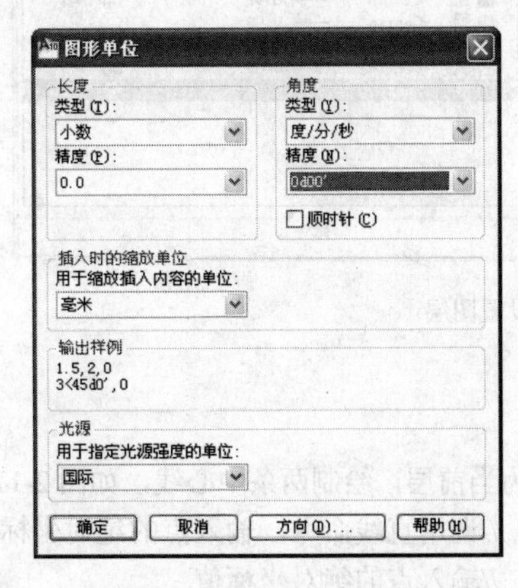

图 2-14　“图形单位”对话框

图 2-15　“方向控制”对话框

3．设置图形界限

◆ 选择下拉菜单【格式】/【图形界限】

◆ 在命令行输入命令 LIMITS

指定左下角点或[开(ON)/关(OFF)] <0.0000,0.0000>:　　　　//回车确认

指定右上角点 <420.0000,297.0000>：210,297　　　　　//输入 210，297 后回车确认
命令：　　　　　　　　　　　　　　　　　　　　　　　//回车确认
LIMITS　　　　　　　　　　　　　　　　　　　　　　　//继续执行图形界限命令
重新设置模型空间界限：
指定左下角点或 [开(ON)/关(OFF)] <0.0000,0.0000>：on　　//回车确认
即完成 A4 图幅的设置，并使所设图形界限有效。

4. 设置图层

1）创建粗实线层，颜色为白色，线宽 0.3mm，线型 Continuous。
2）创建细实线层，颜色为白色，线宽 0.09mm，线型 Continuous。
3）创建波浪线层，颜色为绿色，线宽 0.09mm，线型 Continuous。
4）创建虚线层，颜色为黄色，线宽 0.09mm，线型 DASHED。
5）创建中心线层，颜色为红色，线宽 0.09mm，线型 CENTER。
6）创建尺寸标注层，颜色为青色，线宽 0.09mm，线型 Continuous。
7）创建剖面线层，颜色为蓝色，线宽 0.09mm，线型 Continuous。
8）创建文字标注层，颜色为绿色，线宽 0.09mm，线型 Continuous。
结果如图 2-16 所示。

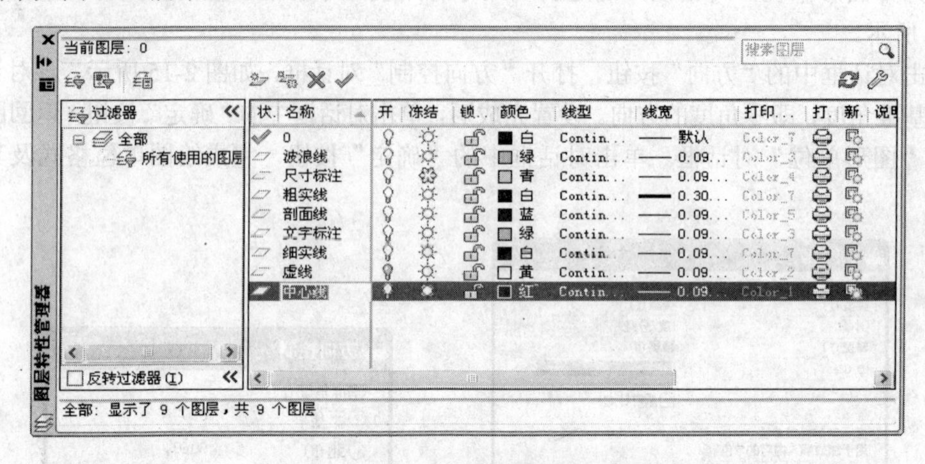

图 2-16　设置图层

5. 分层绘图

1）在中心线层绘制中心线。设置中心线层为当前层，绘制两条中心线，如图 2-17 所示。
命令：_line 指定第一点：30,170　　　　　　//调用直线命令，输入点的绝对坐标值
指定下一点或[放弃(U)]：170,170　　　　　//输入点的绝对坐标值
指定下一点或[放弃(U)]:　　　　　　　　　//回车，结束命令
命令：_line 指定第一点：90,260　　　　　　//调用直线命令，输入点的绝对坐标值
指定下一点或[放弃(U)]：90,80　　　　　　//调用直线命令，输入点的绝对坐标值
指定下一点或[放弃(U)]　　　　　　　　　//回车，结束命令
2）在粗实线层绘制主体图形的所有粗实线轮廓。如图 2-18 所示。

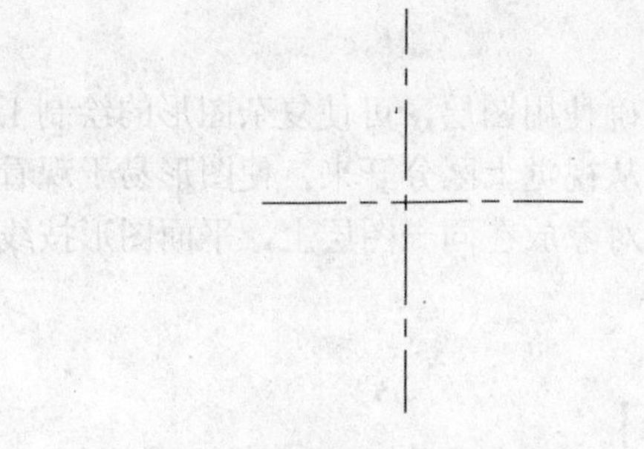

图 2-17 绘制中心线

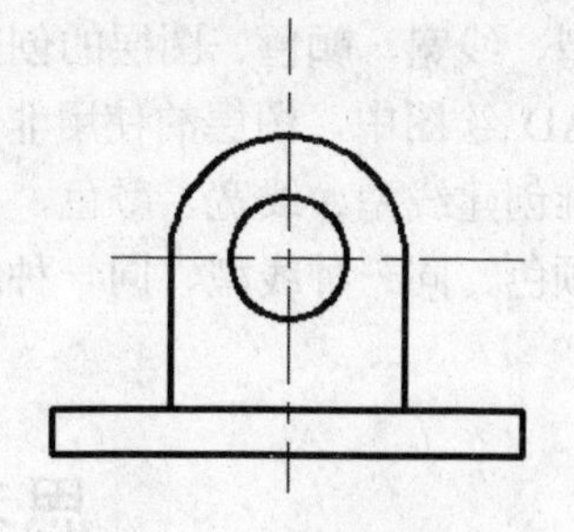

图 2-18 绘制轮廓线

命令：_circle

指定圆的圆心或 [三点(3P)/两点(2P)/切点、切点、半径(T)]：90，170 //调用圆命令，输入圆心的绝对坐标值

指定圆的半径或 [直径(D)]：20 //输入圆的半径，回车确认

命令：CIRCLE 指定圆的圆心或 [三点(3P)/两点(2P)/切点、切点、半径(T)]：90，170 //调用圆命令，输入圆心的绝对坐标值

指定圆的半径或[直径(D)] <20.0000>：40 //输入圆的半径，回车确认

命令：_line 指定第一点：50,170 //调用直线命令，输入点的绝对坐标值

指定下一点或[放弃(U)]：50,120 //输入点的绝对坐标值

指定下一点或[放弃(U)]： //回车确认

命令：_line 指定第一点：130,170 //调用直线命令，输入点的绝对坐标值

指定下一点或[放弃(U)]：130,120 //输入点的绝对坐标值

指定下一点或[放弃(U)]： //回车确认

命令：_line 指定第一点：10,120 //调用直线命令，输入点的绝对坐标值

指定下一点或[放弃(U)]：170,120 //输入点的绝对坐标值

指定下一点或[放弃(U)]：170,105 //输入点的绝对坐标值

指定下一点或[闭合(C)/放弃(U)]：10,105 //输入点的绝对坐标值

指定下一点或[闭合(C)/放弃(U)]：c //调用 c 封闭图形

命令：_trim //调用修剪命令

当前设置：投影=UCS，边=无

选择剪切边...

选择对象或<全部选择>：找到 1 个 //选择剪切边

选择对象：找到 1 个，总计 2 个 //选择剪切边

选择对象：

选择要修剪的对象，或按住 Shift 键选择要延伸的对象，或[栏选(F)/窗交(C)/投影(P)/边(E)/删除(R)/放弃(U)]： //选择要修剪的对象

选择要修剪的对象，或按住 Shift 键选择要延伸的对象，或[栏选(F)/窗交(C)/投影(P)/边(E)/删除(R)/放弃(U)]： //回车确认

3）将当前层设置为尺寸标注层，并在该层上进行尺寸标注。执行结果如图 2-12 所示。

小　　结

本章介绍了使用 LAYER 命令创建、管理和设置图层的方法，复杂平面图的分层绘制方法。学习了线型、线宽、颜色、图层的创建及使用。

在 AutoCAD 绘图中，图层的使用非常重要，正确使用图层，可使复杂图形的绘制工作简单。按照标准创建线型、线宽、颜色，把图形对象从视觉上区分开来，使图形易于观看。一般把同一种颜色、同一种线型、同一种线宽的图形对象放在同一图层上，平面图形按线型分层绘制。

思考与练习

一、选择题

1. 改变已有图形线型，如采用更换图层的方法，应单击________工具栏上的下拉列表框。

A．标准　　B．对象特征　　C．图层　　D．绘图

2. 图形中已有中心线存在，如需设置中心线层为当前层，单击图形中的中心线图线后，还应单击________工具栏上"将对象的图层置为当前"按钮。

A．标准　　B．对象特征　　C．图层　　D．绘图

二、判断题

1. 只有单击"图层"工具栏上的"图层特性管理器"按钮，才能打开"图层特性管理器"对话框。(　　)

2. 在"图层特性管理器"对话框中单击某一图层即可将其设为当前层。(　　)

3. 在"加载或重载线型"对话框中选择线型后，单击"确定"按钮，回到"选择线型"对话框，再次单击"确定"按钮，即可完成线型设置。(　　)

4. 创建的图层可以删除。(　　)

三、简答题

1. 如何设置当前层？

2. 如何改变图形的线型和颜色？

四、操作题

按下列要求设置 6 个图层

图 层 名 称	颜　色	AutoCAD 线型	AutoCAD 线宽
粗实线层	绿色	Continuous	0.5mm
细实线层	黄色	Continuous	0.25mm
虚线层	品红	DASHED	0.25mm
中心线层	红色	CENTER	0.25mm
尺寸标注层	青色	Continuous	0.25mm
剖面线层	青色	Continuous	0.25mm
文字标注层	白色	Continuous	0.25mm

第 3 章　图形的绘制与编辑

教学目标：

本章主要以实例形式介绍基本绘图命令和编辑命令。通过给定任务图形的完成，初步掌握平面图形绘制的一般方法。

学习重点：

✧ 绘图命令
✧ 编辑命令

3.1　绘制平面图形实例 1

3.1.1　图形分析

如图 3-1 所示，本图形是由四组三角形和一个圆形组成。其中一组三角形位于中心，其它三组三角形均布在其周围。大三角形为外接圆半径为 50 的正三角形。小三角形的顶点位于大三角形边长的中点位置。

图 3-1　平面图形

3.1.2　图形绘制

1．绘制三角形

点击图标⬠，调用多边形命令，绘制三角形，如图 3-2 所示。

命令：_polygon 输入边的数目 <4>：3　//输入边数 3
指定正多边形的中心点或[边(E)]：　//在屏幕指定一点为中心
输入选项[内接于圆(I)/外切于圆(C)] <I>：I　//选择内接圆

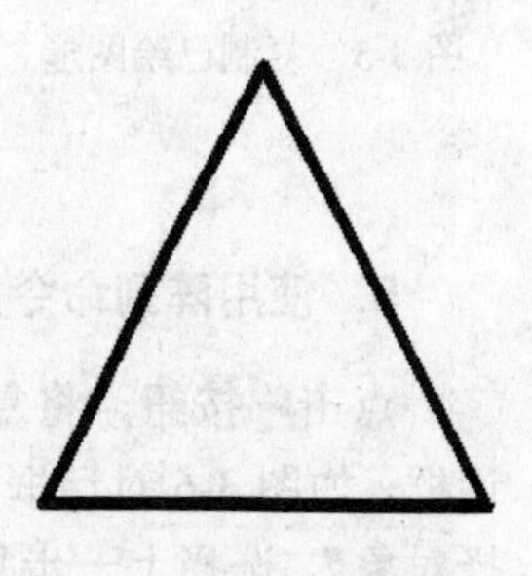

图 3-2　绘制三角形

指定圆的半径：50　　　　　　　　　　　　　　//指定外接圆半径为 50

2．绘制内接三角形

点击图标⁄，调用直线命令，开启对象捕捉，捕捉大三角形边长中点，依次画出三条直线，完成内接三角形的绘制，如图 3-3 所示。

命令：_line 指定第一点：　　　　　　　　　　//捕捉边的中点
指定下一点或 [放弃(U)]：<正交 开>　　　　//绘制第一条边
指定下一点或 [放弃(U)]：<正交 关>　　　　//绘制第二条边
指定下一点或 [闭合(C)/放弃(U)]：c　　　　　//绘制第三条边

3．绘制大三角形的三条角平分线

调用直线命令，开启端点和中点捕捉，绘制大三角形的三条角平分线，如图 3-4 所示。

图 3-3　绘制内接三角形

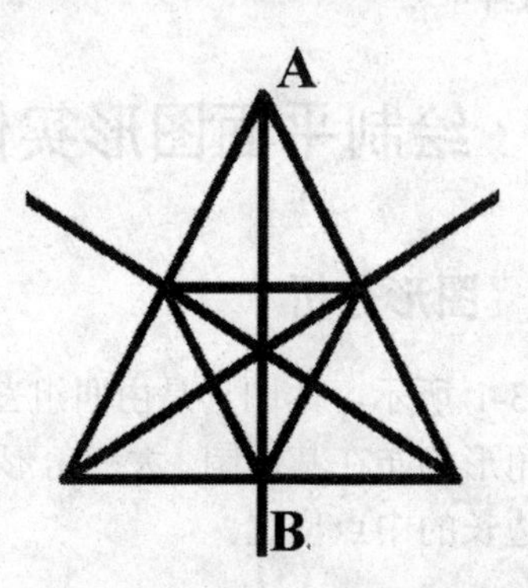

图 3-4　绘制三条角平分线

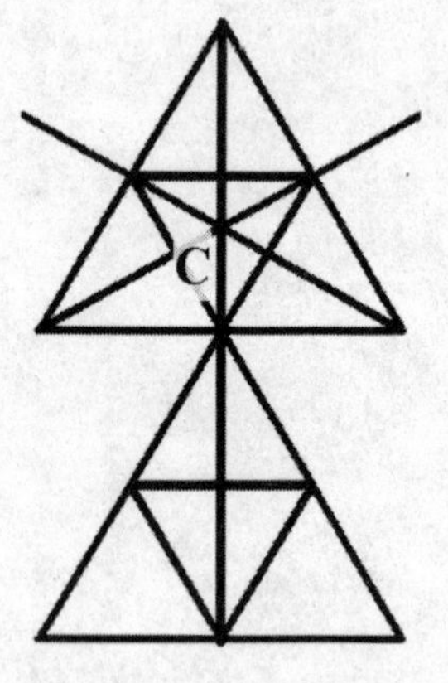

图 3-5　复制已绘图形

命令：_line 指定第一点：
指定下一点或[放弃(U)]：　　　　　　//绘制第一条角平分线
命令：_line 指定第一点：
指定下一点或[放弃(U)]：　　　　　　//绘制第二条角平分线
命令：_line 指定第一点：
指定下一点或[放弃(U)]：　　　　　　//绘制第三条角平分线

4．使用复制命令复制图形

如图 3-5 所示，框选中已绘制图形，点击鼠标右键，选择“带基点复制”，指定大三角形顶点 A 为基点，点击右键粘贴，捕捉大三角形底边中点 B 为粘贴指定点。

命令：_copyclip 找到 4 个　　　　　//复制目标
命令：_pasteclip 指定插入点：　　　//粘贴到指定点 B

5．使用阵列命令复制图形

点击按纽，将复制的大三角形打散，删除其底边。再点击图标，弹出阵列命令对话框，如图 3-6 对话框，选择环行阵列，在图中点击阵列中心 C 点，回车，点击对话框中“选择对象”，选择上一步复制的图形作阵列对象，点鼠标右键确认，在填充项目总数处键入数字 3，然后点确定，图形阵列完成，最终形成图 3-7 所示图形。

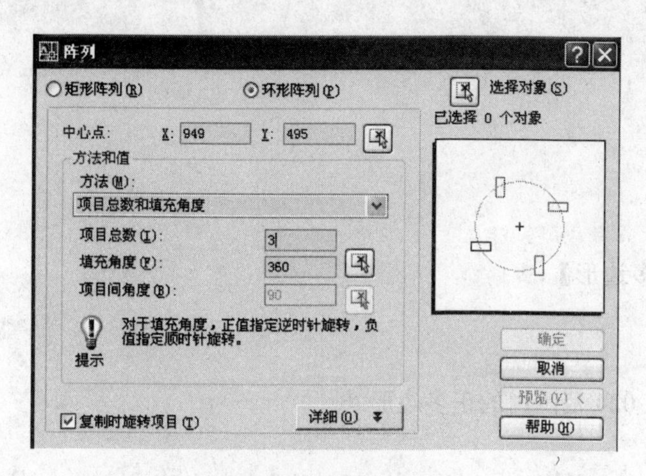

图 3-6　阵列对话框

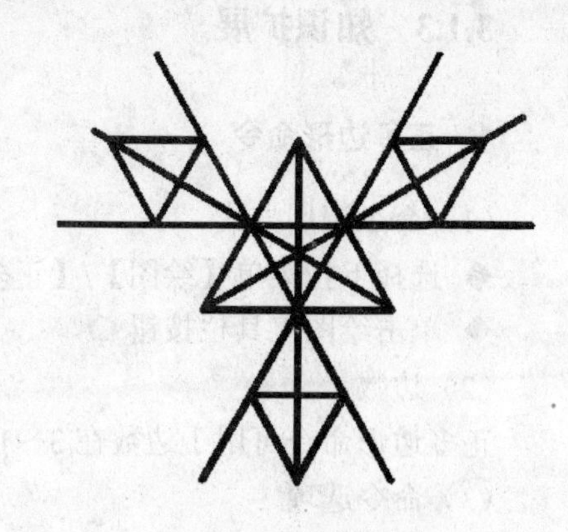

图 3-7　阵列后图形

命令：_explode 找到 1 个　　　　　//使用分解命令，打散大三角形
命令：_.erase 找到 1 个　　　　　//删除底边
命令：_array　　　　　　　　　　//阵列对象

6. 绘制外部大圆

点击图标，调用画圆命令，以 C 点为圆心 CD 长度为半径画圆，如图 3-8 所示。
命令：_circle 指定圆的圆心或 [三点(3P)/两点(2P)/相切、相切、半径(T)]:
　　　　　　　　　　　　　　　　//指定 C 点为圆心
指定圆的半径或 [直径(D)]:　　　//指定 CD 长度为半径

7. 修剪多余部分线条

点击命令后，选择大圆为修剪边界，回车确认，用鼠标左键在图中点击大圆以外多余线条，完成图形修剪。最终完成了整个图形绘制，如图 3-1 所示。

命令：_trim
选择剪切边...
选择对象或 <全部选择>:　　　//选择大圆以外多余线段

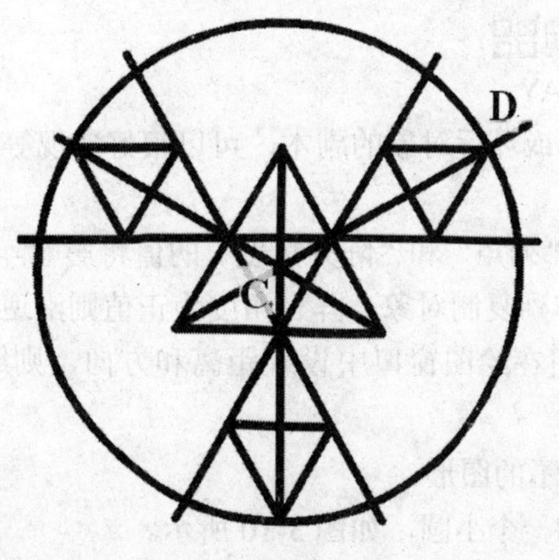

图 3-8　画圆后图形

3.1.3 知识扩展

1. 正多边形命令

（1）命令调用方式

◆ 选择下拉菜单【绘图】/【正多边形】

◆ 单击绘图工具栏按钮

（2）边数

正多边形命令可用于边数在 3～1 024 范围内的正多边形。

（3）命令选项

1）指定中心点：有两种子选项，一种是内接于圆（I），另一种是外切与圆（C）。

内接于圆（I），指绘制的多边形内接于圆，给定的半径是多边形中心到多边形顶点的距离。

外切于圆（C），指绘制的多边形外切于圆，给定的半径是多边形的中心到各边中点的距离。

2）边（E）命令选项：按照多边形边长绘制正多边形。当系统提示指定第一端点后，按照给定的第一点与第二点连线方向的逆时针绘制正多边形。

2. "复制" 命令

命令调用方式：

◆ 选择下拉菜单【修改】/【复制】

◆ 单击修改工具栏按钮

"复制" 命令在复制时，可以用鼠标在屏幕上指定点复制，也可实现给定距离复制。

3. 阵列命令

命令调用方式：

◆ 选择下拉菜单【修改】/【阵列】

◆ 单击修改工具栏按钮

◆ 在命令行输入 ARRAY

阵列命令可以创建矩形或环行对象的副本，可以很好实现等距均布图形的复制。

（1）矩形阵列复制

矩形阵列中，"行距"、"列矩" 和 "阵列角度" 的值将影响阵列的方向。行距、列矩为正值将沿 X 轴或 Y 轴正方向阵列复制对象；阵列角度为正值则沿逆时针方向阵列复制对象，反之则相反。也可以通过按钮在绘图窗口中设置距离和方向，则给定点的前后顺序确定了偏移的方向。

例如，绘制如图 3-9 所示的图形。

首先，绘制两个矩形和一个小圆，如图 3-10 所示。

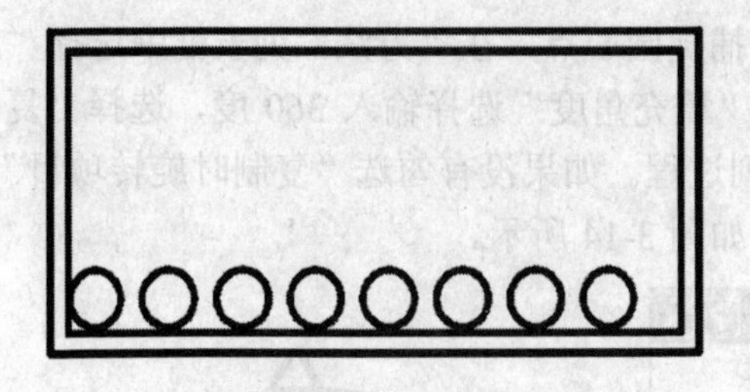

图 3-9　矩形和小圆

图 3-10　绘制矩形和小圆

其次，调用阵列命令，弹出图 3-11 对话框，选择矩形阵列，设置行、列参数值，设为 1 行 9 列，设定行偏移和列偏移参数，以及阵列角度参数。回车选择阵列对象小圆，点鼠标右键返回对话框，点击确定按钮完成矩形阵列。

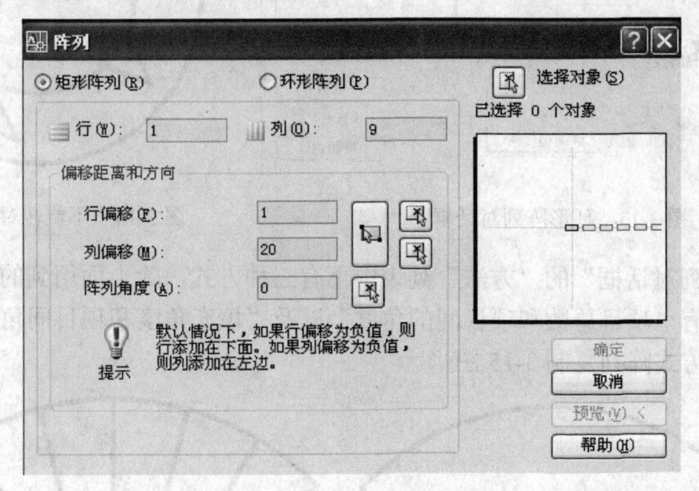

图 3-11　矩形阵列对话框

（2）环形阵列

创建环形阵列时，设置填充角度为正值时，阵列按逆时针方向绘制；输入角度为负值时，则按顺时针方向绘制。阵列复制如图 3-12 所示。

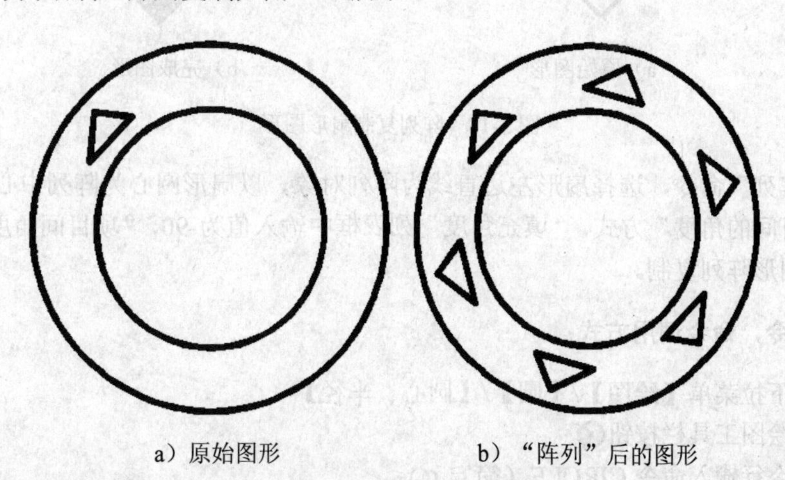

a）原始图形　　b）“阵列”后的图形

图 3-12　环形阵列三角形

首先绘制圆环和一个小三角形，调用阵列命令，弹出阵列命令对话框，如图 3-13 所示。

选择三角形为阵列对象，单击“中心点”按钮，捕捉圆心点，在“方法”列表框中选择“项目总数和填充角度”方式，“项目总数”选择 6，“填充角度”选择输入 360 度，选择“复制时旋转项目”选项，单击“确定”，完成环形阵列过程。如果没有勾选“复制时旋转项目”，则在阵列时三角形不旋转，不旋转对象环形阵列如图 3-14 所示。

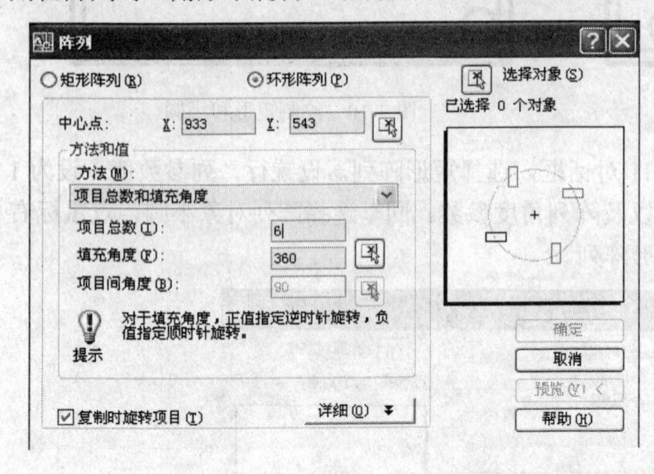

图 3-13　环形阵列对话框

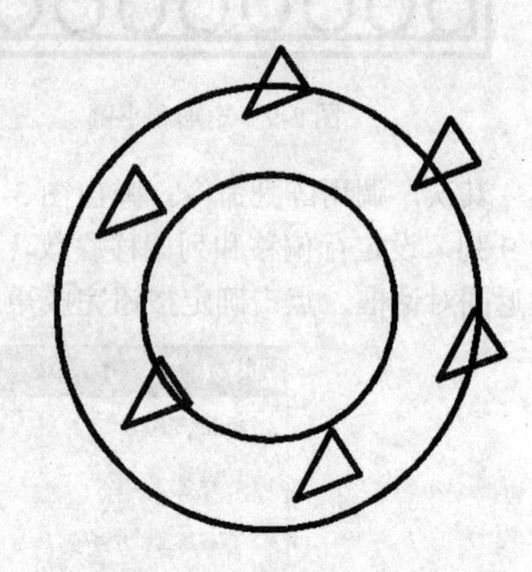

图 3-14　不旋转对象的环形阵列

在“环形阵列对话框”的“方法”列表中下有三种方式，除上面用到的“项目总数和填充角度”外，还有“项目总数和项目间的角度”以及“填充角度和项目间角度”两种方式。可以利用这两种方式阵列复制 3-15 图形。

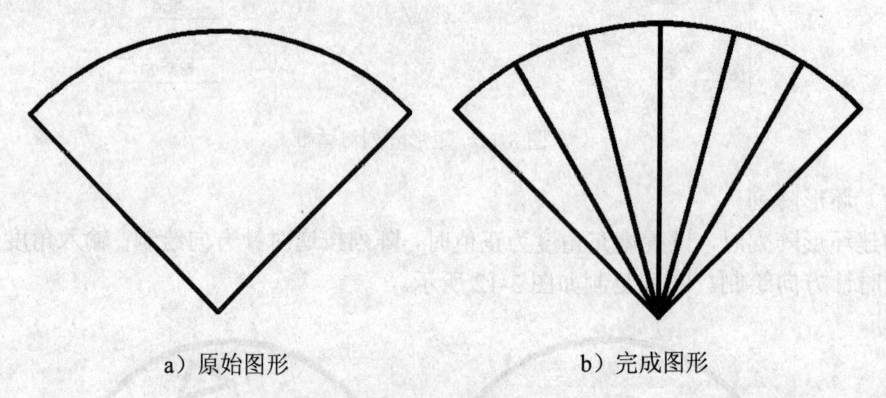

a）原始图形　　　　b）完成图形

图 3-15　阵列复制扇形图形

调用“阵列”命令，选择扇形左边直线为阵列对象，以扇形圆心为阵列中心，选择“填充角度和项目间的角度”方式，“填充角度”列表框中输入值为-90，“项目间角度”输入 15，则完成扇形图形阵列复制。

4．圆命令，命令调用方式：

◆ 选择下拉菜单【绘图】/【圆】/【圆心、半径】
◆ 单击绘图工具栏按钮
◆ 在命令行输入命令 CIRCLE（简写 C）

在绘制圆的菜单中有 6 个子选项，如图 3-16 所示。根据已知条件和需要，酌情选择其中一种方式，即可完成圆形绘制。

1）圆心、半径（直径）：这两种方式比较常用，指定一点为圆心，键入半径（R）数值或直径（D）数值，即可完成绘圆。

2）两点（2P）：指定两点作为圆的一条直径。

3）三点（3P）：指定不在同一直线上的3个点绘制圆。

4）相切、相切、半径（T）：绘制半径已知，同时与两个对象相切的连接圆。

5）相切、相切、相切（A）：绘制与3个对象同时相切的圆。值得注意的是，该命令选项绘制圆时，只能在绘图菜单中选用。

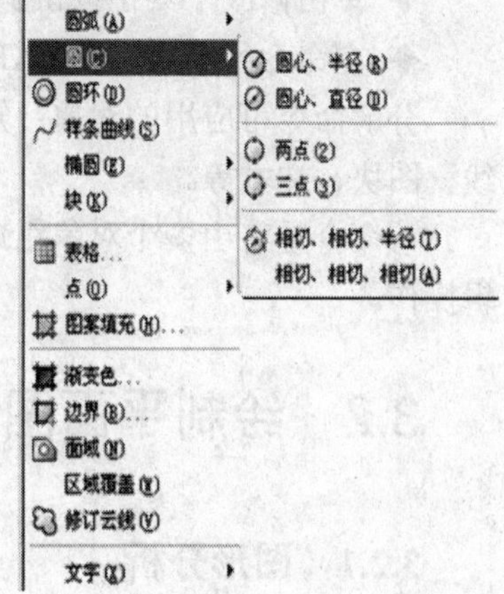

图3-16　绘圆命令子选项

5. 修剪命令

命令调用方式：

◆ 选择下拉菜单【修改】/【修剪】

◆ 单击修改工具栏按钮-/--

（1）修剪对象

可以修剪的对象包括圆弧、圆、椭圆弧、直线、多段线、射线、样条曲线、图形填充和构造线等。操作时，先选择作为修剪对象的剪切边，或者选择所有对象作为可能的剪切边，再选择被修剪的对象。

（2）命令选项

1）投影（P）选项：可以指定修剪空间。该选项主要用于三维空间中两个对象的修剪，这时可将修剪对象投影到某一平面内进行修剪操作。

2）边（E）选项：输入E选项，命令行提示“输入隐含边延伸模式【延伸(E)/不延伸(N)】<不延伸>:”，如果选择“延伸（E）”选项，当被修剪的对象与边界不相交时，系统会沿其自然路径延伸剪切边使它与要修剪的对象相交，从而剪裁要修剪的对象。如果选择“不延伸（N）:”选项，则只有被修剪对象与修剪边界真正相交时，才能进行修剪。如图3-17中，以上面的水平线为边界，修剪左侧垂线。图3-17a为“不延伸（N）”模式，不能被修剪；图3-17b为“延伸（E）”模式，可以被修剪。

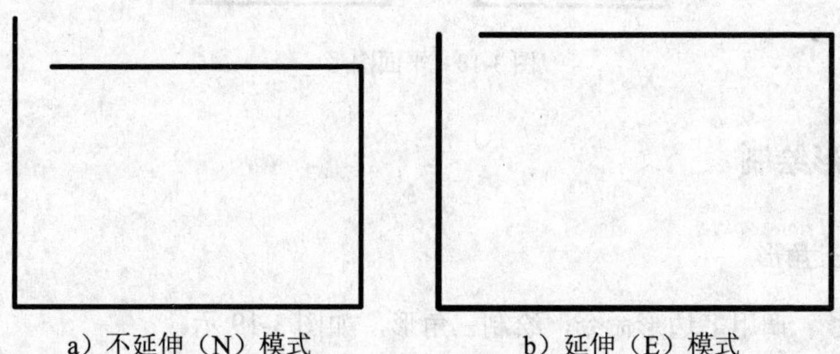

a）不延伸（N）模式　　b）延伸（E）模式

图3-17　修剪对象模式

3）放弃（U）选项：取消上次操作。

6. 分解命令

命令调用方式：

◆ 选择下拉菜单【修改】/【分解】

◆ 单击修改工具栏按钮

◆ 在命令行输入命令 EXPLODE

分解命令可应用的对象：矩形命令绘制的矩形、正多边形命令绘制的各种多边形、多段线、图块、文本等。

该命令是将由多个对象组成的对象分解开，成为单独的对象，利于给定对象中的局部编辑操作。

3.2 绘制平面图形实例 2

3.2.1 图形分析

如图 3-18 所示，本图形是由四组三角形和一个小圆组成。其中一组大三角形位于中心，其他三组三角形均布在其周围。大三角形为外接圆半径为 100 的正三角形。小三角形的顶点在大三角形的顶点上，且外接圆半径为 70。将大三角形向外偏移 10，获得大三角形组；将小三角形向内偏移 10，获得小三角形组。小圆位于大三角形中心，半径为 20。大三角形组与其他图形未重叠部分有剖面线。

图 3-18 平面图形

3.2.2 图形绘制

1. 绘制大三角形

点击图标 ，调用多边形命令，绘制三角形，如图 3-19 示。

命令：_polygon 输入边的数目 <4>：3 //输入边数 3

指定正多边形的中心点或[边(E)]：190，160 //指定（190，160）为中心

输入选项 [内接于圆(I)/外切于圆(C)] <I>：I //选择内接圆

指定圆的半径：100 //指定外接圆半径为 100

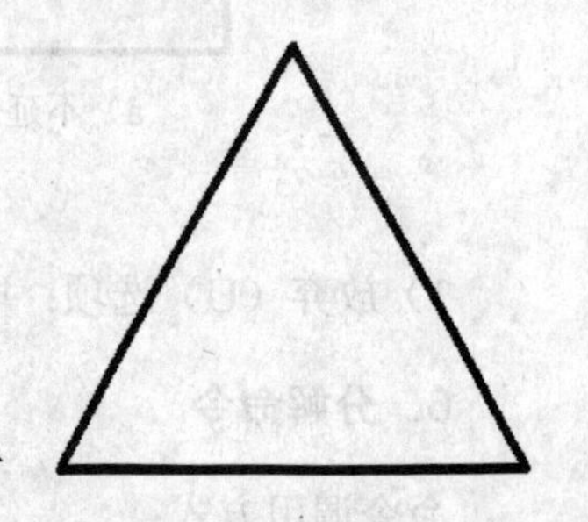

图 3-19 绘制大三角形

2．绘制小三角形

点击图标，调用多边形命令，绘制小三角形，如图 3-20 示。

命令：_polygon 输入边的数目<4>：3　　//输入边数 3
指定正多边形的中心点或[边(E)]：　　//指定大三角形顶点为中心
输入选项 [内接于圆(I)/外切于圆(C)] <I>：I　　//选择内接圆
指定圆的半径：70　　//指定外接圆半径为 70

3．将大三角形向外侧偏移复制

点击按钮，选择大三角为偏移对象，偏移距离为 10，偏移侧指向大三角形外侧。偏移后如图 3-21 所示。

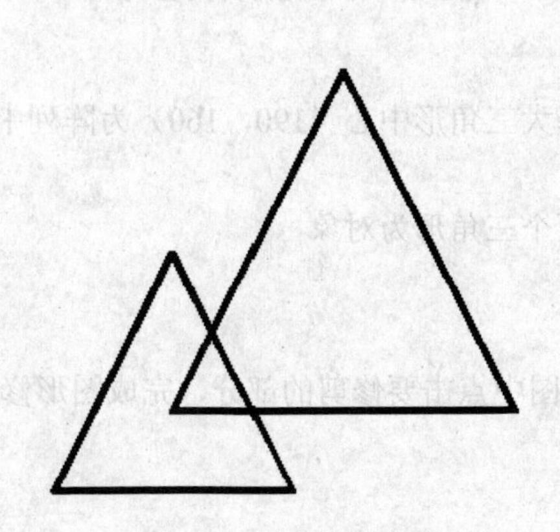

图 3-20　绘制小三角形

图 3-21　向外偏移大三角形

命令：_offset
指定偏移距离或 [通过(T)/删除(E)/图层(L)] <通过>：10　　//指定偏移距离
选择要偏移的对象，或 [退出(E)/放弃(U)] <退出>：　　//选择偏移对象
指定要偏移的那一侧上的点，或[退出(E)/多个(M)/放弃(U)]<退出>：　　//指定偏移一侧

4．将小三角形向内侧偏移复制

点击按钮，选择小三角为偏移对象，偏移距离为 10，偏移侧指向小三角形内侧。偏移后如图 3-22 所示。

命令：_offset
指定偏移距离或[通过(T)/删除(E)/图层(L)]<通过>：10　　//指定偏移距离
选择要偏移的对象，或[退出(E)/放弃(U)]<退出>：　　//选择偏移对象
指定要偏移的那一侧上的点，或[退出(E)/多个(M)/放弃(U)]<退出>：　　//指定偏移一侧

5．阵列复制两个小三角形

点击图标，弹出阵列复制对话框，选择环形阵列，“项目总数”键入 3，选择大三角形中心（190，160）为阵列中心，两个同心小三角形为阵列对象，点击“确定”按钮，完成阵列复制,如图 3-23 所示。

图 3-22　向内偏移小三角形

图 3-23　小三角形阵列复制

命令：_array
指定阵列中心点：　　　　　　　　　　//选择大三角形中心（190，160）为阵列中心
选择对象：找到 1 个
选择对象：找到 1 个，总计 2 个　　　　//选择两个三角形为对象

6．修剪多余线段

点击图标 ，将要修建的对象选中，回车，在图中点击要修剪的部分，完成图形修剪。最终完成了整个图形绘制，如图 3-24 所示。

命令：_trim
当前设置：投影=UCS，边=延伸
选择剪切边...找到 8 个　　　　　　//修剪多余线段

7．绘制中心小圆

点击图标 ，选择大三角形的中心（190，160）为圆心，输入圆的半径 20，在大三角中绘制小圆。绘制圆后如图 3-25 所示。

图 3-24　修剪多余线段

图 3-25　绘制小圆后的图形

命令：_circle 指定圆的圆心或[三点(3P)/两点(2P)/相切、相切、半径(T)]：<对象捕捉开>
指定圆的半径或[直径(D)]：20　　　　　　//绘制半径为 20 的小圆

8. 填充图形，绘制剖面线

点击图标，调用图形填充命令，弹出图形填充命令对话框，如图 3-26 所示。单击“图案（P）”列表框后的样例按钮，或单击“样例”列表框，弹出图 3-27 所示的“填充图案选项板”对话框。选择“ANSI”页，选择“ANSI31”，单击“确定”，返回“编辑图案填充”对话框。单击“拾取点”按钮，返回绘图窗口，鼠标在大三角形与小圆相交区域单击，选择填充区域，选择完成后回车，返回“边界图案填充”对话框。单击“预览”按钮，如果需要修改，则鼠标单击返回到对话框，重新设置各参数，如果预览合适，单击右键接受图案填充，从而完成图形的绘制。使用命令填充图形后，最终获得图 3-18 所示图形。

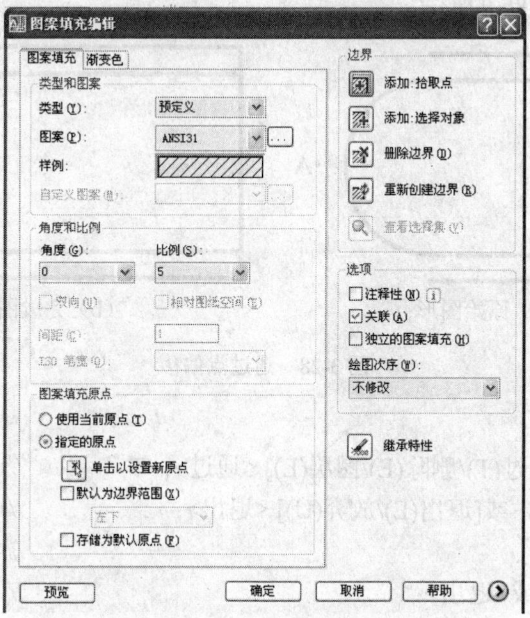

图 3-26　图形填充对话框

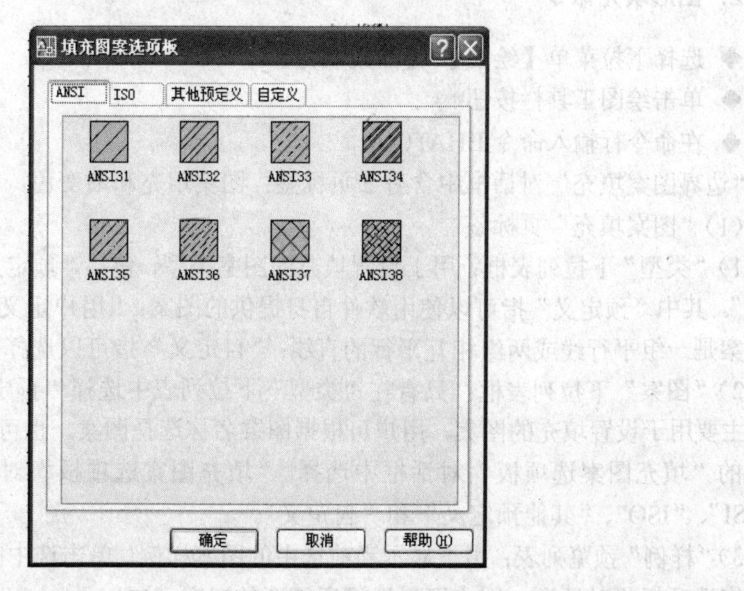

图 3-27　填充图案选项板

命令：_bhatch

拾取内部点或[选择对象(S)/删除边界(B)]：　　//点击大三角形与小圆相交区域

3.2.3 知识扩展

1．偏移命令

◆ 选择下拉菜单【修改】/【偏移】

◆ 单击修改工具栏按钮

偏移命令有两种使用方法：第一，通过前面使用的给定距离；第二是通过某已知点。如将图 3-28a 修改成图 3-28b 的形式。

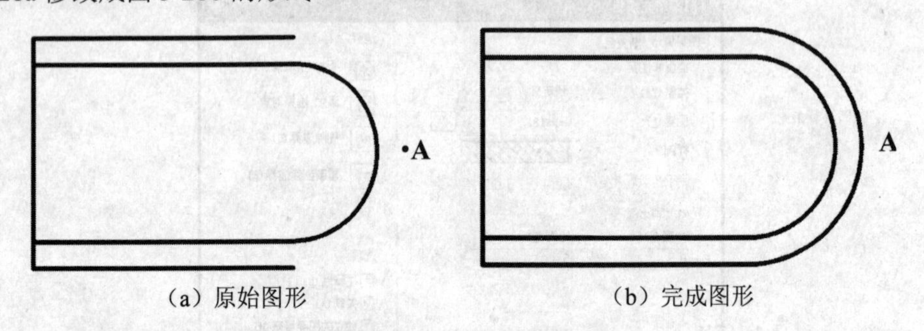

（a）原始图形　　（b）完成图形

图 3-28　通过点偏移

命令：_offset

指定偏移距离或[通过(T)/删除(E)/图层(L)] <通过>：T　　//选择通过项

选择要偏移的对象，或[退出(E)/放弃(U)] <退出>：　　//点击圆弧

指定通过点：　　//点击圆弧外侧通过 A 点

选择要偏移的对象或<退出>：　　//回车，结束命令

2．图形填充命令

◆ 选择下拉菜单【绘图】/【图案填充】

◆ 单击绘图工具栏按钮

◆ 在命令行输入命令 BHATCH

“边界图案填充”对话框中含有 2 页标签：图案填充和渐变色。

（1）“图案填充”页标签

1）“类型”下拉列表框：用于设置填充的图案类型，包括“预定义”、“用户定义”和“自定义”。其中“预定义”指可以使用软件自身提供的图案；“用户定义”指用户临时指定图案，该图案是一组平行线或两组相互平行的直线；“自定义”指可以选择用户事先准备好的图案。

2）“图案”下拉列表框：只有在“类型”下拉列表中选择“预定义”时，该列表才可以用。主要用于设置填充的图案，用户可根据图案名称选择图案，也可单击其后的...按钮，在打开的“填充图案选项板”对话框中选择。“填充图案选项板”对话框中共有 4 页标签：“ANSI”、“ISO”、“其他预定义”和“自定义”。

3）“样例”预览列表：用于显示当前选中的图案样例。单击选中的样例，也可以打开“填充图案选项板“对话框，用户可以选择所需要的图案。

4）“自定义图案”下拉列表框：当填充的图案采用自定义类型时才可使用。

5）“角度”下拉列表：用于设置图案填充的角度，每种图案在定义时旋转角度都为零。

6）“比例”下拉列表：用于设置图案填充的比例值，用户可根据需要设置放大或缩小的比例。

7）“间距”文本框：当在“类型”下拉列表中选择“用户自定义”时才可用，用于设置填充平行线间的距离。

8）“ISO 笔宽”下拉列表框：用于设置笔的宽度，当采用 ISO 图案时才可使用。

（2）“渐变色”页标签

使用渐变色选项卡，可以使用一种或两种颜色进行填充，如图 3-29 所示。

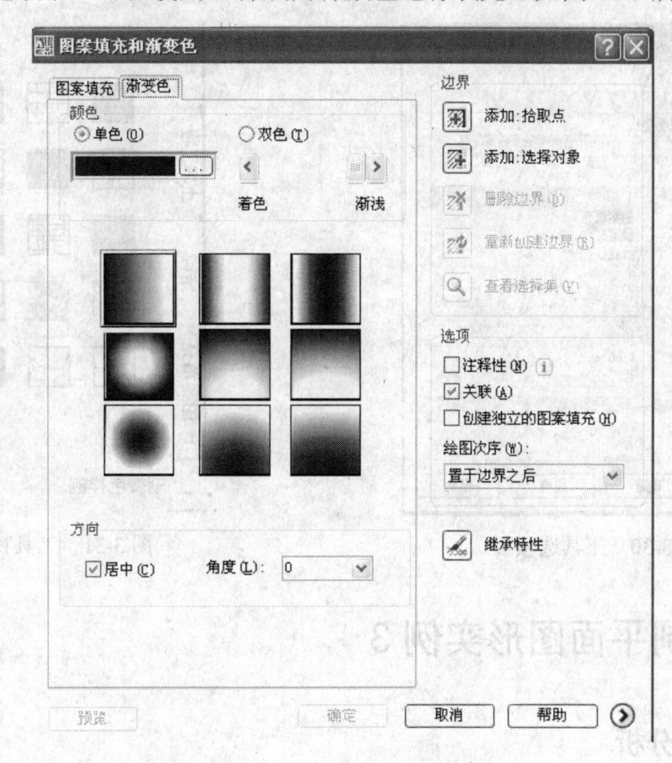

图 3-29 “渐变色”页标签

1）“单色”：使用一种颜色产生渐变色填充。

2）“双色”：可以使用两种颜色产生渐变色填充边界。

3）“渐变图案预览”区域：可以显示渐变图案的效果。

4）“居中”单选框：可以设置渐变色“居中”效果。

5）“角度”列表框：设置渐变色的角度。

（3）其他参数

1）“拾取点”按钮：以拾取点的形式指定填充区域边界。

2）“选择对象”按钮：通过选择对象的方式选择填充的区域边界。

3）“删除孤岛”按钮：单击此按钮，可以取消系统自动计算或用户指定的孤岛。

4）“继承特性”按钮：用已有的图案填充设置特性来填充要填充的对象。

5）“组合”选项区：设置图案填充与边界的关系。当选择“关联”时，对图案填充的某些边界进行一些编辑操作时，会自动生成图案填充；如果选择“不关联”，则图案填充和边界没有关系。

3．利用“工具选项板”填充

调用方式：Ctrl+3。

利用工具选项板将填充图形拖到图形中。

在“工具选项板”（图 3-30）中选择要填充的图案样式，将填充图案从内容区域拖到图形中的封闭对象中，即可完成图形填充。如软件提示：“填充间距太密，或短画尺寸太小”，则应在相应图案中单击鼠标右键，选择“特性”菜单，弹出如图 3-31 对话框，可调整比例值。利用“工具特性”，可以很方便地修改图案填充类型和填充对象的特性值。

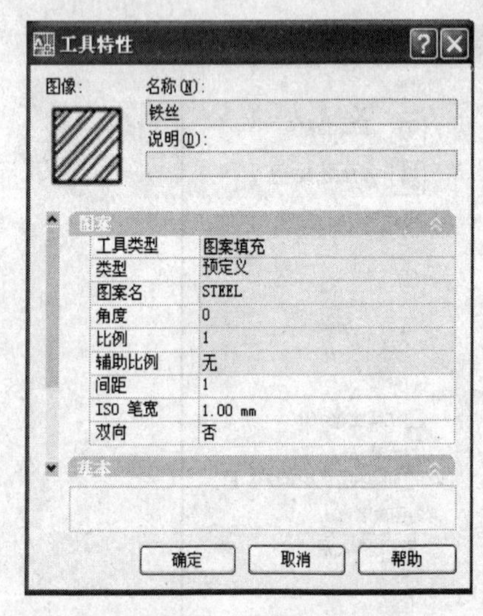

图 3-30　工具选项板

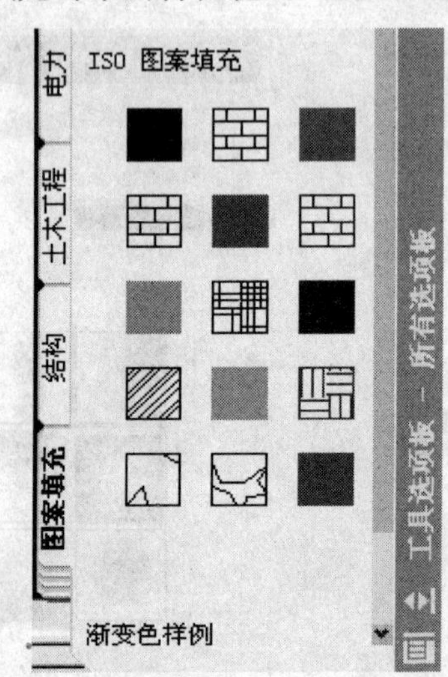

图 3-31　工具特性

3.3　绘制平面图形实例 3

3.3.1　图形分析

任务图形如图 3-32 所示。该图形主体是由 *R*10，*R*20，*R*30，*R*40，*R*60 五个同心圆组成，其中在 *R*30 的圆周上均布 3 个 *R*5 的圆，*R*60 的大圆周上均布 4 个 *R*8 和 *R*12 的同心圆。*R*60 大圆与 *R*12 圆交接处圆角半径为 3。

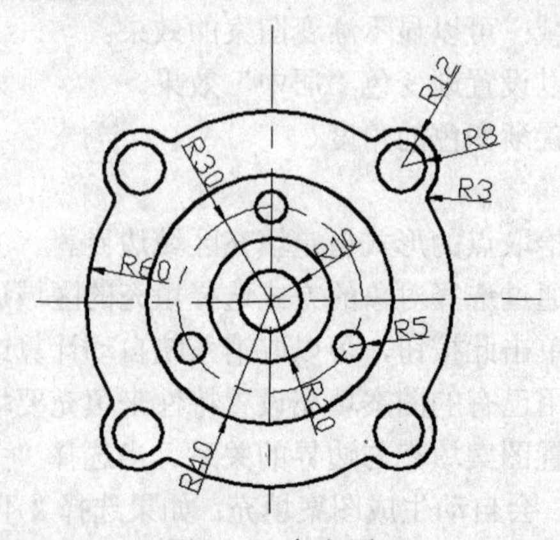

图 3-32　任务图形

3.3.2 图形绘制

1．画中心线

点击“格式”下拉菜单，选择“图层”，弹出“图层对话框，新建“图层，“加载线型为“CENTER”，设置颜色为红色，线宽为 0.09mm，图层名称为“中心线”。再新建一图层，线型保持默认，颜色保持默认(白色)，线宽为 0.3mm，图层名称为“粗实线”。点击“确定”保存“图层”设置。点击“中心线层”为当前图层，调用直线命令，绘制圆的中心线，如图 3-33 所示。

2．画 *R*10、*R*20、*R*30、*R*40、*R*60 同心圆

在图层工具栏上点击，选择“粗实线”层为当前图层，点击按钮，以中心线的交点为圆心，依次画出 *R*10、*R*20、*R*30、*R*40、*R*60 同心圆。绘制好的图形如图 3-34 所示。

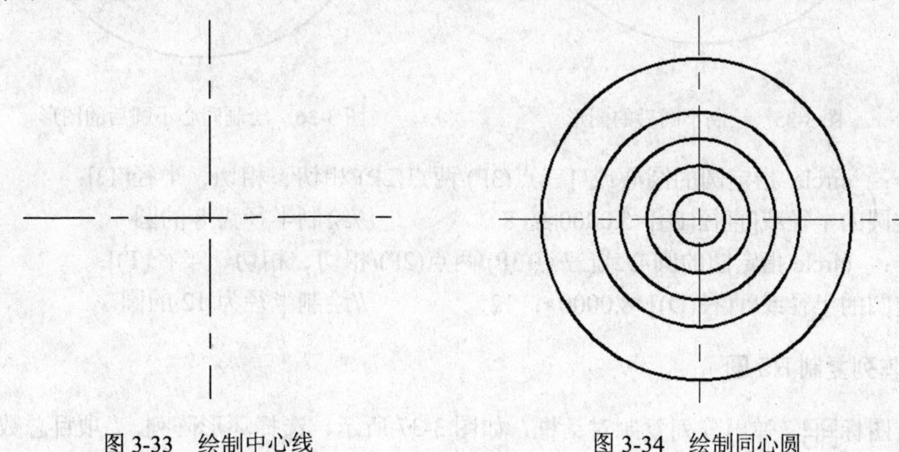

图 3-33　绘制中心线　　　　图 3-34　绘制同心圆

命令：_circle 指定圆的圆心或[三点(3P)/两点(2P)/相切、相切、半径(T)]:
指定圆的半径或[直径(D)]：10　　　　//绘制半径为 10 的圆
命令：_circle 指定圆的圆心或[三点(3P)/两点(2P)/相切、相切、半径(T)]:
指定圆的半径或 [直径(D)] <10.0000>：20　　　　//绘制半径为 20 的圆
命令：_circle 指定圆的圆心或[三点(3P)/两点(2P)/相切、相切、半径(T)]:
指定圆的半径或 [直径(D)]<20.0000>：30　　　　//绘制半径为 30 的圆
命令：_circle 指定圆的圆心或[三点(3P)/两点(2P)/相切、相切、半径(T)]:
指定圆的半径或[直径(D)]<30.0000>：40　　　　//绘制半径为 40 的圆
命令：_circle 指定圆的圆心或[三点(3P)/两点(2P)/相切、相切、半径(T)]:
指定圆的半径或[直径(D)]<40.0000>：60　　　　//绘制半径为 60 的圆

3．绘 R5 小圆

点击绘圆按钮，按指定圆心和半径的方式绘圆。圆心为 *R*30 圆周与垂直中心线的交点，半径为 5，绘制小圆后的图形如图 3-35 所示。

命令：_circle 指定圆的圆心或[三点(3P)/两点(2P)/相切、相切、半径(T)]:
指定圆的半径或[直径(D)]<60.0000>：5　　　　//绘制半径为 5 的小圆

4．绘制 *R*8 和 *R*12 的同心圆

点击绘圆按钮，按指定圆心和半径的方式绘圆。圆心为 *R*60 圆周与垂直中心线的交点，半径分别为 8 和 12，绘制同心圆后的图形如图 3-36 所示。

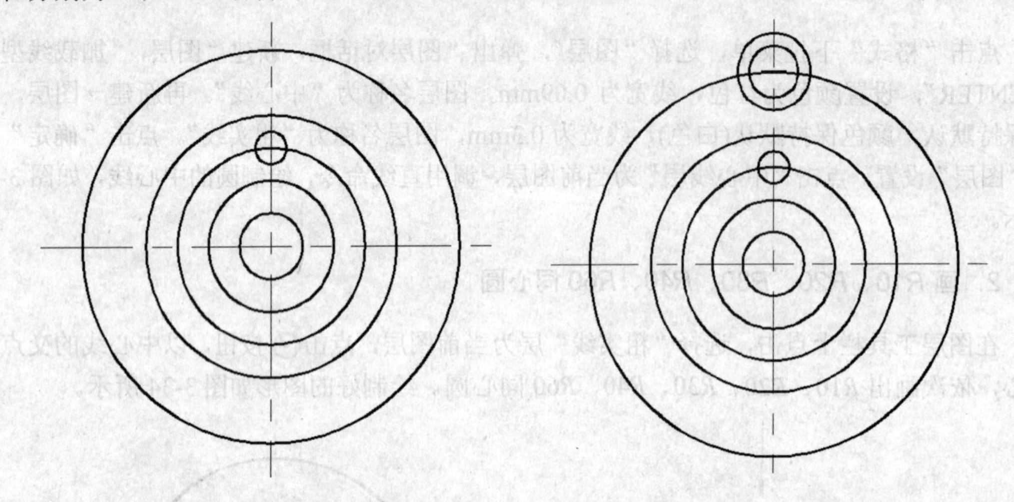

图 3-35　绘制小圆后的图形　　　　图 3-36　绘制同心小圆后的图形

命令：_circle 指定圆的圆心或 [三点(3P)/两点(2P)/相切、相切、半径(T)]：
指定圆的半径或[直径(D)]<5.0000>：8　　　　//绘制半径为 8 的圆
命令：_circle 指定圆的圆心或[三点(3P)/两点(2P)/相切、相切、半径(T)]：
指定圆的半径或[直径(D)]<8.0000>：12　　　　//绘制半径为 12 的圆

5．阵列复制 R5 圆

点击图标，弹出阵列复制对话框，如图 3-37 所示，选择环形阵列，“项目总数”键入 3，选择中心线的交点为阵列中心，*R*5 的小圆为阵列对象，点击“确定”按钮，完成阵列复制，如图 3-38 所示。

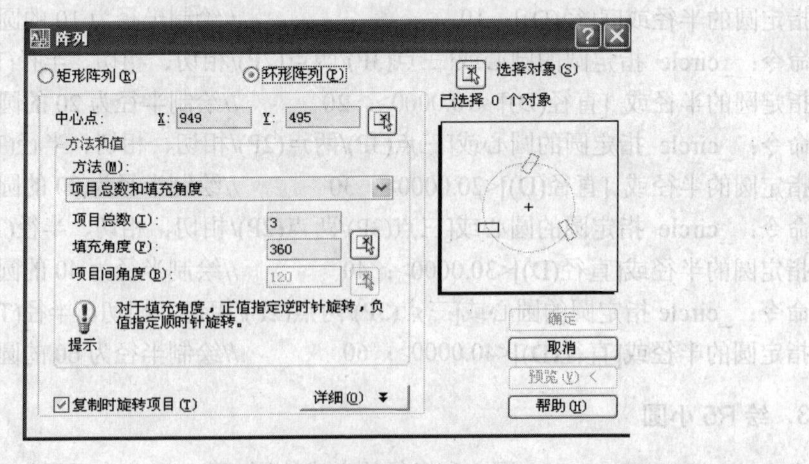

图 3-37　阵列复制对话框

命令：_array　　　　//阵列命令
指定阵列中心点：　　　　//指定中心线交点为阵列中心

选择对象：找到 1 个
选择对象：　　　　　　　　　　　　　　　　//阵列对象选择 R5 的小圆

6．旋转 *R*8 和 *R*12 同心圆

在修改工具栏中单击旋转按钮，选择 R8 和 R12 同心圆为旋转对象，回车，选择中心线交点为旋转基点，输入旋转角度数值为 45，回车，完成 R8 和 R12 同心圆的旋转，旋转后获得的图形如图 3-39 所示。

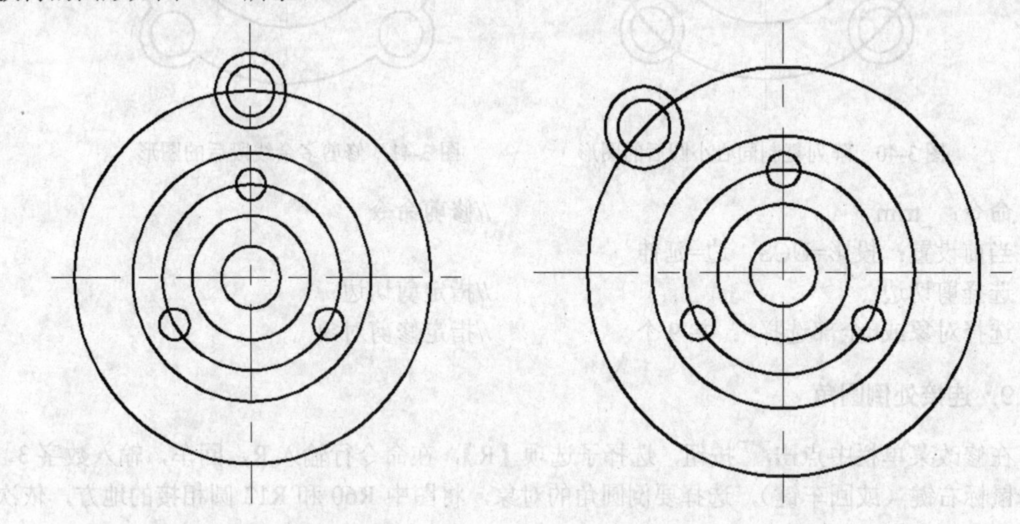

图 3-38　阵列复制小圆后的图形　　　　图 3-39　同心小圆旋转后的图形

命令：_rotate　　　　　　　　　　　　　　//旋转命令
UCS 当前的正角方向：ANGDIR=逆时针　ANGBASE=0
选择对象：找到 1 个　　　　　　　　　　　//选择第一个对象
选择对象：找到 1 个，总计 2 个　　　　　　//选择第二个对象
指定基点：　　　　　　　　　　　　　　　//指定中心线交点为基点
指定旋转角度，或[复制(C)/参照(R)]<0>：45　//指定旋转角度为 45

7．阵列复制 *R*8 和 *R*12 同心圆

点击图标，弹出阵列复制对话框，选择环形阵列，“项目总数”键入 4，选择中心线的交点为阵列中心，*R*8 和 *R*12 的小圆为阵列对象，点击“确定”按钮，完成阵列复制，如图 3-40 所示。

命令：_array　　　　　　　　　　　　　　//阵列复制命令
指定阵列中心点：　　　　　　　　　　　　//指定中心线交点为阵列中心
选择对象：找到 1 个　　　　　　　　　　　//找到第一个对象
选择对象：找到 1 个，总计 2 个　　　　　　//找到第二个对象

8．修剪多余线段

点击图标，将所有可能的剪切边选中，回车，在图中点击要修剪的部分，完成图形修剪。修剪后的图形如图 3-41 所示。

图 3-40　阵列复制同心小圆后的图形

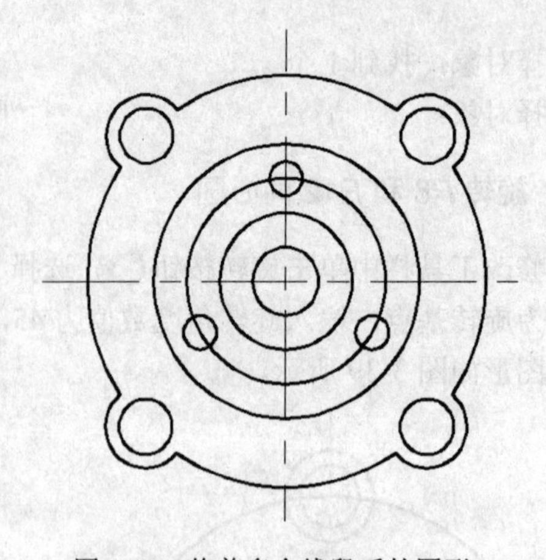

图 3-41　修剪多余线段后的图形

命令：_trim　　//修剪命令
当前设置：投影=UCS，边=延伸
选择剪切边...　　//指定剪切边
选择对象或<全部选择>：共 9 个　　//指定修剪对象

9．连接处倒圆角

在修改菜单栏中点击按钮，选择子选项【R】，在命令行输入 R，回车，输入数字 3，点击鼠标右键（或回车键），选择要倒圆角的对象，将图中 R60 和 R12 圆相接的地方，依次倒圆角。

命令：_fillet　　//倒圆角
当前设置：模式=修剪，半径 = 0.0000
选择第一个对象或 [放弃(U)/多段线(P)/半径(R)/修剪(T)/多个(M)]：r　//选择 R 子选项
指定圆角半径 <0.0000>：3　　//圆角半径为 3
选择第一个对象或 [放弃(U)/多段线(P)/半径(R)/修剪(T)/多个(M)]：　//选择第一个对象
选择第二个对象，或按住 Shift 键选择要应用角点的对象：　//选择第二个对象

各相接处分别倒角后，选中 *R*30 的圆，改变其图层为“中心线”图层。最终完成的图形如图 3-42 所示。

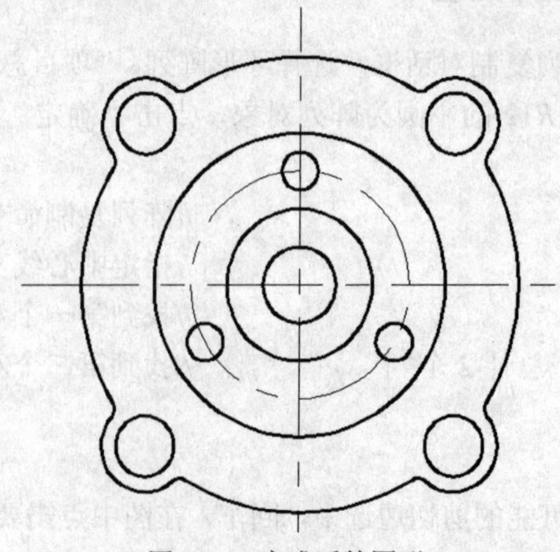

图 3-42　完成后的图形

3.3.3 知识扩展

1. “旋转”命令

命令调用方式：

◆ 选择下拉菜单【修改】/【旋转】

◆ 单击修改菜单栏按钮。

◆ 在命令行里输入命令 Rotate

“旋转”命令可以用于旋转指定的对象。要决定旋转角度，则需输入角度数值或指定第二点。在系统默认环境下，当输入的角度为正值时，则沿逆时针旋转，当输入的角度为负值时，则沿顺时针旋转对象。

2. “倒圆角”命令

命令调用方式：

◆ 选择下拉菜单【修改】/【圆角】

◆ 单击修改工具栏按钮

（1）命令选项

1）多段线（P）：在二维多段线中，两条线段相交的每个顶点处插入圆角，可以为整个多段线加圆角或从多段线中删除圆角。图 3-43a 是用多段线绘制的多边形,完成倒角后的图形如图 3-43b 所示。

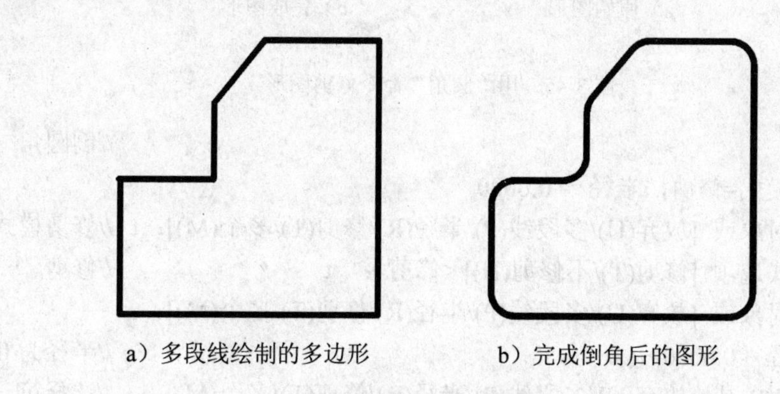

a）多段线绘制的多边形　　b）完成倒角后的图形

图 3-43　多段线圆角

命令：_fillet　　//倒圆角

前设置：模式=修剪，半径 = 0.0000

择第一个对象或[放弃(U)/多段线(P)/半径(R)/修剪(T)/多个(M)]：r

指定圆角半径<0.0000>：100　　//输入半径值

选择第一个对象或[放弃(U)/多段线(P)/半径(R)/修剪(T)/多个(M)]：p　　//选择多段线选项

选择二维多段线：　　//在多边形上单击

2）修剪（T）：控制是否修剪选定的边使其延伸到圆角的端点，如图 3-44 所示。

3）多个（M）：给多个对象集体倒圆角。命令窗口中重复显示主提示和“选择第二个对象”的提示，直到回车键结束。

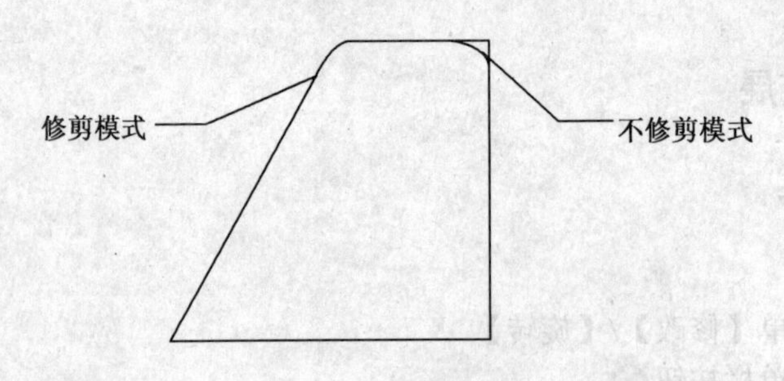

图 3-44　圆角修剪模式

（2）修剪模式下的“圆角”命令

在修剪模式下，可以设置圆角半径为 0，利用“圆角”命令修剪图形，可以提高绘图效率。例如将如图 3-45a 所示的图，可以用修剪命令下的“圆角”命令很便捷地处理成 3-45b 所示的图形。

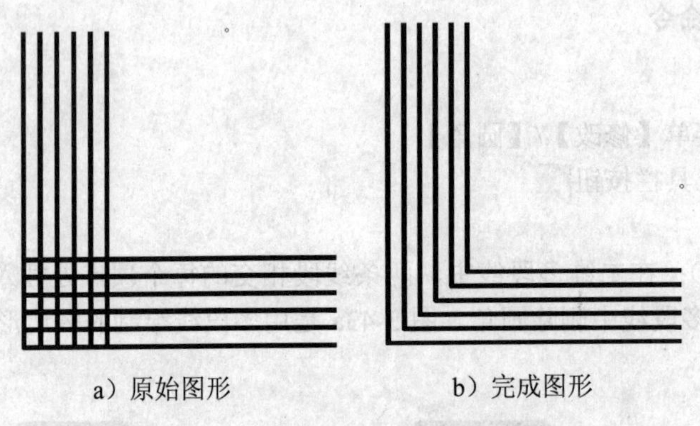

a）原始图形　　b）完成图形

图 3-45　用“圆角”命令修剪图形

命令：_fillet　//倒圆角
当前设置：模式=修剪，半径 = 0.0000
选择第一个对象或 [放弃(U)/多段线(P)/半径(R)/修剪(T)/多个(M)]：t　//修剪模式
输入修剪模式选项 [修剪(T)/不修剪(N)] <修剪>：t　//修剪
选择第一个对象或 [放弃(U)/多段线(P)/半径(R)/修剪(T)/多个(M)]：r
指定圆角半径 <0.0000>：0　//半径为 0
选择第一个对象或 [放弃(U)/多段线(P)/半径(R)/修剪(T)/多个(M)]：　//选择第一对象
选择第二个对象，或按住 Shift 键选择要应用角点的对象：　//选择第二对象

3.4　绘制平面图形实例 4

3.4.1　图形分析

任务图形如图 3-46 所示。该图形主体是由半 *R*90，*R*130 两个同心圆组成，其中在 *R*90 的圆周上分布 3 个 *R*15 的圆，三个小圆之间的夹角均为 30°，圆弧槽两顶端圆弧半径为 25，圆心位置如图所示，图形中间为一个倒角的正方形。

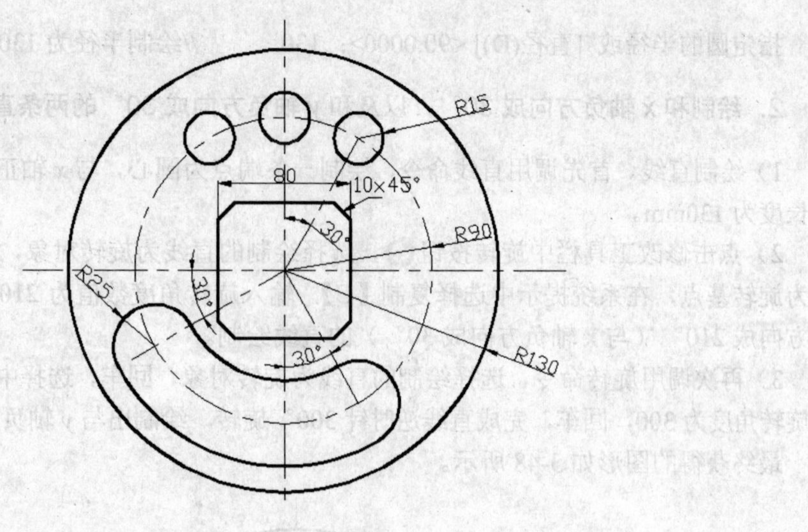

图 3-46　任务图形

3.4.2　图形绘制

1．画中心线，绘制 *R*90 和 *R*130 圆

点击“格式”下拉菜单，选择“图层”，弹出“图层对话框，新建“图层，“加载线型为“CENTER”，设置颜色为红色，线宽为 0.09mm，图层名称为“中心线”。再新建一图层，线型保持默认，颜色保持默认(白色)，线宽为 0.3mm，图层名称为“粗实线”。点击“确定”保存“图层”设置。点击“中心线层”为当前图层，调用直线命令，绘制圆的中心线。

点击“粗实线”层为当前图层，点击按钮，调用绘圆命令，重复使用绘圆命令，采用给定圆心(已绘中心线的交点)和半径的方式，依次画出 *R*90 和 *R*130 同心圆。绘制好的图形如图 3-47 所示。

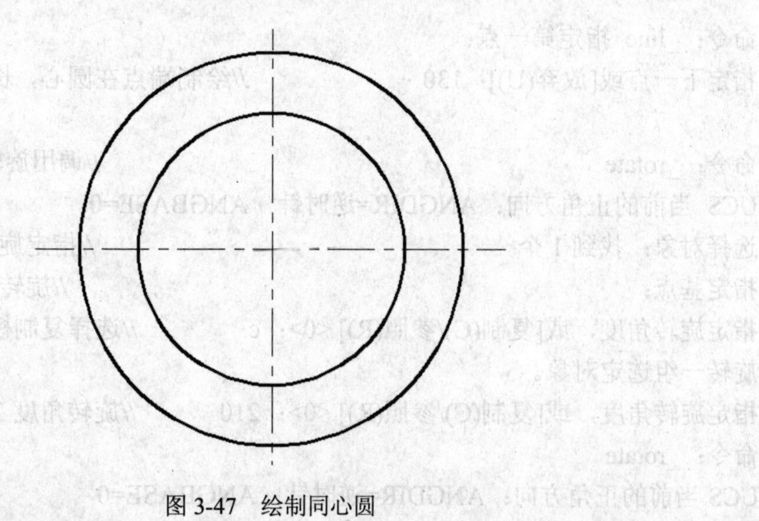

图 3-47　绘制同心圆

命令：_circle 指定圆的圆心或[三点(3P)/两点(2P)/相切、相切、半径(T)]:
指定圆的半径或[直径(D)]：90　　　　　　//绘制半径为 90 的圆
命令：_circle 指定圆的圆心或 [三点(3P)/两点(2P)/相切、相切、半径(T)]:

指定圆的半径或 [直径(D)] <90.0000>：130　　　　//绘制半径为 130 的圆

2．绘制和 *x* 轴负方向成 30°，以及和 *y* 轴负方向成 30°的两条直线

1）绘制直线。首先调用直线命令，绘制一条端点为圆心，与 *x* 轴正方向重合的直线，直线长度为 130mm。

2）点击修改工具栏中旋转按钮，选择绘制的直线为旋转对象，回车，选择中心线交点为旋转基点，在系统提示中选择复制【C】，输入旋转角度数值为 210，回车，完成与 *x* 轴正方向成 210°（与 x 轴负方向成 30°）的直线绘制。

3）再次调用旋转命令，选择绘制的直线为旋转对象，回车，选择中心线交点为基点，输入旋转角度为 300，回车，完成直线逆时针 300°旋转，绘制出与 *y* 轴负方向成 30°的直线。

最终获得的图形如 3-48 所示。

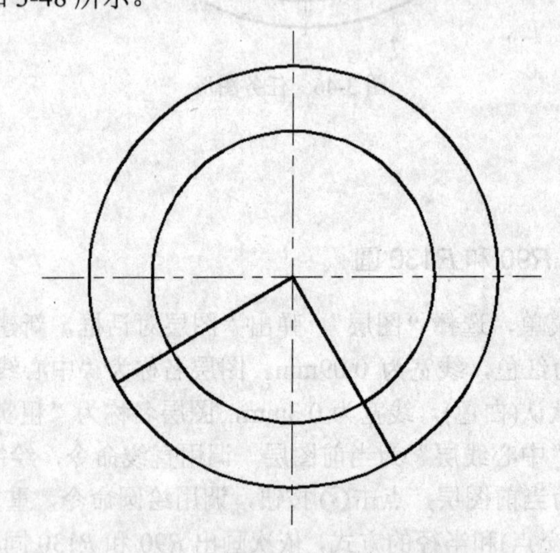

图 3-48　绘制给定角度的两条直线

命令：_line 指定第一点：

指定下一点或[放弃(U)]：130　　　　//绘制端点在圆心，长度 130，沿 x 轴正向的直线

命令：_rotate　　　　//调用旋转命令

UCS 当前的正角方向：ANGDIR=逆时针　ANGBASE=0

选择对象：找到 1 个　　　　//指定旋转对象

指定基点：　　　　//旋转基点

指定旋转角度，或[复制(C)/参照(R)] <0>：c　　　　//选择复制模式

旋转一组选定对象。

指定旋转角度，或[复制(C)/参照(R)] <0>：210　　　　//旋转角度 210

命令：_rotate

UCS 当前的正角方向：ANGDIR=逆时针　ANGBASE=0

选择对象：找到 1 个

指定基点：

指定旋转角度，或[复制(C)/参照(R)] <210>：　300　　　　//旋转角度 300

3．绘制 *R*15 和 *R*25 的圆

调用绘圆命令，分别在图 3-49 所示位置，绘制 *R*15 和 *R*25 圆。

命令：_circle 指定圆的圆心或 [三点(3P)/两点(2P)/相切、相切、半径(T)]:

指定圆的半径或 [直径(D)]：15　　　　　　　　　//绘制半径为 15 的圆

命令：_circle 指定圆的圆心或 [三点(3P)/两点(2P)/相切、相切、半径(T)]:

指定圆的半径或 [直径(D)] <15.0000>：25　　　　　　//绘制半径为 25 的圆

4．旋转复制 *R*15 小圆

鼠标单击修改工具栏中旋转按钮，选择绘制的 *R*15 圆为旋转对象，回车，选择中心线交点为旋转基点，在系统提示中选择复制【C】模式，输入旋转角度数值为 30，回车，在原来 *R*15 圆左侧复制生成一个小圆，如图 3-50 所示。

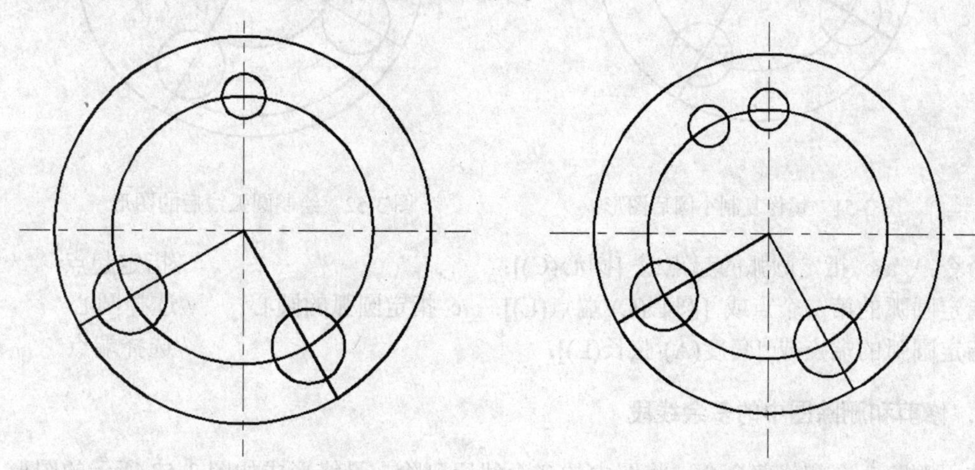

图 3-49　绘制 *R*15 和 *R*25 圆后的图形　　　　图 3-50　旋转复制 *R*15 小圆

命令：_rotate　　　　　　　　　　　　　　　　//调用旋转命令

UCS 当前的正角方向：ANGDIR=逆时针　ANGBASE=0

选择对象：找到 1 个

指定基点：

指定旋转角度，或 [复制(C)/参照(R)] <300>：c

旋转一组选定对象。

指定旋转角度，或 [复制(C)/参照(R)] <300>：30　　　　//旋转角度为逆时针 30°

5．镜像复制 *R*15 小圆

点击修改工具栏中的按钮，选择左侧小圆为镜像对象，点击鼠标右键，在垂直中心线上依次选择两点作为第一和第二基准点，回车，在系统提示选项中选择不删除源对象。完成 *R*15 小圆镜像复制，如图 3-51 所示。

命令：_mirror　　　　　　　　　　　　　　　　//调用镜像命令

选择对象：找到 1 个

指定镜像线的第一点：指定镜像线的第二点：　　　　//指定镜像基准点

要删除源对象吗？[是(Y)/否(N)] <N>：　　　　　　　//选择不删除源对象

6．绘制弧线

选中 R90 圆，改变其图层为“中心线”图层。在绘图下拉菜单中，调用绘圆弧命令，选择起点、圆心、端点（S）绘圆弧模式，在绘图界面按圆弧起点、圆心、端点的顺序在图中选择各点，绘制出两条弧线。下面以内侧弧线绘制为例，说明起点、圆心、端点的选择方法。在图 3-52 中，调用圆弧命令后，选择 A 为起点，O 为圆心、B 为终点绘制出内侧圆弧线。

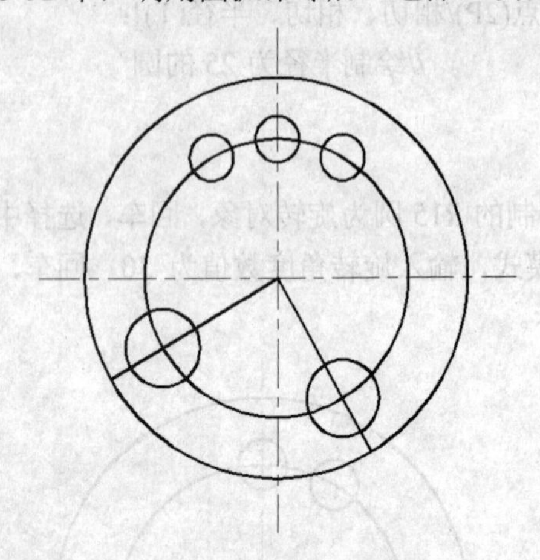

图 3-51　镜像复制小圆后图形

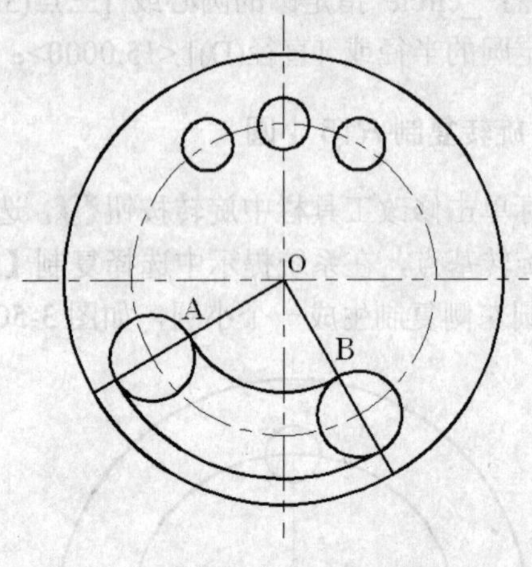

图 3-52　绘制圆弧线后的图形

命令：_arc 指定圆弧的起点或 [圆心(C)]：　　//指定起点
指定圆弧的第二个点或 [圆心(C)/端点(E)]：_c 指定圆弧的圆心：　　//选择圆心
指定圆弧的端点或 [角度(A)/弦长(L)]：　　//选择端点

7．修剪和删除图中的多余线段

使用删除命令和修剪命令，将图中的多余线段删除，最终形成如图 3-53 所示的图形。

8．绘制中间的正方形

点击绘图工具栏中的⬠按钮，调用正多边形命令，键入数字 4，选择中心交点为正方形中心，选择外切于圆（C）子选项，输入圆半径为 40，回车，完成正方形绘制，如图 3-54 所示。

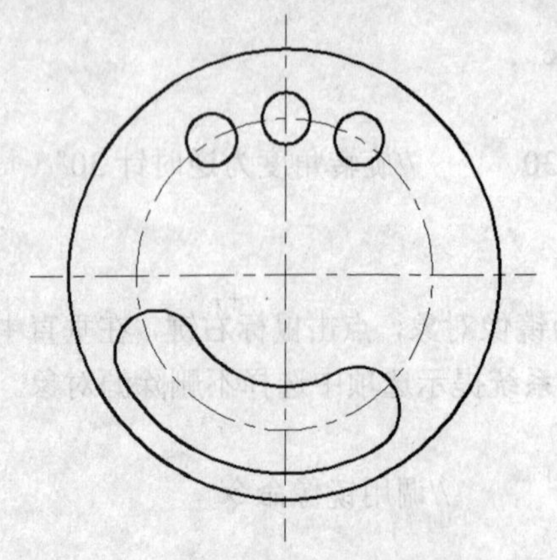

图 3-53　删除和修剪多余线条后的图形

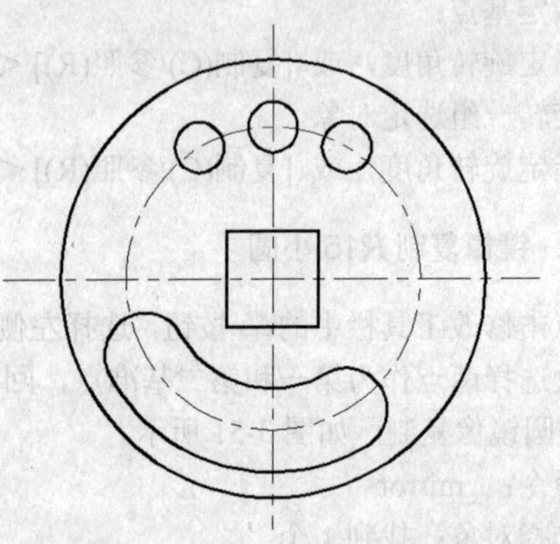

图 3-54　绘制正方形后的图形

9．正方形四个角倒角

点击修改菜单栏中的 按钮，调用倒角命令。重复使用命令四次，对正方形四个角进行倒角，最终完成整个图形的绘制，如图 3-55 所示。

图 3-55 最终图形

命令：_chamfer //调用倒角命令
(“修剪”模式)当前倒角距离 1=0.0000，距离 2=0.0000
选择第一条直线或[放弃(U)/多段线(P)/距离(D)/角度(A)/修剪(T)/方式(E)/多个(M)]：d //选择“距离”模式
指定第一个倒角距离<0.0000>：10 //第一个倒角距离为 10
指定第二个倒角距离<10.0000>：10 //第二个倒角距离为 10
选择第一条直线或 [放弃(U)/多段线(P)/距离(D)/角度(A)/修剪(T)/方式(E)/多个(M)]:
选择第二条直线，或按住 Shift 键选择要应用角点的直线： //选择倒角对象

3.4.3 知识扩展

1．镜像”命令

命令调用方式：

◆ 选择下拉菜单【修改】/【镜像】
◆ 单击修改菜单栏按钮
◆ 在命令行里输入命令 MIRROR

“镜像”命令在使用时，系统会提示“是否删除源对象【是（Y）/不（N）】:”，如果选择“Y”，则在镜像的同时删除了源图像，如果选择“N”，则图形绕镜像对称线翻转，形成镜像图形。

创建文字、属性和属性定义的镜像时，如果按照轴对称图形进行，结果为被翻转和倒置的图形。比如图 3-56a 为倒置的图形。为了避免这种情况，应该将系统变量 MIRRTEXT 设置为关闭状态(MIRRTEXT=0),设置为关闭状态后，获得的图形如图 3-56b 所示。

镜像轴的选择时要注意，镜像轴可以设置在图形上，也可设置在图形外，既可以是水平线、垂直线，也可以是斜线。如图 3-57 所示，其镜像轴就为斜线。

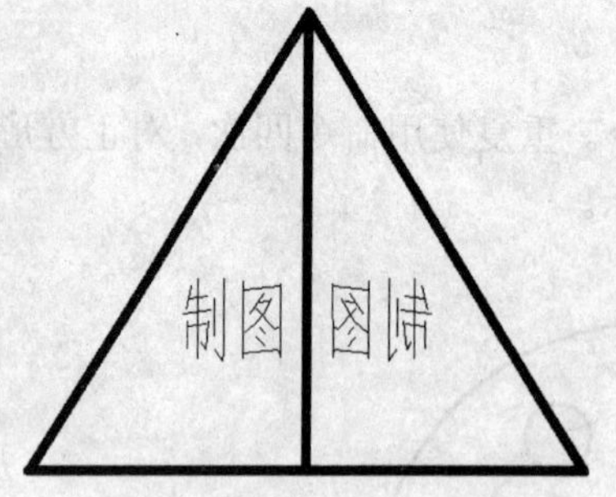

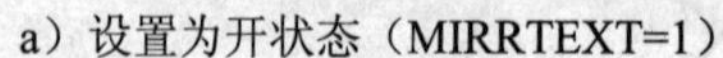

a）设置为开状态（MIRRTEXT=1）

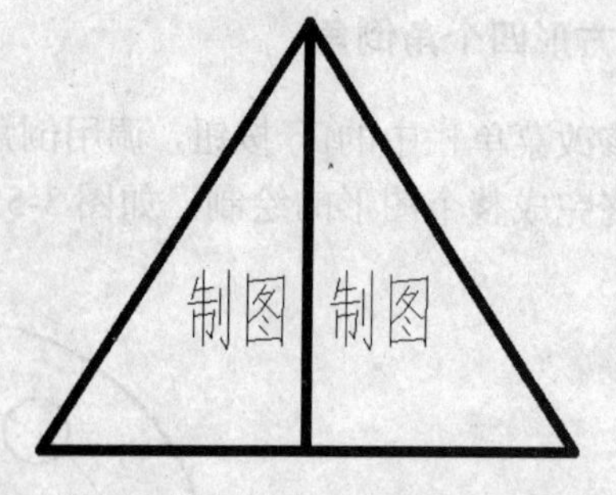

b）设置为关闭状态（MIRRTEXT=0）

图 3-56　MIRRTEXT 设置不同状态时的镜像结果

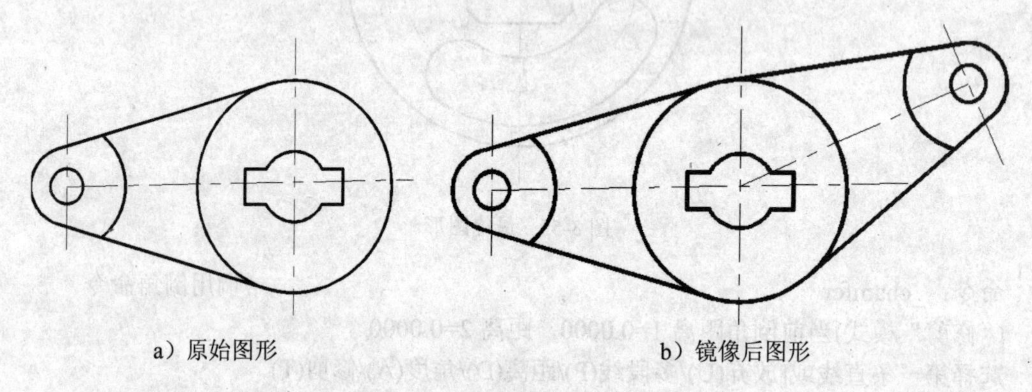

a）原始图形　　　　b）镜像后图形

图 3-57　镜像轴线为斜线的镜像

2．圆弧命令

（1）命令调用方式

◆ 选择下拉菜单【绘图】/【圆弧】

◆ 单击绘图工具栏按钮

◆ 命令行键入命令 ARC

（2）圆弧命令子选项介绍

单击绘图下拉菜单后，会弹出如图 3-58 所示的对话框，下面就对下拉菜单中的个子选项作以说明，便于后期应用过程中的灵活使用。

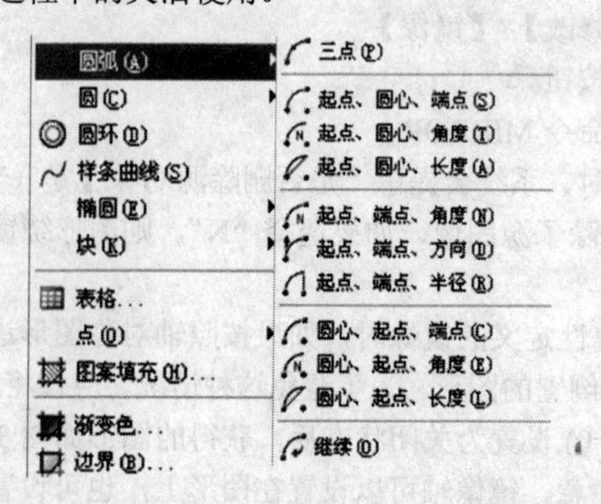

图 3-58　圆弧命令子选项

1）起点、圆心、端点：通过在屏幕上依次指定圆弧起点、圆心和终点，按逆时针绘制圆弧线。

2）起点、圆心、角度：通过指定圆弧的起点、圆心和角度绘制圆弧。如果输入的角度为正值时，则从起点绕圆心逆时针绘制圆弧；若输入的角度为负值时，则从起点绕圆心顺时针绘制圆弧。

3）起点、圆心、长度：通过指定圆弧的起点、圆心和给定圆弧的弦长来绘制圆弧。值得注意的是，圆弧的弦长不能大于起点到圆心距离的两倍,否则，系统将提示“无效”。

4）起点、端点、角度：通过指定圆弧的起点、端点和圆心角度绘制圆弧。当输入的圆心角为正值时，按逆时针方向绘制圆弧，若输入的角度为负值时，则按顺时针绘制圆弧。

5）起点、端点、方向：通过指定圆弧的起点、端点和方向绘制圆弧。

6）起点、端点、半径：通过指定圆弧的起点、端点和圆弧的半径绘制圆弧。

7）圆心、起点、端点：通过指定圆弧的圆心、起点和端点的方式绘制圆弧。

8）圆心、起点、角度：通过指定圆弧的圆心、起点和角度绘制圆弧。

9）圆心、起点、长度：通过指定圆弧的圆心、起点和弦长来绘制圆弧。

10）继续：当选择此选项时，将绘制与上一条直线、圆弧或多段线相切的圆弧。在执行绘制圆弧命令时，系统命令行提示“指定圆弧的起点或[圆心(C)]：”时，直接回车，则为默认选择了该选项。

3．倒角命令

（1）命令调用方式

◆ 选择下拉菜单【修改】/【倒角】

◆ 单击修改工具栏按钮

倒角命令可以为直线、多段线、参照线和射线倒角。可以使被倒角的对象保持倒角前的形状，或者将对象修剪或延伸到倒角线。

（2）倒角命令子选项

1）距离（D）：设置倒角至选定边端点的距离。

2）角度（A）：用第一条线的倒角距离和第一条线的角度进行倒角。如图 3-59 所示图形，采用角度（A）倒角。

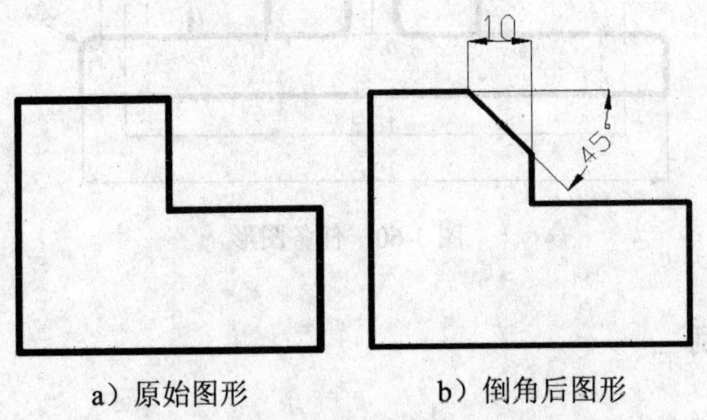

a）原始图形　　b）倒角后图形

图 3-59　采用距离和角度倒角

命令：_chamfer　　//调用倒角命令

(“修剪”模式) 当前倒角距离 1=0.0000，距离 2=0.0000

选择第一条直线或[放弃(U)/多段线(P)/距离(D)/角度(A)/修剪(T)/方式(E)/多个(M)]：a

//指定角度 A 模式

指定第一条直线的倒角长度<0.0000>：10 //指定第一条直线倒角长度

指定第一条直线的倒角角度<0>：45 //指定第一条直线倒角角度

3）修剪（T）和多段线（P）：与“倒圆角”命令使用方法相似。

4）方式（E）：控制两个距离，或是控制一个距离和一个角度进行倒角。

5）多个（M）：给多个对象倒角。在点击回车键之前所选的对象，都是要进行倒角的对象。

6）放弃（U）：选择此选项，则完全放弃倒角命令。

3.5 绘制平面图形实例 5

3.5.1 图形分析

任务图形如图 3-60 所示。该图形主体由 *R*24、*R*30、*R*50 三个同心圆组成，两端同心圆分别为 *R*8 和 *R*16，底座厚度 21mm，底座上孔的直径为ϕ15，筋板厚度 16mm，各处圆角均为 *R*5。上部分整体相对底座成 30° 夹角。

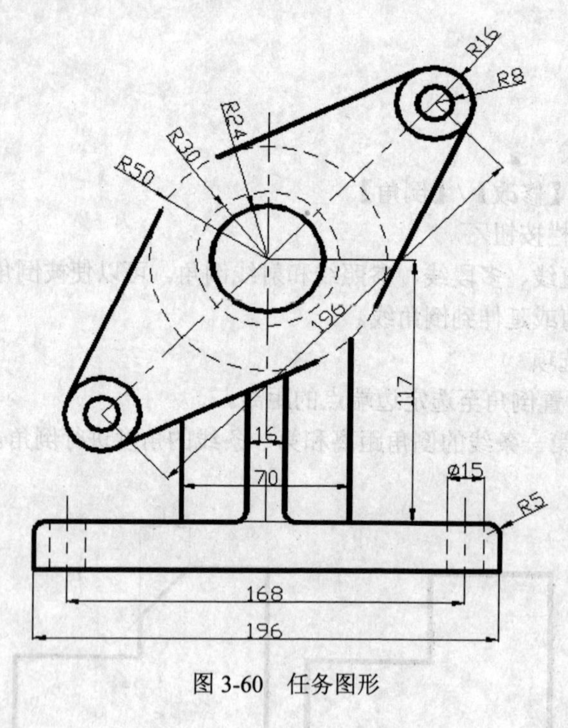

图 3-60 任务图形

3.5.2 图形绘制

1. 画中心线，绘制同心圆

点击“格式”下拉菜单，选择“图层”，弹出“图层”对话框，新建“图层”，加载线型为“CENTER”，设置颜色为红色，线宽为 0.09mm，图层名称为“中心线”。同样方法建立“虚线”层，颜色黄色，线宽 0.09mm。再新建一图层，线型保持默认，颜色保持默认(白色)，线宽为 0.3mm，图层名称为“粗实线”。点击“确定”保存“图层”设置。

点击图层工具栏，选择“中心线层”为当前图层，调用直线命令，绘制圆的中心线。

点击图层工具栏，选择“粗实线”层为当前图层，点击⊙按钮，调用绘圆命令，以已绘中心线的交点为圆心，输入半径数值，依次画出 *R*8、*R*16、*R*24、*R*30 和 *R*50 同心圆。并选中 *R*30 和 *R*50，将其线型改为虚线，绘制好的图形如图 3-61 所示。

2．绘制底座

单击修改菜单栏中的按钮，将垂直中心线向左偏移 8mm、35mm、84mm、98mm，将水平中心线向下偏移 117mm、138mm，形成如图 3-62 所示图形。偏移命令在前节已讲述，这里不再赘述。

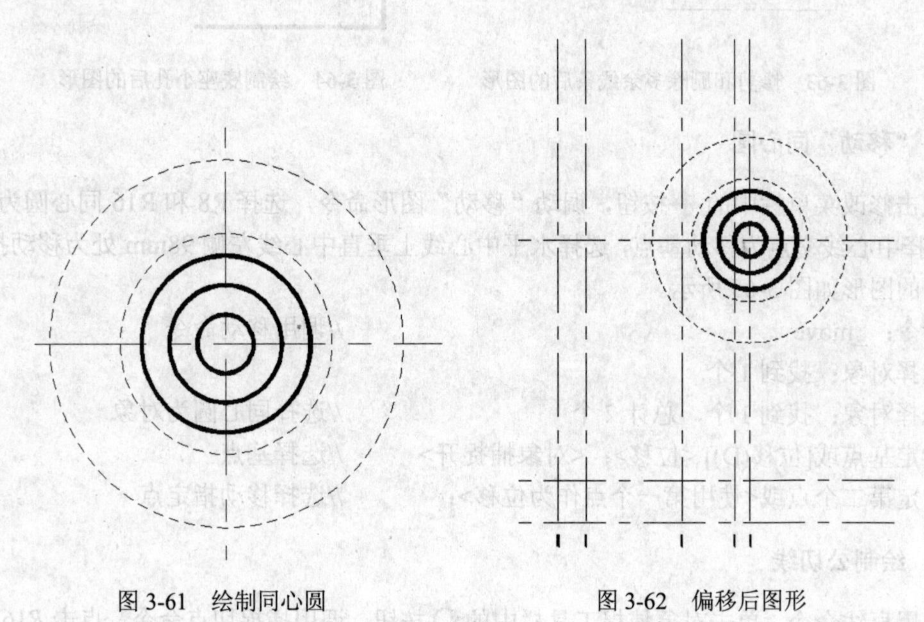

图 3-61　绘制同心圆　　　图 3-62　偏移后图形

3．修剪和删除多余线条

点击修改工具栏中的，调用修剪命令，对图中的多余线条进行修剪。点击修改工具栏中的按钮，调用打断命令，将各中心线伸出太长的部分进行打断，调用删除命令，将打断后不需要的线条删除，绘制出底座的基本轮廓。完成后的图形如 3-63 所示。

修剪命令和删除命令在前面章节中已经讲述，这里不在详述，此处只节选“打断”命令，供大家参考。

命令：_break 选择对象：　　　　　　//调用打断命令
指定第二个打断点或[第一点(F)]：　　//指定打断第一点
指定第二个打断点或[第一点(F)]：　　//指定打断第二点

4．绘制底座上的小孔

调用偏移命令，选小孔中心线为偏移对象，分别向左和向右偏移 7.5mm，调用修剪命令，将多余线条修剪掉。选中底座上除小孔中心线以外的其他线段，改变其线型属性为“粗实线”，将孔线改为虚线。完成后的图形如图 3-64 所示。

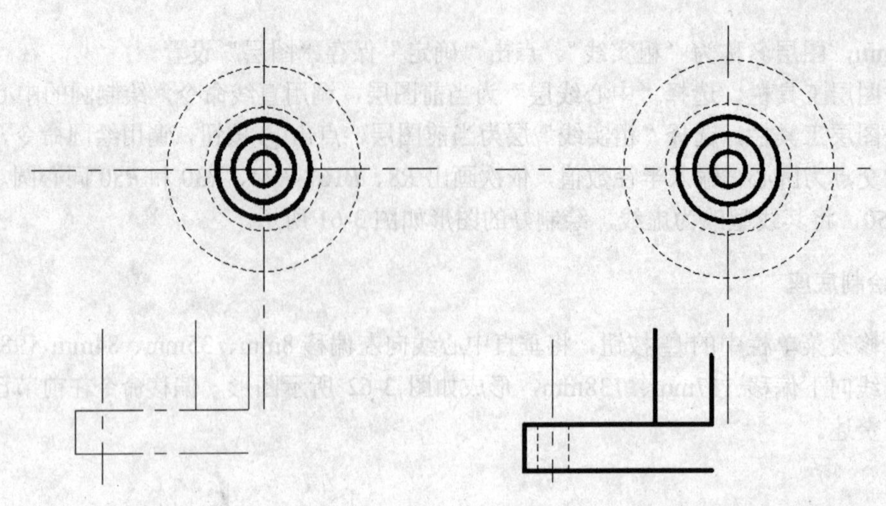

图 3-63　修剪和删除多余线条后的图形　　　　图 3-64　绘制底座小孔后的图形

5．“移动”同心圆

点击修改菜单栏中的 按钮，调动“移动”图形命令，选择 R8 和 R16 同心圆为移动对象，选择中心线交点为移动基点，选择水平中心线上垂直中心线左侧 98mm 处为移动指定点。移动后的图形如图 3-65 所示。

命令：_move　　　　//调用移动命令
选择对象：找到 1 个
选择对象：找到 1 个，总计 2 个　　　　//选择同心圆为对象
指定基点或[位移(D)] <位移>：<对象捕捉开>　　　　//选择基点
指定第二个点或<使用第一个点作为位移>：　　　　//选择移动指定点

6．绘制公切线

调用直线命令，单击对象捕捉工具栏中的 按钮，调用捕捉切点命令，点击 *R*16 圆，再点击 按钮，点击 *R*50 圆，则完成 *R*16 圆与 *R*50 圆公切线的绘制，同样方法绘出另一条公切线。完成的图形如图 3-66 所示。

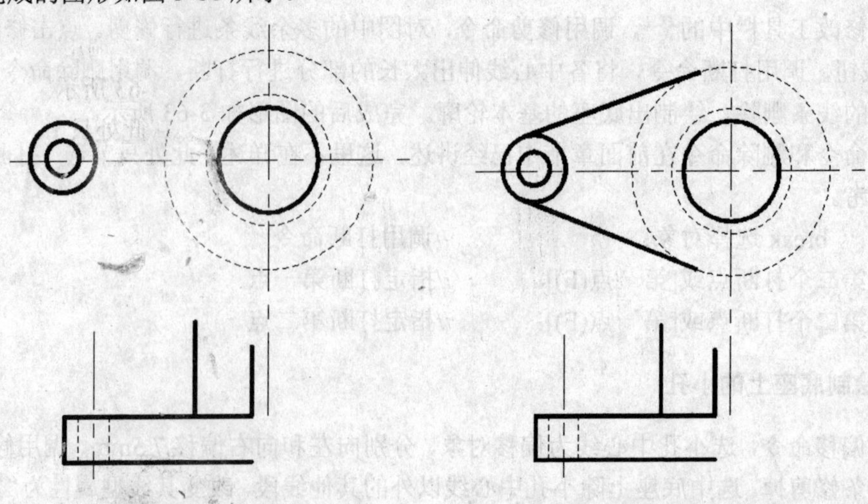

图 3-65　移动同心圆后的图形　　　　图 3-66　绘制公切线后的图形

绘制公切线命令如下：

命令：_line 指定第一点：_tan 到　　　　　　　　　　//指定公切线起点

指定下一点或 [放弃(U)]：_tan 到

指定下一点或 [放弃(U)]：　　　　　　　　　　　　　//指定公切线终点

7．镜像图形

点击修改菜单栏中的按钮，调用镜像命令。选择左边需要镜像的线条为对象，以垂直中心线为镜像线，选择垂直中心线上的两点为第一、第二基点，系统提示：“要删除源对象吗？[是(Y)/否(N)] <N>：”时，选择“N”模式。镜像后的图形如图 3-67 所示。

8．旋转图形上部分

点击图形修改栏中的按钮，调用旋转命令，选择底座以上部分的图形为旋转对象，以中心线的交点为旋转基点，键入旋转角度 30，回车，完成图形旋转，旋转后的图形如图 3-68 所示。

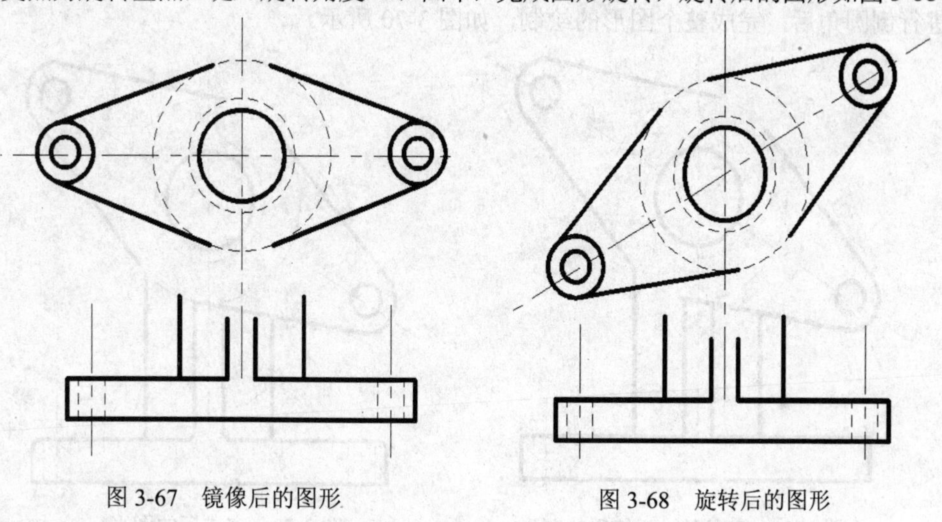

图 3-67　镜像后的图形　　　　图 3-68　旋转后的图形

旋转图形命令如下：

命令：_rotate　　　　　　　　　　　　　　　　　　//调用旋转命令

UCS 当前的正角方向：ANGDIR=逆时针　ANGBASE=0

找到 13 个　　　　　　　　　　　　　　　　　　　//找到 13 个旋转对象

指定基点：　　　　　　　　　　　　　　　　　　　//选择中心线交点为基点

指定旋转角度，或[复制(C)/参照(R)] <0>：30　　　//旋转角度 30

9．延伸底座上的直线

点击修改菜单栏中的按钮，调用延伸命令，选择上部图形的边界为延伸边界，选择底座上需要延伸的线条为延伸对象，回车，完成底座上线条延伸，形成图 3-69 所示图形。

命令：_extend　　　　　　　　　　　　　　　　　//调用延伸命令

当前设置：投影=UCS，边=延伸

选择边界的边...找到 1 个　　　　　　　　　　　　//指定延伸边界

选择要延伸的对象，或按住 Shift 键选择要修剪的对象，或

[栏选(F)/窗交(C)/投影(P)/边(E)/放弃(U)]：　　　　//指定延伸对象

……

……

10．倒圆角

点击修改菜单栏中的 按钮，调用倒圆角命令。将图中要求的部位进行倒圆角，图中各处要求圆角半径均为 *R*5。“圆角”命令的使用方法，参照 3.3 节内容，此处只节选了图形倒圆角时的部分命令。

命令：_fillet //调用圆角命令

当前设置：模式 = 修剪，半径 = 0.0000

选择第一个对象或 [放弃(U)/多段线(P)/半径(R)/修剪(T)/多个(M)]：r //半径模式

指定圆角半径 <0.0000>：5 //半径值为 5

选择第一个对象或 [放弃(U)/多段线(P)/半径(R)/修剪(T)/多个(M)]： //第一个对象

选择第二个对象，或按住 Shift 键选择要应用角点的对象： //第二个对象

进行倒圆角后，完成整个图形的绘制，如图 3-70 所示。

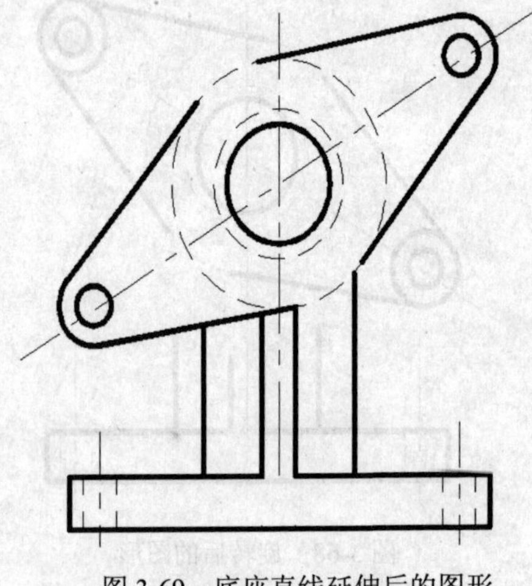

图 3-69 底座直线延伸后的图形

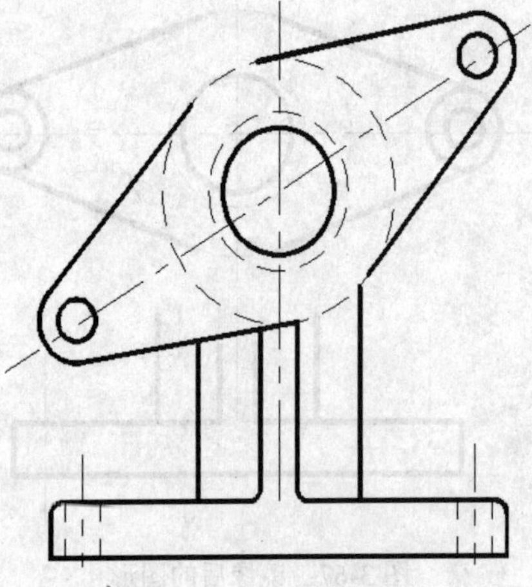

图 3-70 完成后的图形

3.5.3 知识扩展

1．“移动”命令

命令调用方式：

◆ 选择下拉菜单【修改】/【移动】

◆ 单击修改菜单栏按钮

◆ 在命令行里输入命令 MOVE

“移动”命令在使用时，可以在指定方向上按照位移或指定的距离移动对象。移动时要指定移动基点，移动基点选择时要以方便定位移到的点为依据，尽量选择图形的形心。同时，移动命令使用时，配合使用“对象捕捉”命令，以便准确定位。

2．延伸命令

命令调用方式：

◆ 选择下拉菜单【修改】/【延伸】

◆ 单击修改栏菜单栏按钮

◆ 在命令行键入命令：EXTEND

“延伸”命令的使用方法与“修剪”命令相仿，对象选择和子选项与“修剪”命令基本相同。有时“延伸”命令和“修剪”命令可以交换使用，在使用“延伸”命令时，按住 Shift 键，执行的就是“修剪”命令；同样地，在使用“修剪”命令时，按住 Shift 键，执行的就是“延伸”命令。这些用法在命令使用时，系统也有自动提示。

3.“打断”命令

命令调用方式：

◆ 选择下拉菜单【修改】/【打断】

◆ 单击修改菜单栏按钮

◆ 在命令行输入 BREAK

1）“打断”命令应用对象：圆弧、圆、椭圆、椭圆弧，直线、多段线、射线、样条曲线、构造线等。

2）如果第二个点不在对象上，则系统会自动选择对象上最近点。因此，要删除直线、圆弧或多段线的一端，可以在要删除的一端指定第二个打断点。

3）要将对象一分为二且不删除某个部分，输入的第一个点和第二个点位置应相同。通过输入@指定第二个点，即可实现此过程。也可单击修改工具栏中的“打断于点”按钮。

4）在打断圆的时候，按逆时针方向，从第一个打断点至第二个打断点间的弧线被剪掉。

5）使用打断命令时，最好关闭“对象捕捉”，否则将会在指定打断点时遇到一定的麻烦。

3.6 绘制平面图形实例 6

3.6.1 图形分析

打开“/第 3 章/3-1.dwg”文件，如图 3-71a 所示。在该图形的基础上，通过图形编辑操作，绘制出任务图形 3-71b。任务图形主体为一倒圆角矩形，四个角分布四个小孔，中心分布两个同心圆，有剖面线，在图形左下角有 “零件”字样。下面我们将在图 3-71a 中直接修改。

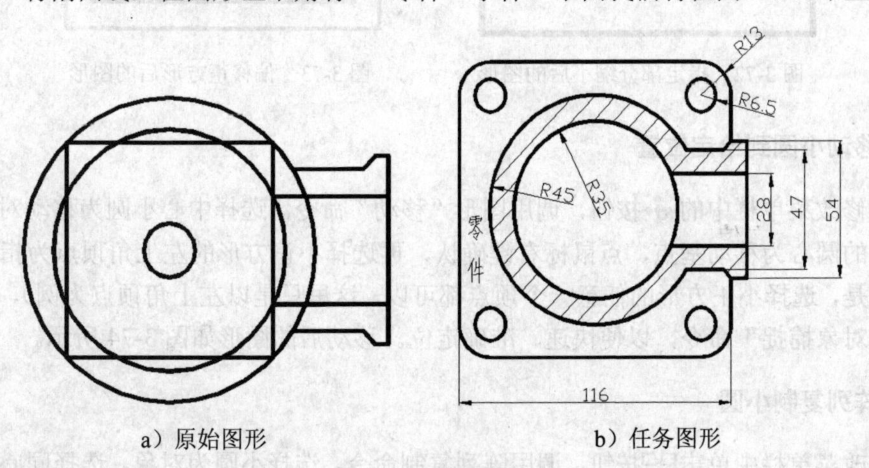

a）原始图形　　b）任务图形

图 3-71　平面图形

3.6.2 图形绘制

1．缩小图形中指定部分

点击修改菜单栏中的“缩放”按钮，选择3-71a图形中除“正方形”以外的其他图形为缩放对象，点鼠标右键确认，在屏幕上点击同心圆的圆心为缩放基点，在命令行“指定比例因子或 [复制(C)/参照(R)] <1.0000>：”后键入0.5，则选中部分缩小为原来一半，完成图形指定部分的缩小，形成图3-72所示的图形。

命令：_scale　　//调用缩放命令
选择对象：找到1个
选择对象：找到1个，总计2个
……
选择对象：找到1个，总计12个　　//选择除正方形外的其他线条
指定基点：　　//同心圆的圆心为基点
指定比例因子或[复制(C)/参照(R)] <1.0000>：0.5　　//比例因子0.5。

2．确定四角小孔的位置

点击修改菜单栏中的按钮，调用偏移命令。选择“正方形”为偏移对象，偏移距离键入13，偏移方向在屏幕上点击正方形内侧，完成正方形的偏移，形成图3-73所示图形。图中小正方形的四个顶点即为我们需要确定的四角小孔的位置。

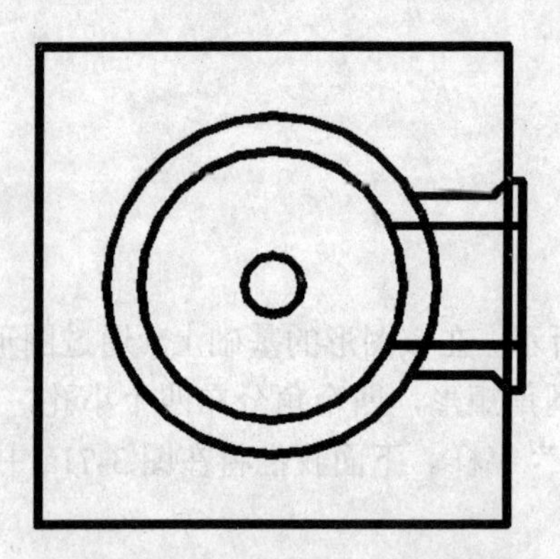

图3-72　指定部分缩小后的图形

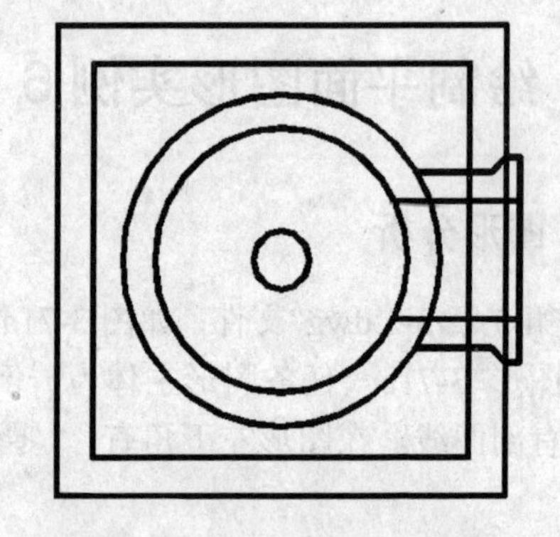

图3-73　偏移正方形后的图形

3．移动小圆到给定位置

点击修改菜单栏中的按钮，调用图形“移动”命令。选择中心小圆为移动对象，并选择同心圆的圆心为移动基点，点鼠标右键确认，再选择小正方形的左上角顶点为指定点（需要说明的是，选择小正方形的任意一个顶点都可以，这里只是以左上角顶点为例），移动过程中开启“对象捕捉”命令，以便快速、准确定位。移动后的图形如图3-74所示。

4．阵列复制小圆

在修改菜单栏中单击按钮，调用阵列复制命令，选择小圆为对象，选择同心圆圆心为

阵列中心，选用环形阵列方式，项目总数为 4，完成小圆阵列。阵列后图形如 3-75 所示。

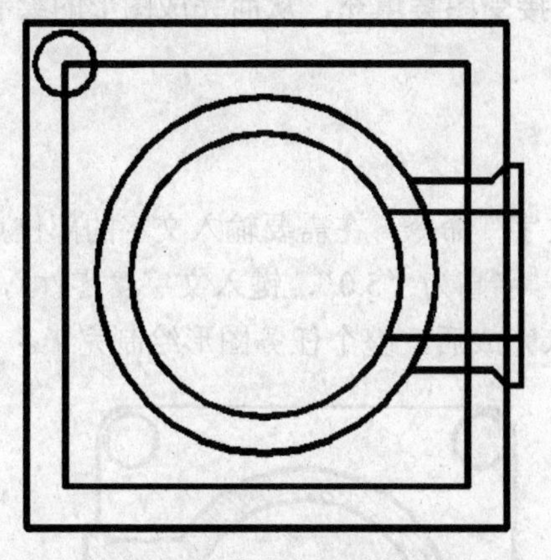
图 3-74　移动小圆后的图形

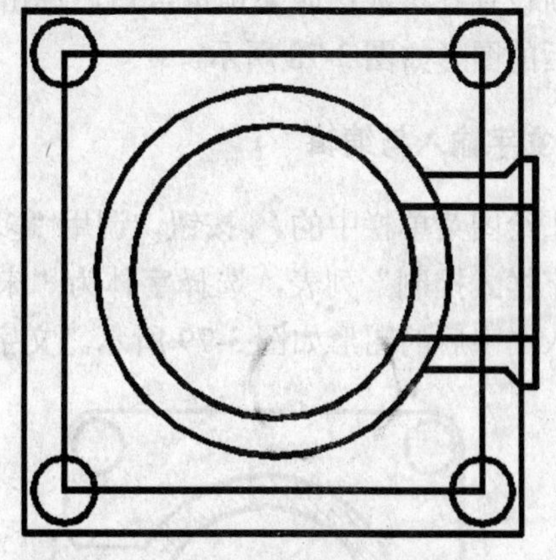
图 3-75　阵列复制小圆后的图形

5. 修剪、删除多余线条

左键点击小正方形，将小正方形选中，点右键弹出菜单栏，选择“删除”将小正方形删除。点击修改菜单栏中的 按钮，调用修剪命令，将多余线条修剪掉。经过“删除”和“修剪”编辑后，形成如图 3-76 所示图形。

6. 大正方形倒圆角

点击修改菜单栏中的 按钮，调用倒圆角命令，选择子选项【R】，在命令行里输入 R，回车，键入数字 13，点击鼠标右键（或回车键），选择大正方形的四条边为倒圆角对象，完成倒圆角。图形经编辑后，如图 3-77 所示。

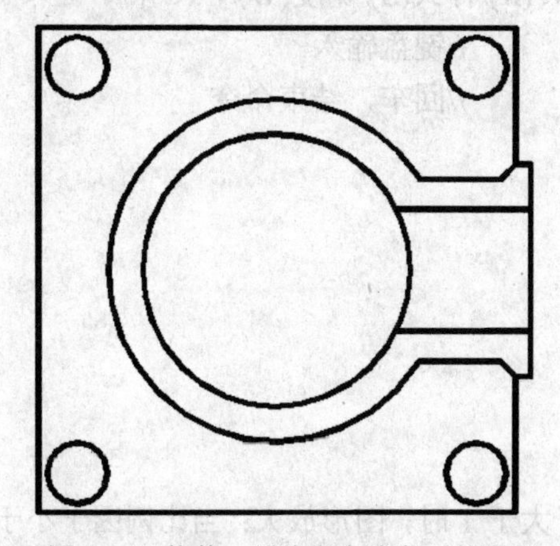
图 3-76　修剪、删除多余线条后的图形

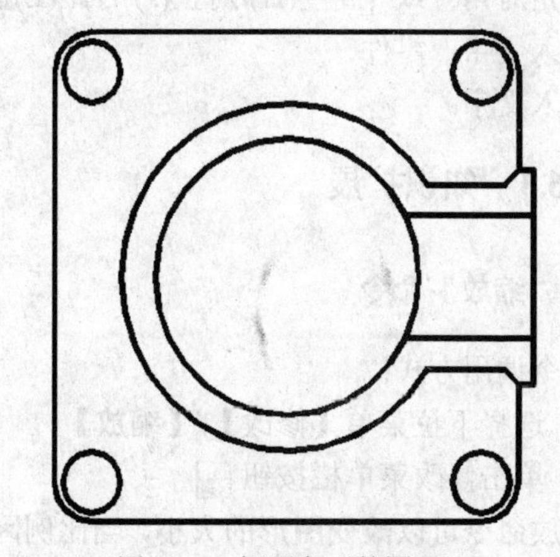
图 3-77　倒圆角后的图形

7. 给指定部位填充剖面线

点击绘图菜单栏中的 按钮，调用“图案填充”命令，弹出图形填充命令对话框。单击“图案（P）”列表框后的样例按钮，或单击“样例”列表框，弹出“填充图案选项板”对话框。选择“ANSI”页，选择“ANSI31”，单击“确定”，返回“编辑图案填充”对话框。单击“拾取点”按钮，返回绘图窗口，鼠标在同心圆之间区域单击，选择填充区域，选择完成后回车，

返回“边界图案填充”对话框。单击“预览”按钮，如果需要修改，则鼠标单击返回到对话框，重新设置各参数；如果预览合适，单击右键接受图案填充，从而完成图形的绘制。填充剖面线后的图形如图 3-78 所示。

8．文字输入与编辑

点击绘图菜单栏中的 A 按钮，调用“多行文字”命令，在需要输入文字的部位点击，弹出“文字样式控制”列表，选择字体为“宋体”，字高为“5.0”，键入文字“零件”，回车确认。输入文字后的图形如图 3-79 所示。文字输入完成后，整个任务图形绘制完毕。

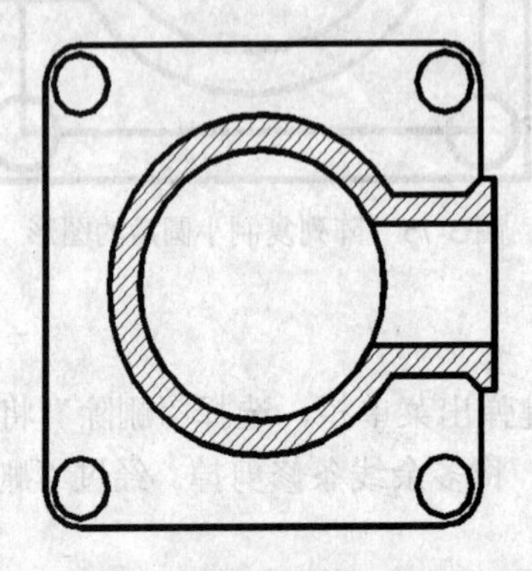

图 3-78 图案填充后的图形

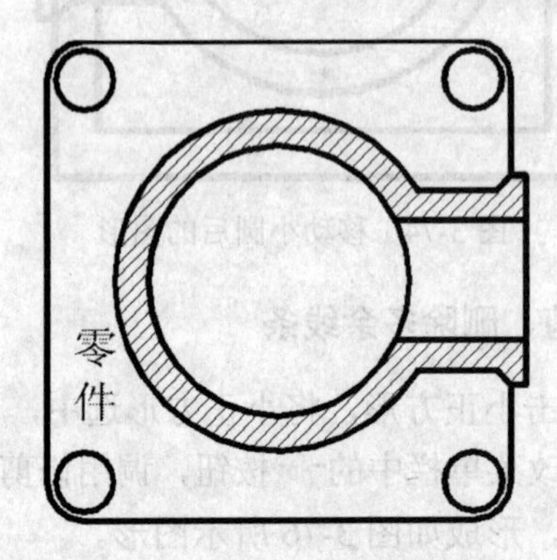

图 3-79 输入文字后的图形

命令：_mtext //调用多行文字命令
当前文字样式："宋体" 文字高度：5.0 //设置字体类型和字高
指定第一角点： //鼠标单击屏幕指定文字起点
指定对角点或 [高度(H)/对正(J)/行距(L)/旋转(R)/样式(S)/宽度(W)/栏(C)]：//键入 J
输入文字：零件 //键盘输入
输入文字： //回车，结束命令

3.6.3 知识扩展

1．“缩放”命令

命令调用方式：

◆ 选择下拉菜单【修改】/【缩放】
◆ 单击修改菜单栏按钮

缩放命令可以改变图形的大小，当比例因子大于 1 时，图形放大；当比例因子小于 1 时，图形缩小；当比例因子等于 1 时，图形不变。不管比例因子大于 1 还是小于 1，也即不管图像是放大，还是缩小，图形的横向尺寸与纵向尺寸的比例是不变的。

可以通过指定基点和长度或输入比例因子来缩放对象，还可以利用参照对象进行缩放。如图 3-80 就是利用了参照进行放大编辑。

命令：_scale
选择对象：找到 1 个 //选择正六边形为对象
选择对象： //回车

指定基点：　　　　　　　　　　　　　　　　　　//指定 A 点
指定比例因子或[复制(C)/参照(R)] <1.0000>：r
指定参照长度<1.0000>：　　　　　　　　　　　　//捕捉 A 点
指定第二点：　　　　　　　　　　　　　　　　　//捕捉 B 点
指定新的长度或[点(P)]<1.0000>：　　　　　　　//捕捉 C 点

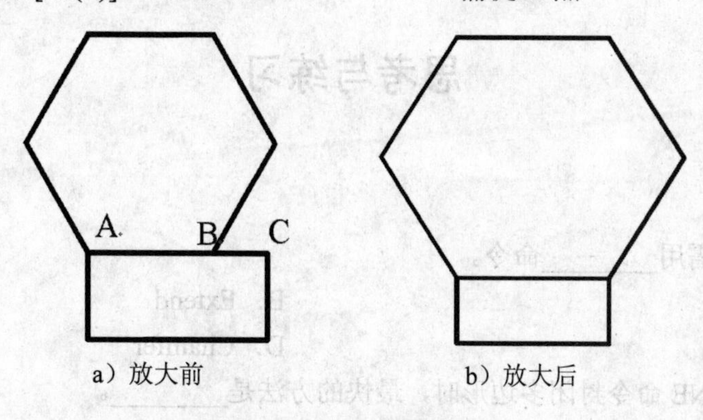

a）放大前　　　　　　　　b）放大后

图 3-80　利用参照进行放大

2．“多行文字”命令

命令调用方式：

◆ 选择下拉菜单【绘图】/【文字】/【多行文字】
◆ 单击绘图工具栏中按钮
◆ 在命令行键入命令 MTEXT

修改编辑多行文字的方法：

（1）利用多行文字编辑器编辑多行文字

◆ 单击“文本工具栏”按钮
◆ 双击要编辑的文字
◆ 在命令行输入命令：DDEDIT

打开“文字编辑器”窗口，如同文本文档编辑一样，选择需要修改的文字。在“字体”下拉菜单中选择所需字体，在“文字高度”文本框中输入高度数值，或者设置字体颜色。也可对文字进行复制、剪切、文字对正编辑、插入已有的文本文档、设置背景等操作，方法与编辑 word 文档的方法类似。

（2）利用“特性”选项板修改多行文字

单击"标准"工具栏中“特性”按钮，弹出“特性”选项板如图 3-81 所示。选择要编辑的多行文字，根据需要进行修改编辑。

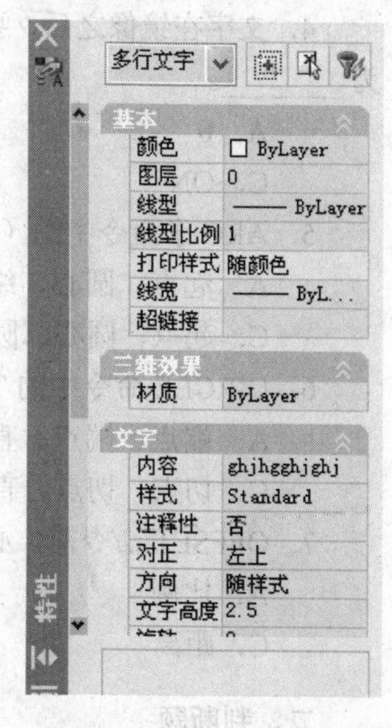

图 3-81 “特性”选项板

小　结

本章通过六个典型任务图形的绘制步骤讲解，将绘图命令和修改命令融入到绘图过程中，使每个命令的具体使用方法和使用技巧在绘图过程中得到学习和训练。本章主要讲授的绘图命令有：直线命令、正多边形命令、圆弧命令、圆命令、图形填充命令、多行文字命令；修改命令有：复制、移动、修剪、偏移、阵列、镜像、延伸、圆角、倒角、分解、旋转、缩放、打断等。

通过本章的学习，基本掌握图形的绘制与编辑方法，同时尽快适应 AutoCAD 高级认证试题的解题思路和解题方法。

思考与练习

一、选择题

1. 剪切线条需用________命令。

A. Trim　　B. Extend

C. Stretch　　D. Chamfer

2. 当使用 LINE 命令封闭多边形时，最快的方法是________。

A. 输入 C 回车　　B. 输入 B 回车

C. 输入 PLOT 回车　　D. 输入 DRAW 回车

3. 打开/关闭正交方式的功能键为________。

A. F1　　B. F8

C. F6　　D. F9

4. 文字在镜像之后，要使其仍保持原来的排列方式，则应将 MIRRTEXT 变量的值设置为________。

A. 0　　B. 1

C. ON　　D. OFF

5. ARC 子命令中的（S，E，A）指的是哪种画圆弧方式？________

A. 起点、圆心、终点　　B. 起点、终点、半径

C. 起点、圆心、圆心角落　　D. 起点、终点、圆心角

6. CIRCLE 命令中的 TTR 选项是指用________方式画圆弧。

A. 端点、端点、直径　　B. 端点、端点、半径

C. 切点、切点、直径　　D. 切点、切点、半径

7. OFFSET 命令前，必须先设置________。

A. 比例　　B. 圆

C. 距离　　D. 角度

二、判断题

1. LENGTHEN 命令不能改变圆弧的长度。（　　）

2. 阵列命令不能阵列出倾斜对象。（　　）

3. 矩形命令只能绘出直角矩形。（　　）

4. 因为 COPY、OFFSET、MIRROR、ARRAY 等命令都能复制实体，因此它们是一样的。（　）

5．镜像时，删除源对象就是将源对象翻转 180°。（ ）

6．在使用旋转命令时，如输入的角度数值为-45，则逆时针旋转 45°。（ ）

三、操作题

1．请绘制题图 3-1 所示图形，不标注尺寸。

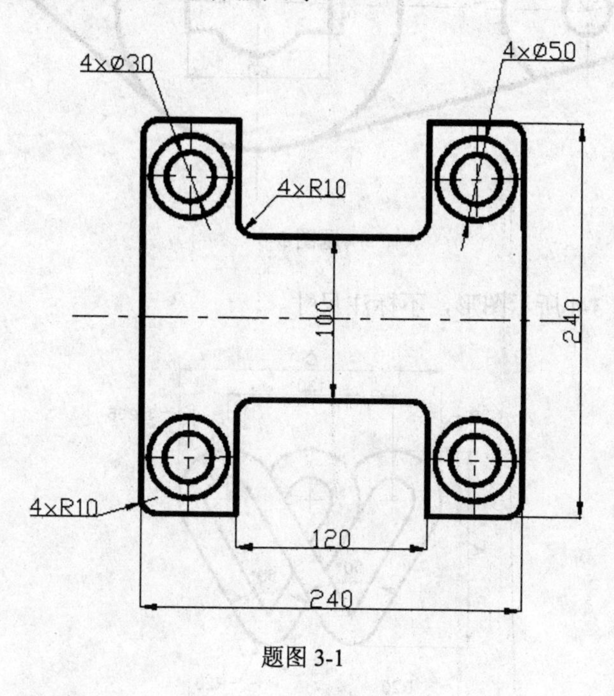

题图 3-1

2．由题图 3-2a，画出题图 3-2b。

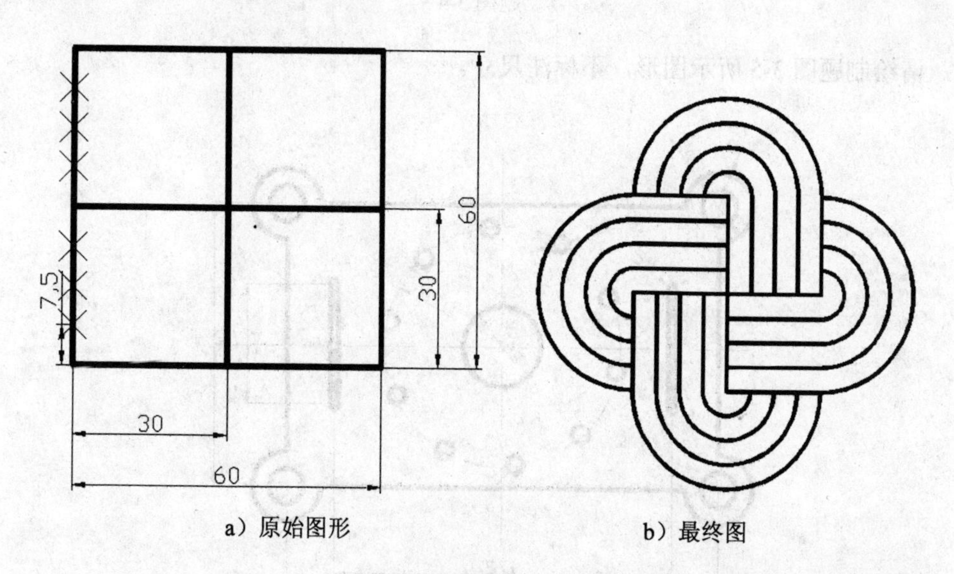

a）原始图形 b）最终图

题图 3-2

3．请绘制题图 3-3 所示图形，不标注尺寸。

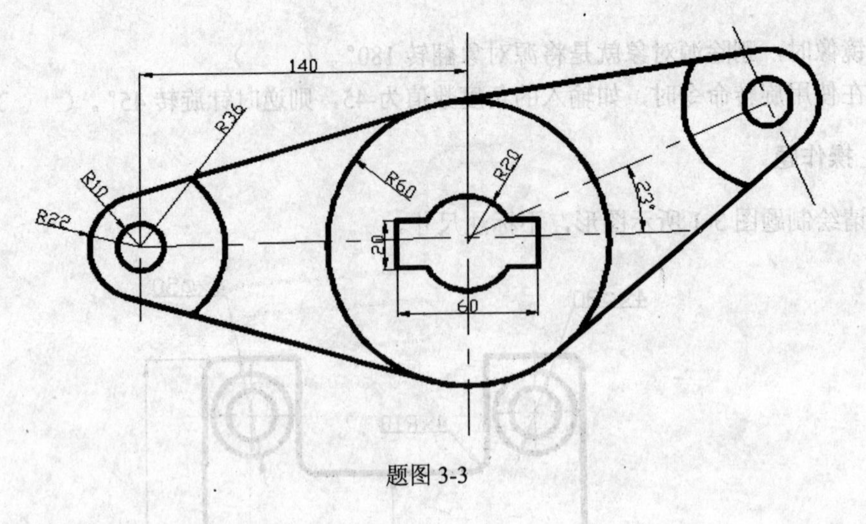

题图 3-3

4. 请绘制题图 3-4 所示图形，不标注尺寸。

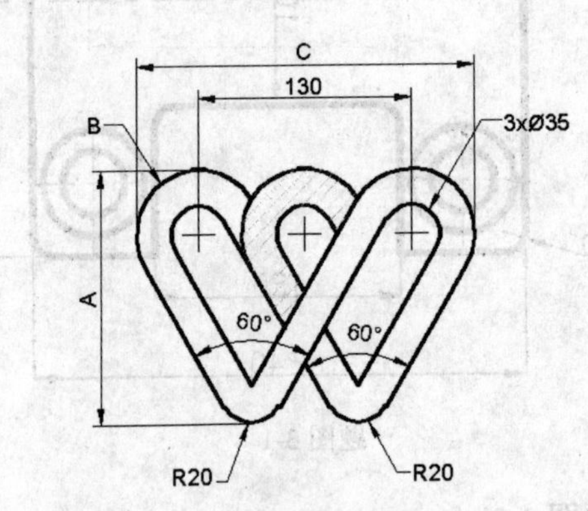

题图 3-4

5. 请绘制题图 3-5 所示图形，不标注尺寸。

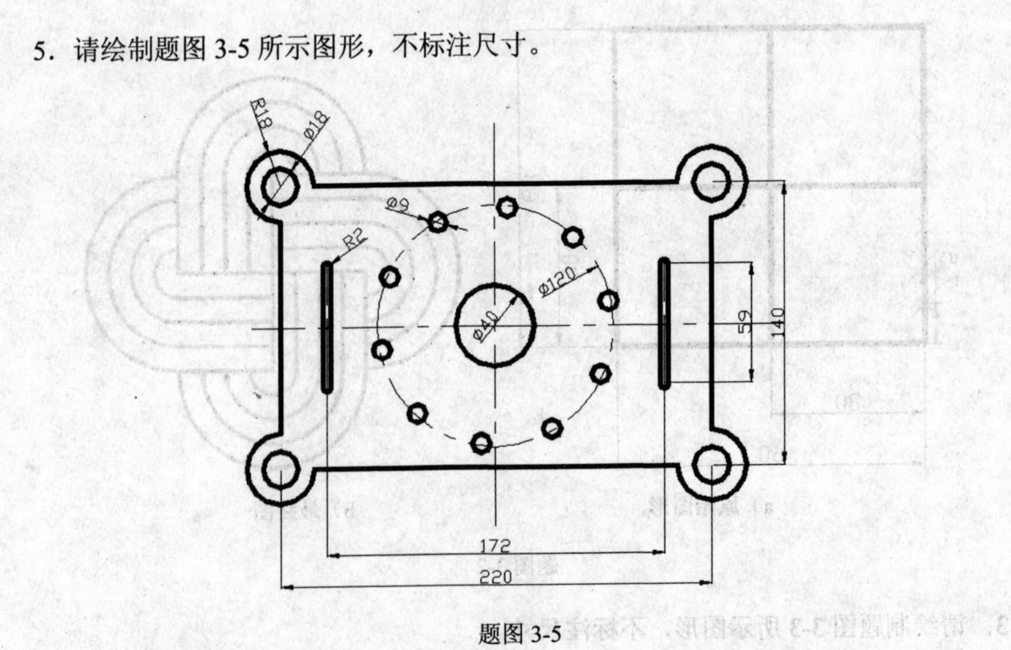

题图 3-5

6. 请绘制题图 3-6 所示图形，不标注尺寸。

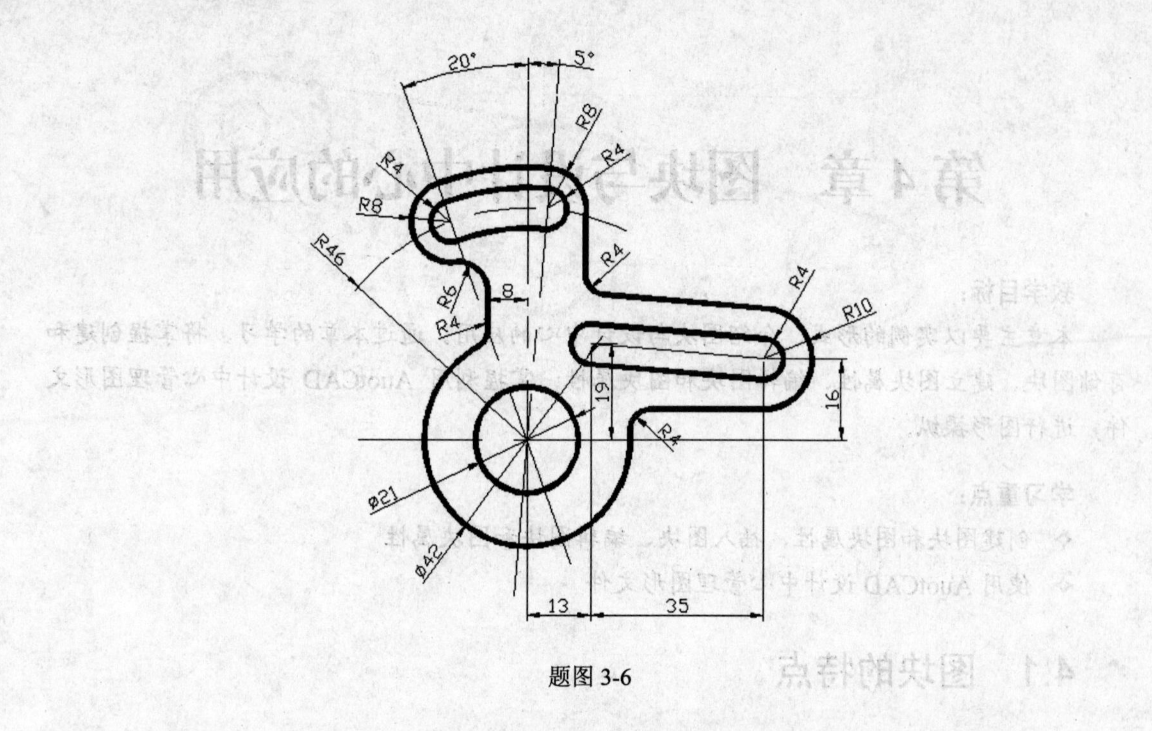

题图 3-6

第4章 图块与[illegible]的应用

教学目标：

本章主要以实例的形式[illegible]通过本章的学习，将掌握创建和[illegible]图块、建立图块属性、[illegible]、掌握利用 AutoCAD 设计中心管理图形文件，进行图形编辑。

学习重点：

◇ 创建图块和图块属性、插入图块、编辑[illegible]块属性

◇ 使用 AutoCAD 设计中心管理图形文件

4.1 图块的特点

在 AutoCAD 中使用图块可以提高绘图效率、节省存储空间，并便于图形的修改。图块的特点主要体现在以下 4 个方面：

1）提高绘图效率。在使用 AutoCAD 绘制图形时，如果把重复使用的图形制作成图块，在需要重复绘制时，将制作好的图块插入其中，把绘图变成拼图，从而可以避免重复性的工作，提高绘图效率。

2）节省存储空间。如果一幅图中含有大量相同的图形，会占用较大的磁盘空间。如果事先把这些相同的图形定义成一个块，绘制时就可以把它们直接插入到图形中的相应位置，从而节省磁盘空间。

3）可以添加属性。AutoCAD 可以为图形建立文字属性，也可以提取属性值，并将其传送到数据库中。

4）便于修改图形。图形中相同的图形部分出错时，如果是按图块插入的，则只要修改一处，其他部分将全部自动修改。

4.2 图块的应用实例 1——图块的制作与插入

4.2.1 图形分析

任务如图 4-1b 所示。打开光盘中"/第 4 章/4-1.dwg"文件，如图 4-1a 所示。创建新图层 blue，将颜色设置为蓝色，线型设置为细实线，在该图层中制作具有属性的粗糙度图块，并将其插入到相应的位置，结果如图 4-1b 所示。

第 4 章　图块与设计中心的应用

教学目标：

本章主要以实例的形式，介绍图块与设计中心的应用。通过本章的学习，将掌握创建和存储图块、建立图块属性、编辑图块和图块属性；掌握利用 AuotCAD 设计中心管理图形文件，进行图形操纵。

学习重点：

✧ 创建图块和图块属性、插入图块、编辑图块和图块属性

✧ 使用 AuotCAD 设计中心管理图形文件

4.1　图块的特点

在 AuotCAD 中使用图块可以提高绘图效率，节省存储空间，并便于图形的修改。图块的特点主要体现在以下 4 个方面：

1）提高绘图效率。在使用 AuotCAD 绘制图形时，如果把重复使用的图形制作成图块，在需要重复绘制时，将制作好的图块插入其中，把绘图变成拼图，从而可以避免重复性的工作，提高绘图效率。

2）节省存储空间。如果一幅图中绘有大量相同的图形，会占用较大的磁盘空间。如果事先把这些相同的图形定义成一个块，绘制时就可以把它们直接插入到图形中的相应位置，从而节省磁盘空间。

3）可以添加属性。AuotCAD 可以为图形建立文字属性，也可以提取属性值，并将其传送到数据库中。

4）便于修改图形。图形中相同的图形部分出错时，如果是按图块插入的，则只要修改一处，其他部分将全部自动修改。

4.2　图块的应用实例 1——图块的制作与插入

4.2.1　图形分析

任务如图 4-1b 所示。打开光盘中“/第 4 章/4-1.dwg”文件，如图 4-1a 所示。创建新图层 blue，将颜色设置为蓝色，线型设置为细实线，在该图层中制作具有属性的粗糙度图块，并将其插入到相应的位置，结果如图 4-1b 所示。

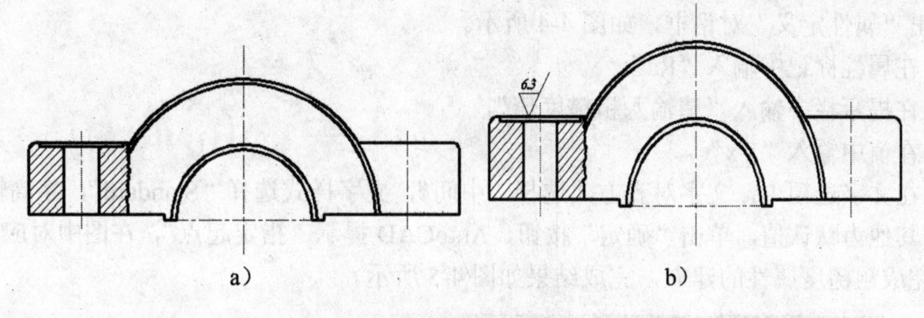

图 4-1　粗糙度标注图

4.2.2　图形绘制

1．打开文件

打开光盘中“/第 4 章/4-1.dwg”文件。

2．创建图层

创建名称为 blue 的图层，并将颜色设置为蓝色，线型设置为细实线，如图 4-2 所示。

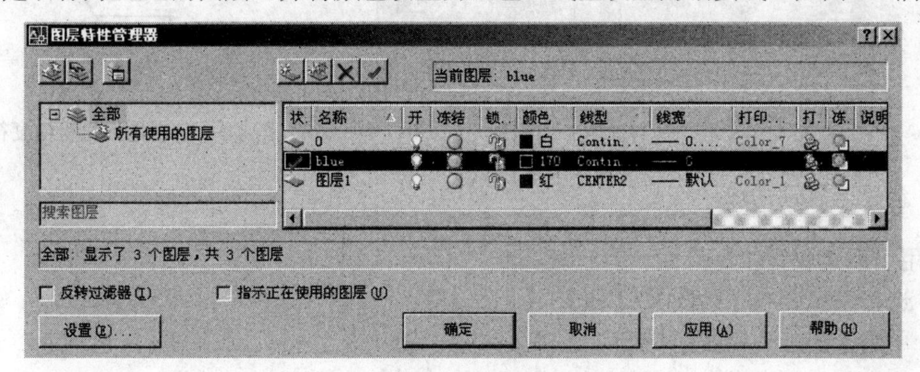

图 4-2　图层设置

3．绘制图形

在 blue 图层中绘制粗糙度标记图形，如图 4-3 所示。

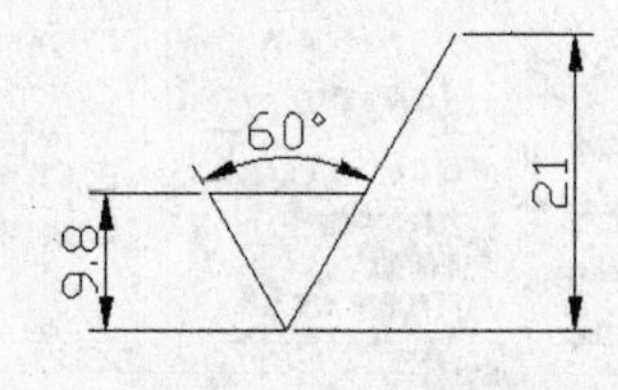

图 4-3　粗糙度符号

4．定义属性

调用“定义属性”命令：

◆ 选择下拉菜单【绘图】/【块】/【定义属性】

◆ 单击绘图工具栏按钮

◆ 在命令行输入命令 ATTDEF

弹出“属性定义”对话框，如图4-4所示。

1）在属性标记中输入“Ra”。

2）在提示栏中输入“请输入粗糙度值”。

3）在值中输入“x x”。

4）在文字选项中，文字对齐方式选择“中间”，文字样式选择“Standard”，字高输入7。

5）其他为默认值，单击“确定”按钮，AutoCAD提示“指定起点”，在图中对应的位置单击，完成粗糙度属性的建立，完成结果如图4-5所示。

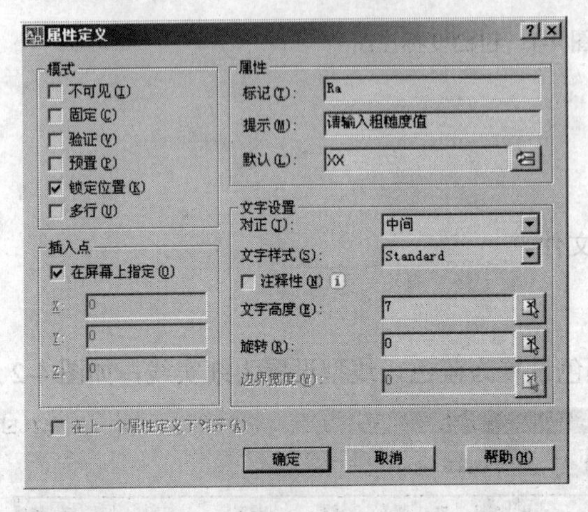

图4-4 “属性定义”对话框

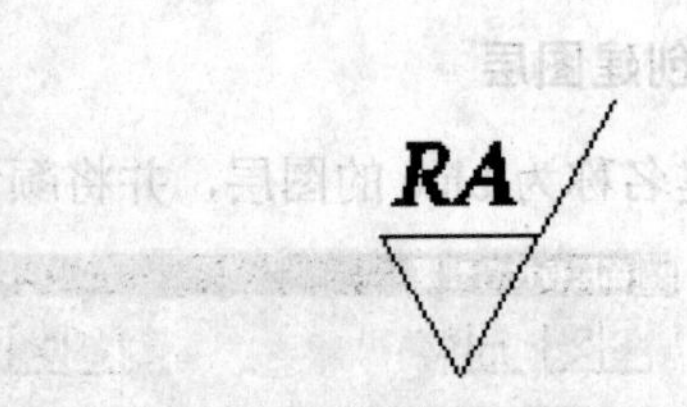

图4-5 带属性标记粗糙度符号

5. 创建带属性的块

调用“创建块”命令：

◆ 选择下拉菜单【绘图】/【块】/【创建】

◆ 单击绘图工具栏按钮

◆ 在命令行输入命令BLOCK

弹出“块定义”对话框，如图4-6所示。

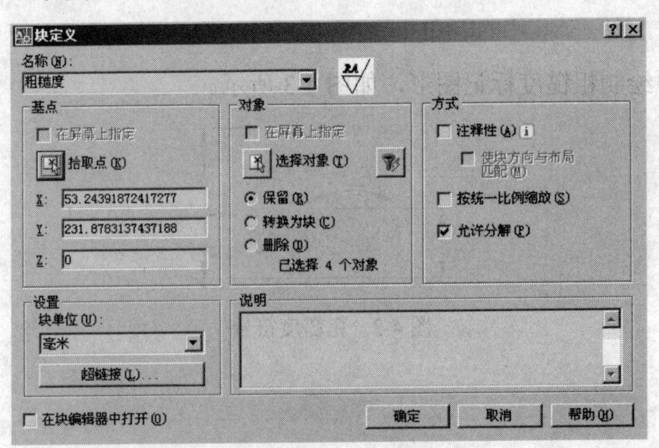

图4-6 “块定义”对话框

1）在“名称”下拉列表中选择“粗糙度”。

2）单击“选择对象”按钮，选择带属性的粗糙度图形，并“保留”原对象。

3）单击“拾取点”按钮，单击粗糙度图形的最低点，返回到块定义窗口。

4）其他各项按默认设置，单击“确定”按钮，完成粗糙度图块的建立。

6．插入块

调用“插入块”命令：

◆ 选择下拉菜单【插入】/【块】

◆ 单击绘图工具栏按钮

◆ 在命令行输入命令 INSERT

弹出“插入块”对话框，如图 4-7 所示。

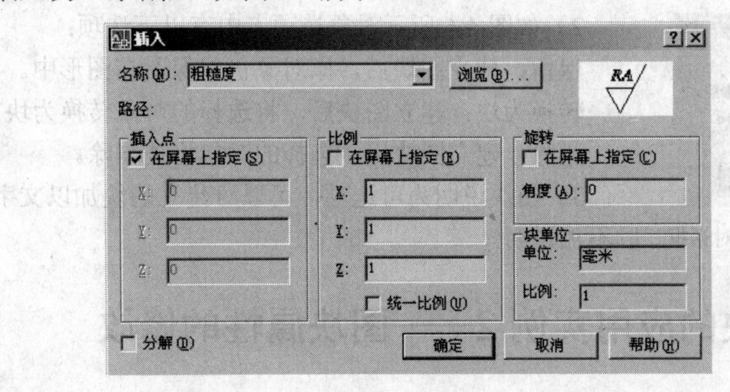

图 4-7 “插入图块”对话框

1）在“名称”下拉列表中选择“粗糙度”。

2）在“插入点”选项中，选择“在屏幕上指定”。

3）缩放比例设置为 1。

4）旋转角度输入 0。

单击“确定”按钮，AutoCAD 提示，“指定插入点”，捕捉相应的位置，完成图块的插入，AutoCAD 提示“请输入粗糙度值”，输入 6.3，结果如图 4-1b 所示。

4.2.3 知识扩展

1．“属性定义”对话框

1）“不可见”复选框：用于设置插入块后是否显示属性值。选中该复选框，属性不可见，否则属性可见。

2）“固定”复选框：用于设置属性是否为固定值。选中该复选框，在插入块时，该属性不再发生变化。

3）“验证”复选框：用于设置属性是否对属性值进行验证。选中该复选框，在插入块时，系统将给出提示，让用户验证所输入的属性值是否正确，否则不需要验证。

4）“预置”复选框：用于确定是否将属性值直接预置为其默认值。选中该复选框，插入块时，系统将把“属性定义”对话框的“值”文本框中输入的默认值自动设置成实际属性值，而不再要求用户输入新值，否则要求用户输入新值。

5）“锁定位置”复选框：用于锁定块参照中属性的位置。选中该复选框，插入块时，整个块是一个整体，各部分不能单独移动，解锁后，属性可以相对于使用夹点编辑的块的其他部分移动，并且可以调整多行属性的大小。

注意：在动态块中，由于属性的位置包括在动作的选择集中，因此必须将其锁定。

6）“多行”复选框：用于指定属性值可以包含多行文字。选定此选项后，插入块时，可以指定属性的边界宽度。

2．“定义块”对话框

1）在名称对话框中可以给创建的图块输入新的名称，也可以重新定义已有的图块，如果选择已有的名字，单击“确定”按钮后，会弹出提示框，如图 4-8 所示。如果更新定义，选择“是”，返回定义图块的对话框，再输入新的名字，否则选择“否”。

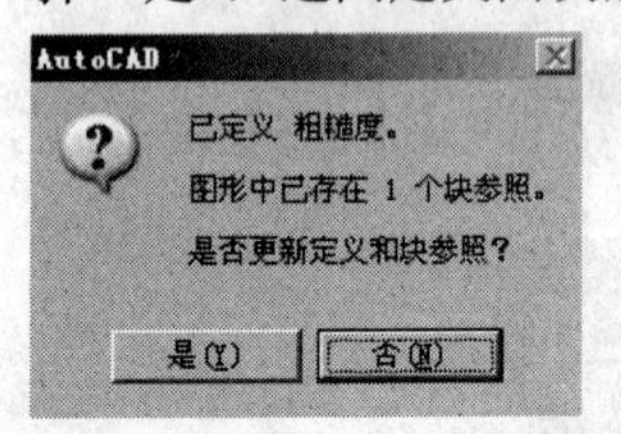

图 4-8 “重定义提示”对话框

2）如图 4-6 所示对象选项卡中有以下选项：

保留：建立图块后，原对象仍然保留在图形中。

转换为块：建立图块后，将选择的对象转换为块。

删除：建立图块后，选择的对象将被删除。

3）图块说明为可选项，可以对建立的块加以文字说明，也可以不加说明。

4.3 图块的应用实例 2——图块属性的修改

4.3.1 图形分析

任务如图 4-9b 所示。打开光盘中“/第 4 章/4-2.dwg”文件，如图 4-9a 所示。创建新图层 blue，将颜色设置为蓝色，线型设置为细实线，在该图层中制作具有属性的粗糙度图块，并将其插入到相应的位置，结果如图 4-9b 所示。

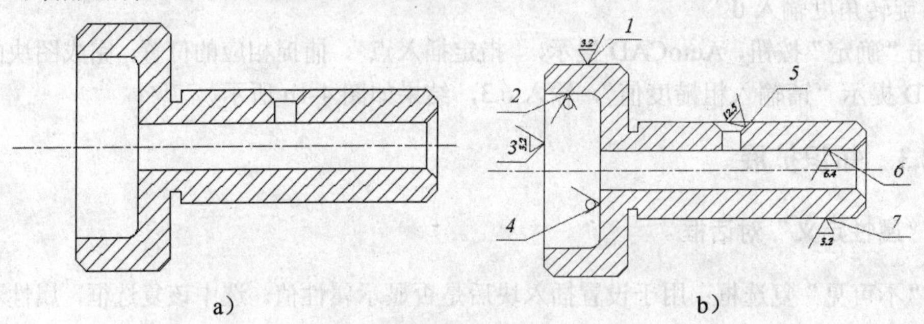

图 4-9 粗糙度标注图

在该图形中，既有加工表面的粗糙度符号，也有非加工表面的粗糙度符号，因此需要制作两个图块，且粗糙度符号的插入位置和方向不同，因此，在插入时应该将创建的图块进行相应的旋转，并对其属性进行对应的更改。

4.3.2 图形绘制

1．打开文件

打开光盘中“/第 4 章/4-2.dwg”文件。

2. 创建图层

如 4.2 节所述，创建名称为 blue 的图层，并将颜色设置为蓝色，线型设置为细实线。

3. 绘制图形

在 blue 图层中绘制加工表面的粗糙度符号和非加工表面的粗糙度符号，如图 4-10 所示。

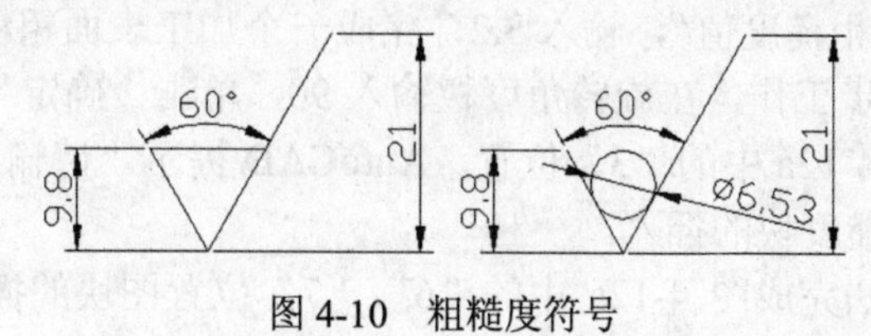

图 4-10　粗糙度符号

4. 定义属性

如 4.2 节所述，给加工表面的粗糙度符号定义属性。

5. 创建块

调用“创建块”命令，如 4.2 节所述，分别创建加工表面的粗糙度符号和非加工表面的粗糙度符号图块。

6. 插入块

调用“插入块”命令：

◆ 选择下拉菜单【插入】/【块】

◆ 单击绘图工具栏按钮

◆ 在命令行输入命令 INSERT

弹出“插入”对话框，如图 4-11 所示。

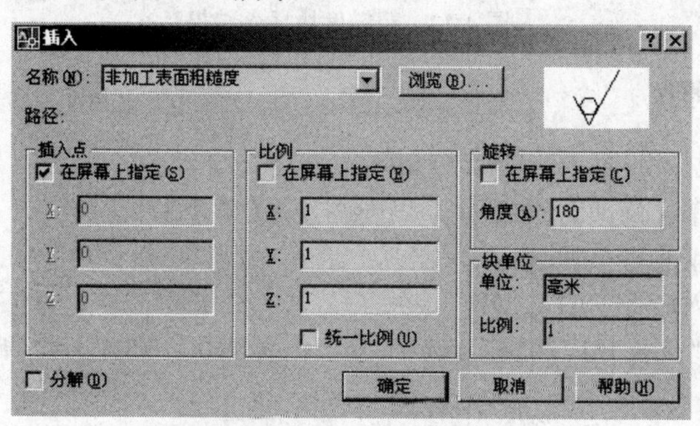

图 4-11　“插入”对话框

1）在“名称”下拉列表中选择“非加工表面粗糙度”。

2）在“插入点”选项中，选择“在屏幕上指定”。

3）缩放比例设置为 1。

4）旋转角度输入 180。

5）单击“确定”按钮，AutoCAD 提示，“指定插入点”，捕捉图 4-12a 中的“2”位置，完成一个非加工表面粗糙度块的插入，结果如图 4-12a 所示。

6）重复 1）—3）步工作，在旋转角度栏输入 90，单击“确定”按钮，AutoCAD 提示，“指定插入点”，捕捉图 4-12a 中的“4”位置，完成另一个非加工表面粗糙度块的插入。

7）在“名称”下拉列表中选择“加工表面粗糙度”。

8）在“插入点”选项中，选择“在屏幕上指定”。

9）缩放比例设置为 1。

10）旋转角度输入 0。

11）单击“确定”按钮，AutoCAD 提示，“指定插入点”，捕捉图 4-12a 中的“1”位置，AutoCAD 提示“请输入粗糙度值”，输入 3.2，完成一个加工表面粗糙度块的插入。

12）重复 7）—9）步工作，在旋转角度栏输入 90，单击“确定”按钮，AutoCAD 提示，“指定插入点”，捕捉图 4-12a 中的“3”位置，AutoCAD 提示“请输入粗糙度值”，输入 3.2，又完成一个加工表面粗糙度块的插入。

13）利用同样的方法完成图 4-12a 中的“6”、“7”位置图块的插入，此时的旋转角度栏应输入 180，“6”位置的粗糙度值应输入 6.4。

14）重复 7）—9）步工作，在旋转角度栏，选择“在屏幕上指定”。单击“确定”按钮，AutoCAD 提示，“指定插入点”，捕捉图 4-12a 中的“5”位置，移动鼠标，选择合适的角度，单击鼠标左键，AutoCAD 提示“请输入粗糙度值”，输入 12.5，完成最后一个加工表面粗糙度块的插入，最终结果如图 4-12b 所示。

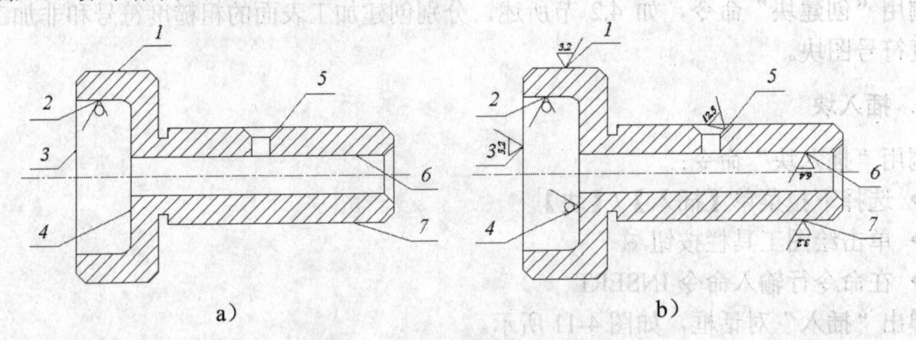

图 4-12　粗糙度块插入结果

7. 图块属性的修改

调用“属性修改”命令：

◆ 选择下拉菜单【修改】/【对象】/【属性】/【单个】

◆ 单击修改Ⅱ工具栏按钮

◆ 在命令行输入命令 EATTEDIT

AutoCAD 提示“选择相应的块”，选中“6”位置的块，则弹出“增强属性编辑器”对话框，如图 4-13 所示。

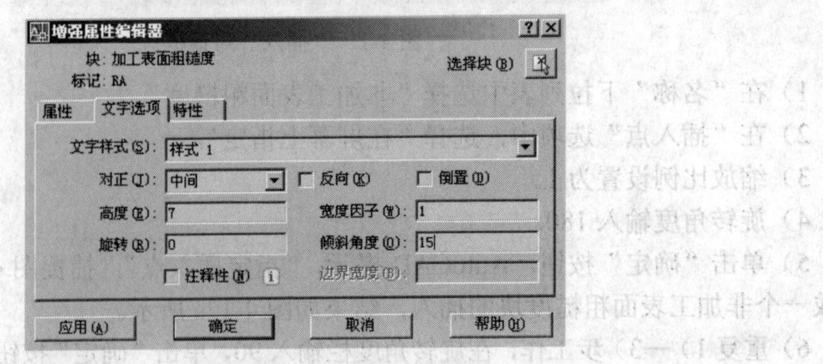

图 4-13　“增强属性编辑器”对话框

1）点击“文字选项”，将其中的“旋转”项由 180 改为 0，则完成文字项的修改。

2）采用同样的方法，完成“7”位置的块的属性修改，最终结果如图 4-9b 所示。

4.3.3 知识扩展

1．单个块属性修改

选择下拉菜单【修改】/【对象】/【属性】/【单个】命令，选择相应的块，打开“增强属性编辑器”对话框，如图 4-13 所示，单击“属性”选项，可以对粗糙度的值（属性的值）进行更改。单击“特性”选项，可以对块所在的图层、颜色、线型及线宽进行修改。

2．块属性管理器

如果文件中含有多个具有属性的图块，可以使用“块属性管理器”进行修改。

选择下拉菜单【修改】/【对象】/【属性】/【块属性管理器】命令，打开“块属性管理器”对话框，如图 4-14 所示。

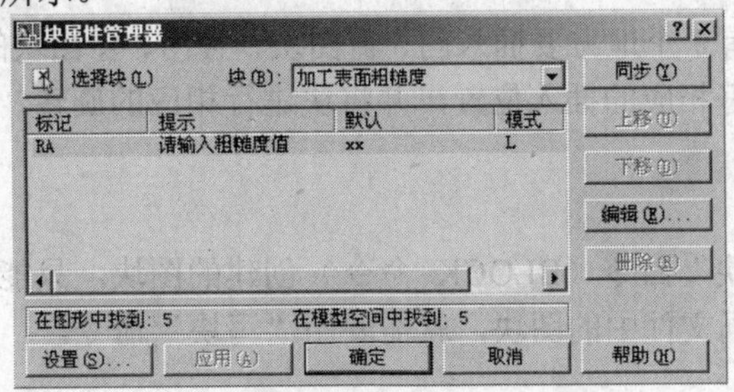

图 4-14 “块属性管理器”对话框

单击“选择块”按钮，或在块下拉列表中选择要编辑的块（由于上面的任务中，只有加工表面粗糙度的块带有属性，而非加工表面粗糙度的块没有属性，因此，此处的下拉列表中只有“加工表面粗糙度”一个选项）。选择要编辑的块后，单击右侧的“编辑”按钮，弹出“编辑属性”对话框，如图 4-15 所示，在该对话框中，可以对属性的模式、值、文字选项、特性等进行编辑。

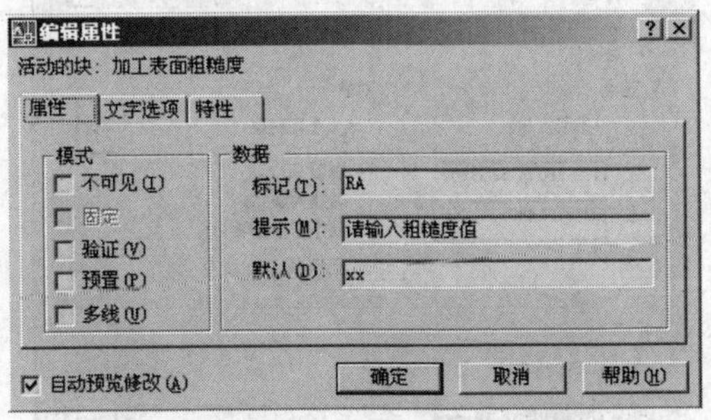

图 4-15 “编辑属性”对话框

4.4 图块的应用实例 3——图块的写入

4.4.1 图形分析

任务如图 4-16b 所示。打开光盘中“/第 4 章/4-3.dwg”文件，如图 4-16a 所示。将图下方的门、窗符号写成块，并插入到相应的位置，结果如图 4-16b 所示。

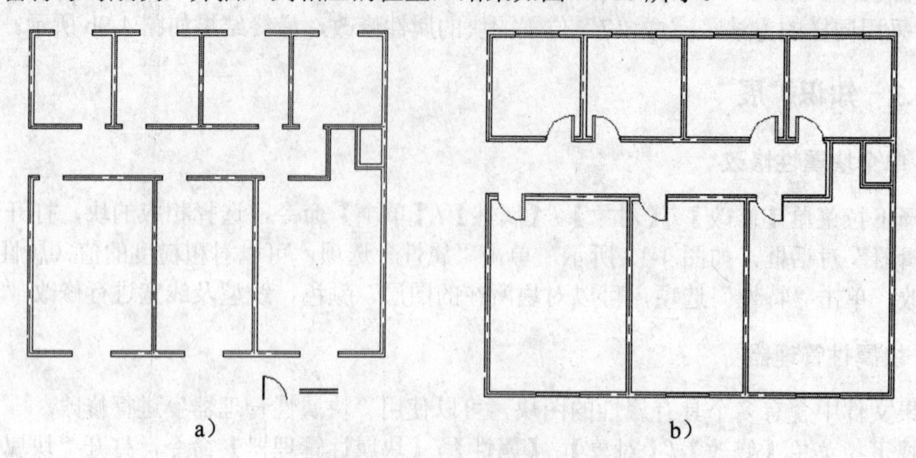

图 4-16　门窗图块的制作与插入

在该图形中，分别有 7 个地方要插入门、窗图块，且门、窗图块的插入位置和方向不同，因此，在插入时应该选好相应的插入位置，并将块进行相应的旋转，以满足要求。

4.4.2　图形绘制

使用前面所讲的“块”命令（BLOCK 命令）创建的图块，只能插入到当前文件中，如果要创建可以插入到不同文件中的图块，就需要用“写块”命令。

1．打开文件

打开光盘中“/第 4 章/4-3.dwg”文件。

2．写块

在命令行输入“WBLOCK”命令（简写为 W），则弹出“写块”对话框，如图 4-17 所示。

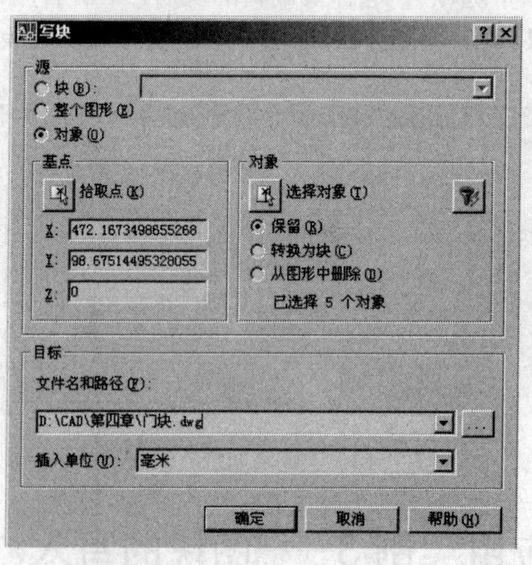

图 4-17　“写块”对话框

1）在对象来源中选择“对象”。

2）单击“拾取点”按钮，选择门符号的左底点为插入点基点。

3）单击“选择对象”按钮，选择门符号。

4）在“文件名和路径”下拉列表中，选择合适的路径，并将文件名命名为“门块”，也可通过右边的 ... 按钮，为文件选择合适的位置进行保存。

5）单击“确定”按钮，完成门块的写入。

6）采用同样的方法，写入窗块。

3. 门块的插入

调用“插入块”命令：

◆ 选择下拉菜单【插入】/【块】

◆ 单击绘图工具栏按钮

◆ 在命令行输入命令 INSERT

弹出“插入”对话框，如图 4-18 所示。

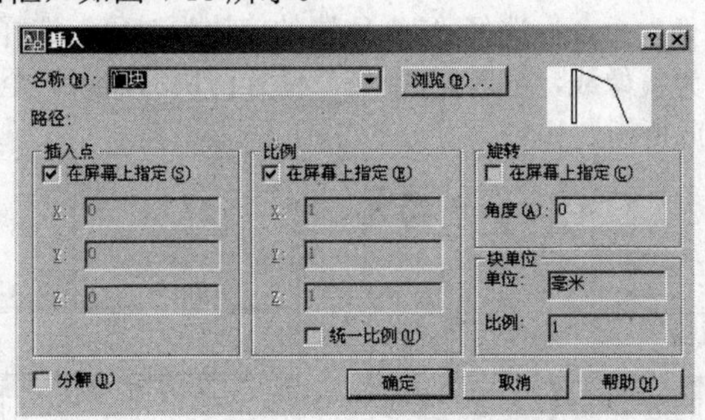

图 4-18 “插入”对话框

1）在“名称”项，单击右边的“浏览”按钮，弹出“选择图形文件”对话框，如图 4-19 所示。找到刚才所存的块的路径，选择“门块”文件，单击“确定”按钮，回到“插入”对话框。

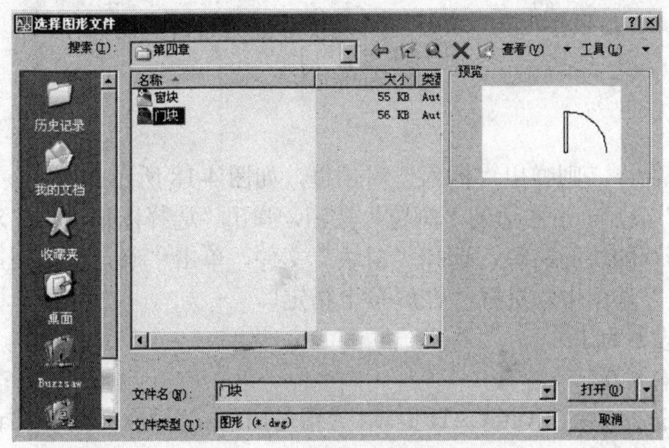

图 4-19 “选择图形文件”对话框

2）在“插入点”选项中，选择“在屏幕上指定”。

3）缩放比例设置为 1。

4）旋转角度输入 180。

5）单击“确定”按钮，AutoCAD 提示，“指定插入点”，捕捉图 4-20a 中的“1”位置，完成“1”位置门块的插入，结果如图 4-20a 所示。

6）重复 1）—4）步的工作，单击“确定”按钮，AutoCAD 提示，“指定插入点”，捕捉

图 4-20a 中的“4”位置，完成“4”位置门块的插入。

7）重复 1）—4）步的工作，单击“确定”按钮，AutoCAD 提示，“指定插入点”，捕捉图 4-20a 中的“6”位置，完成“6”位置门块的插入。

8）重复 1）—3）步的工作。

9）旋转角度输入 0。

10）单击“确定”按钮，AutoCAD 提示，“指定插入点”，捕捉图 4-20a 中的“3”位置，完成“3”位置门块的插入。

11）重复 8）—9）步的工作，单击“确定”按钮，AutoCAD 提示，“指定插入点”，捕捉图 4-20（a）中的“7”位置，完成“7”位置门块的插入。

12）利用“镜像”命令，选择“3”位置的门块为对象，选择“2”位置和“3”位置中间的“红色点画线”为镜像线，可以完成“2”位置门块的插入。

13）同样采用“镜像”命令，选择“7”位置的门块为对象，选择“5”位置和“7”位置中间的“红色点画线”为镜像线，可以完成“5”位置门块的插入。至此，所有门块的插入工作完成，结果如图 4-20b 所示。

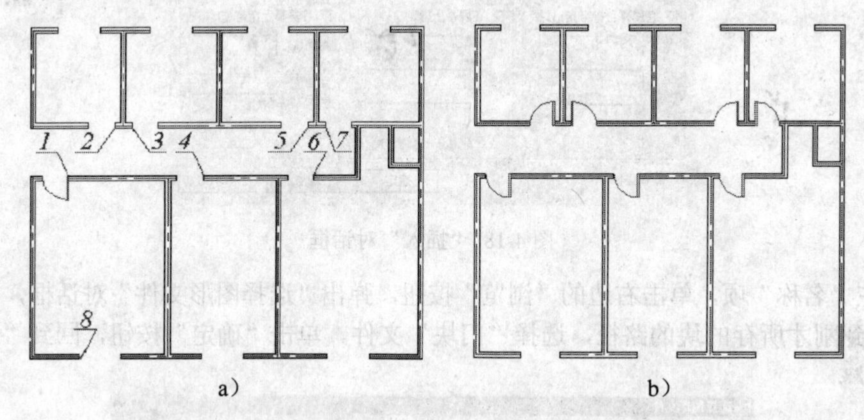

图 4-20　门块的插入结果

4．窗块的插入

调用“插入”命令，则弹出“插入”对话框，如图 4-18 所示。

1）在“名称”项，单击右边的“浏览”按钮，弹出“选择图形文件”对话框，如图 4-19 所示。找到刚才所存的块的路径，选择“窗块”文件，单击“确定”按钮，回到“插入”对话框。在“插入点”选项中，选择“在屏幕上指定”。

2）缩放比例设置为 1。

3）旋转角度输入 0。

4）单击“确定”按钮，AutoCAD 提示，“指定插入点”，捕捉图 4-20a 中的“8”位置，完成“8”位置窗块的插入。

5）采用同样的方法，完成其他 6 个位置的窗块的插入。

至此，所有的门、窗图块都已插入完毕，最终结果如图 4-16b 所示。

4.4.3　知识扩展

1．“插入”对话框

1）如果插入使用“BLOCK”命令建立的图块，可在名称列表中选择，如果插入文件是用

"WBLOCK"命令创建的图块，则要单击列表后面的 ... 按钮，选择要插入的图块文件。

2）插入点：插入点可以在屏幕上捕捉，也可以用坐标给定。

3）比例：缩放比例可以在对话框中给定，也可以在屏幕上指定，且各方向的值可以不同。

4）旋转：将插入的图块旋转指定的角度插入图形中（旋转是以定义块时选择的基点为中心的，有时候，仅仅使用旋转命令不能够满足图形要求，这时可以采用"镜像"命令对图形进行翻转，当然也可以重新定义块的基点来满足图形要求）。

5）分解：默认情况下，图块是以一个整体插入到图形中的，如果插入图块时选择"分解"命令，则插入的图块将被打散。

注意：在插入图块的时候，对于相同的块，可以采用"复制"、"镜像"、"平移"等命令，没有必要每一个图块都采用"插入"命令进行插入，这样可以节省时间，提高绘图效率。

2. "写块"对话框

在"源"列表中，"块"选项是选择已有的图块建立图块文件；"整个图形"是将整个图形作为一个图块存储；"对象"是选择图形文件中的对象建立块文件。其他与"定义块"对话框的选项相同。

4.5 设计中心的应用实例 1

4.5.1 图形分析

任务如图 4-21b 所示。打开光盘中"/第 4 章/4-4.dwg"文件，如图 4-21a 所示。在 AutoCAD 设计中心找到 db_Samp.dwg 文件，将 DESK3 块添加到图形中，为块添加属性并重新定义块。然后将重新定义的块及 db_Samp.dwg 文件中相应的块，插入到图中适当的位置，最终结果如图 4-21b 所示。

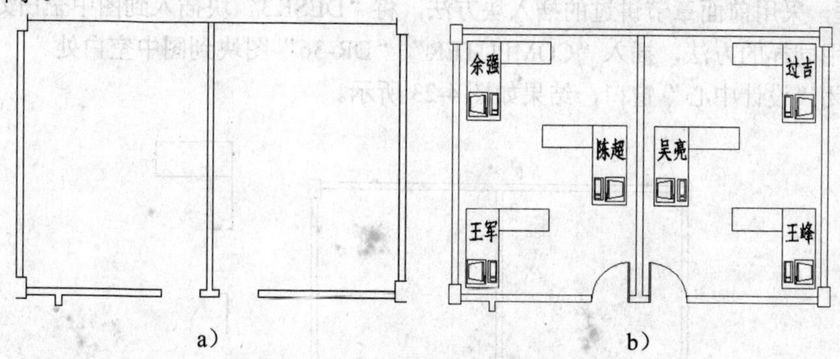

图 4-21 门窗图块的制作与插入

在该图形中，有 6 个地方要插入桌子、计算机图块，有 2 个地方要插入门块，且桌子、门图块的插入位置和方向不同，因此，在插入时应该选好相应的插入位置，并将块进行相应的旋转（或者在定义块前，通过编辑命令，使图形的形状与要求一致），以满足要求。

4.5.2 图形绘制

1. 打开文件

1. 打开光盘中"/第 4 章/4-4.dwg"文件。

2. 打开“设计中心”窗口

调用“设计中心”命令：

◆ 选择下拉菜单【工具】/【选项板】/【设计中心】

◆ 单击标准工具栏按钮

◆ 在命令行输入命令 ADCENTER

弹出“设计中心”窗口，如图 4-22 所示。

1）在左边的“文件夹列表中”找到 db_Samp.dwg 文件，并单击其前面的⊞图标，显示 db_Samp.dwg 文件包含的子文件，点击子文件中的块，则在“设计中心”窗口的右边显示其包含的块，如图 4-22 所示。

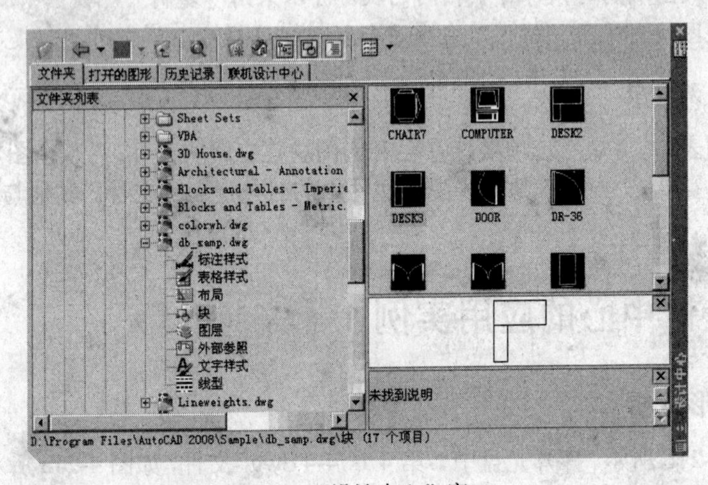

图 4-22 “设计中心”窗口

2）找到“DESK3”块，点击鼠标右键，弹出对应的选项卡，单击“插入”，则弹出“插入”对话框，采用前面章节讲过的插入块方法，将“DESK3”块插入到图中空白处。

3）采用同样的方法，插入“COMPUTER”、“DR-36”图块到图中空白处。

4）关闭“设计中心”窗口，结果如图 4-23 所示。

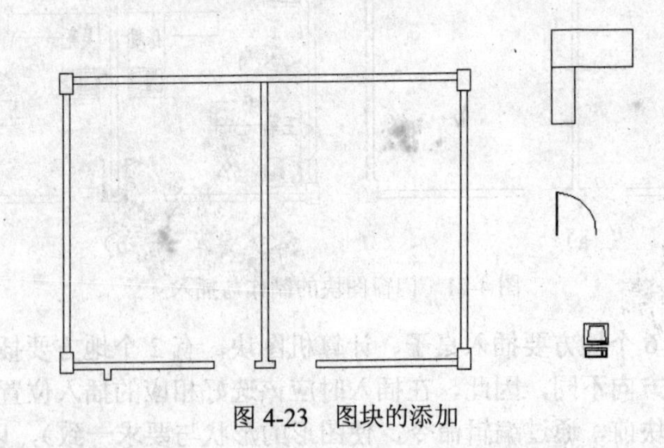

图 4-23 图块的添加

3. 图形的编辑

1）调用“平移”命令，选择“COMPUTER”块为对象，选择其底部的中点为基点，将其移到“DESK3”块中，结果如图 4-24a 所示（此时可以认为“COMPUTER”块是“DESK3”

块的一部分，即两者结合为一个新的“DESK3”块）。

2）调用“旋转”命令，选中新“DESK3”块（包含原始的“COMPUTER”块和“DESK3”块）为旋转对象，选择图 4-24a 中的“1”位置为旋转基点，在旋转角度中输入 270，按“回车”完成旋转。

3）调用“镜像”命令，选中“DESK3”块为镜像对象，选择图 4-24a 中的“AB”直线为镜像轴线（注：经过旋转命令后，“AB”直线由原来的水平线，变成垂直线），按“回车”完成镜像。

4）调用“平移”命令，选择“上一步的镜像结果”为对象，将“镜像结果”与原始图形分开，最终结果如图 4-24b 所示。

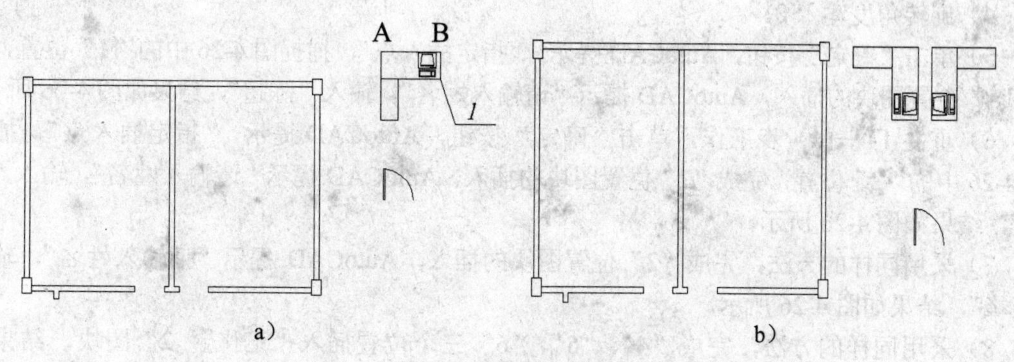

图 4-24　图形的编辑

4. 定义属性

调用“定义属性”命令：

◆ 选择下拉菜单【绘图】/【块】/【定义属性】

◆ 单击绘图工具栏按钮

◆ 在命令行输入命令 ATTDEF

弹出“属性定义”对话框。

1）在属性标记中输入“姓名”。

2）在提示栏中输入“请输入姓名”。

3）在值中输入“x x”。

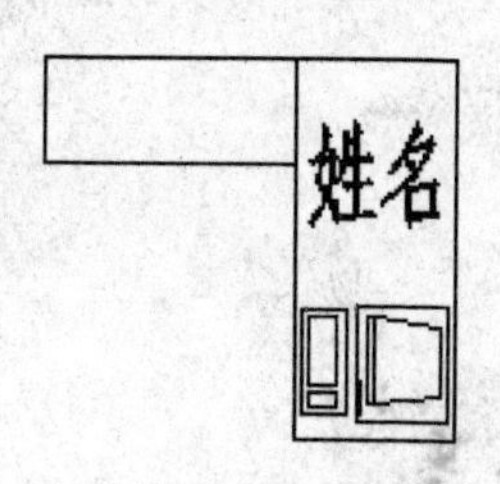

图 4-25 “新 DESK3”属性块

4）在文字选项中，“宽度因子”填入“0.7”，“文字样式”选择“Standard”（在此之前将 standard 的字体改为仿宋 GB2312 或者其他汉字的字体，否则不能显示汉字），字高输入 15。

5）其他为默认值，单击“确定”按钮，AutoCAD 提示“指定起点”，在图中对应的位置单击，完成“新 DESK3”属性的建立，完成结果如图 4-25 所示。

5. 创建块

1）调用“创建块”命令，弹出“块定义”对话框。

2）在“名称”下拉列表中填写“工作台 1”。

3）单击“选择对象”按钮，选择“新 DESK3”属性块，并“保留”原对象。

4）单击“拾取点”按钮，单击图 4-24a 中的“AB”直线的中点（此时的“AB”直线为竖直方向的垂线），返回到块定义窗口。

5）其他各项按默认设置，单击“确定”按钮，完成“工作台 1”图块的建立。

6）利用上述同样的方法，给“新 DESK3”属性块右边的图块定义属性（将“新 DESK3”的属性复制过去也可以），并将其创建为“工作台 2”图块。

6.“工作台”块的插入

调用“插入块”命令，则弹出“插入块”对话框。

1）在“名称”下拉列表中选择“工作台 1”。

2）在“插入点”选项中，选择“在屏幕上指定”。

3）缩放比例设置为 1。

4）旋转角度输入 0。

5）单击“确定”按钮，AutoCAD 提示，“指定插入点”，捕捉图 4-26 中的“1”位置，完成“1”位置图块的插入，AutoCAD 提示“请输入姓名”，输入“陈超”，结果如图 4-26 所示。

6）重复 1）—4）步工作，单击“确定”按钮，AutoCAD 提示，“指定插入点”，捕捉图 4-26 中的“2”位置，完成“2”位置图块的插入，AutoCAD 提示“请输入姓名”，输入“过吉”，结果如图 4-26 所示。

7）采用同样的方法，完成“3”位置图块的插入，AutoCAD 提示“请输入姓名”，输入“王峰”，结果如图 4-26 所示。

8）采用同样的方法，完成“4”、“5”、“6”三个位置插入“工作台 2”图块，结果如图 4-26 所示。

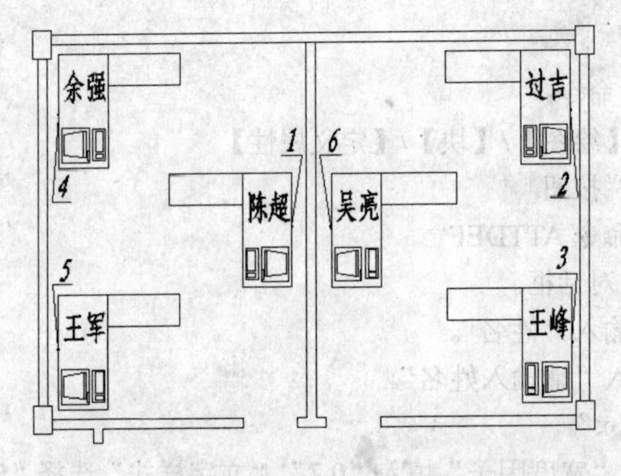

图 4-26 “工作台”块插入结果

7.“DR-36”块的插入

调用“插入”命令，则弹出“插入”对话框。

1）在“名称”下拉列表中选择“DR-36”。

2）在“插入点”选项中，选择“在屏幕上指定”。

3）缩放比例设置为 1。

4）旋转角度输入 0。

5）单击“确定”按钮，AutoCAD 提示，“指定插入点”，捕捉图 4-27 中的“7”位置，完成“7”位置图块的插入，结果如图 4-27 所示。

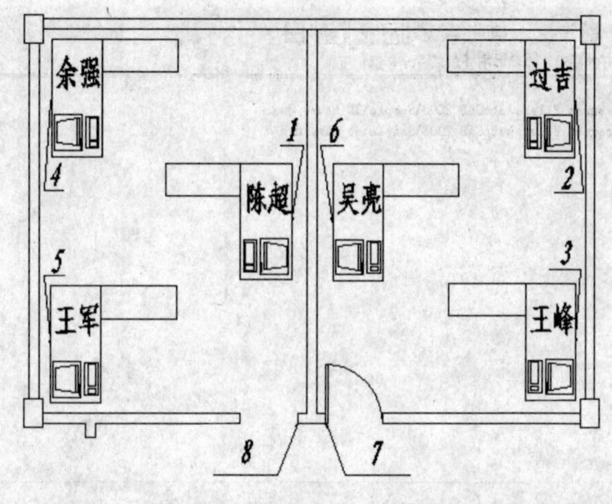

图 4-27 “DR-36”块的插入

6）利用“镜像”命令，将“7”位置的图块，镜像到“8”位置，至此，完成了所有图块的插入，最终结果如图 4-21b 所示。

4.5.3 知识扩展

“设计中心”窗口如图 4-22 所示，在“设计中心”窗口中，包含一组选项卡和工具按钮，利用它们可以选择和观察设计中心的图形，下面主要介绍各选项卡的含义。

1.“文件夹”选项卡

该选项卡显示设计中心的资源，用户可以将设计中心的内容设置为本机的资源或网上邻居的信息。

2.“打开的图形”选项卡

该选项卡显示当前环境中打开的所有图形，此时单击某个文件图标，就可以看到该图形的有关设置，如标注样式、表格样式、布局、块、图层、线型等，如图 4-28 所示。

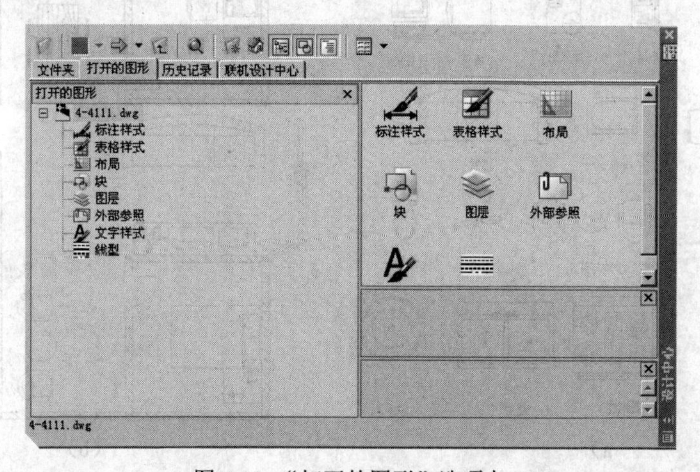

图 4-28 “打开的图形”选项卡

3.“历史记录”选项卡

该选项卡显示用户最近访问过的文件，包括这些文件的完整路径，如图 4-29 所示。

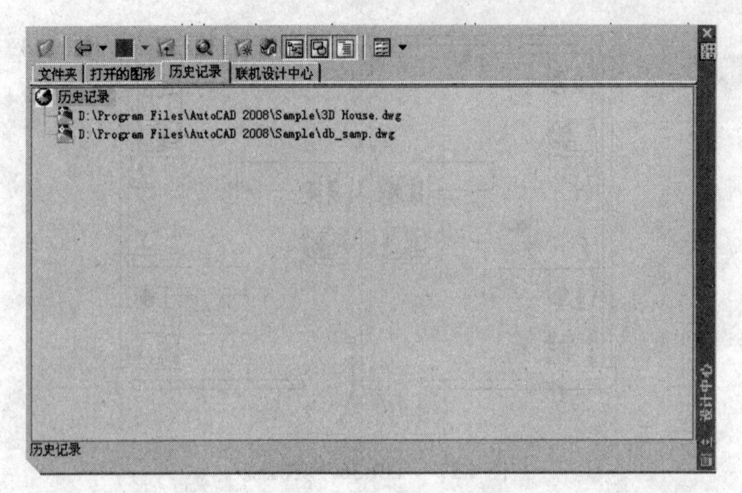

图 4-29 “历史记录”选项卡

4.“联机设计中心”选项卡

通过联机设计中心，可以访问因特网上预先绘制好的符号、制造商信息以及内容集成商站点。

4.6 设计中心的应用实例 2

4.6.1 图形分析

任务如图 4-30b 所示。打开光盘中“/第 4 章/4-5-1.dwg”文件，如图 4-30a 所示。将图中所有的图形都制作成图块并保存，在 AutoCAD“设计中心”窗口找到保存的图“4-5-1.dwg”文件，将其中图块添加到光盘中“/第 4 章/4-5-2.dwg”图形中，最终结果如图 4-30b 所示。

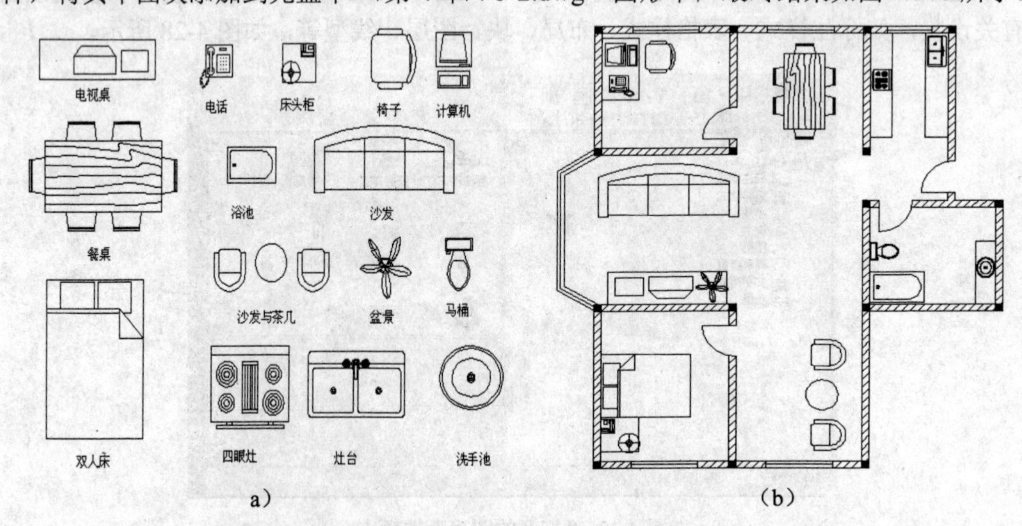

图 4-30 餐桌、床、灶台等家具图块的制作与插入

在该图形中，有 15 种图块，图块的数目比较多，很容易出错，因此在创建图块的时候，最好以图中各个图形所对应的名称给块命名。各个图块的插入位置和方向不同，因此，在插入时应该选好相应的插入位置，并将图块进行相应的旋转，以满足要求。

4.6.2 图形绘制

1．打开文件

打开光盘中“/第 4 章/4-5-1.dwg”文件。

2．创建块

◆ 选择下拉菜单【绘图】/【块】/【创建】

◆ 单击绘图工具栏按钮

◆ 在命令行输入命令：BLOCK

弹出“块定义”对话框。

1）在“名称”下拉列表中填写“电视桌”。

2）单击“选择对象”按钮，选择“电视桌”图形，并“保留”原对象。

3）单击“拾取点”按钮，单击“电视桌”图形的底边中点，返回到块定义窗口。

4）其他各项按默认设置，单击“确定”按钮，完成“电视桌”图块的建立。

5）采用相同的方法，创建其余的图块，并保存结果。“基点”一般选择为图形的中心、边的中点、各个端点（如果基点选择不准确，也没有关系，可以通过“平移”命令，将块插入到指定的位置）。

3．插入块

打开光盘中“/第 4 章/4-5-2.dwg”文件，调用“设计中心”命令：

◆ 选择下拉菜单【工具】/【选项板】/【设计中心】

◆ 单击标准工具栏按钮

◆ 在命令行输入命令：ADCENTER

弹出“设计中心”窗口。

1）在左边的“文件夹列表中”找到“4-5-1.dwg”文件，并单击其前面的⊞图标，显示“4-5-1.dwg”文件包含的子文件，点击子文件中的 块，则在“设计中心”窗口的右边显示其包含的图块，如图 4-31 所示。

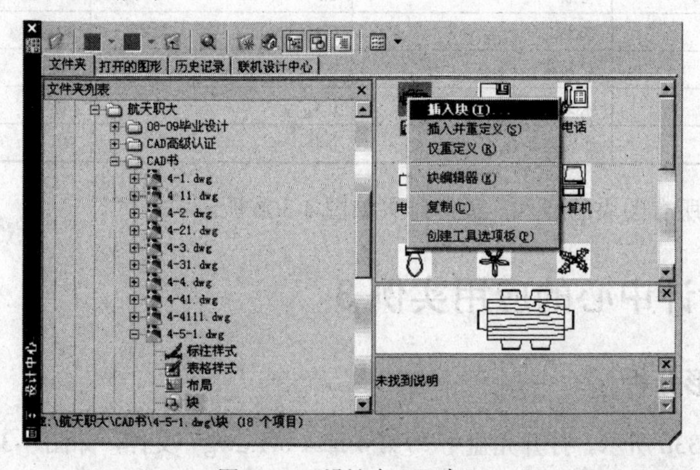

图 4-31 “设计中心”窗口

2）找到“餐桌”图块，点击鼠标右键，弹出对应的选项卡，单击“插入”，则弹出“插入”对话框，将“插入点”、“比例”、“旋转”三个选项都选中“在屏幕上指定”选项。单击

“确定”按钮，选中图 4-32 中“1”位置，指定“比例因子”为 0.3，指定“旋转角度”为 90（如果创建图块之前，对原始图形进行了旋转，此处的“旋转角度”就有可能是其他值）。

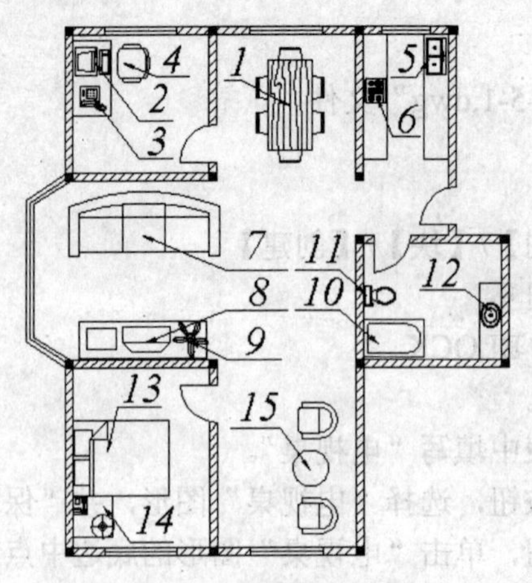

图 4-32　位置分布图

3）采用同样的方法，完成位置 2～15 的图块的插入，具体参数如表 4-1 所示。

表 4-1　参数设置表

位　置	块 名 称	比 例 因 子	旋 转 角 度
2	计算机	0.3	90
3	电话	0.3	90
4	椅子	0.3	0
5	灶台	0.15	270
6	四眼灶	0.12	270
7	沙发	0.45	0
8	电视桌	0.45	180
9	盆景	0.28	0
10	浴池	0.5	0
11	马桶	0.3	90
12	洗手池	0.15	90
13	双人床	0.3	90
14	床头柜	0.5	90
15	沙发与茶几	0.45	90

至此，完成所有图块的插入，最终结果如图 4-30b 所示。

4.7　设计中心的应用实例 3

4.7.1　图形分析

任务如图 4-33b 所示。打开光盘中“/第 4 章/4-6-1.dwg”文件，如图 4-33a 所示。将图中的图形制作成图块并保存，在 AutoCAD“设计中心”窗口找到保存的图“4-6-1.dwg”文件，将其中图块添加到光盘中“/第 4 章/4-6-2.dwg”图形中，最终结果如图 4-33b 所示。

在光盘中“/第 4 章/4-6-1.dwg”文件中，有 8 个图形符号，但是光盘中“/第 4 章/4-6-2.dwg”

图形中，需要插入的图块只有 3 个，因此在创建图块的时候，只需将“双鉴报警器”、“摄像机”、“电铃”三个图形符号创建成图块即可。

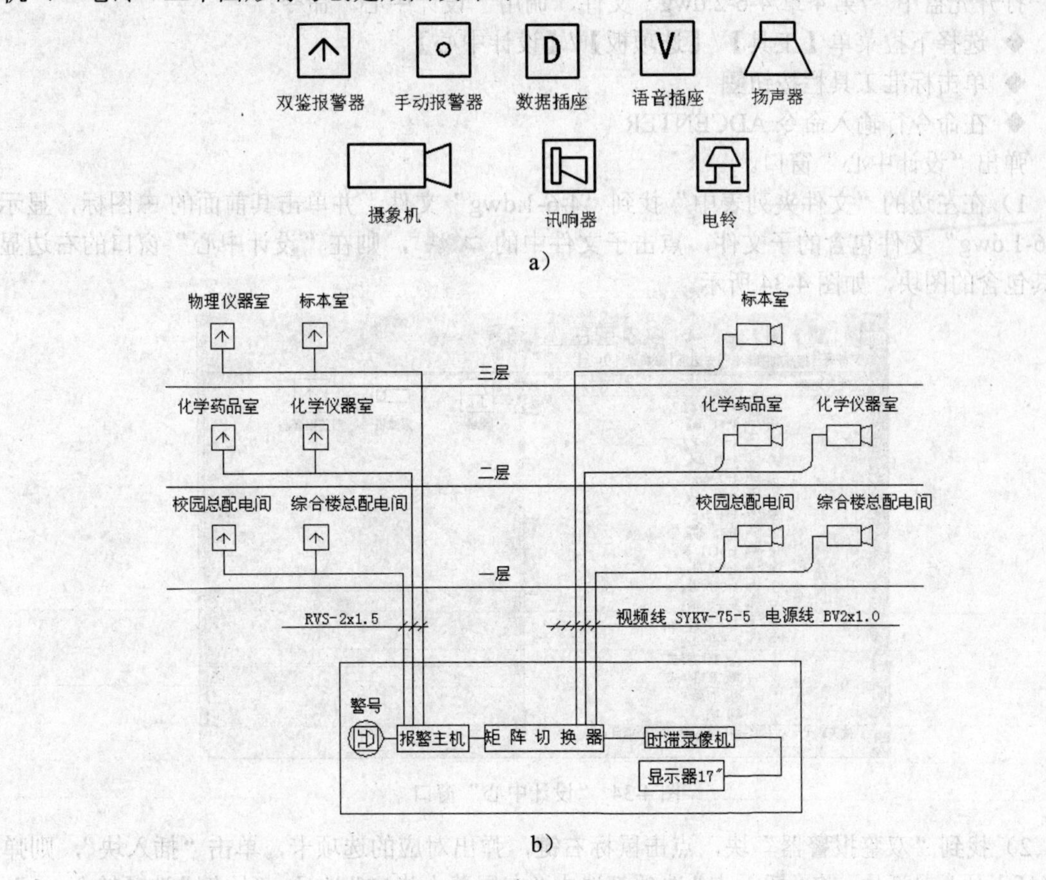

图 4-33　监控、报警及防盗块的插入

4.7.2　图形绘制

1. 打开文件

打开光盘中“/第 4 章/4-6-1.dwg”文件。

2. 创建块

◆ 选择下拉菜单【绘图】/【块】/【创建】

◆ 单击绘图工具栏按钮

◆ 在命令行输入命令 BLOCK

弹出“块定义”对话框。

1）在“名称”下拉列表中填写“双鉴报警器”。

2）单击“选择对象”按钮，选择“双鉴报警器”图形，并“保留”原对象。

3）单击“拾取点”按钮，单击“双鉴报警器”图形的底边中点，返回到块定义窗口。

4）其他各项按默认设置，单击“确定”按钮，完成“双鉴报警器”图块的建立。

5）采用相同的方法，创建“摄像机”、“电铃”块，其中，“摄像机”图块的基点为其图形左竖直边的中点，“电铃”图块的基点为整个图形的中心点。

3. 插入块

打开光盘中“/第 4 章/4-6-2.dwg”文件，调用“设计中心”命令：

◆ 选择下拉菜单【工具】/【选项板】/【设计中心】

◆ 单击标准工具栏按钮

◆ 在命令行输入命令 ADCENTER

弹出“设计中心”窗口。

1）在左边的“文件夹列表中”找到“4-6-1.dwg”文件，并单击其前面的⊞图标，显示“4-6-1.dwg”文件包含的子文件，点击子文件中的 块 ，则在“设计中心”窗口的右边显示其包含的图块，如图 4-34 所示。

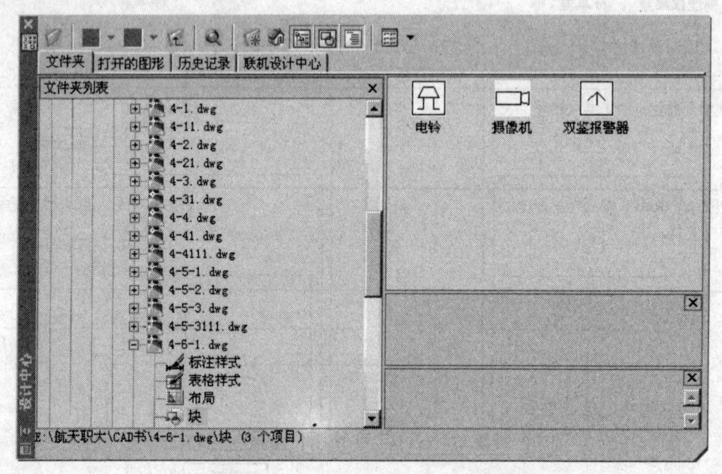

图 4-34 “设计中心”窗口

2）找到“双鉴报警器”块，点击鼠标右键，弹出对应的选项卡，单击“插入块”，则弹出“插入块”对话块，将“插入点”选项都选中“在屏幕上指定”选项，“比例”选项输入“1”、“旋转”选项输入“0”。单击“确定”按钮，选中图 4-35 中“物理仪器室”位置，完成“物理仪器室”位置“双鉴报警器”块的插入。

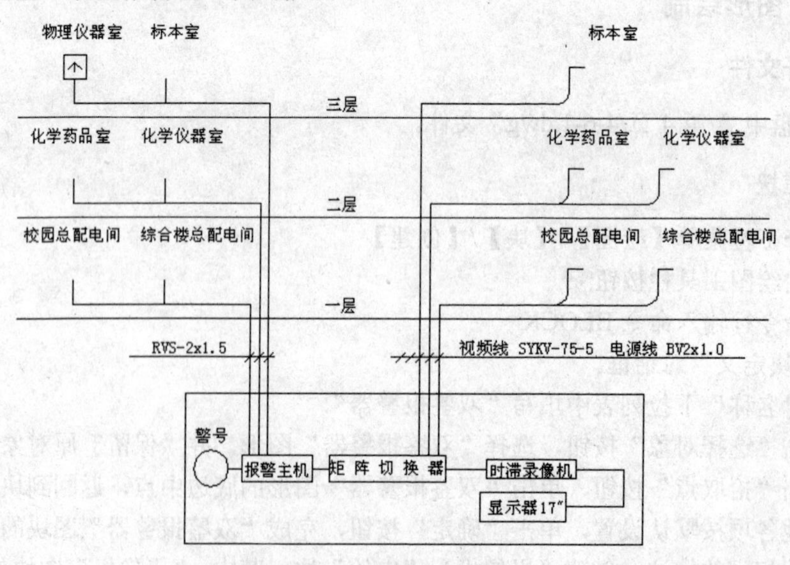

图 4-35 监控报警防盗图

3）采用同样的方法，完成“标本室”位置“摄像机”块及“警号”位置“电铃”图块的插入。

4）调用“复制”命令，选择“双鉴报警器”块为对象，选择其底边中点为基点，将“双鉴报警器”块复制到“标本室”、“化学药品室”、“化学仪器室”、“校园总配电间”、“综合楼总配电间”位置。

5）同样采用“复制”命令，选择“摄像机”图块为对象，选择其左竖直边中点为基点，将“摄像机”图块复制到“化学药品室”、“化学仪器室”、“校园总配电间”、“综合楼总配电间”位置。至此，完成所有图块的插入，最终结果如图 4-33b 所示。

小　结

本章介绍了图块和设计中心应用。

在图块中，通过粗糙度、门窗实例，介绍了创建图块、写块、创建图块属性及编辑图块属性的方法、插入图块及图块文件的方法。

在设计中心中，通过办公室、家及校园监控的布置实例，详细介绍了如何查找、查看对象，以及如何使用设计中心打开图形文件或向图形文件中添加相关内容。

思考与练习

一、选择题

1．创建图块，并且可以在其他文件中调用，其命令是________。

A．BLOCK　　B．EXPLOED　　C．MBLOCK　　D．WBLOCK

2．创建块时，在“块定义”对话框中必须确定的要素是________。

A．块名、对象、基点　　B．基点、对象、属性

C．块名、基点、属性　　D．块名、对象、基点、属性

3．用“BLOCK”命令定义的块，下面说法正确的是________。

A．只能在定义它的文件内自由调用　　B．只能在另一个文件内自由调用

C．两者都能调用　　D．两者都不能调用

4．在“设计中心”窗口中，在________选项卡中，可以查看当前图形中的图形信息

A．文件夹　　B．打开的图形　　C．历史记录　　D．联机设计中心

5．在 AutoCAD 中，给一个对象指定颜色的方式很多，但不包括________。

A．直接指定颜色　　B．随层　　C．随块　　D．随机颜色

二、判断题

1．已存在的图块不能被重命名。（　　）

2．一个块中可以定义多个属性。（　　）

3．块不能被分解。（　　）

4．删除一个无用的图块可使用 DELETE 命令。（　　）

5．用“插入”命令把图块图形文件插入到图形中后，如果把图块文件删除，主图中所插

入的块图形将会被删除。（ ）

三、操作题

合理设置图层，绘制如题图 4-1 所示图形（比例适当即可，尺寸不做严格要求），并制作、插入粗糙度图块。

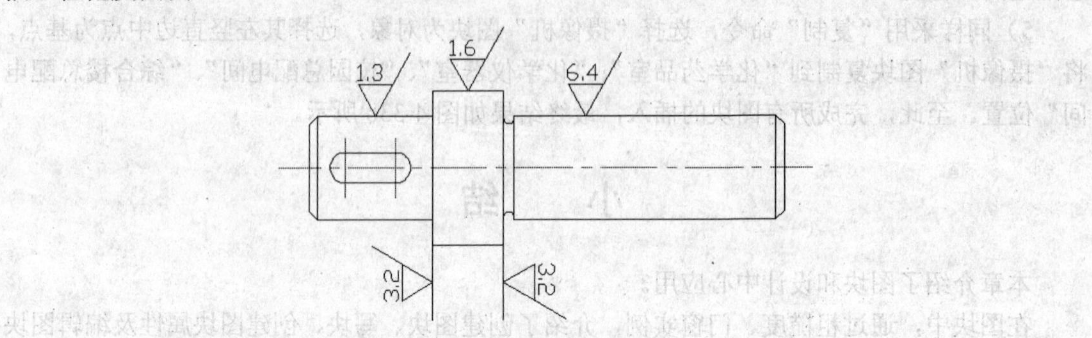

题图 4-1 粗糙度图块练习

第 5 章　平面精确绘图与尺寸标注

教学目标：

任何一张零件图都包括图形、尺寸、技术要求、标题栏。其中，图形确定物体的结构和形状，尺寸确定物体的大小及各结构之间的相对位置。尺寸标注与文字标注是工程制图中不可缺少的部分，简短的文字标注使用单行文字，复杂的文字标注使用多行文字。本章介绍文字标注与尺寸标注样式的设置与标注、编辑方法。

本章介绍如何设置文字样式、创建单行与多行文字以及编辑文字的方法、如何设置标注样式。通过本章的学习，应能掌握图纸中技术要求、标题栏、文字说明等内容的书写、编辑；应能掌握常用尺寸标注样式的设置和利用尺寸标注对零件进行正确的标注，并掌握尺寸编辑的方法。

学习重点：

✧ 设置文字样式
✧ 创建单行与多行文字
✧ 编辑单行与多行文字
✧ 尺寸标注样式的设置
✧ 尺寸标注的方法
✧ 尺寸编辑的方法

5.1　设置文字样式

国家标准对机械制图文字作出规定：汉字采用长仿宋体字，字母和数字一般采用斜体，字体的高度为 1.8、2.5、3.5、5、7、10、14、20,写汉字时字高不能小于 3.5。文字样式是一组控制文字字体、字号等文字特征的设置，在 AutoCAD 中需要定制符合国家标准的文字样式。下面介绍技术要求与标题栏和尺寸标注中常用文字的样式创建与设置方式。

5.1.1　创建“文字标注-3.5”文字样式

1. 图形分析

任务如图 5-1 所示，通过文字样式设置，创建“文字标注-3.5”（字体：仿宋_GB2312；字高：3.5）的文字样式。

文字标注

图 5-1　文字

2. 样式设置过程

1）打开“文字样式”对话框，如图 5-2 所示。

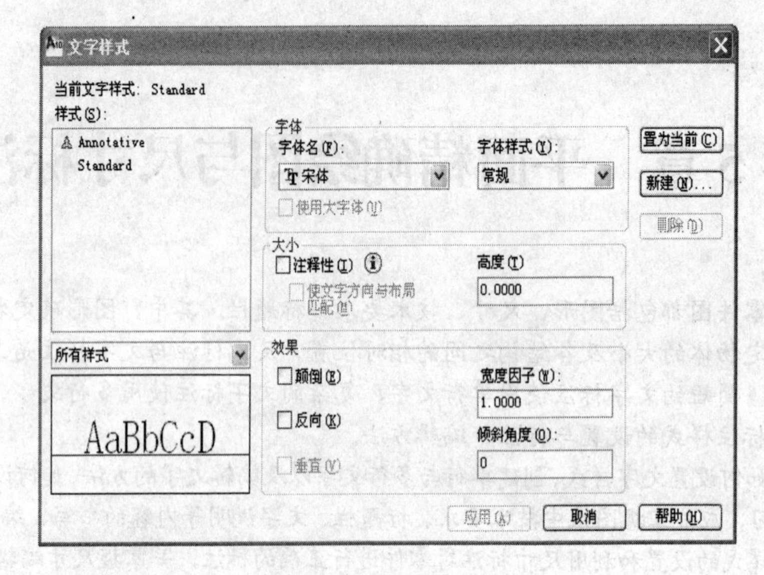

图 5-2　文字样式对话框

◆ 选择下拉菜单【格式】/【文字样式】

◆ 单击样式工具栏按钮A

◆ 在命令行输入命令 Style

2）单击对话框中的“新建”按钮，弹出“新建文字样式”对话框，在“样式名”文本框中输入“文字标注-3.5”，如图 5-3 所示。

图 5-3　“新建文字样式”对话框

3）单击“确定”按钮，返回“文字样式”对话框，从“字体名”下拉列表中选择“仿宋_GB2312”，在“高度”文本框中输入字体高度 3.5。在“效果”选项组中的“宽度比例”文本框中，输入 0.7，如图 5-4 所示。

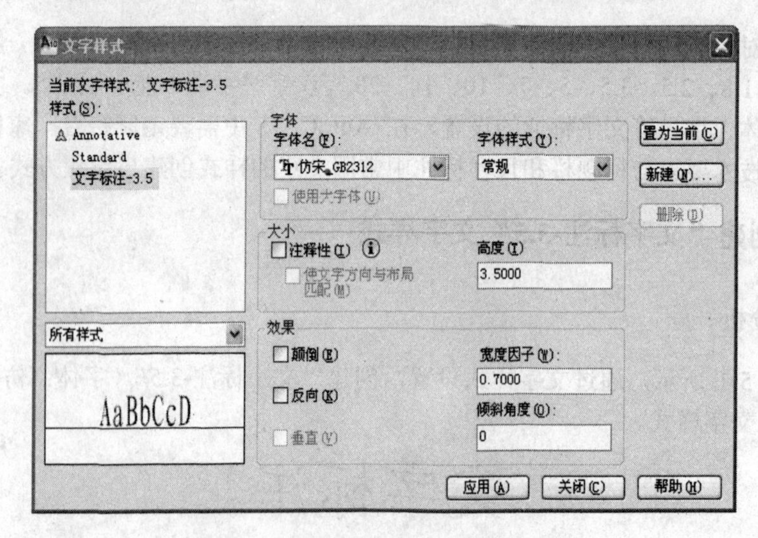

图 5-4　设置“文字标注-3.5”文字样式

4）单击“应用”按钮，单击“置为当前”按钮，单击“关闭”按钮，则创建了“文字标注-3.5”文字样式，并把该样式设置为当前文字样式。

5.1.2　创建“尺寸标注-3.5”文字样式

1．图形分析

任务如图5-5所示，通过文字样式设置，创建“尺寸标注-3.5”（字体：gbeitc.shx；字高：3.5）的文字样式。

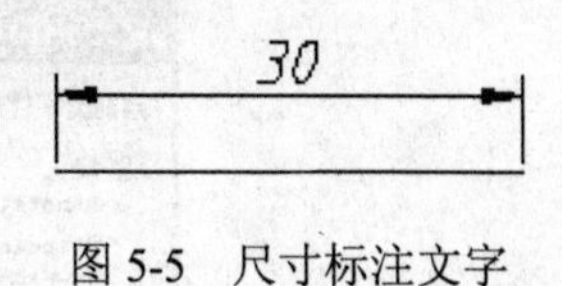

图5-5　尺寸标注文字

2．设置过程

1）打开“文字样式”对话框。

2）单击对话框中的“新建”按钮，弹出“新建文字样式”对话框，在“样式名”文本框中输入“尺寸标注-3.5”。

3）单击“确定按钮”，返回“文字样式”对话框，从“字体”选项组的“字体名”下拉列表中选择“gbeitc.shx”，在“大字体”下拉列表中选择“gbeitc.shx”，在“高度”文本框中输入字体高度3.5，在“效果”选择组中，确认“宽度比例”为1，如图5-6所示。

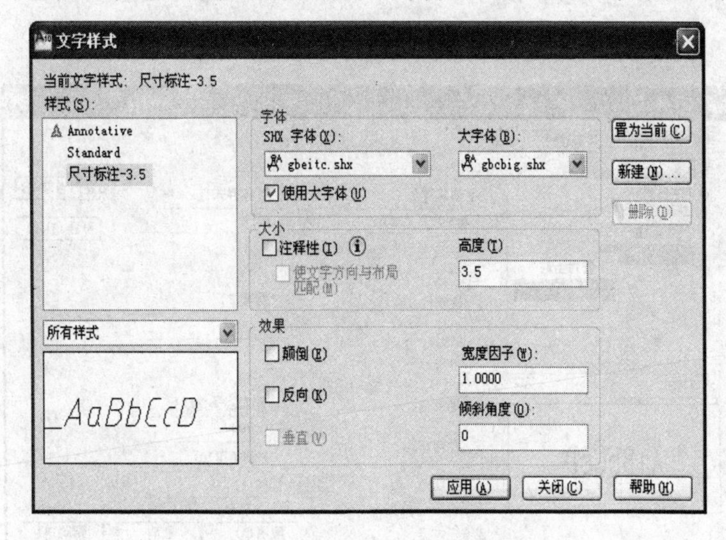

图5-6　设置尺寸标注文字样式

4）单击“应用”按钮，单击“置为当前”按钮，单击“关闭”按钮，则创建了“尺寸标注-3.5”文字样式。

5.1.3　知识扩展

1．字体一致而字高不同的文字样式的设置

在图纸中常会出现字体一致而字高不同的文字标注，如标题栏中的图名用字高度为7mm，其他标注用字高度为3.5mm，可在“文字样式”对话框中设置样式时将字高设置为0，在用文字输入时，系统会提示用户给出字高，根据不同字高，输入不同高度的文字，如图5-7所示。

2．修改文字样式的名称

修改当前文字样式的名称，可在“文字样式”对话框中右键单击需要修改的文字样式名，

选择 “重命名”。或者双击需要修改的文字样式名，输入新的文字样式名，单击“应用”按钮，如图 5-8 所示。

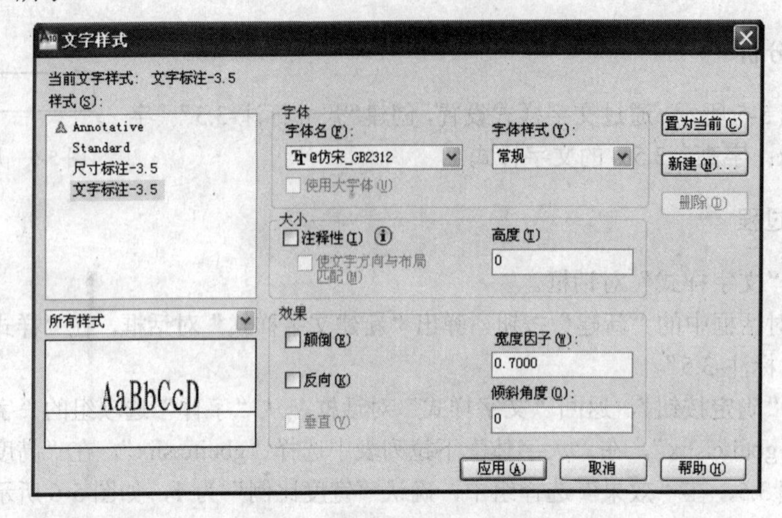

图 5-7 文字样式设置对话框

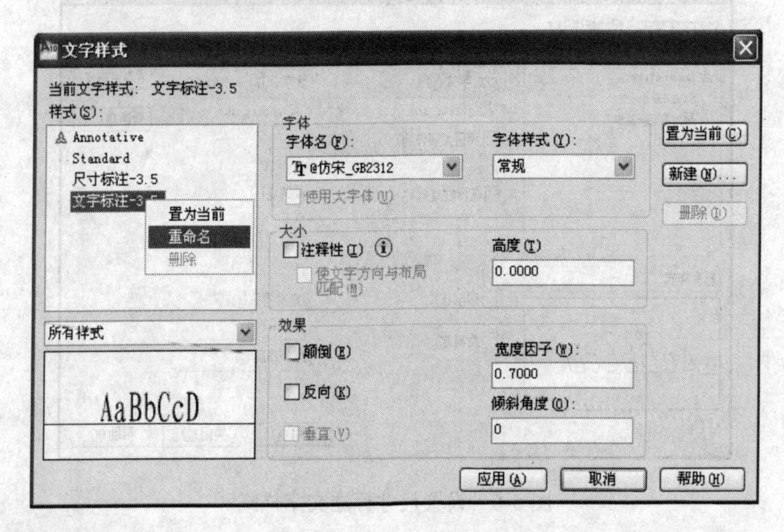

图 5-8 重命名文字样式名

3. 删除文字样式

删除文字样式，可在“文字样式”对话框中单击删除按钮，弹出“警告”对话框，单击“确定”按钮，如图 5-9 所示。

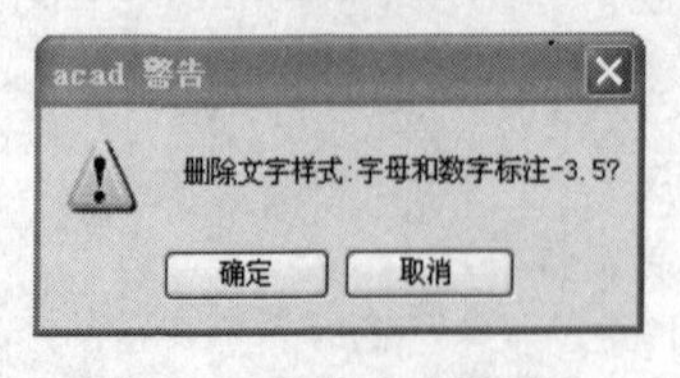

图 5-9 “警告”对话框

5.2 文字输入与编辑

设置完文字样式后，需要将文字写入图中，并加以编辑。文字输入包括单行文字输入和多行文字输入。一般不采用单行文字，多采用多行文字。

5.2.1 创建与编辑单行文字

1．图形分析

任务如图 5-10 所示，通过运用单行文字命令，按照样式“文字标注-3.5”（字体：仿宋_GB2312；字高：3.5），书写文字“高等职业技术学院”。

高等职业技术学院

图 5-10 单行文字

2．单行文字创建过程

1）在其他工具栏空白处右键单击，调出“样式”工具栏，在“样式”工具栏上单击“文字样式控制”列表，选择“文字标注-3.5”，如图 5-11 所示。

图 5-11 样式工具栏

2）调用单行文字命令。

◆ 选择下拉菜单【绘图】/【文字】/【单行文字】

◆ 单击文字工具栏按钮 AI

◆ 在命令行输入命令 Dtext

命令：_ dtext

当前文字样式：“文字标注-3.5” 文字高度：3.5000 注释性：否

指定文字的起点或 [对正(J)/样式(S)]： //在屏幕空白处单击，指定文字起点

指定文字的旋转角度 <0>： //默认文字的旋转角度为 0，回车

//在光标闪烁处输入文字：高等职业技术学院

//按下 ctrl 键+回车键,结束命令

5.2.2 创建多行文字

1．图形分析

任务如图 5-12 所示。通过书写技术要求文字，学习使用多行文字命令书写文字，特殊符号、文字堆叠的书写方法。按照文字样式“文字标注-3.5”输入“技术要求”。

技术要求

1. 人工时效处理

2. 未注倒角 2x45°

3. 轴与孔配合 $\phi 13\frac{H7}{k6}$

图 5-12 技术要求

2．多行文字创建过程

1）调用多行文字命令。

◆ 选择下拉菜单【绘图】/【文字】/【多行文字】

◆ 单击绘图工具栏按钮 A

◆ 在命令行输入命令 Mtext

2）根据提示，使用鼠标在屏幕上单击，指定第一角点和对角点，指定文字宽度窗口。

3）打开“多行文字编辑器”，如图 5-13 所示。

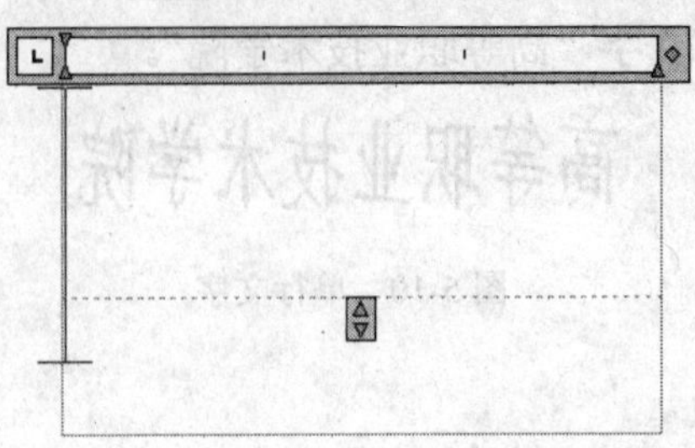

图 5-13　多行文字编辑器

4）将“文字标注-3.5”样式设为当前样式。

5）单击居中命令按钮，调整光标至中间位置，如图 5-14a 所示。输入“技术要求”，回车，继续完成各行文字的输入，如图 5-14b 所示。

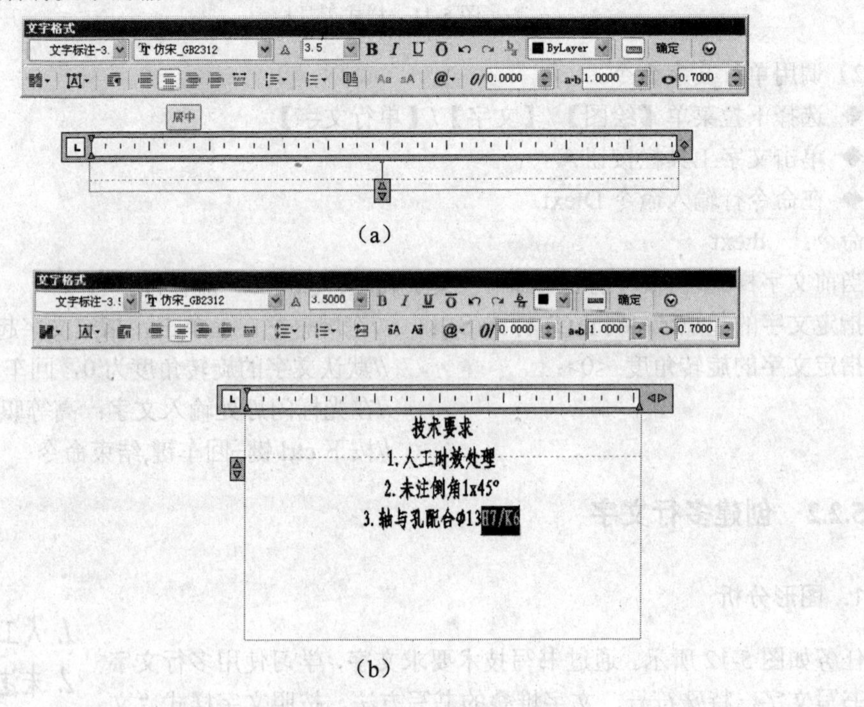

图 5-14　多行文字的输入

6）当输入“2.未注倒角 1x45”后，单击多行文字编辑器下拉列表按钮@▾，输入度数符号。

7）当输入“3.轴与孔配合”时，单击多行文字编辑器快捷按钮@▾，输入直径符号。当输入“3.轴与孔配合ϕ13H7/k6”，选中“H7/k6”，此时文字格式工具栏上的堆叠按钮为可用状态，单击该按钮，则完成堆叠。

8）编辑文字大小与格式。选择“技术要求”，改变字高为 5，如图 5-14a。选择ϕ，将字体设置为 txt，如图 5-14b。

9）单击“确定”按钮，完成文字输入。

5.2.3 知识扩展

1．对已经标注的单行文字进行修改：

◆ 单击文字工具栏按钮：

◆ 在命令行输入命令：Ddedit

命令：_ddedit

选择注释对象或 [放弃(U)]:　　//单击“高等职业技术学院”，该单行文字被选中，

　　　　　　　　　　　　　　//如图 5-15a，输入“计算机辅助绘图”，如图 5-15b

选择注释对象或 [放弃(U)]:　　//回车，完成文字修改

高等职业技术学院　　计算机辅助绘图

a）　　　　　　　　　　b）

图 5-15　单行文字修改

2．标注控制符

在实际设计过程中，往往需要标注一些特殊字符，如标注度数（°）、直径ϕ、$\pm$ 等符号，有时这些符号不能在键盘上直接输入，在单行文字编辑中 AutoCAD 提供了相应的控制符，如表 5-1 所示。

表 5-1　常用的标注控制符

字　符	控制符代码	举　例
°	%%D	45°：“45%%D”
ϕ	%%C	ϕ60：“%%C60”
±	%%P	10±0.002：“10%%P0.002”

在多行文字编辑中，多采用快捷按钮@-提供的符号中选择，如果不是常用的符号，可选择“其他”，使用字符映射输入，如图 5-16 所示。

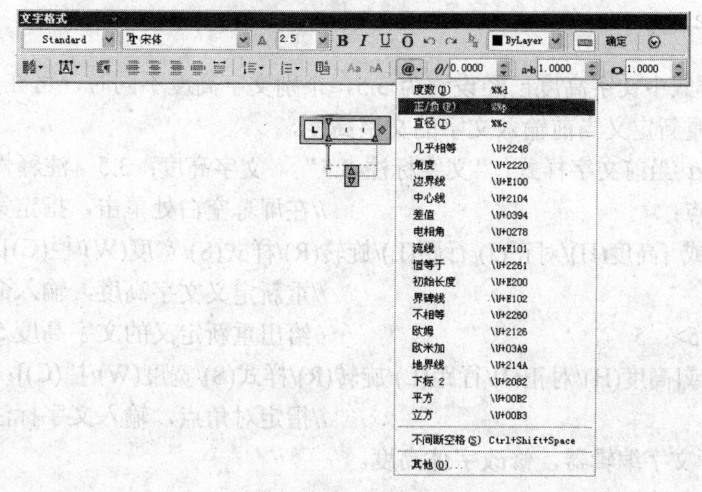

图 5-16　控制符快捷菜单

注意输入代码时，应将输入法切换到英文输入法，否则不能显示为符号。

3. 设置多行文字的对齐方式

如需将文字“高等职业技术学院”放置在图 5-17 所示的图框的中心部位，可设置如下对齐方式：

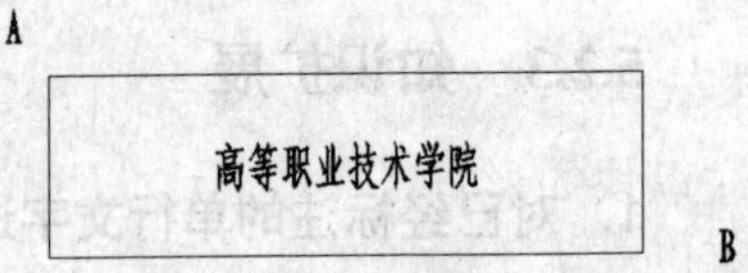

A

高等职业技术学院

B

图 5-17 多行文字对齐

1）在输入文字过程中，根据命令行提示选择文字对正方式：

命令：_mtext 当前文字样式：“文字标注-3.5” 文字高度：3.5 注释性：否

指定第一角点： //捕捉角点 A

指定对角点或[高度(H)/对正(J)/行距(L)/旋转(R)/样式(S)/宽度(W)/栏(C)]：j

//输入命令 J，回车

输入对正方式 [左上(TL)/中上(TC)/右上(TR)/左中(ML)/正中(MC)/右中(MR)/左下(BL)/中下(BC)/右下(BR)]

<左上(TL)>：MC //输入命令 MC，选择正中对正方式，回车

指定对角点或 [高度(H)/对正(J)/行距(L)/旋转(R)/样式(S)/宽度(W)/栏(C)]：

//捕捉角点 B，输入“高等职业技术学院”如图 5-17 所示。

2）在多行文字编辑器中，点击“多行文字对正”下拉列表快捷菜单，可设置多种文字对齐方式。

4. 修改编辑多行文字

利用多行文字编辑器编辑多行文字：

- ◆ 单击“文字工具栏”按钮
- ◆ 双击要编辑的文字
- ◆ 在命令行输入命令 Ddedit
- ◆ 选择下拉菜单【修改】/【对象】/【文字】/【编辑】

打开“文字编辑器”窗口，如同文本文档编辑一样，选择需要修改的文字，可改变字体、调整字体高度、加粗、倾斜、加下（上）划线、改变字体颜色等。完成后，单击确定按钮。

5. 修改文字高度

1）当文字样式中文字高度已经设置为 3.5，个别文字高度不同时，可在文字输入时，利用命令行提示，重新定义当前输入文字的文字高度。

命令：_mtext 当前文字样式：“文字标注-3.5” 文字高度：3.5 注释性：否

指定第一角点： //在屏幕空白处单击，指定第一角点

指定对角点或 [高度(H)/对正(J)/行距(L)/旋转(R)/样式(S)/宽度(W)/栏(C)]：h

//重新定义文字高度，输入命令 H，回车

指定高度<3.5>：5 //给出重新定义的文字高度 5，回车

指定对角点或[高度(H)/对正(J)/行距(L)/旋转(R)/样式(S)/宽度(W)/栏(C)]：

//指定对角点，输入文字标注

2）进入多行文字编辑器，修改字体高度。

5.3 尺寸标注样式的设置

一个完整尺寸标注由尺寸线、尺寸界线、尺寸数字和箭头组成。在 AutoCAD 中尺寸标注以块的形式存在，而这些组成部分的格式由尺寸标注样式控制。改变这些组成部分的格式可以产生不同的外观标注效果。在对图样进行尺寸标注之前，必须对标注样式进行设置，使之符合国家机械制图标准。

5.3.1 标注样式设置实例

通过如图 5-18 所示“标注样式管理器”对话框的设置，完成“尺寸标注”的标注样式的设置。

1）打开“标注样式管理器”对话框，如图 5-18 所示。

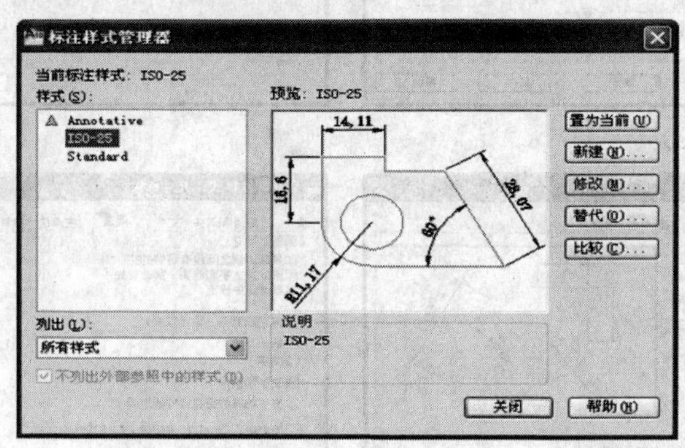

图 5-18　标注样式管理器

◆ 选择下拉菜单:【格式】/【标注样式】

◆ 单击样式工具栏按钮：

◆ 在命令行输入命令：Dimstyle

2）单击“新建”按钮，打开“创建新标注样式”对话框，在“新样式名”文本框输入“尺寸标注”，如图 5-19 所示。

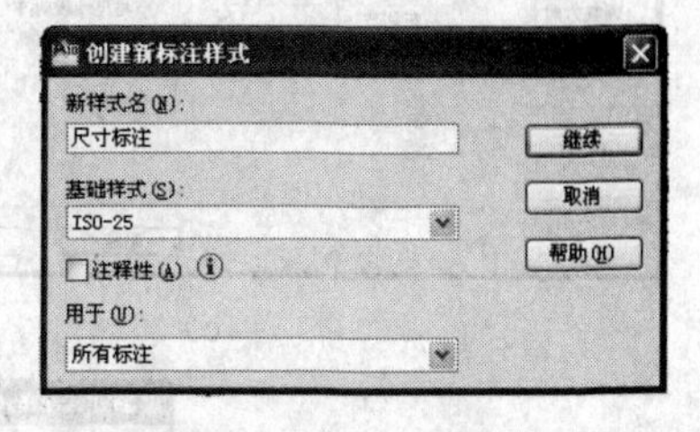

图 5-19　创建新标注样式对话框

3）单击“继续”按钮，打开“新建标注样式：尺寸标注”对话框。

4）单击“线”页标签，打开“线”页标签，在“尺寸线”选项组的“基线间距”文本框中输入 7，在“起点偏移量”文本框中输入 0。如图 5-20a 所示。

5）单击“符号和箭头”页标签，打开“符号和箭头”页标签，在“圆心标记”选项组的“类型”下拉列表框中选择“直线”，在“大小”文本框中输入 2，如图 5-20b 所示。

6）单击“文字”页标签，打开“文字”页标签，在“文字外观”选项组的“文字样式”下拉列表中选择“尺寸标注-3.5”，在“文字位置”选项组的“从尺寸线偏移”文本框中输入 1，如图 5-20c 所示。

7）单击“调整”页标签，打开“调整”页标签，在“文字位置”选项组中选择“尺寸线上方，不带引线”，如图 5-20d 所示。

8）单击“主单位”页标签，打开“主单位”页标签，在“线性标注”选项组的“精度”下拉列表框中选择 0，在“小数分隔符”下拉列表框中选择“.”句点，如图 5-20e 所示。

9）单击“确定”按钮，返回“标注样式管理器”对话框。在“样式”列表中选择“尺寸标注”标注样式，单击“置为当前”按钮，将其设置为当前的标注样式。单击“关闭”按钮，完成设置。

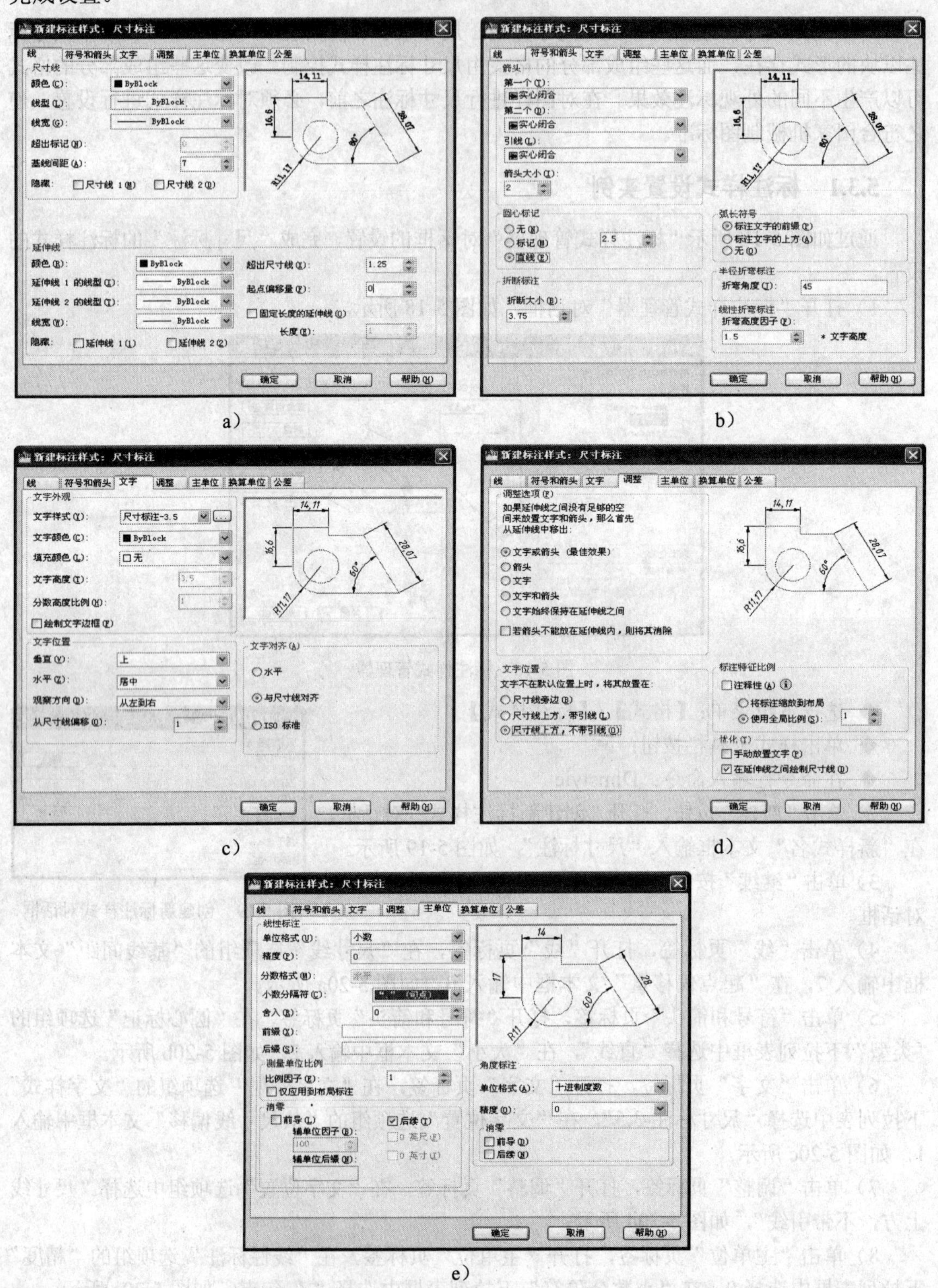

图 5-20 “新建标注样式：尺寸标注”对话框

5.3.2 知识扩展

1．修改现有标注样式

在“标注样式管理器”对话框中，单击“修改”按钮，打开“修改标注样式”对话框，其选项与“新建标注样式：尺寸标注”对话框选项组相同，采用同样的方法可以修改现有标注样式，如图 5-21 所示。

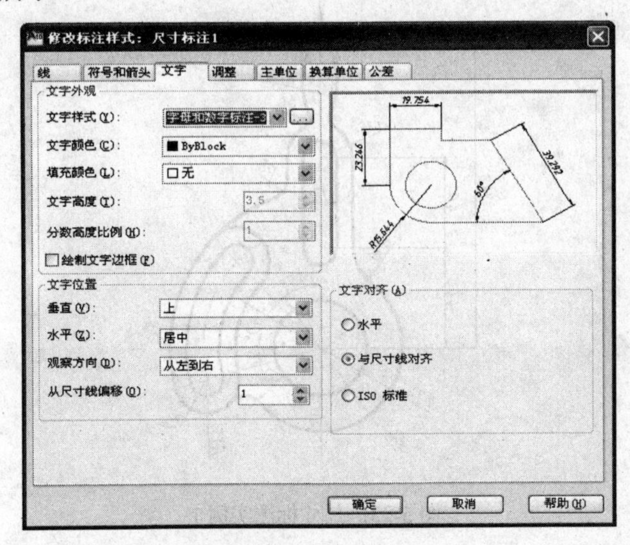

图 5-21　修改标注样式对话框

2．替代现有标注样式

在“标注样式管理器”对话框中，单击“替代”按钮，打开“替代当前样式”对话框，如图 5-22 所示。其选项与“新建标注样式：尺寸标注”对话框相同，采用同样的方法可以设置现有标注样式的临时替代值。

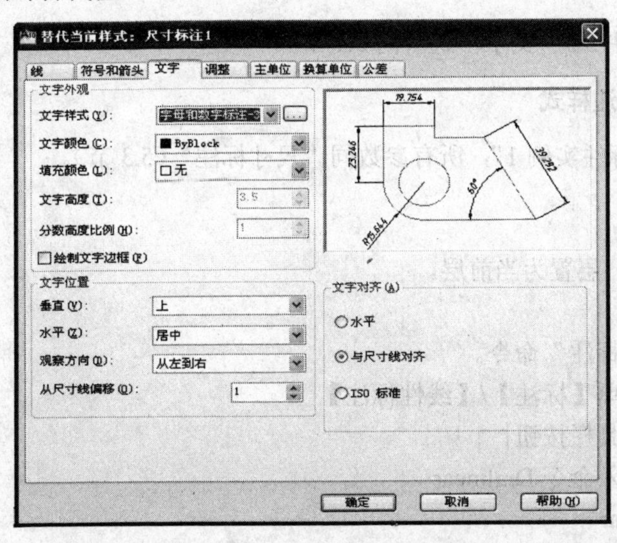

图 5-22　替代当前样式对话框

5.4　尺寸标注实例 1

5.4.1　图形分析

如图 5-23 所示，该图形尺寸标注包含线性标注、连续标注、基线标注、角度标注、直径标注、半径标注。

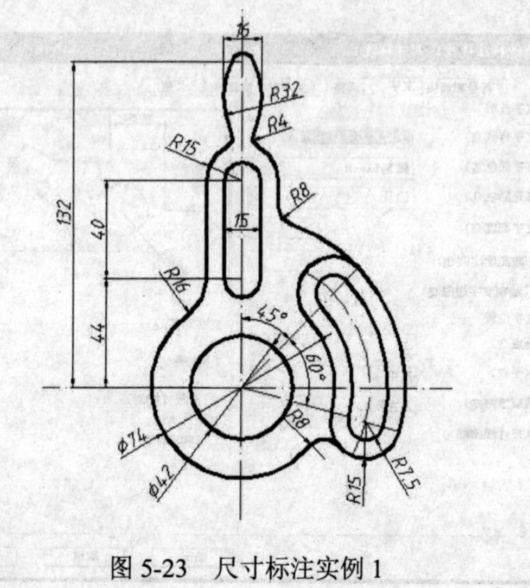

图 5-23　尺寸标注实例 1

5.4.2　尺寸标注

1．新建图层

打开光盘中“/第 5 章/5-1.dwg”文件，新建图层 DIM，颜色为紫色，线型为细实线，标注绘制在该层上。

2．创建文字样式

创建“尺寸标注-3.5”文字样式（同 5.1 节）。

3．创建新的标注样式

命名为“尺寸标注实例 1”，所有参数同“尺寸标注”（5.3 节）。

4．标注过程

将 DIM（标注）层置为当前层。

（1）线性标注

1）调用“线性标注”命令。

◆ 选择下拉菜单【标注】/【线性标注】

◆ 单击标注工具栏按钮⊢⊣

◆ 在命令行输入命令 Dmlinear

命令：_dimlinear

指定第一条延伸线原点或 <选择对象>：//捕捉左边直线 AB 的中点

指定第二条延伸线原点：　　　　　　　　//捕捉右边直线 CD 的中点
指定尺寸线位置或
[多行文字(M)/文字(T)/角度(A)/水平(H)/垂直(V)/旋转(R)]:
标注文字=15　　　　　//将鼠标拖至适当位置，单击右键，如图 5-24 所示
2）再次调用线性标注命令，完成如图 5-24 所示的标注。

（2）连续标注

调用连续标注命令。

◆ 选择下拉菜单【标注】/【连续】
◆ 单击标注工具栏按钮
◆ 在命令行输入命令 Dimcontinue

命令：_ dimcontinue
指定第二条延伸线原点或 [放弃(U)/选择(S)] <选择>：//回车
选择连续标注：//单击边 44mm 的标注边 AB，如图 5-25 所示
指定第二条延伸线原点或 [放弃(U)/选择(S)] <选择>:
//捕捉圆心 C，如图 5-25 所示

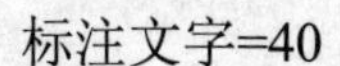

标注文字=40
指定第二条延伸线原点或 [放弃(U)/选择(S)] <选择>:　　　//回车
选择连续标注:　　　　　　　　　　　　　　　　　　//回车

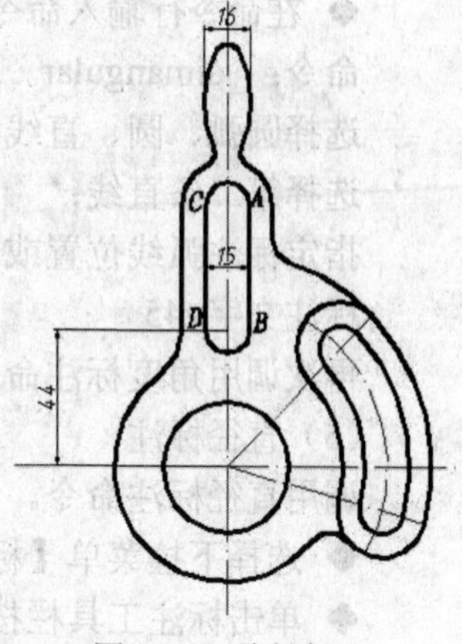

图 5-24　线性标注

（3）基线标注

调用基线标注命令。

◆ 选择下拉菜单【标注】/【基线】
◆ 单击工具栏按钮
◆ 在命令行输入命令 Dimbaseline

命令：_dimbaseline　　　　　//自动以最后创建尺寸的起点为基点
指定第二条延伸线原点或 [放弃(U)/选择(S)] <选择>：//回车重新选择标注基准
选择基准标注:　　　　　　　//单击边 44mm 的标注边 AB，如图 5-26 所示
指定第二条延伸线原点或 [放弃(U)/选择(S)] <选择>：//捕捉圆心 O
标注文字=132
指定第二条延伸线原点或 [放弃(U)/选择(S)] <选择>:　　//回车
选择基准标注:　　　　　　　　　　　　　　　　//回车

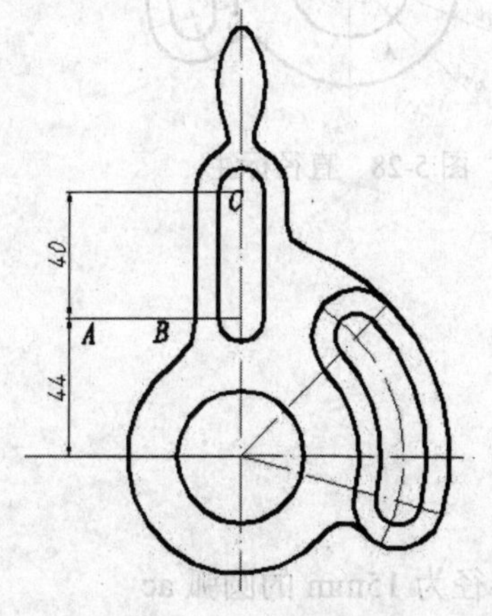

图 5-25　连续标注

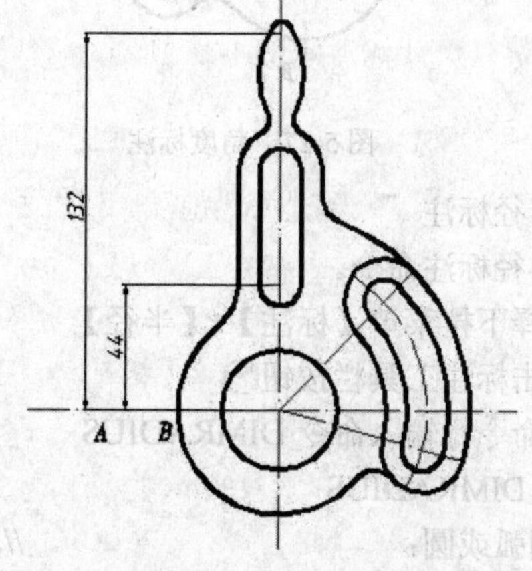

图 5-26　基线标注

（4）角度标注

调用角度标注命令。

◆ 选择下拉菜单【标注】/【角度】

◆ 单击标注工具栏按钮

◆ 在命令行输入命令 Dimangular

命令：_dimangular

选择圆弧、圆、直线或 <指定顶点>：　　　　//单击直线 AB，如图 5-27 所示

选择第二条直线：　　　　　　　　　　　　　//单击直线 CD

指定标注弧线位置或 [多行文字(M)/文字(T)/角度(A)/象限点(Q)]：

标注文字=45　　　　　　　　　　　　　　　//鼠标拖至适当位置处单击右键

再次调用角度标注命令，完成所有角度标注，如图 5-27 所示。

（5）直径标注

调用直径标注命令。

◆ 选择下拉菜单【标注】/【直径】

◆ 单击标注工具栏按钮

◆ 在命令行输入命令 Dimdiameter

命令：_dimdiameter

选择圆弧或圆：　　　　//单击圆 A，如图 5-28 所示。

标注文字=42

指定尺寸线位置或 [多行文字(M)/文字(T)/角度(A)]：　//鼠标在适当位置处单击右键

再次调用直径标注命令，完成如图 5-28 所示的所有直径标注。

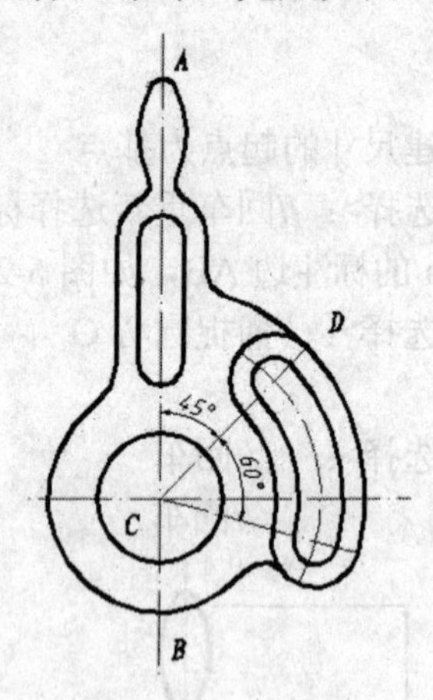

图 5-27　角度标注

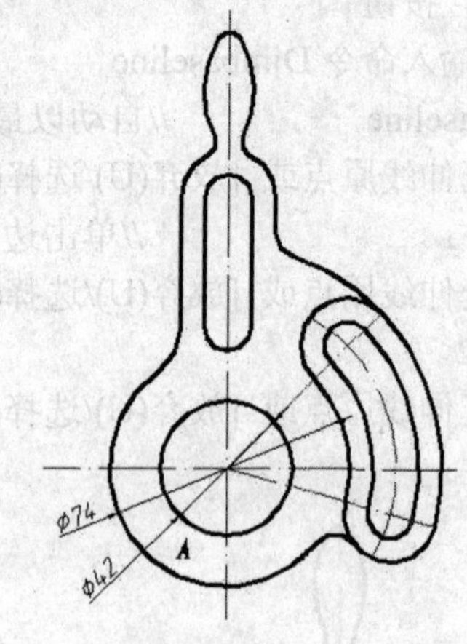

图 5-28　直径标注

（6）半径标注

调用半径标注命令。

◆ 选择下拉菜单【标注】/【半径】

◆ 单击标注工具栏按钮

◆ 在命令行输入命令 DIMRADIUS

命令：DIMRADIUS

选择圆弧或圆：　　　　　　　　　　//单击半径为 15mm 的圆弧 ac

标注文字=15

指定尺寸线位置或 [多行文字(M)/文字(T)/角度(A)]: //鼠标拖至适当位置处单击右键

再次调用半径标注命令，完成如图 5-29 所示的所有直径标注。

（7）替代样式

创建“尺寸标注实例 1”标注样式的替代样式（主单位中的精度调整为“0.0”），调用“半径标注”命令，完成如图 5-30 所示的尺寸标注。

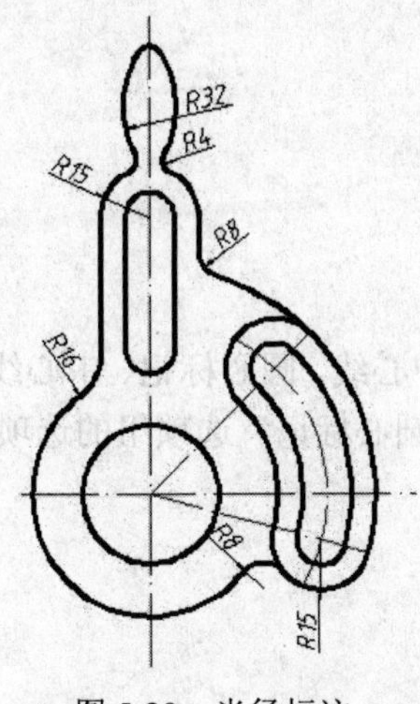

图 5-29　半径标注

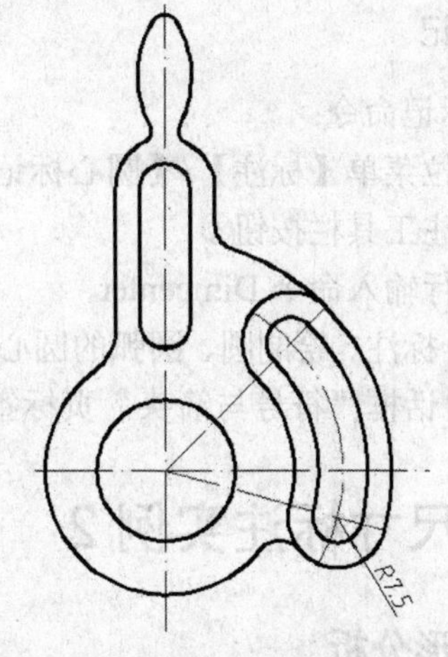

图 5-30　替代当前标注样式

5.4.3　知识扩展

1．线性标注

1）在指定第一条尺寸界线原点之前，也可按回车键，选择要标注的对象。

2）在指定尺寸线位置之前，可利用多个选项进行设置。

多行文字（M）：选中该项可打开“多行文字编辑器”对话框，其中尖括号表示 AutoCAD 自动测量的数据，用户可以删除默认值，输入新的数值，也可在括号前后添加文字与控制符。

文字（T）：选中该项可使用户在命令行修改尺寸文本的内容。

角度（A）：选中该项可设置文字的放置角度。

水平（H）：选中该项可绘制水平方向的尺寸标注。

垂直（V）：选中该项可绘制垂直方向的尺寸标注。

旋转（R）：选中该项可绘制倾斜的尺寸标注。

2．连续标注

用来标注一系列首尾连接不断的尺寸，每一个尺寸的后一个尺寸界线都是下一个尺寸的前一个界线。在创建连续标注前，同样先标注一个尺寸，执行连续标注命令时，系统自动选择最后创建的尺寸点作为下一个尺寸的起点建立连续标注。

3．角度标注

1）在选择圆弧、圆、直线前，也可回车指定顶点。

2）在指定标注弧线位置前，可对多个选项进行设置。各选项含义与线性标注相同。

4．直径标注

用于标注圆、圆弧的直径。标注时，系统自动在尺寸数字前加入符号“ϕ”。在指定尺寸位置前，也可设置选项，其选项含义同线性标注。

5．半径标注

用于标注圆、圆弧的半径。标注时，系统自动在尺寸数字前加入符号“R”。在指定尺寸位置之前，也可设置选项，选项含义同线性标注。

6．圆心标记

调用圆心标记命令：

◆ 选择下拉菜单【标注】/【圆心标记】

◆ 单击标注工具栏按钮⊕

◆ 在命令行输入命令 Dimcenter

该命令用于标注、绘制圆、圆弧的圆心标记、中心线。圆心标记、中心线的选择可由“修改标注样式”对话框“符号与箭头”页标签下的“圆心标记”选项组的选项确定。

5.5　尺寸标注实例 2

5.5.1　图形分析

如图 5-31 所示，该图形尺寸标注包含尺寸公差标注、多重引线标注、公差标注、编辑标注文字、编辑标注。

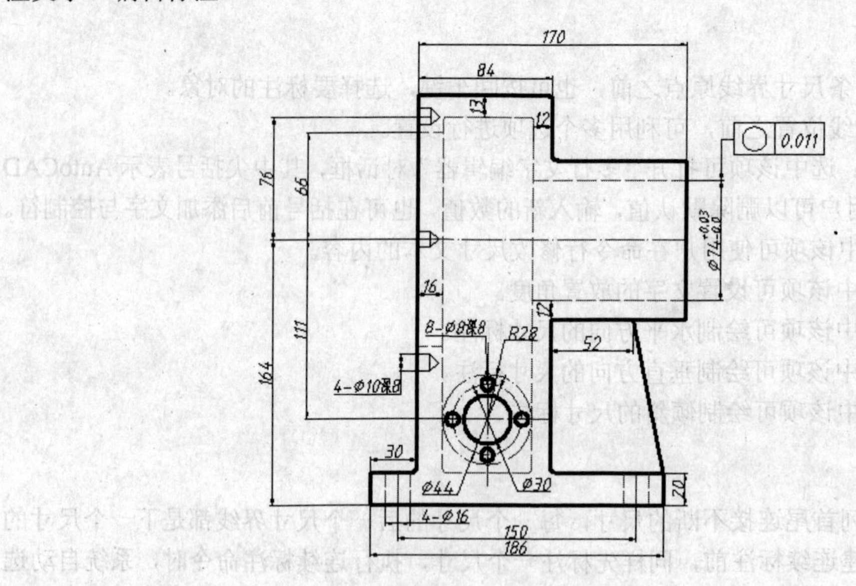

图 5-31　尺寸标注实例 2

5.5.2　尺寸标注

1．新建图层

打开光盘中“/第 5 章/5-2.dwg”文件，新建图层 DIM，颜色为紫色，线型为细实线，标注绘制在该层上。

2．创建文字样式

创建“尺寸标注-3.5”文字样式（同 5.1 节）。

3．创建标注样式

“尺寸标注实例 2”样式（同 5.3 节“尺寸标注”），需要修改参数如下：

打开“标注样式管理器”，单击“文字”页标签，打开“文字”页标签，在“文字对齐”选项组的选项组中，选择“ISO 标准”。

4．标注过程

将 DIM（标注）层置为当前图层，调出标注工具栏。

（1）尺寸公差标注，如图 5-32 所示。

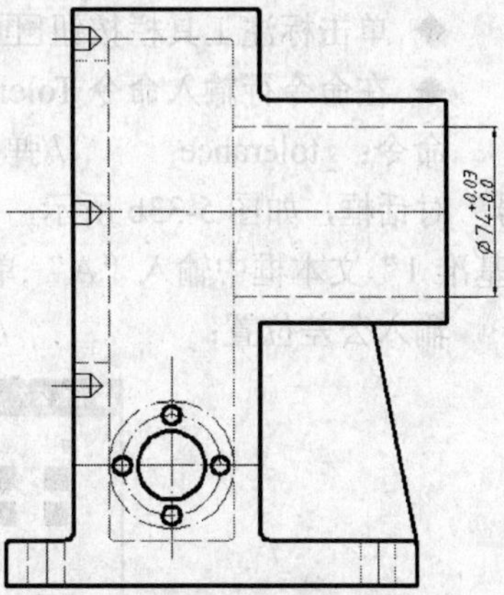

调用线性标注命令：

命令：_dimlinear

指定第一条延伸线原点或 <选择对象>： //捕捉第一条直线的端点

指定第二条延伸线原点： //捕捉第二条直线的端点

指定尺寸线位置或

[多行文字(M)/文字(T)/角度(A)/水平(H)/垂直(V)/旋转(R)]：m //输入命令 M，进入多行文字编辑器，输入文字 Ø74+0.03^-0.0，选//中+0.03^-0.0，点击多行文字编辑器中堆叠命令，$\varnothing 74^{+0.03}_{-0.0}$

指定尺寸线位置或

[多行文字(M)/文字(T)/角度(A)/水平(H)/垂直(V)/旋转(R)]：

//鼠标右键在适当位置处单击，完成本次标注，如图 5-32 所示

标注文字=74

图 5-32　尺寸公差标注

（2）标注形位公差

1）调用“多重引线”命令。

◆ 选择下拉菜单【标注】/【引线】

◆ 在命令行输入命令 Mleader

命令：_mleader

指定引线箭头的位置或 [引线基线优先(L)/内容优先(C)/选项(O)] <选项>：L

指定引线基线的位置或 [引线箭头优先(H)/内容优先(C)/选项(O)] <引线箭头优先>：H

指定引线箭头的位置或 [引线基线优先(L)/内容优先(C)/选项(O)] <引线基线优先>：O

输入选项 [引线类型(L)/引线基线(A)/内容类型(C)/最大节点数(M)/第一个角度(F)/第二个角度(S)/退出选项(X)] <退出选项>：F //输入命令 F，指定引线第一个角度

输入第一个角度约束<0>：90 //指定引线角度为 90°（垂直）

输入选项 [引线类型(L)/引线基线(A)/内容类型(C)/最大节点数(M)/第一个角度(F)/第二个角度(S)/退出选项(X)] <第一个角度>：S //输入命令 S，指定引线第二个角度

输入第二个角度约束 <0>：180 //指定引线角度为 180°（水平）

输入选项 [引线类型(L)/引线基线(A)/内容类型(C)/最大节点数(M)/第一个角度(F)/第二个角度(S)/退出选项(X)] <第二个角度>：X //退出多重引线选项设置

指定引线箭头的位置或 [引线基线优先(L)/内容优先(C)/选项(O)] <选项>：

//鼠标右键在适当位置处单击

指定引线基线的位置：

//再次单击鼠标右键，指定多重引线第二点，单击多行文字编辑器

//“确定”按钮，退出引线标志，如图 5-33d 所示

2）调用“公差标注”命令。

◆ 选择下拉菜单【标注】/【公差】

◆ 单击标注工具栏按钮

◆ 在命令行输入命令 Tolerance

命令：_tolerance　　　//弹出对话框，如图 5-33a 所示，单击符号工具栏，弹出“特征符号”对话框，如图 5-33b 所示，选择特征符号“O”；在“公差 1”文本框中输入“0.011”，在“基准 1”文本框中输入“A”,单击“确定”按钮，如图 5-33c 所示

输入公差位置：　　　//放置在引线位置处，如图 5-33d 所示

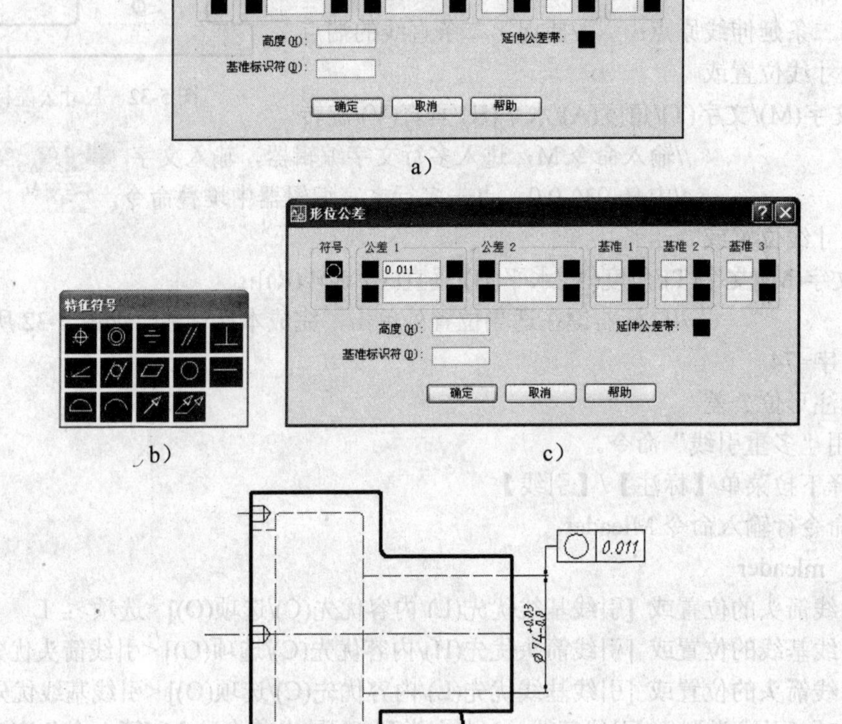

图 5-33　公差标注

调用“半径标注”、“直径标注”命令；调用“线性标注”命令；调用“连续”标注命令；调用“基线标注”命令，完成如图 5-34 所示的尺寸标注。

（3）编辑标注文字

在图中有两处标注的位置不符合本实例的要求，下面调用“编辑标注文字”命令，将其修改。

1）调用“编辑标注文字”命令。

◆ 选择下拉菜单：【标注】/【编辑标注文字】

◆ 单击标注工具栏按钮：

◆ 在命令行输入命令：DIMTEDIT

命令：DIMTEDIT

选择标注：　　　//单击标注 10

为标注文字指定新位置或 [左对齐(L)/右对齐(R)/居中(C)/默认(H)/角度(A)]:

　　　　　　　　//鼠标拖至适当位置处单击

2）再次调用“编辑标注文字”命令，完成如图 5-35 所示的标注。

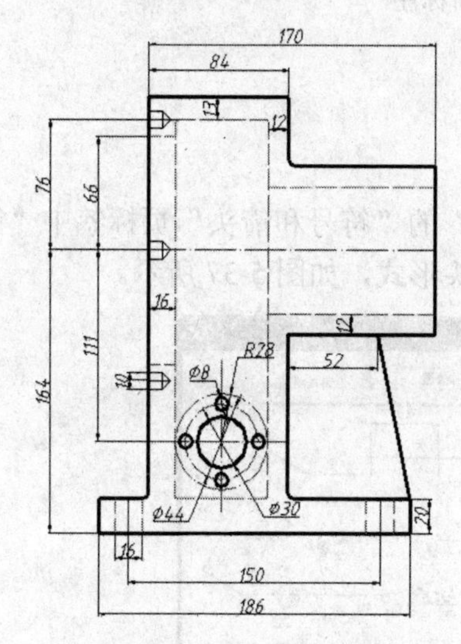

图 5-34　常见尺寸标注

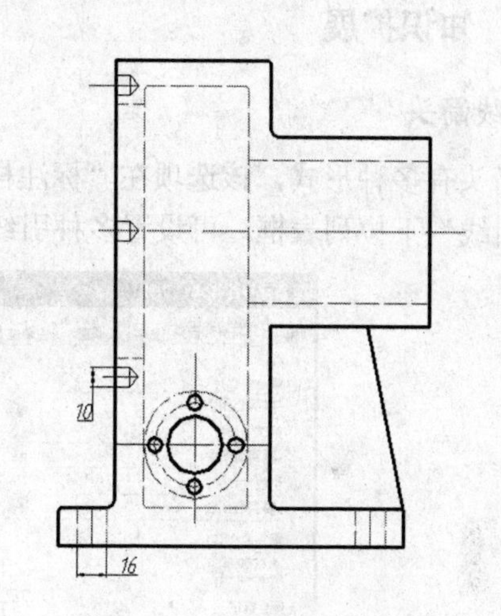

图 5-35　编辑标注文字

（4）编辑标注（如图 5-36 所示）

图中还有三处不符合题上标注的文字要求，下面调用“编辑标注”命令将其修改。

调用“编辑标注”命令：

◆ 选择下拉菜单：【标注】/【编辑标注】

◆ 单击标注工具栏按钮：

◆ 在命令行输入命令：Dimedit

命令：_dimedit

输入标注编辑类型 [默认(H)/新建(N)/旋转(R)/倾斜(O)] <默认>：N

　　　　　　　　//输入 N，选择新建，进入多行文字编辑器，在多行文字编辑器中输入“4-ϕ10 深 8”，单击“确定”按钮

选择对象：找到 1 个　　　//单击原有标注“10”

选择对象：　　　　　　　//回车，修改完成

再次调用编辑标注命令，修改第二、第三处。

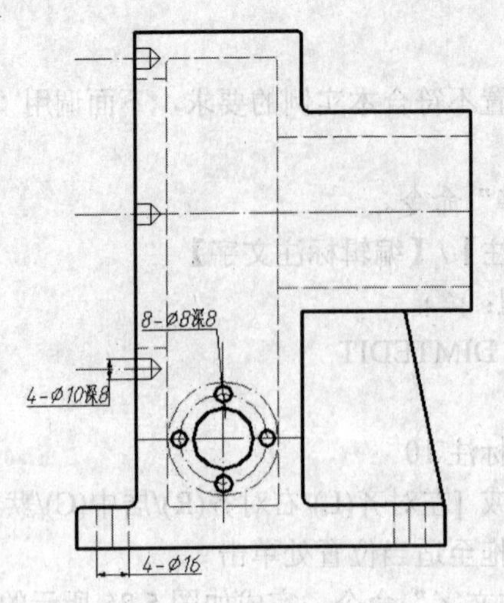

图 5-36 编辑标注

5.5.3 知识扩展

1．引线箭头

引线箭头有多种形式，该选项在“标注样式”的“符号和箭头”页标签中“箭头”选中组中有“引线”下拉列表框，可设置多种引线箭头形式，如图 5-37 所示。

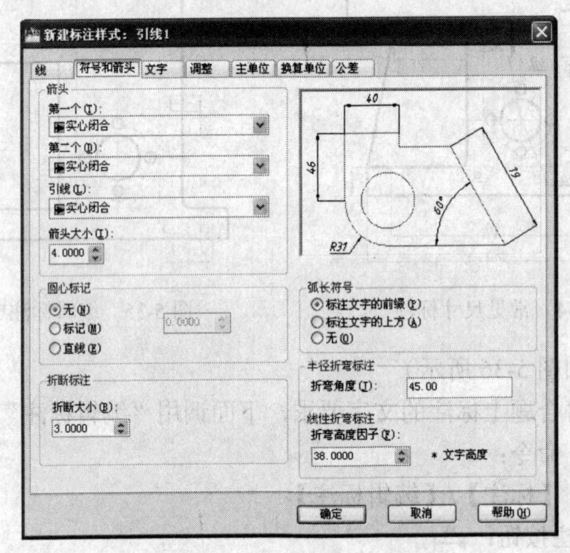

图 5-37 引线箭头设置

2．形位公差

在标注形位公差时，弹出“形位公差”对话框后，如图 5-33a 所示，其标注说明如下：

1）单击“符号”选项组下黑块，弹出“特征符号”对话框。选择形位公差符号，返回“形位公差”对话框。

2）单击“公差 1”选项组下黑块，出现符号“ϕ”，在文本框中输入公差。

3）在文本框中输入基准代号，单击“确定”按钮，完成形位公差标注。

3．对齐标注

调用对齐标注命令。

◆ 选择下拉菜单【标注】/【对齐】

◆ 单击工具栏按钮

◆ 在命令行输入命令 Dimaligned

命令：_dimaligned

指定第一条延伸线原点或 <选择对象>：//捕捉 A 点

指定第二条延伸线原点：　　　　　　　　//捕捉 B 点

指定尺寸线位置或

[多行文字(M)/文字(T)/角度(A)]：　　　　//鼠标移动至合适位置单击

标注文字=45

标注出对齐尺寸 45mm，如图 5-38 所示。

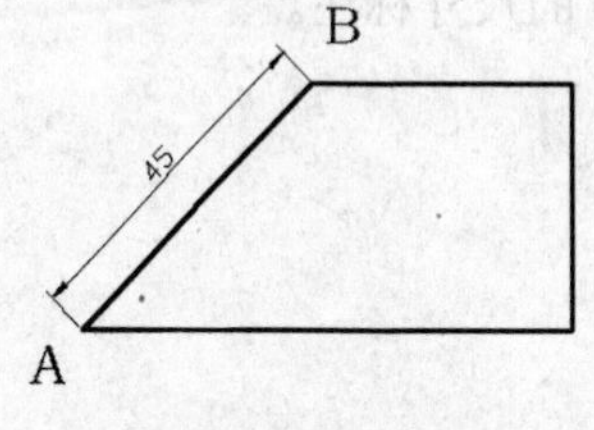

图 5-38　对齐标注

5.6　尺寸标注实例 3

5.6.1　图形分析

如图 5-39 所示，该图形尺寸标注包含更新标注、形位公差标注（基准符号）、尺寸公差标注、线性标注、半径标注、编辑标注文字。

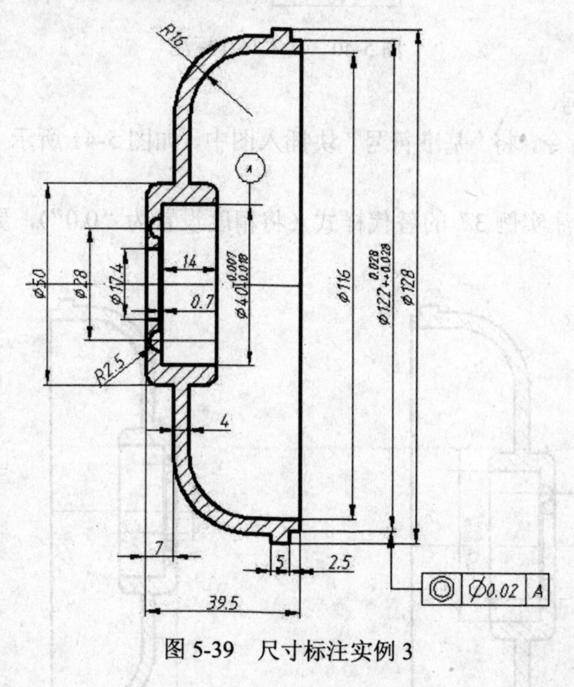

图 5-39　尺寸标注实例 3

5.6.2　尺寸标注

1．创建文字样式

打开光盘中“/第 5 章/5-3.dwg”文件，创建文字样式“尺寸标注-3.5”（同 5.1 节）。

2．创建新的尺寸标注样式

创建“尺寸标注实例 3”（同 5.3 节）。

3．标注过程

将 DIM 层置为当前层，调出标注工具栏。

（1）尺寸标注

调用“线性标注”命令、“半径标注”命令、“编辑标注文字”命令，完成如图 5-40 所示的尺寸标注。

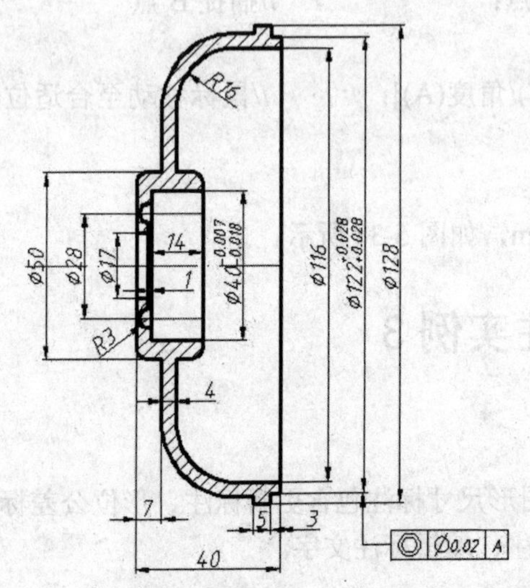

图 5-40　基本尺寸标注

（2）插入基准符号

调用“插入块”命令，将“基准符号”块插入图中，如图 5-41 所示（创建方法见第 4 章）。

（3）更新标注

1）创建“尺寸标注实例 3”的替代样式（将精度设置为“0.0”），更新已有尺寸标注，如图 5-42 所示。

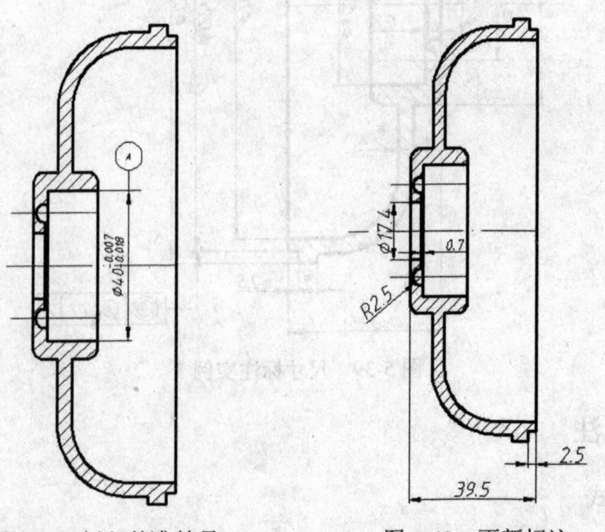

图 5-41　插入基准符号　　　　图 5-42　更新标注

2）调用“标注更新”命令。

◆ 选择下拉菜单【标注】/【标注更新】

◆ 单击标注工具栏按钮

◆ 在命令行输入命令 Dimstyle

命令：_-dimstyle

当前标注样式：尺寸标注实例 3　注释性：否

当前标注替代：

DIMDEC　　尺寸标注实例 3

DIMTDEC　　尺寸标注实例 3

输入标注样式选项

[注释性(AN)/保存(S)/恢复(R)/状态(ST)/变量(V)/应用(A)/?] <恢复>：_apply

选择对象：找到 1 个　　//单击尺寸为 40 标注

选择对象：找到 1 个，总计 2 个　　//单击尺寸为 3 的标注

选择对象：找到 1 个，总计 3 个　　//单击尺寸为 40 的标注

选择对象：找到 1 个，总计 4 个　　//单击尺寸为ϕ17 的标注

选择对象：找到 1 个，总计 5 个　　//单击尺寸为 1 的标注

选择对象：　　//回车

5.6.3 知识扩展

1．标注更新

在对图形进行尺寸标注时，常常发生需要修改的情况，标注编辑用于修改标注文字、旋转标注文字、移动标注文字、倾斜尺寸界线；标注更新用于统一修改某一类型的尺寸样式。

打开“标注样式管理器”对话框，单击“修改”，在“文字”页标签上单击文字样式右侧按钮，在弹出的“文字样式”对话框，中进行设置。单击“应用”、“关闭”按钮，完成标注样式的修改。

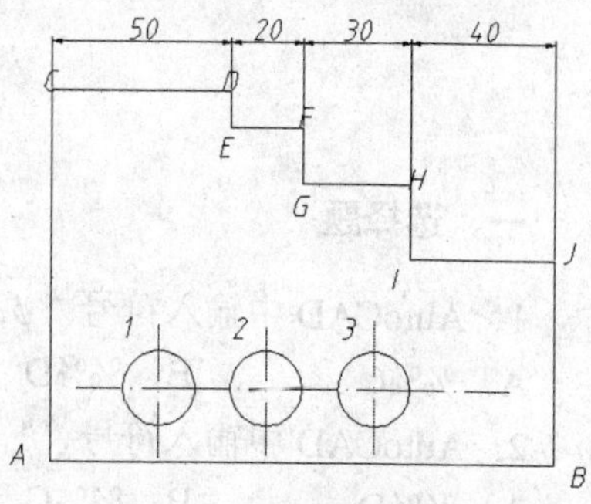

图 5-43　快速标注

2．快速标注（如图 5-43 所示）

调用“快速标注”命令：

◆ 选择下拉菜单【标注】/【快速标注】

◆ 单击工具栏按钮

◆ 在命令行输入命令 Qdim

命令：_qdim

关联标注优先级=端点

选择要标注的几何图形：找到 1 个　　//选择直线 CD

选择要标注的几何图形：找到 1 个，总计 2 个　　//选择直线 EF

选择要标注的几何图形：找到 1 个，总计 3 个　　//选择直线 GH

选择要标注的几何图形：找到 1 个，总计 4 个　　//选择直线 IJ

选择要标注的几何图形：　　//回车

指定尺寸线位置或 [连续(C)/并列(S)/基线(B)/坐标(O)/半径(R)/直径(D)/基准点(P)/编辑(E)

1）连续：创建连续标注。

2）并列：创建并列标注。

3）基线：创建基线标注。

4）坐标：创建坐标标注。

5）半径：创建半径标注。

6）直径：创建直径标注。

7）基准点：为基线、坐标设置新的基准点。

8）编辑：添加、删除标注点。

小　　结

本章介绍了文字样式的设置方法以及技术要求、标题栏的文字填写等内容。文字样式设置可以控制文字的字体、字号、角度、方向和其他文字特征，可按照国家标准或需要设置文字样式设置。本章还介绍了尺寸样式的设置及尺寸标注、尺寸编辑的基本方法。

书写文字可采用单行文字或多行文字两种方法，单行文字用于书写简短的文字，创建的每行文字都是独立的对象，可以重新定位、调整样式；多行文字用于书写复杂的文字，可创建一个或多个文字段落，在多行文字编辑器中可选择文字样式、字体、字高、颜色属性等。

文字编辑可对已创建的文字进行编辑，更改文字内容、字体、字高等属性。

尺寸标注主要包括长度型尺寸标注、角度标注、直径标注、半径标注、圆心标注、引线标注、尺寸公差标注、快速标注等内容。应重点掌握线性尺寸、尺寸公差、倒角、形位公差的标注。倒角、形位公差的标注应注意设置好“多重引线”。

本章还介绍了编辑与更新标注的方法。标注编辑用于修改标注文字、旋转标注文字、移动标志文字、倾斜尺寸界线；标注更新用于统一修改某一类型的尺寸样式。

思考与练习

一、选择题

1. AutoCAD 中输入符号“ϕ”的代码是________。

A. %%C　　　B. %%D　　　C. %%O　　　D. %%P

2. AutoCAD 中输入符号“°”的代码是________。

A. %%D　　　B. %%C　　　C. %%P　　　D. %%P

二、判断题

1. 编辑单行文字与多行文字的方法相同。（　　）

2. 创建复杂文字采用多行文字命令。（　　）

3. 文字样式一旦创建不能删除。（　　）

4. 文字样式一旦创建不能重命名。（　　）

5. 只能采用半径标注命令标注半径。（　　）

6. 可以采用 DMEDIT 命令更改尺寸标注样式。（　　）

三、简答题

1．如何创建文字样式“文字标注-5”（长仿宋字体、5 号字）？

2．如何创建、修改尺寸标注样式？

3．如何标注公差尺寸？

四、操作题

1．打开光盘中“/第 5 章/题图 5-1.dwg”文件，创建合适的文字样式、标注样式，完成题图 5-1 的尺寸标注。

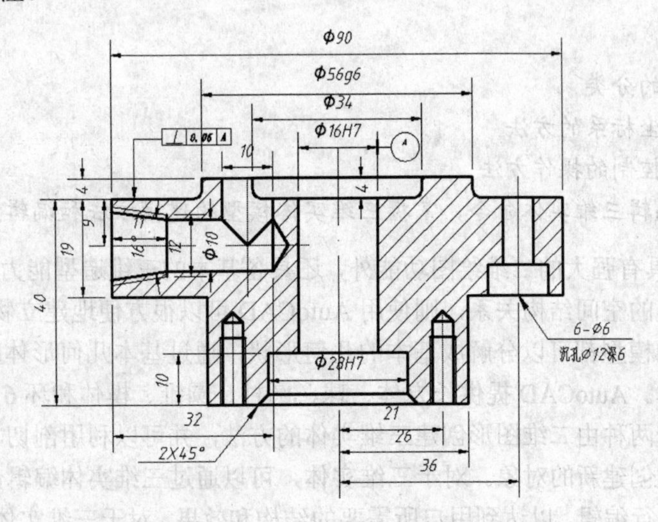

题图 5-1　尺寸标注操作题 1

2．打开光盘中“/第 5 章/题图 5-2.dwg”文件，创建合适的文字样式、标注样式，完成题图 5-2 的尺寸标注。

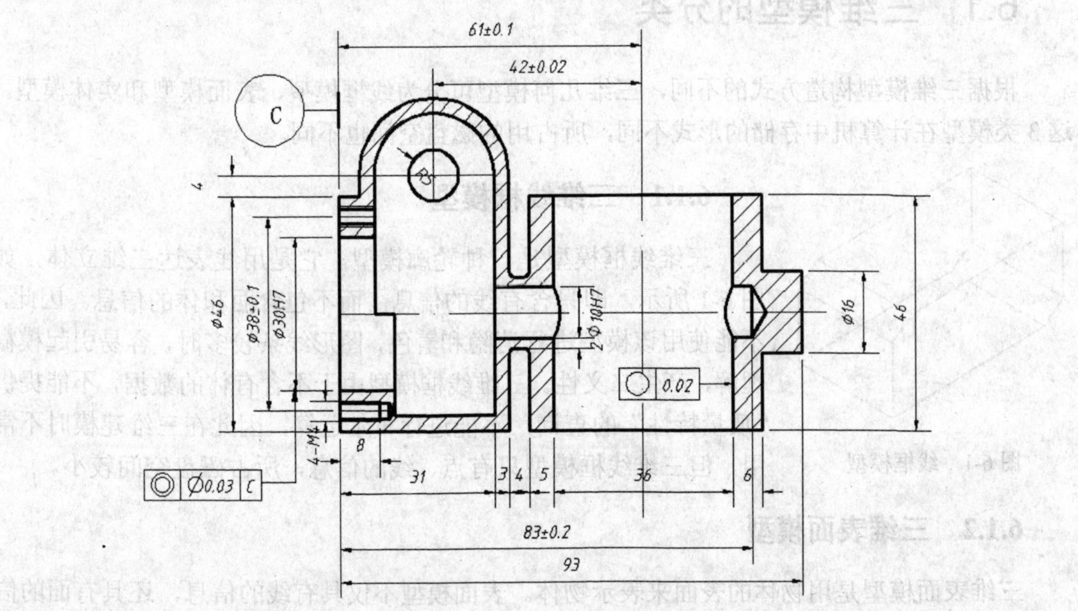

题图 5-2　尺寸标注操作题 2

第 6 章　三维绘图与尺寸标注

教学目标：

本章将介绍 AutoCAD 三维绘图的基本知识、三维图形的分类、建立用户坐标系的方法及在三维空间观察三维图形的方法。本章将学习三维实体模型的建模方法和编辑方法。

学习重点：

✧ 三维模型的分类

✧ 建立用户坐标系的方法

✧ 三维显示控制的操作方法

学习创建和编辑三维实体命令，掌握三维实体模型的建模方法和编辑方法。

AutoCAD 除具有强大的二维绘图功能外，还具备基本的三维造型能力。若物体并无复杂的外表曲面及多变的空间结构关系，则使用 AutoCAD 可以很方便地建立物体的三维模型。

任何复杂的的模型都可以分解成基本的几何形状，通过基本几何形体间的叠加、切割可组成复杂的组合体。AutoCAD 提供长方体、球、圆柱、圆锥、楔体和环 6 种基本几何形状，还提供拉伸、旋转两种由二维图形创建三维实体的方法，并可以利用剖切、截面和干涉工具由已有的三维实体创建新的对象。对于三维实体，可以通过三维实体编辑命令，对其表面、棱边和实体本身进行编辑，以达到用户所需要的结构和效果。对于三维实体也可以进行阵列、镜像和旋转操作，有些二维编辑命令也可以直接应用于三维操作。

6.1　三维模型的分类

根据三维模型构造方式的不同，三维几何模型可分为线框模型、表面模型和实体模型。这 3 类模型在计算机中存储的形式不同，所占用的磁盘空间也不同。

6.1.1　三维线框模型

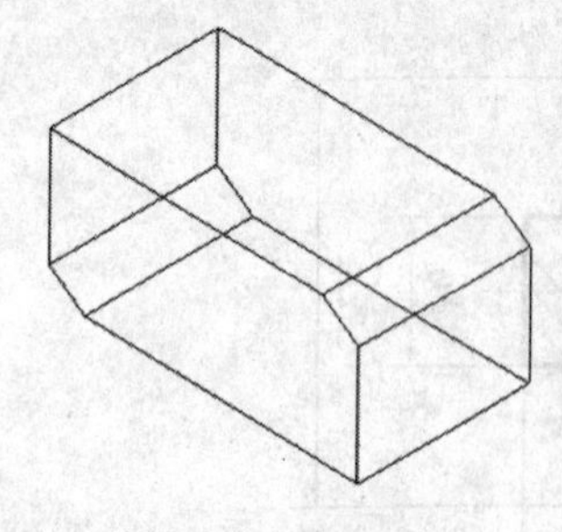

图 6-1　线框模型

三维线框模型是一种轮廓模型，它是用线表达三维立体，如图 6-1 所示，即只含有线的信息，而不包含面和体的信息。因此，不能使用该模型进行消隐和着色，图形线条较多时，容易引起模糊理解，产生二义性。三维线框模型由于不含有体的数据，不能提供“质量特性”的查询，不能进行布尔运算，因此在三维建模时不常用，但三维线框模型只有点、线的信息，所占磁盘空间较小。

6.1.2　三维表面模型

三维表面模型是用物体的表面来表示物体。表面模型不仅具有线的信息，还具有面的信息，因此可以消隐、着色、生成数控刀具的运动轨迹等。表面模型适合于构造复杂的曲面立体模型，如模具、汽车、建筑家具的表面造型等。表面模型没有体的信息，因此不能进行布尔运算，在 AutoCAD 中也很少使用。三维表面模式可转换为实体模型，三维表面模型如图 6-2 所示。

6.1.3　三维实体模型

三维实体模型具有线、表面、体的全部信息。对于此类模型，既可以区分对象的内部及外部，可以对它进行打孔、切槽和添加材料等布尔运算，也可以对实体装配进行干涉检查，分析模型的质量特性，如质心、体积和惯性矩。对于计算机辅助加工，用户还可以利用实体模型的数据生成数控加工代码，进行数控刀具轨迹仿真加工等。三维实体模型如图 6-3 所示。

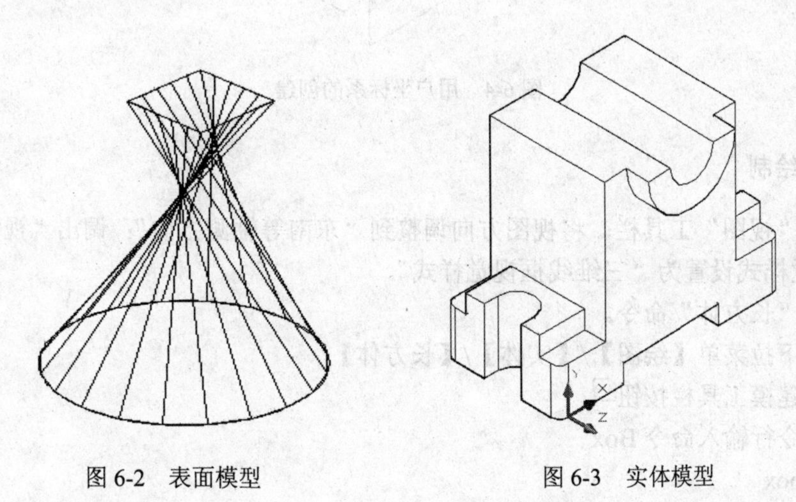

图 6-2　表面模型　　　　图 6-3　实体模型

6.2　坐标系

AutoCAD 提供了两种坐标系：世界坐标系（WCS），主要用于绘制二维平面图形；用户坐标系（UCS），主要用于绘制三维立体图形。

6.2.1　世界坐标系

AutoCAD 自动设置的坐标系是世界坐标系，又称通用坐标系。在 WCS 中，坐标系的原点在屏幕的左下角，*X* 轴、*Y* 轴和 *Z* 轴的方向固定不变。由于世界坐标系是唯一的、固定不变的，如果是绘制二维平面图形，则可以在默认环境下绘制。但在绘制三维立体图形时许多绘制图形命令在 *XY* 平面上绘制，因此，用户需要创建自己的坐标系，将坐标系调整后的 *XY* 面作为当前面。

6.2.2　创建用户坐标系

1．图形分析

创建如图 6-4 所示的实体，并在其可见的 4 个表面上绘制正方形、圆。该图是一个倒去一个角的长方体，4 个可见面上有 1 个正方形、3 个圆，而绘制圆命令属于平面图形绘制命令，默认情况下在 XY 平面上绘制，因此需要进行坐标系的创建。

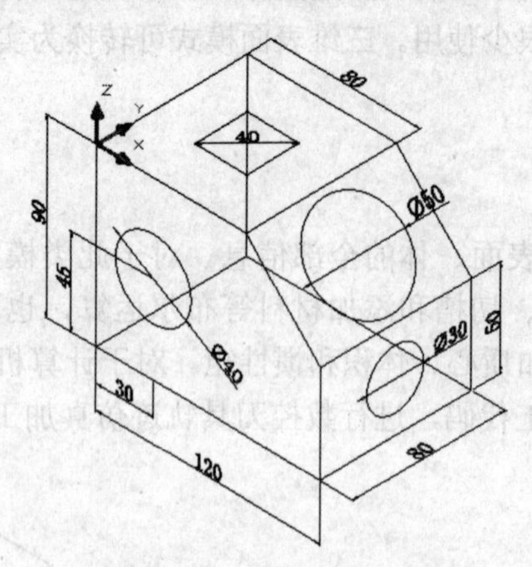

图 6-4　用户坐标系的创建

2. 图形绘制

1）调出“视图”工具栏，将视图方向调整到“东南等轴测方向”；调出“视觉样式”工具栏，将视觉样式设置为“三维线框视觉样式”。

2）调用“长方体”命令。

◆ 选择下拉菜单【绘图】/【实体】/【长方体】

◆ 单击建模工具栏按钮

◆ 在命令行输入命令 Box

命令：_box

指定第一个角点或 [中心（C）]：　　　　//在屏幕任意一点单击

指定其他角点或 [立方体（C）/长度（L）]：L

指定长度：<正交 开> 120

指定宽度：80

指定高度或 [两点（2P）]：90

则绘制出长为 120mm、宽为 80mm、高为 90mm 的长方体。如图 6-5 所示。

3）切去长方体的一角，如图 6-6 所示。

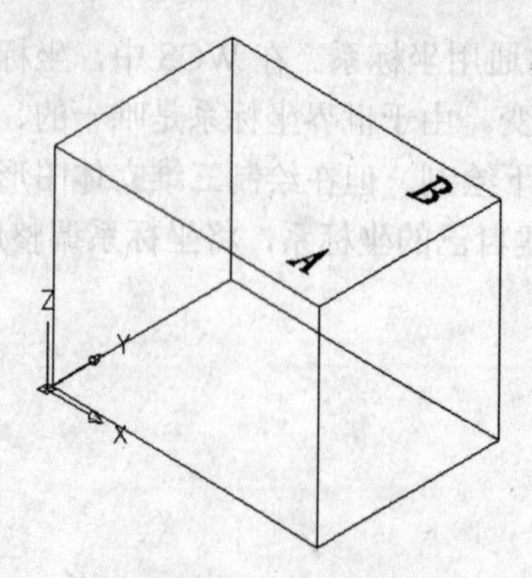

图 6-5　创建长方体

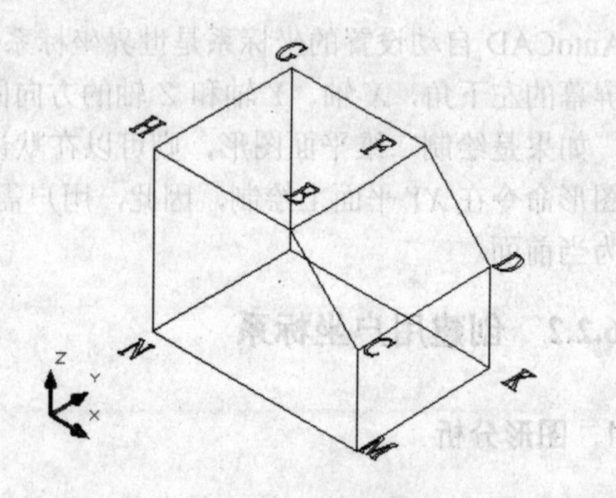

图 6-6　长方体倒角

二维平面图形的编辑命令大多数只能在 XY 平面上所使用，而“倒角”、“圆角”命令可应用于三维实体。长方体切去一个角，可以使用“倒角”命令来操作。

调用“倒角”命令：

命令：_chamfer

（“修剪”模式）当前倒角距离 1=0.0000，距离 2=0.0000

选择第一条直线或[放弃（U）/多段线（P）/距离（D）/角度（A）/修剪（T）/方式（E）/多个（M）]：

基面选择... //选择边 AB

输入曲面选择选项[下一个（N）/当前（OK）]<当前（OK）>： //回车

指定基面的倒角距离：40 //输入倒角距离

指定其他曲面的倒角距离 <40.0000>： //回车

选择边或 [环（L）]： //选择边 AB

4）捕捉长方形 EFGH 边的中心点，绘制内接圆半径为 20mm 的正方形，如图 6-7 所示。

5）使用捕捉 3 点法建立用户坐标系，将坐标系调整到 HNMC 平面上，绘制ϕ40mm 的圆，如图 6-8 所示。

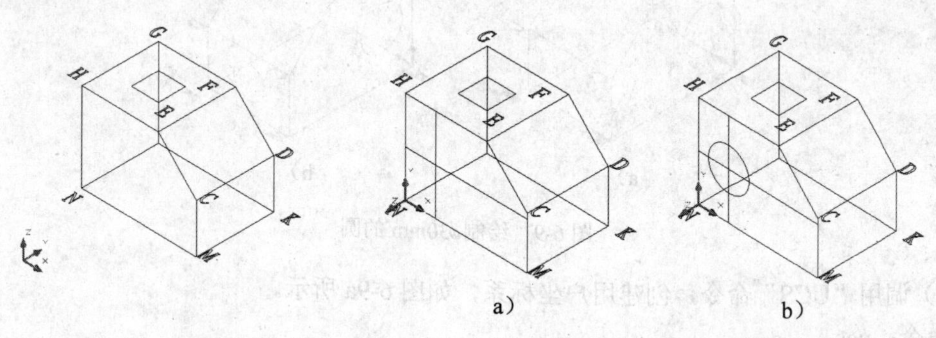

图 6-7 绘制正方形　　　　图 6-8 绘制ϕ40mm 的圆

① 调用“UCS”命令，创建用户坐标系

命令：_ucs

当前 UCS 名称：*世界*

指定 UCS 的原点或 [面（F）/命名（NA）/对象（OB）/上一个（P）/视图（V）/世界（W）/X/Y/Z/Z 轴（ZA）] <世界>：_3 //使用三点创建用户坐标系

指定新原点<0,0,0>： //捕捉 N 点

在正 X 轴范围上指定点 <-58.3005,92.6181,-76.6941>： //捕捉 M 点

在 UCS XY 平面的正 Y 轴范围上指定点 <-59.3005,93.6181,-76.6941>： //捕捉 H 点

② 绘制ϕ40mm 的圆

a．调用“复制边”命令：

◆ 选择下拉菜单【修改】/【实体编辑】/【复制边】

◆ 单击实体编辑工具栏按钮

◆ 在命令行输入命令 Solidedit

命令：_solidedit

实体编辑自动检查：SOLIDCHECK=1

输入实体编辑选项 [面（F）/边（E）/体（B）/放弃（U）/退出（X）] <退出>：_edge

输入边编辑选项 [复制（C）/着色（L）/放弃（U）/退出（X）] <退出>：_copy

选择边或 [放弃（U）/删除（R）]：　　　　　　//选择边 NM

选择边或 [放弃（U）/删除（R）]：　　　　　　//回车

指定基点或位移：　　　　　　　　　　　　　　//捕捉边 NM 的中点

指定位移的第二点：@0,45

输入边编辑选项 [复制（C）/着色（L）/放弃（U）/退出（X）] <退出>：//回车

实体编辑自动检查：SOLIDCHECK=1

输入实体编辑选项 [面（F）/边（E）/体（B）/放弃（U）/退出（X）] <退出>：//回车

b．再次调用复制边命令（指定位移的第二点：@30,0），如图 6-8a 所示。

③ 调用圆命令，绘制ϕ40mm 的圆，如图 6-8b 所示。

6）使用绕坐标轴旋转坐标系的方法调整坐标系，绘制ϕ30mm 的圆，如图 6-9 所示。

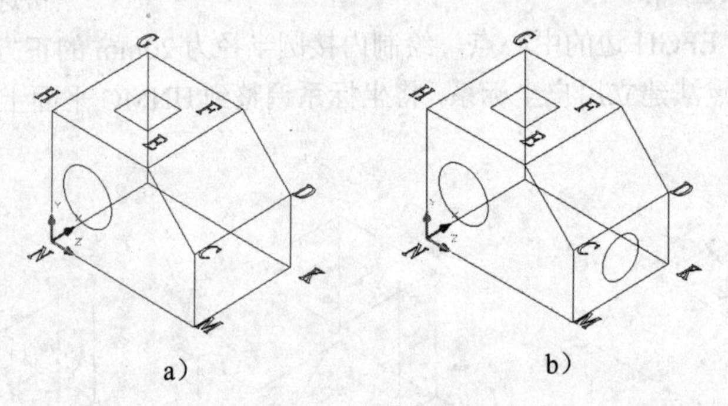

图 6-9　绘制ϕ30mm 的圆

① 调用“UCS”命令，创建用户坐标系，如图 6-9a 所示。

命令：ucs

当前 UCS 名称：*没有名称*

指定 UCS 的原点或[面（F）/命名（NA）/对象（OB）/上一个（P）/视图（V）/世界（W）/X/Y/Z/Z 轴（ZA）] <世界>：Y

指定绕 Y 轴的旋转角度 <90>：　　　　　　//回车

② 绘制ϕ30mm 的圆。捕捉 MK、DK 边的中点，绘制半径为 15mm 的圆，如图 6-9b 所示。

7）使用面捕捉方式将坐标系调整到长方体 EFDC 面上，绘制ϕ50mm 的圆，如图 6-10 所示。

① 调整坐标系。

命令：ucs

当前 UCS 名称：*没有名称*

指定 UCS 的原点或 [面（F）/命名（NA）/对象（OB）/上一个（P）/视图（V）/世界（W）/X/Y/Z/Z 轴（ZA）] <世界>：F

选择实体对象的面：//在面 EFDC 上单击，坐标系移动到该面上，如图 6-10a 所示。

输入选项 [下一个（N）/X 轴反向（X）/Y 轴反向（Y）] <接受>：//回车

② 绘制ϕ50mm 的圆，如图 6-10b 所示。

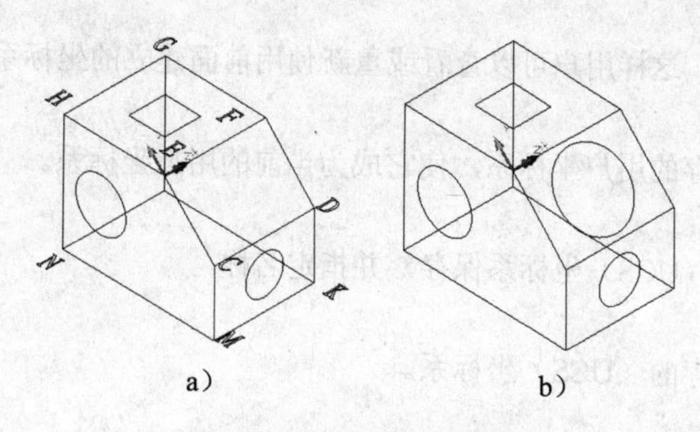

图 6-10　绘制ϕ50mm 的圆

6.2.3　知识扩展

1. UCS 命令选项

在绘制三维图形时，有多种方法可创建用户坐标系，用户可根据需要和习惯灵活使用。这些方法都包含在 UCS 命令的命令选项中。

UCS 命令选项如下：

[新建(N)/移动(M)/正交(G)/上一个(P)/恢复(R)/保存(S)/删除(D)/应用(A)/?/世界(W)]。

各项功能如下：

（1）新建（N）

该选项可创建一个新的坐标系。创建坐标系的方法有以下形式：

指定 UCS 的原点或[面/命名(NA)/对象(OB)/上一个(P)/视图/世界(W)/X/Y/Z/Z 轴(ZA)] <世界>

1）指定新 UCS 的原点：将原坐标系平移至指定原点处，新坐标系的坐标轴与原坐标系的坐标轴方向相同。

2）*Z* 轴（*ZA*）：通过指定新坐标系的原点及 Z 轴正方向上的一点的方法来建立用户坐标系。

3）对象（OB）：根据选定的三维对象定义新的坐标系。如果选择的是三维对象的棱边，则该棱边为坐标系的 X 轴，选择点到该棱边最近的端点为坐标原点，该端点与选择点的连线为 X 轴正方向。如选择圆为对象，则圆的圆心成为新 UCS 的原点，X 轴通过该选择点。

4）面（F）：将 UCS 与实体对象的选定面对齐。在选择面的边界内或面的边上单击，被选中的面将亮显，UCS 的 X 轴将与找到的第一个面上最近的边对齐，选中的面为 XY 平面。如果亮显的面为想要的面，可选择下一个，接着选择。

5）视图（V）：以垂直于观察方向的平面为 XY 面，建立新的坐标系。UCS 原点保持不变。

6）*X*、*Y*、*Z*：将当前 UCS 绕 *X* 轴、*Y* 轴或 *Z* 轴旋转，默认角度为 90°，用户可指定轴与旋转角度。

（2）移动（M）

该选项通过平移当前 UCS 的原点重新定义 UCS，但保留其 *XY* 平面的方向不变。

（3）正交（G）

该选项指定 AutoCAD 提供的 6 个正交 UCS 之一。这些 UCS 设置通常用于查看和编辑三维模型。

（4）上一个（P）

该选项恢复上一个 UCS。AutoCAD 自动保存的最后 10 个坐标系。重复“上一个”选项可返回上一个坐标系，这样用户可以查看或重新使用前面建立的坐标系。

（5）恢复（R）

该选项恢复已保存的用户坐标系，使它成为当前的用户坐标系。

（6）保存（S）

该选项把当前的（UCS）坐标系保存，并指定名称。

（7）删除（D）

该选项删除已保存的（UCS）坐标系。

（8）应用（A）

该选项其他视口保存有不同的 UCS 时，将当前的 UCS 设置应用到指定的视口或所有活动视口。

（9）?

该选项列出用户定义坐标系的名称，并列出每个保持的 UCS 相对于当前 UCS 的原点以及 X、Y 和 Z 轴。

（10）世界（W）

将当前用户坐标系设置为世界坐标系。

2. UCS 命令中的三点

通过在屏幕上指定三个已知点来建立坐标系。如果选择的是三维对象的棱边，则该棱边为坐标系的 X 轴，选择点到该棱边最近的端点为坐标原点，该端点与选择点的连线为 X 轴正方向。如选择圆为对象，则圆的圆心成为新 UCS 的原点。X 轴通过该选择点。

3. “边编辑”命令

“边编辑”命令包括“复制边”和“着色边”选项，通过修改边的颜色或复制独立的边来编辑三维实体对象。复制三维边，所有三维实体边被复制为直线、圆弧、圆、椭圆或样条曲线。着色边用于更改边的颜色。

6.3 三维显示控制

绘制的三维对象，从不同的方向观察，给人的视觉效果不同，在创建和编辑三维对象时，有时需要实时观察方向，以便直观地观察到不同方向上的结构，因此 AutoCAD 提供用户自己设置视点、常用视图方向和三维动态观察器等工具来从不同的方向观察三维对象。在观察三维模型时，为了使观察到的效果更加逼真，需要有不同的着色渲染效果，AutoCAD 提供 6 种视觉样式，视觉样式工具栏提供了 5 种视觉样式，视图菜单栏提供了“消隐”视觉样式。

6.3.1 三维视图与动态观察器

在 AutoCAD 中，通常使用标准的基本视图和轴测图来观察三维模型，也可以自定义视点观察三维模型。标准的基本视图分别是俯视图、仰视图、左视图、右视图、主视图和后视图，轴测图提供西南等轴测、东南等轴测、东北等轴测和西北等轴测 4 种，如图 6-11 所示。如果系统所给出的基本视图和轴测图方向不能满足观察需要，可自定义视点。但这两种方式观察图形时繁琐且不直观，在对三维模型的观察没有特殊要求时，可以使用“三维动态观察器”。

1．图形分析

如图 6-12 所示，使用视图工具栏所提供的标准视图观察三维实体。通过观察学习使用基本视图、轴测图、设置视点的方法观察三维图模型。

图 6-11　视图工具栏

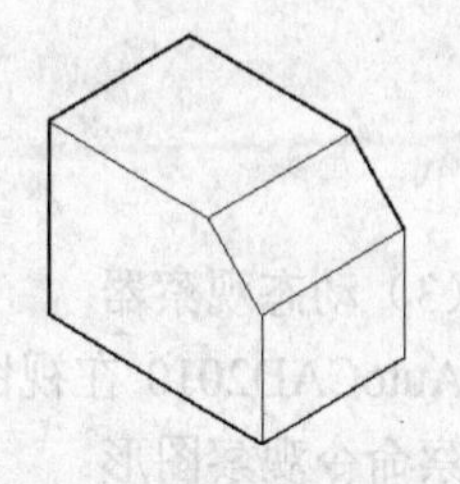

图 6-12　观察三维实体

2．操作

（1）使用“视图”工具栏按钮观察模型

单击“视图”工具栏上不同的视图方向按钮，观察视图变化，获得主视图、俯视图、左视图和东南等轴测视图，如图 6-13 所示。

图 6-13　观察三维图形

（2）使用“视点”方式观察模型

◆ 选择下拉菜单：【视图】/【三维视图】/【视点】

◆ 在命令行输入命令：Vpoint

命令：_vpoint

*** 切换至 WCS ***

当前视图方向：VIEWDIR=647.6739,-647.6739,647.6739

指定视点或[旋转（R）] <显示指南针和三轴架>:

//显示图 6-14a 所示的坐标球与三维坐标轴架

拖动鼠标使光标在坐标球范围内移动时，三轴架的 *X*、*Y* 轴绕着 *Z* 轴转动。三轴架转动的角度与光标所在坐标球上的位置对应。光标位于坐标球的不同位置，相应的视点也不同。

坐标球实际上是一个球体的二维表示，其中心点是北极（0，0，1），相当于视点位于 *Z* 轴正方向；内环为赤道（n，n，0）；当光标位于内环之内时，相当于视点在球体的上半球；光标位于内环与外环之间时；相当于视点在球体的下半球。确定视点后回车，则 AutoCAD 按视点显示对象。图 6-14b 为视点在图 6-14a 时显示的图形视图。

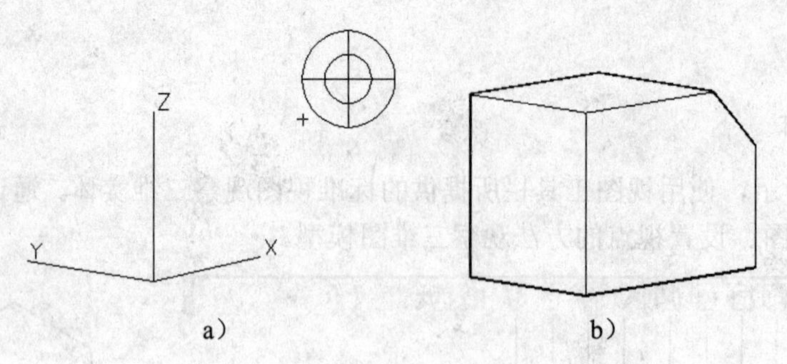

图 6-14　坐标球与三维架

（3）动态观察器

AutoCAD2010 在视图菜单栏上提供了三种动态观察命令，如图 6-15 所示。调用自由动态观察命令观察图形：

◆ 选择下拉菜单：【视图】/【动态观察器】/【自由动态观察】

◆ 单击三维动态观察器工具栏按钮：

◆ 在命令行输入命令：3dorbit

命令：'_3dorbit

按 ESC 或 ENTER 键退出，或者单击鼠标右键显示快捷菜单。

此时屏幕上显示图 6-15 所示的三维球，拖动鼠标，模型旋转，可从各个方向观察模型。

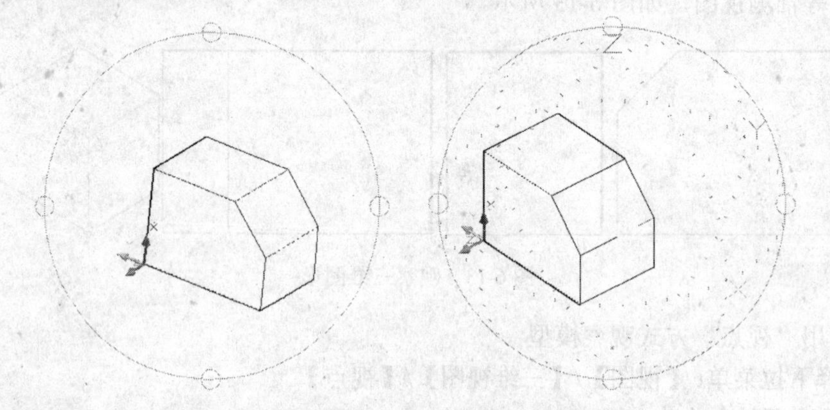

图 6-15　使用动态观察器观察模型

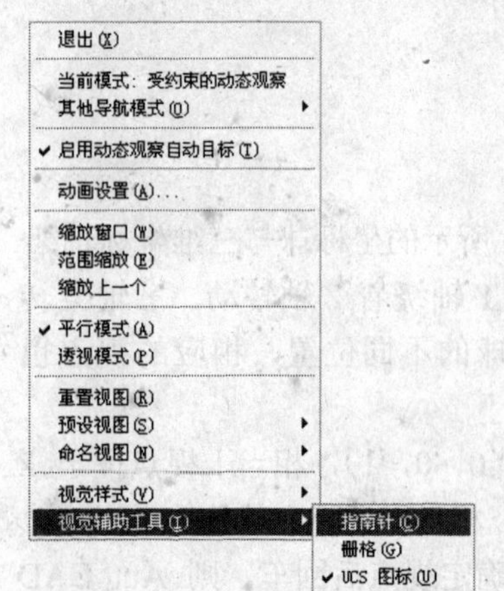

图 6-16　动态观察器快捷菜单

当光标移至大圆面积线圈内、外和 4 个控制点圆上时，会出现不同的光标形式：

1）光标位于观察球内时，拖动鼠标可旋转对象。

2）光标位于观察球外时，拖动鼠标可使对象绕通过观察球中心不同的光标形式。

3）光标位于观察球上、下小圆时，拖动鼠标可使视图绕通过观察球中心的水平轴旋转。

4）光标位于观察球左、右小圆时，拖动鼠标可使视图绕通过观察球中心的垂直轴旋转。

按照提示单击鼠标右键，弹出快捷菜单，如图 6-16 所示。选择“形象化辅助工具”下的“指南针”，则显示空间球，如图 6-15 所示。这样更加形象化地显示出空间模型。

6.3.2 视觉样式

AutoCAD 提供如图 6-17 所示的 4 种视觉样式。

1．线框视觉样式

用表示边界的直线和曲线段显示对象，二维线框模式与三维线框模式显示模型时，所不同的是坐标轴显示不同，如图 6-18 所示。

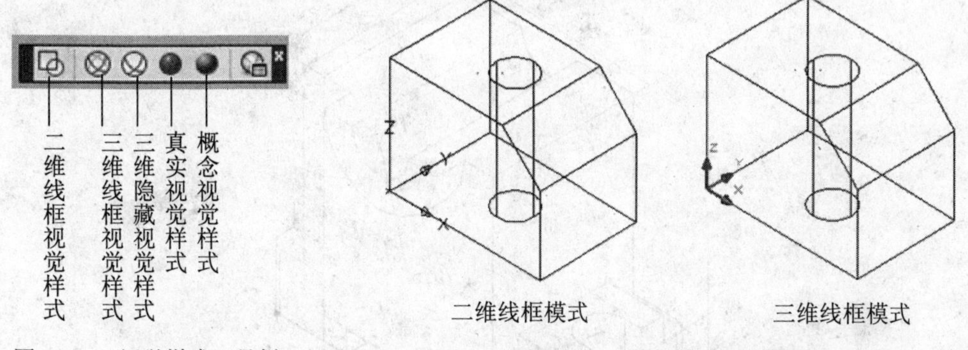

图 6-17 视觉样式工具栏

图 6-18 线框模式观察模型

2．三维隐藏视觉样式

模型后面不可见的线被隐藏，如图 6-19b 所示。

3．真实视觉样式

用许多着色的小平面来显示对象，着色平面不是很光滑，如图 6-19c 所示。

4．概念视觉样式

显示较光滑，具有真实感，如图 6-19d 所示。

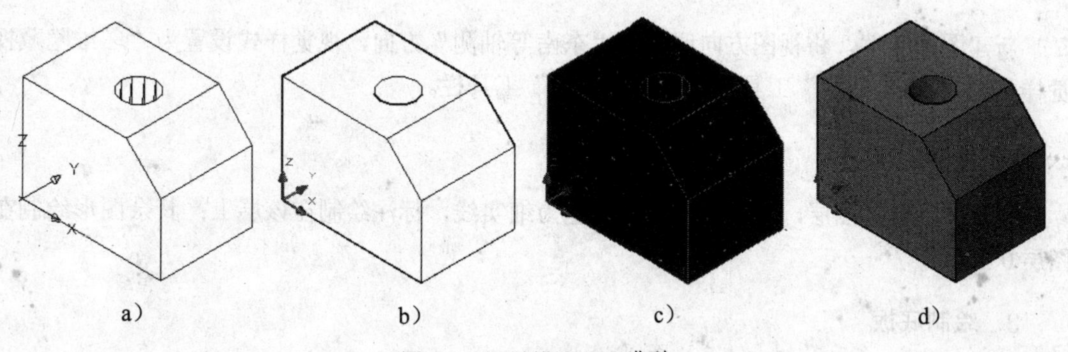

图 6-19 视觉模式观察模型

6.3.3 知识扩展

在视图菜单栏中还有一种视觉模式为消隐模式。该模式用三维线框显示对象，后面不可见的线被隐藏，如图所示 6-19a 所示。

6.4 三维图形造型实例 1

6.4.1 图形分析

如图 6-20 所示，该图形分为 4 部分来完成，先利用创建面域拉伸的方法完成底座、凸台、主体、端台的实体的创建，最后调用移动、并集命令，将 4 个实体合并。

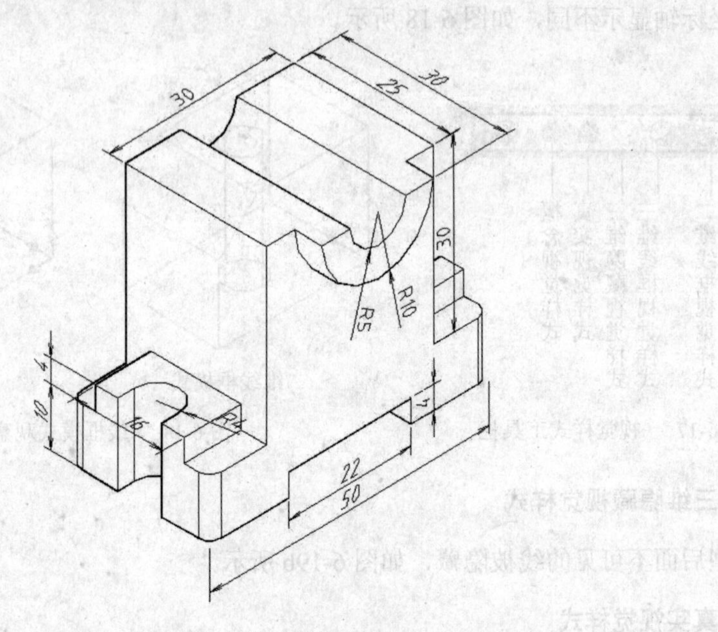

图 6-20 三维图形造型实例 1

6.4.2 图形绘制

1. 建立文件

新建图形文件，将视图方向调整到“东南等轴测”方向，视觉样式设置为“三维隐藏视觉样式”，调出“建模”工具栏和“实体编辑”工具栏。

2. 建立图层

创建“DIM”图层，颜色为蓝色，线型为细实线，标注绘制在该层上；其余图形绘制在图层 0 上。

3. 绘制底板

1）调用矩形命令，绘制长 25mm、宽 50mm、圆角半径 2mm 的矩形，如图 6-21a 所示。

2）调用分解命令，将绘制的矩形分解；调用偏移命令，偏移距为 3mm，捕捉中点，绘制半径为 4mm 的小圆，如图 6-21b 所示。

3）调用直线命令，绘制如图 6-21c 所示。

4）调用修剪命令，绘制如图 6-21d 所示的图形。

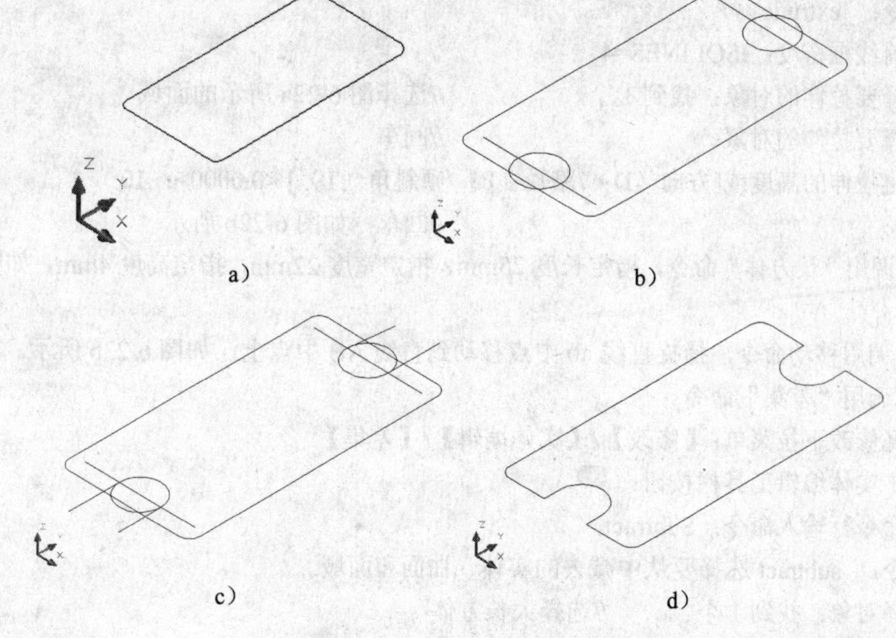

图 6-21　创建底板二维图形

5）调用面域命令，在创建如图 6-22a 所示的面域（概念视觉样式）。

◆ 选择下拉菜单：【绘图】/【面域】

◆ 单击绘图工具栏按钮：

◆ 在命令行输入命令：Region

命令：_region

选择对象：指定对角点：找到 16 个　　//选择图 6-21d 所示的所有对象

选择对象：　　//回车，如图 6-22a 所示

已提取 1 个环。

已创建 1 个面域。

6）调用"拉伸"命令，如图 6-22b 所示。

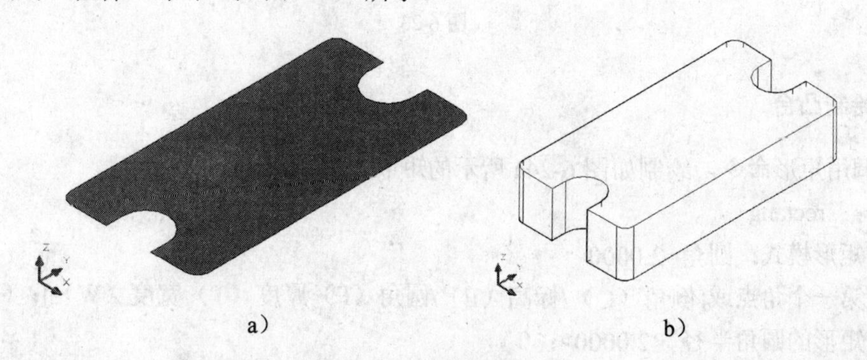

图 6-22　创建底座实体

◆ 选择下拉菜单【绘图】/【建模】/【拉伸】

◆ 单击建模工具栏按钮

◆ 在命令行输入命令 Extrude

命令：_extrude

当前线框密度：ISOLINES=4

选择要拉伸的对象：找到 1 个　　　　　　//选择图 6-22a 所示的面域

选择要拉伸的对象：　　　　　　　　　　//回车

指定拉伸的高度或[方向（D）/路径（P）/倾斜角（T）] <0.0000>：10

//回车，如图 6-22b 所示

7）调用“长方体”命令，指定长度 25mm，指定宽度 22mm，指定高度 4mm，如图 6-23a 所示。

8）调用移动命令，捕捉直线 ab 中点移动到直线 AB 中点上，如图 6-23b 所示。

9）调用“差集”命令。

选择修改下拉菜单：【修改】/【实体编辑】/【差集】

单击实体编辑工具栏按钮：

在命令行输入命令：Subtract

命令：_subtract 选择要从中减去的实体、曲面和面域...

选择对象：找到 1 个　　　　//选择大长方体

选择对象：　　　　　　　　//回车

选择要减去的实体、曲面和面域...

选择对象：找到 1 个　　　　//单击小长方体

选择对象：　　　　　　　　//回车，如图 6-23c 所示

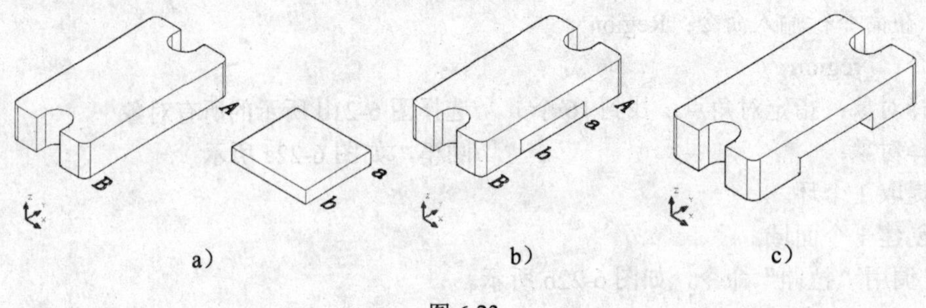

图 6-23

4．绘制凸台

1）调用矩形命令，绘制如图 6-24a 所示的矩形。

命令：_rectang

当前矩形模式：圆角=2.0000

指定第一个角点或[倒角（C）/标高（E）/圆角（F）厚度（T）宽度（W）]：f

指定矩形的圆角半径 <2.0000>：0

指定第一个角点或[倒角（C）/标高(E)/圆角（F）/厚度（T）/宽度（W）]：//屏幕空白处单击

指定另一个角点或[面积（A）/尺寸（D）/旋转（R）]：@16,50　　//回车

2）调用分解命令，将绘制的矩形分解；调用偏移命令，偏移距为 3mm；捕捉中点，绘

制半径为 4mm 的小圆；调用直线命令，如图 6-24b 所示。

3）调用修剪、面域命令，创建如图 6-24c 所示的面域。

4）调用拉伸命令，指定拉伸高度为 4mm，创建如图 6-24d 所示的实体。

5）调用移动命令，将凸台移动到底座上，如图 6-24e 所示。

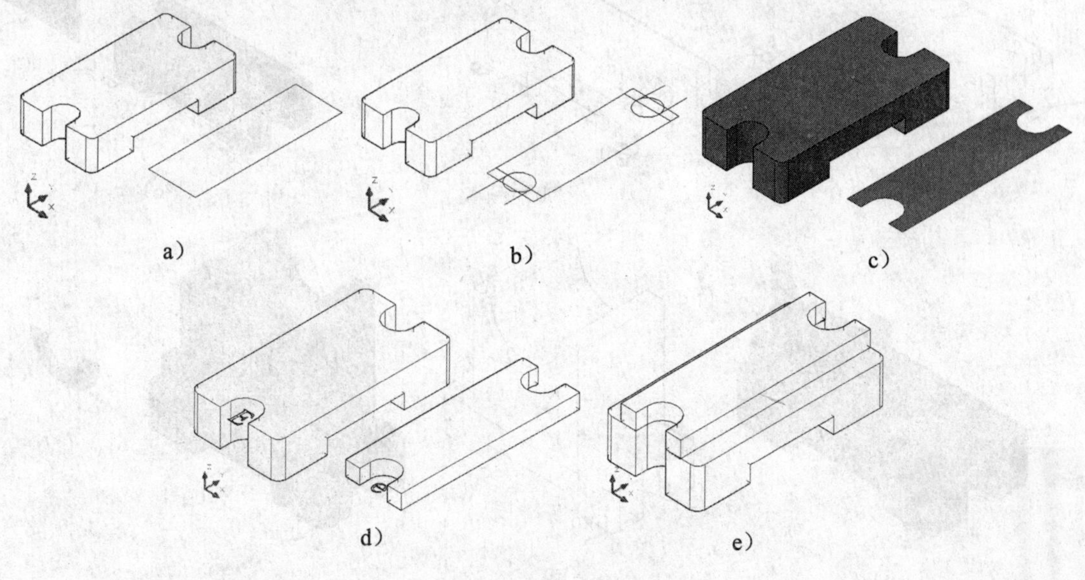

a） b） c）

d） e）

图 6-24 绘制凸台

5. 绘制主体与端台

1）调用“UCS”命令，创建用户坐标系，如图 6-25a 所示。

命令：ucs

当前 UCS 名称：*没有名称*

指定 UCS 的原点或 [面（F）/命名（NA）/对象（OB）/上一个（P）/视图（V）/世界（W）/X/Y/Z/Z 轴（ZA）] <世界>：3

指定新原点<0,0,0>： //捕捉 A 点

在正 X 轴范围上指定点 <13.7720,12.6953,-10.0000>： //捕捉 B 点

在 UCS XY 平面的正 Y 轴范围上指定点 <11.7721,12.6829,-10.0000>：//捕捉 C 点

2）调用矩形命令（指定另一个角点或 [面积(A)/尺寸(D)/旋转(R)]：@30,30）；调用圆命令，绘制半径为 10mm 的圆，如图 6-25b 所示。

3）调用修剪面、域命令，创建如图 6-25c 所示的面域。

4）调用移动命令，将面域移动到底座上，如图 6-25d 所示。

5）调用“拉伸”命令指定拉伸高度为-25mm，创建如图 6-25e 所示的实体。

6）调用圆命令，绘制半径为 10mm、5mm 的圆，并进行修剪；调用面域命令，创建如图 6-25f 所示的面域。

7）调用“拉伸”命令指定拉伸高度为 30mm，创建如图 6-25g 所示的实体。

8）调用移动命令，绘制如图 6-25h 所示的图形。

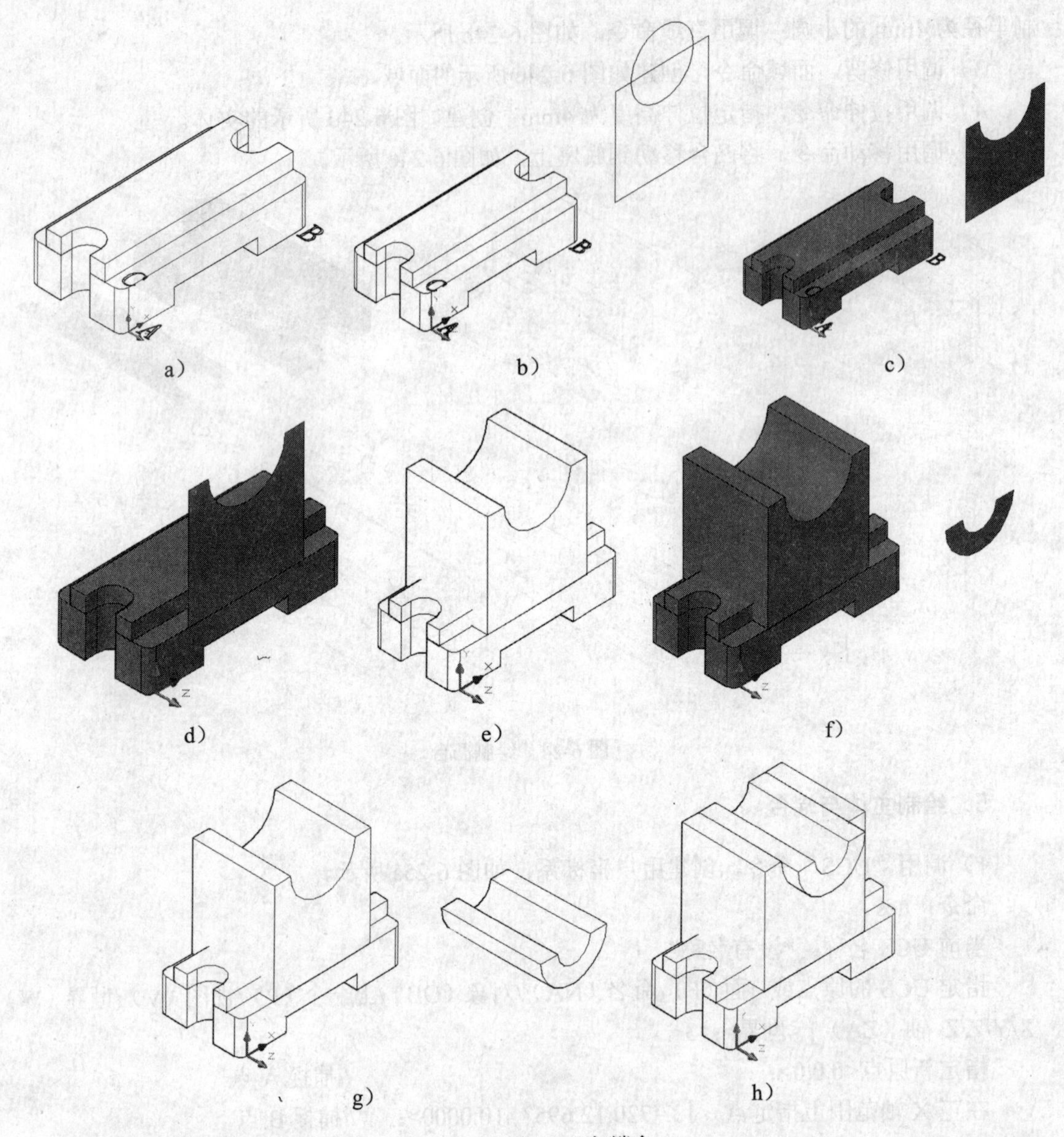

a） b） c）
d） e） f）
g） h）

图 6-25 绘制主体与端台

6. 合并实体

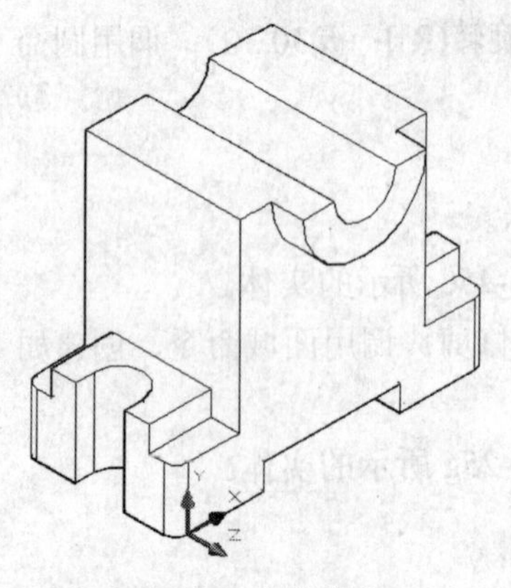

图 6-26 合并实体

调用“并集”命令，合并实体，如图 6-26 所示。

◆ 选择下拉菜单：【修改】/【实体编辑】/【并集】

◆ 单击工具栏按钮：

◆ 在命令行输入命令：Union

命令：_union

选择对象：指定对角点：找到 4 个 //选择如图 6-25（h）所示的所有实体

选择对象： //回车

6.4.3 尺寸标注

1. 创建文字样式

同 5.1.2 节，创建“尺寸标注-3.5”。

2. 创建标注样式

创建标注样式“三维图形造型实例 1”，参数设置同 5.3 节。

3. 标注过程

调出“标注”工具栏。

1）调用线性标注命令，完成如图 6-27a 所示的标注。

2）完成如图 6-27b 所示的标注。

① 调用“UCS”命令，使用捕捉面的方式创建用户坐标系，如图 6-27b 所示。

② 调用半径标注命令，完成如图 6-27b 所示的标注。

3）完成如图 6-27c 所示的标注。

① 调用“UCS”命令，创建如图 6-27c 所示的用户坐标系。

② 调用线性标注命令，完成如图 6-27c 所示的标注。

4）完成如图 6-27d 所示的标注。

① 调用“UCS”命令，使用三点法捕捉三点，创建用户坐标系，如图 6-27d 所示。

② 调用线性标注、连续标注命令，完成如图 6-27d 所示的标注。

5）完成如图 6-27e 所示的标注。

① 调用“UCS”命令，使用三点法捕捉三点创建用户坐标系，如图 6-27e 所示。

② 调用线性标注、半径标注命令，完成如图 6-27e 所示的标注。

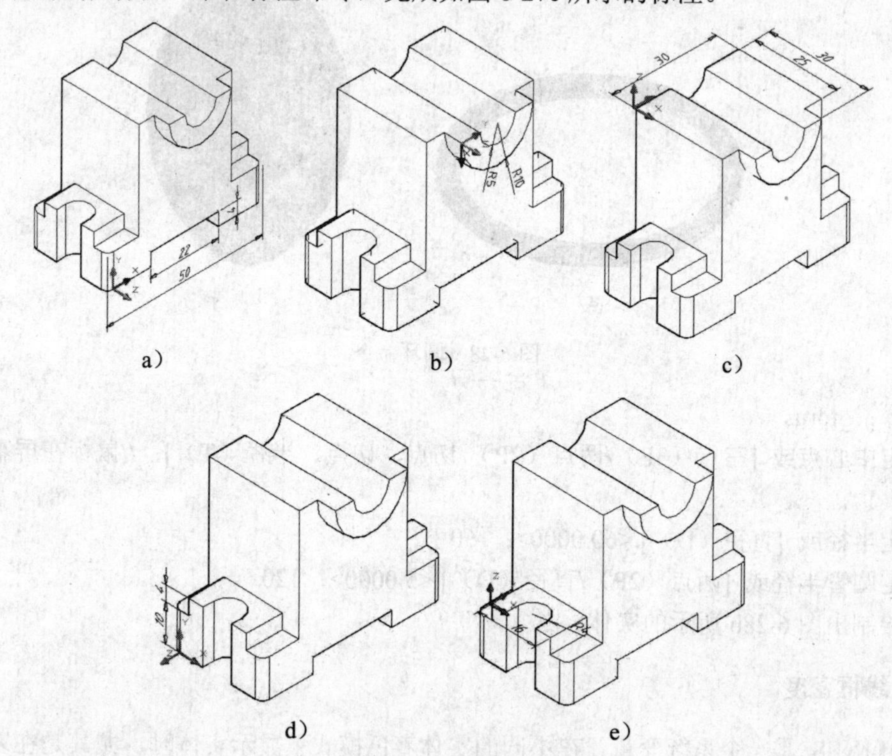

图 6-27　实例 1 尺寸标注

6.4.4 知识扩展

1. “长方体”命令

使用“长方体”命令创建长方体时，*X* 轴方向表示长度，*Y* 轴方向表示宽度，*Z* 轴方向表示高度。在创建实体模型时，可以指定一个角点定位，也可以指定长方体中心点定位；然后给出长方体的长度、宽度和高度值确定长方体的大小。

2. “圆环”命令

◆ 选择下拉菜单：【绘图】/【建模】/【圆环】
◆ 单击建模工具栏按钮：◎
◆ 在命令行输入命令：Torus

命令：_torus
指定中心点或[三点（3P）/两点（2P）/切点、切点、半径（T）]：　//在屏幕空白处单击鼠标
指定半径或[直径(D)] <60.0000>：60
指定圆管半径或[两点（2P）/直径（D）] <55.0000>：5　//回车，如图 6-28a 所示

补充：在绘制圆环时，如果给定圆环的半径大于圆管的半径，则绘制的是正常的圆环。如果给定圆环的半径为负值，并且圆管半径大于圆环半径的绝对值，则绘制的是橄榄形。如调用“圆环”命令绘制图 6-28b 所示的橄榄球。

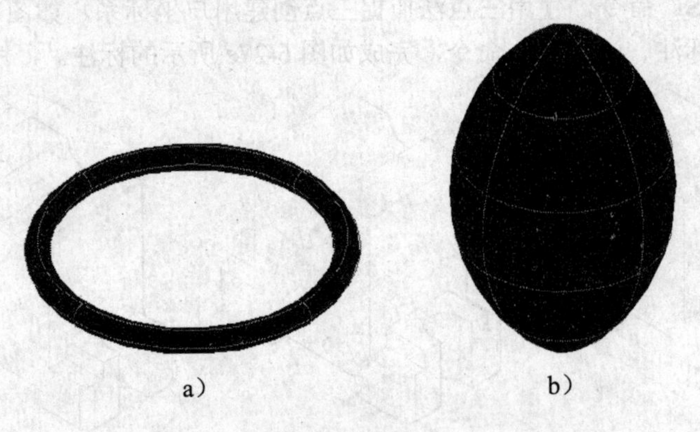

a)　　b)

图 6-28　圆环命令

命令：_torus
指定中心点或 [三点（3P）/两点（2P）/切点、切点、半径（T）]：//鼠标在屏幕空白处单击
指定半径或 [直径（D）] <60.0000>：-60
指定圆管半径或 [两点（2P）/直径（D）] <5.0000>：120
则绘制出图 6-28b 所示的实体。

3. 线框密度

ISOLINES 是一个系统变量，在不同的实体着色模式下显示实体时，尤其是在以二维线

框、三维线框模式下显示实体时，给出不同的线框密度值，显示的实体立体感越强。如图 6-29 所示。但线框密度越大，占用内存和磁盘的空间就越大。

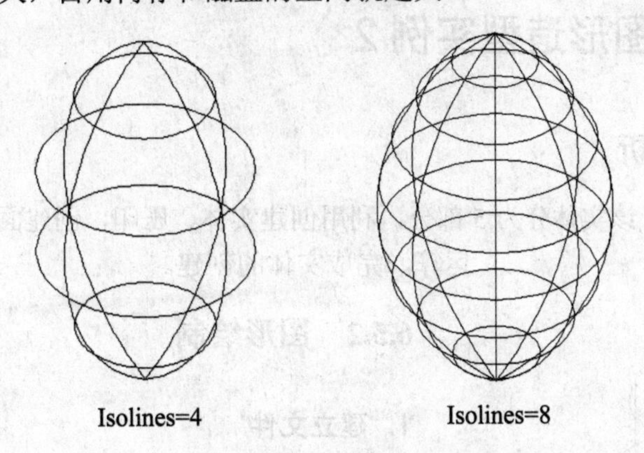

图 6-29　线框密度

命令：isolines

输入 ISOLINES 的新值<4>：8

4．布尔运算

在 AutoCAD 中，可以通过并集、差集合交集等布尔运算，创建复杂的三维实体。

1）并集运算：将多个实体合成一个新的实体。

2）差集运算：从第一选择集的对象中减去第二个选择集中的对象，然后创建一个新的实体。

3）交集运算：通过两个或多个实体的交集创建复合实体并删除交集以外的部分。

5．“拉伸”命令

可以拉伸的对象有圆、椭圆、正多边形、用矩形命令绘制的矩形，封闭的样条曲线、封闭的多段线、面域等。

在拉伸对象时，可以按给定的高度拉伸，也可以选择命令选项“路径（P）”，按给定路径拉伸。

当按给定高度拉伸对象，指定拉伸高度为正时，沿 *Z* 轴正方向拉伸；当给定高度值为负时，沿 *Z* 轴负方向拉伸。

当按给定路径拉伸时，可以作为路径的对象有直线、圆、椭圆、圆弧、椭圆弧、多段线、样条曲线等。路径与截面不能在同一平面内，二者一般分别在两个相互垂直的平面内。

拉伸对象时可以给定拉伸角度，拉伸的倾斜角度范围为-90°~+90°。当给定角度为正值时，外表面向内缩，内表面向外扩；角度值为负则与之相反。

6．面域

面域是使用形成闭合环的对象创建的二维闭合区域。环可以是直线、多段线、圆、圆弧、椭圆、椭圆弧和样条曲线的组合。组成环的对象必须是闭合或通过与其他对象共享端点而形成闭合的区域。

面域可用于应用填充和着色以及提取设计信息(如质心)或图形信息（如面域），也可用于创建由拉伸或旋转方法生成实体时的截面。面域可以进行布尔运算，以创建复杂的新面域。

6.5 三维图形造型实例 2

6.5.1 图形分析

如图 6-30 所示，该实体分为 5 部分，利用创建实体、压印，创建面域、拉伸面域，布尔运算，完成实体的创建。

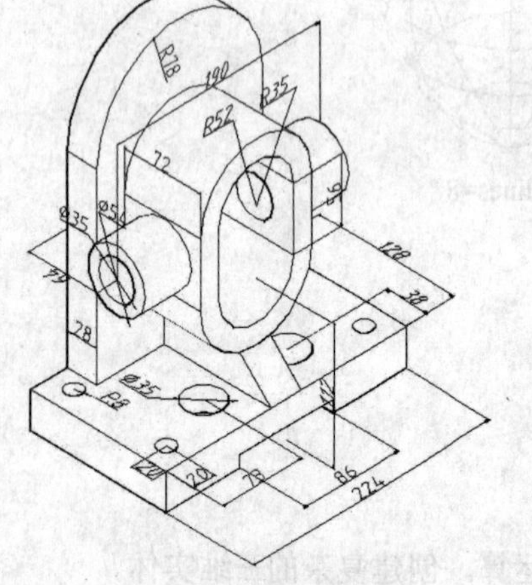

图 6-30 三维图形造型实例 2

6.5.2 图形绘制

1．建立文件

新建图形文件，将视图方向调整到“东南等轴测”方向，在视图下拉菜单中选择“消隐”，调出“建模”工具栏和“实体编辑”工具栏。

2．建立图层

创建“DIM”图层，颜色为蓝色，线型为细实线，标注绘制在该层上；其余图形绘制在图层 0 上。

3．绘制底板

（1）绘制底板部分（如图 6-31 所示）

1）调用长方体命令，指定长度 128，指定宽度 224，指定高度 32，如图 6-31a 所示。

2）调用复制边命令，复制边 AB，指定位移的第二点（@0，20）、（@0，73）；复制边 BC，指定位移的第二点（@-20，0）、（@-38，0），如图 6-31b 所示。

3）调用圆命令，捕捉交点，绘制ϕ35mm、半径为 8mm 的圆，如图 6-31c 所示。

4）调用镜像命令，绘制如图 6-31d 所示的图形。

5）调用“压印”命令。

◆ 选择下拉菜单：【修改】/【实体编辑】/【压印】

◆ 单击实体编辑工具栏按钮：

◆ 在命令行输入命令：Imprint

命令：_imprint
选择三维实体或曲面： //选择长方体
选择要压印的对象： //单击圆 a
是否删除源对象[是（Y）/否（N）] <N>：y
选择要压印的对象： //单击圆 b
是否删除源对象[是（Y）/否（N）] <Y>：y
选择要压印的对象： //单击圆 c
是否删除源对象[是（Y）/否（N）] <Y>：y
选择要压印的对象： //单击圆 d

是否删除源对象[是（Y）/否（N）]<Y>：y

选择要压印的对象：　　　　　//单击圆 e

是否删除源对象[是（Y）/否（N）]<Y>：y

选择要压印的对象：　　　　　//单击圆 f

是否删除源对象[是（Y）/否（N）]<Y>：y

选择要压印的对象：　　　　　//回车

6）调用“拉伸面”命令，完成底座的绘制，如图 6-31e 所示。

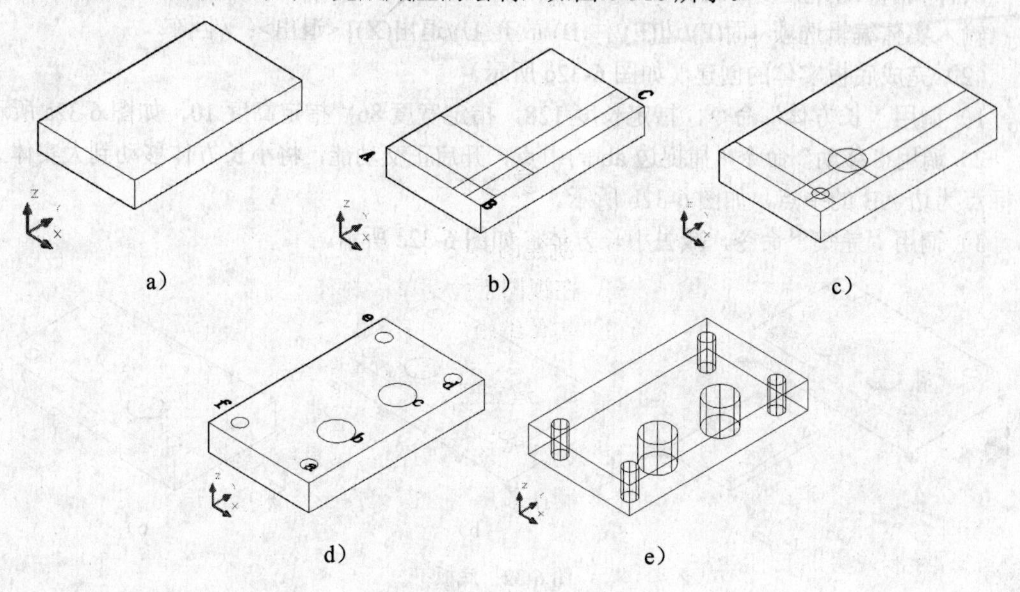

图 6-31　绘制底板

◆ 选择下拉菜单：【修改】/【实体编辑】/【拉伸面】

◆ 单击实体编辑工具栏按钮：

◆ 在命令行输入命令：Solidedit

命令：_solidedit

实体编辑自动检查：SOLIDCHECK=1

输入实体编辑选项 [面(F)/边(E)/体(B)/放弃(U)/退出(X)] <退出>：_face

输入面编辑选项

[拉伸(E)/移动(M)/旋转(R)/偏移(O)/倾斜(T)/删除(D)/复制(C)/颜色(L)/材质(A)/放弃(U)/退出(X)] <退出>：_extrude

选择面或 [放弃(U)/删除(R)]：找到一个面。　　　　　//在圆 a 内单击

选择面或 [放弃(U)/删除(R)/全部(ALL)]：找到一个面。　//在圆 b 内单击

选择面或 [放弃(U)/删除(R)/全部(ALL)]：找到一个面。　//在圆 c 内单击

选择面或 [放弃(U)/删除(R)/全部(ALL)]：找到一个面。　//在圆 d 内单击

选择面或 [放弃(U)/删除(R)/全部(ALL)]：找到一个面。　//在圆 e 内单击

选择面或 [放弃(U)/删除(R)/全部(ALL)]：找到一个面。　//在圆 f 内单击

选择面或 [放弃(U)/删除(R)/全部(ALL)]：　　　　　　　//回车

指定拉伸高度或 [路径（P）]：-32

指定拉伸的倾斜角度 <0>:

已开始实体校验。

已完成实体校验。

输入面编辑选项

[拉伸(E)/移动(M)/旋转(R)/偏移(O)/倾斜(T)/删除(D)/复制(C)/颜色(L)/材质(A)/放弃(U)/退出(X)] <退出>:　　　　　　　　　　　　//回车

实体编辑自动检查：SOLIDCHECK=1

输入实体编辑选项 [面(F)/边(E)/体(B)/放弃(U)/退出(X)] <退出>: //回车

（2）完成底板实体的创建（如图 6-32c 所示）

1）调用“长方体”命令，指定长度 128，指定宽度 86，指定高度 10，如图 6-32a 所示。

2）调用“移动”命令，捕捉边 ab 的中点，开启正交功能，将小长方体移动到大实体上，目标点为边 AB 的中点，如图 6-32b 所示。

3）调用“差集”命令，减去小长方体，如图 6-32c 所示。

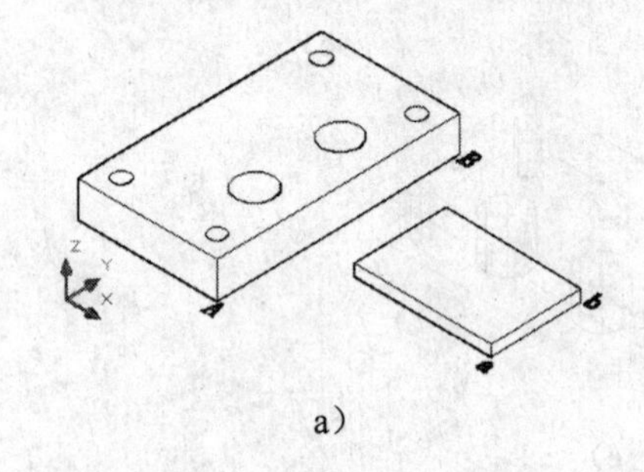

a）　　　　b）　　　　c）

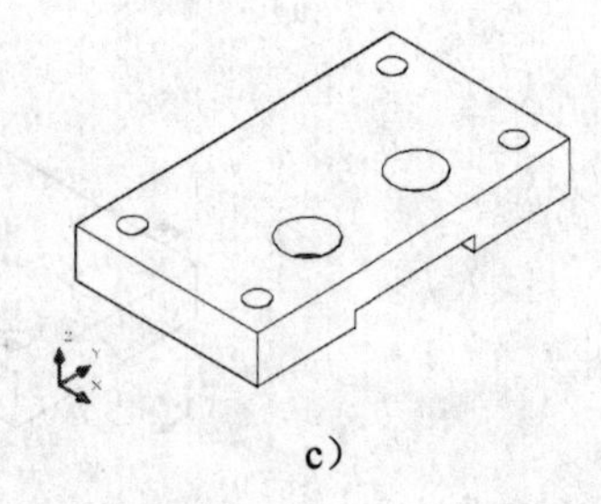

图 6-32　底板

图 6-33　创建用户坐标系

4. 绘制竖版

（1）用户坐标系创建（如图 6-33 所示）

命令：ucs

当前 UCS 名称：*没有名称*

指定 UCS 的原点或 [面(F)/命名(NA)/对象(OB)/上一个(P)/视图(V)/世界(W)/X/Y/Z/Z 轴(ZA)] <世界>: 3

指定新原点 <0,0,0>:　　　　　　//捕捉 A 点

在正 X 轴范围上指定点 <1.0000,0.0000,0.0000>:　　　　　　//捕捉 B 点

在 UCS XY 平面的正 Y 轴范围上指定点 <0.0000,1.0000,0.0000>:　//捕捉 C 点

（2）竖板实体创建

1）调用“矩形”命令（指定另一个角点或 [面积(A)/尺寸(D)/旋转(R)]: @156,168）；调用“分解”命令，将绘制的矩形分解；调用“偏移”命令，偏移距离为 108mm、28mm；调用“圆”命令，绘制半径为 35mm 和 78mm 的圆，如图 6-34a 所示。

3）调用“直线”、“修剪”命令，绘制如图 6-34b 所示的图形。

4）调用“面域”命令，绘制如图 6-34c 所示的图形。

命令：_region

选择对象：指定对角点：找到 8 个　//选择如图 6-34b 所示的图形

选择对象：　　　　　　　　　　　　　//回车
已提取 2 个环。
已创建 2 个面域。
5）调用“差集”命令，如图 6-34d 所示。
命令：_subtract 选择要从中减去的实体、曲面和面域...
选择对象：找到 1 个　　　　　　　　//选择如图 6-34c 所示的大面域
选择对象：　　　　　　　　　　　　　//回车
选择要减去的实体、曲面和面域...
选择对象：找到 1 个　　　　　　　　//选择的小面域
选择对象：　　　　　　　　　　　　　//回车
6）调用“拉伸”命令，指定拉伸高度为 28mm，如图 6-34e 所示。

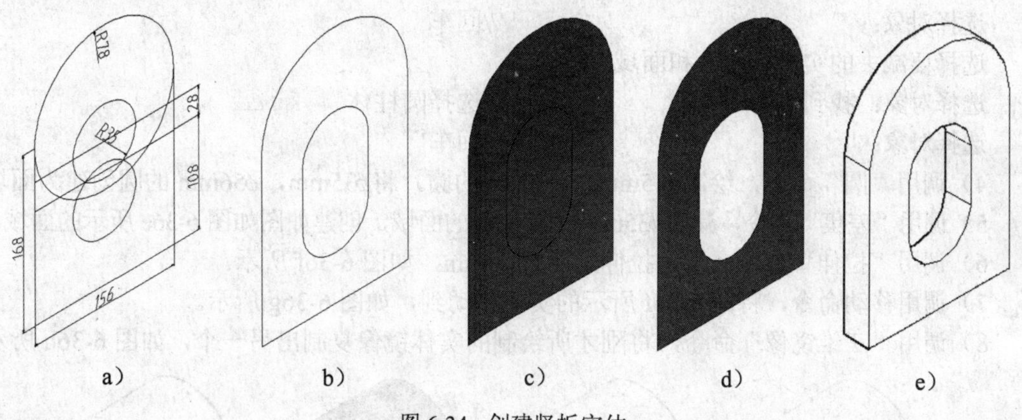

图 6-34　创建竖板实体

5. 绘制主孔与凸台

（1）绘制主孔
1）调用“圆”、“直线”命令，绘制半径为 35mm、52mm 的圆，如图 6-35a 所示。
3）调用“面域”命令，创建如图 6-35b 所示的两个面域。
3）调用“差集”命令，创建如图 6-35c 所示的面域。
4）调用“拉伸”命令，指定拉伸高度为 72mm，如图 6-35d 所示。

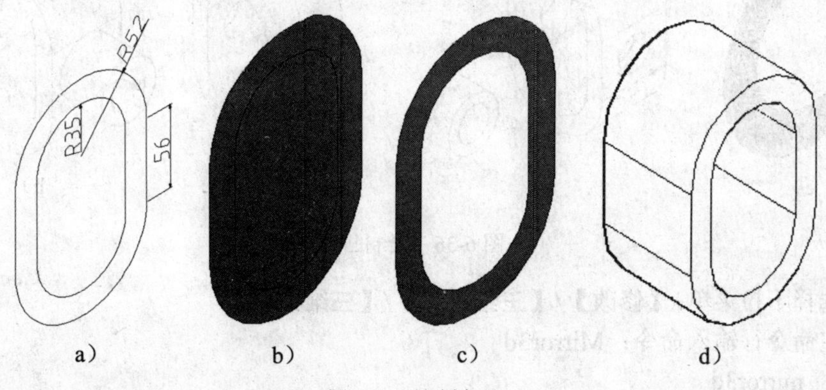

图 6-35　绘制主孔

（2）绘制凸台

1）调用“UCS”命令，使用三点法（捕捉如图 6-36a 所示的 a、b、c 三点）创建用户坐标系，如图 6-36a 所示。利用水平轮廓线中点，绘制铅锤辅助线，如图 6-36b 所示。

2）调用“圆柱体”命令。

命令：_cylinder

指定底面的中心点或 [三点(3P)/两点(2P)/切点、切点、半径(T)/椭圆(E)]:

//捕捉辅助线的中点

指定底面半径或 [直径(D)]：17.5000

指定高度或 [两点(2P)/轴端点(A)] <0.0000>：-104　　　　//如图 6-36c 所示

3）调用“差集”命令，减去圆柱体，如图 6-36d 所示。

命令：_subtract 选择要从中减去的实体、曲面和面域...

选择对象：找到 1 个　　　　　　　　　　//选择主体

选择对象：　　　　　　　　　　　　　　//回车

选择要减去的实体、曲面和面域...

选择对象：找到 1 个　　　　　　　　　　//选择圆柱体

选择对象：　　　　　　　　　　　　　　//回车

4）调用“圆”命令，绘制ϕ35mm，ϕ56mm 的圆，将ϕ35mm，ϕ56mm 的圆创建为面域。

5）调用“差集”命令，减去ϕ35mm 的圆创建的面域，创建如图如图 6-36e 所示的面域。

6）调用“拉伸”命令，指定拉伸高度为 43mm，如图 6-36f 所示。

7）调用移动命令，将图 6-36f 所示的实体移动到，如图 6-36g 所示。

8）调用“三维镜像”命令，将刚才所绘制的实体镜像复制出另一个，如图 6-36h 所示。

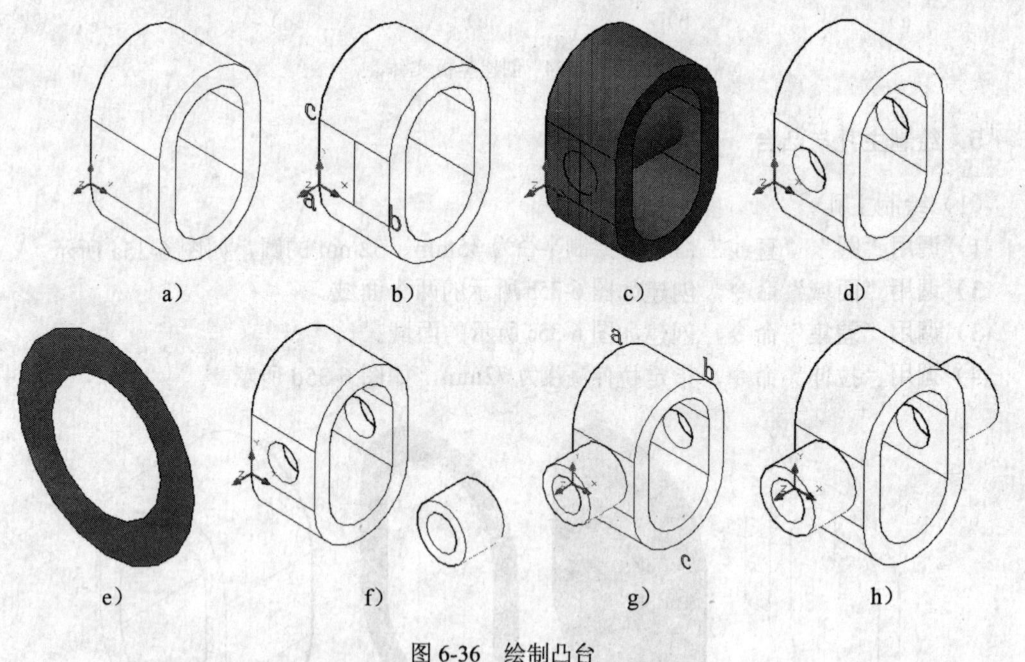

图 6-36　绘制凸台

◆ 选择下拉菜单：【修改】/【三维操作】/【三维镜像】

◆ 在命令行输入命令：Mirror3d

命令：_mirror3d

选择对象：找到 1 个　　　　　　　　　　//单击如图 6-36f 所示的实体

选择对象：　　　　　　　　　　　　　　　　//回车

指定镜像平面 (三点) 的第一个点或

[对象(O)/最近的(L)/Z 轴(Z)/视图(V)/XY 平面(XY)/YZ 平面(YZ)/ZX 平面(ZX)/三点(3)] <三点>：　　　　　　　　　　　　　　　　//捕捉象限点 a

在镜像平面上指定第二点：　　　　　　　　//捕捉象限点 b

在镜像平面上指定第三点：　　　　　　　　//捕捉象限点 c

是否删除源对象？[是(Y)/否(N)] <否>：　　　　//回车，完成镜像复制

6．绘制肋板

1）调用“UCS”命令，将坐标调整为世界坐标系，如图 6-37 所示。

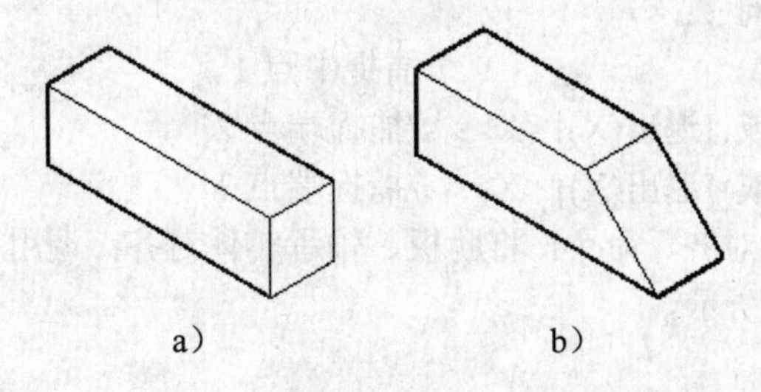

图 6-37　肋板

2）调用“长方体”命令，指定长度 100，指定宽度 28，指定高度 30，如图 6-37a 所示。

3）调用“倒角”命令，切去长方体的一角，如图 6-37b 所示。

命令：HAMFER

(“修剪”模式）当前倒角距离 1=30.0000，距离 2=30.0000

选择第一条直线或[放弃(U)/多段线(P)/距离(D)/角度(A)/修剪(T)/方式(E)/多个(M)]：

基面选择...　　　　　　　　　　　　　　　　　　　　//选择边 L

输入曲面选择选项 [下一个(N)/当前(OK)] <当前(OK)>：

指定基面的倒角距离 <30.0000>：

指定其他曲面的倒角距离 <30.0000>：

选择边或 [环(L)]：选择边或 [环(L)]：　　　　　　　　//选择边 L

7．合并实体

1）调用“三维对齐”命令，如图 6-38 所示。

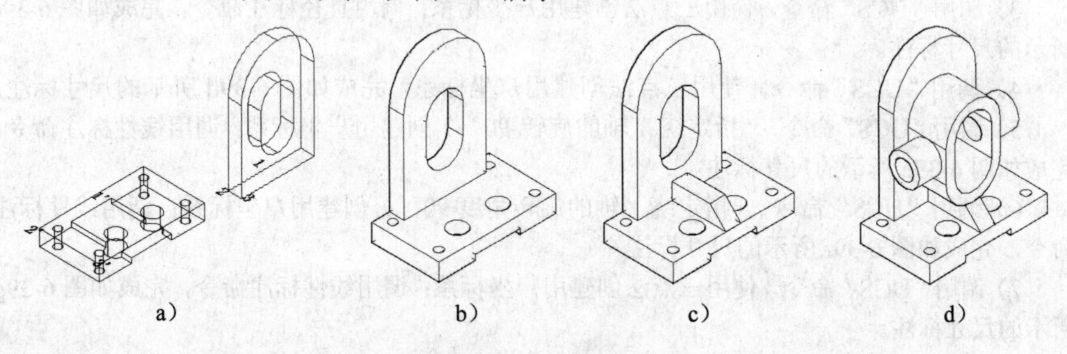

图 6-38　合并实体

◆ 选择下拉菜单：【修改】/【三维操作】/【三维对齐】

◆ 单击建模工具栏按钮：

◆ 在命令行输入命令：3dalign

命令：_3dalign

选择对象：找到 1 个　　　　　　//选择支承板实体

选择对象：　　　　　　　　　　//回车

指定源平面和方向 ...

指定基点或 [复制(C)]:　　　　　//捕捉中点 1

指定第二个点或 [继续(C)] <C>:　//捕捉端点 2

指定第三个点或 [继续(C)] <C>:　//捕捉端点 3

指定目标平面和方向 ...

指定第一个目标点:　　　　　　//捕捉中点 1

指定第二个目标点或 [退出(X)] <X>: //捕捉端点 2

指定第三个目标点或 [退出(X)] <X>: //捕捉端点 3

2）再次调用“三维对齐”命令，将肋板、轴承实体对齐；调用“并集”命令，将 6 个实体并为一体，如图 6-38 所示。

6.5.3　尺寸标注

1. 创建文字样式

（同 5.1）

2. 创建标注样式

创建标注样式“三维图形造型实例 2”，参数设置同 5.3，需要修改参数如下：

打开“标注样式管理器”，单击“文字”页标签，打开“文字”页标签，在“文字对齐”选项组的选项组中，选择“ISO 标准”。

3. 标注过程

调出“标注”工具栏。

1）移动坐标系，调用“线性标注”、“半径标注”、“直径标注”命令，完成如图 6-39a 所示的尺寸标注。

2）调用“UCS”命令，采用三点法创建用户坐标系，完成如图 6-39b 所示的尺寸标注。

3）调用“UCS”命令，使用三点法创建用户坐标系；调用直径标注命令，完成如图 6-39c 所示的尺寸标注。

4）调用“UCS”命令，使用三点法创建用户坐标系，完成如图 6-39d 所示的尺寸标注。

5）调用“UCS”命令，（指定绕 *X* 轴的旋转-90°）创建用户坐标系；调用线性标注命令，完成如图 6-39e 所示的尺寸标注。

6）调用“UCS”命令，（指定绕 *Y* 轴的旋转角度 90°）创建用户坐标系；调用线性标注命令，完成如图 6-39f 所示的尺寸标注。

7）调用“UCS”命令，使用三点法创建用户坐标系；调用线性标注命令，完成如图 6-39g 所示的尺寸标注。

8）调用“UCS”命令，使用三点法创建用户坐标系；调用线性标注命令，完成如图 6-39h 所示的尺寸标注。

9）调用“UCS”命令，使用三点法创建用户坐标系；调用半径标注命令、线性标注命令，完成如图 6-39i 所示的尺寸标注。

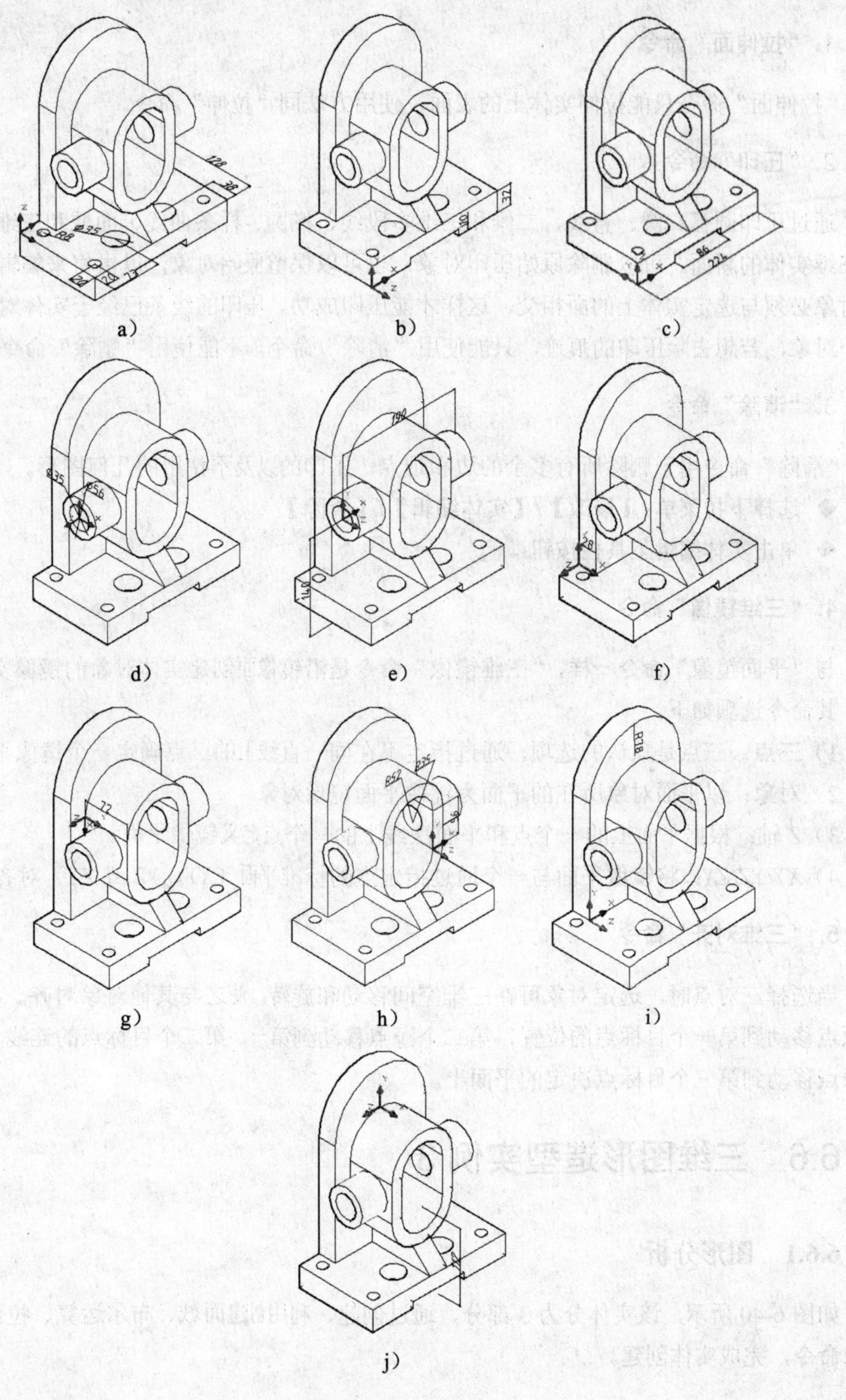

图 6-39　尺寸标注

6.5.4 知识扩展

1.“拉伸面”命令

“拉伸面”命令只能拉伸实体上的表面，使用方法同“拉伸”命令。

2.“压印”命令

通过压印圆弧、圆、直线、二维和三维多段线、椭圆、样条曲线、面域和三维实体来创建三维实体的新面。可以删除原始压印对象，也可以保留原始对象，以供将来编辑使用。压印对象必须与选定实体上的面相交，这样才能压印成功。压印的线条已经于实体对象合成为一个对象，若想去除压印的痕迹，只能使用“清除”命令，不能使用“删除”命令。

3.“清除”命令

“清除”命令用于删除所有多余的边和顶点，压印的以及不使用的几何图形。

◆ 选择下拉菜单：【修改】/【实体编辑】/【清除】

◆ 单击实体编辑工具栏按钮：

4.“三维镜像”命令

与“平面镜像”命令一样，“三维镜像”命令是沿镜像面创建实体对象的镜像实体。

其命令选项如下。

1）三点：三点是默认的选项，通过指定不在同一直线上的三点确定一个镜像平面。

2）对象：以平面对象所在的平面为镜像平面镜像对象。

3）*Z* 轴：根据平面上的一个点和平面法线上的一个点定义镜像平面。

4）*XY*/*YZ*/*ZX*：将镜像平面与一个通过指定点的标准平面（*XY*、*YZ* 或 *ZX*）对齐。

5.“三维对齐”命令

当选择三对点时，选定对象可在三维空间移动和旋转，使之与其他对象对齐。并且第一个源点移动到第一个目标点的位置，第二个源点移动到第一、第二个目标点的连线上，第三个源点移动到第三个目标点决定的平面上。

6.6 三维图形造型实例 3

6.6.1 图形分析

如图 6-40 所示，该实体分为 3 部分，通过创建、利用创建面域、布尔运算、拉伸、三维镜像命令，完成实体创建。

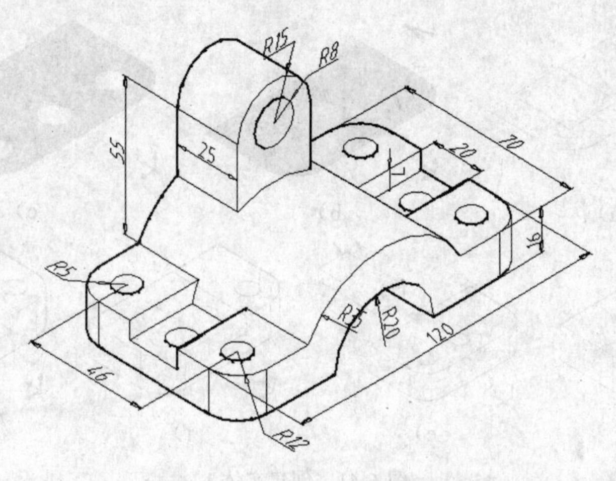

图 6-40　三维图形造型实例 3

6.6.2　图形绘制

1. 前期准备

1）新建文件。将视图调整到“东南等轴测方向”，在视图下拉菜单中选择“消隐”，调出“建模”、“实体编辑”等工具栏。

2）建立图层。创建“DIM”图层，颜色为蓝色，线型为细实线，标注绘制在该层上；其余图形绘制在图层 0 上。

2. 绘图过程

（1）创建实体 1

1）调用矩形命令，绘制长 70mm、宽 40mm 的矩形；调用圆角命令，指定圆角半径为 12mm；调用分解命令，将矩形分解；捕捉两边中点，绘制辅助线；调用偏移命令，偏移距离为 12mm；捕捉交点，绘制半径为 5mm 的圆，如图 6-41a 所示。

2）将多余的线段删除，调用“面域”命令，创建 4 个面域，如图 6-41b 所示。

3）调用“差集”命令，得出面域，如图 6-41c 所示。

命令：_subtract 选择要从中减去的实体、曲面和面域...

选择对象：找到 1 个

选择对象：选择要减去的实体、曲面和面域...　　//选择大面域，回车

选择对象：找到 1 个　　//单击小圆 a 创建的面域

选择对象：找到 1 个，总计 2 个　　//单击小圆 b 创建的面域

选择对象：指定对角点：找到 1 个，总计 3 个　　//单击小圆 c 创建的面域

选择对象：　　//回车

4）调用拉伸命令，指定拉伸高度为 16mm，如图 6-41d 所示。

5）调用长方体命令，开启正交功能，绘制 *X* 轴方向长度 20mm，*Y* 轴方向宽度 40mm，*Z* 轴方向高度 7mm 的长方体，如图 6-41e 所示。

6）调用“三维移动”命令，捕捉中点 A 作为基点，捕捉中点 B 作为目标点，将小长方体移动到大实体上，如图 6-41f 所示。

7）调用差集命令，减去小长方体，如图 6-41g 所示。

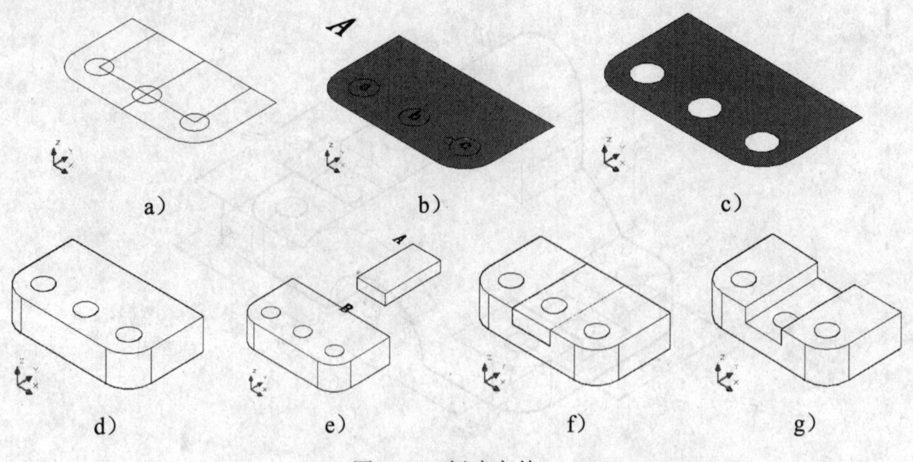

图 6-41　创建实体 1

（2）创建实体 2

1）调用“UCS”命令，创建新的用户坐标系；调用圆命令，绘制半径为 20mm、35mm 的圆。如图 6-42a 所示。

2）调用直线、修剪、面域、差集命令，创建如图 6-42b 所示的面域。

3）调用拉伸命令，将所创建的面域拉伸为实体，指定拉伸高度 70mm，如图 6-42c 所示。

4）调用“移动”命令，捕捉端点 1 作为基点，点 2 作为目标点，移动小实体，如图 6-42d 所示。

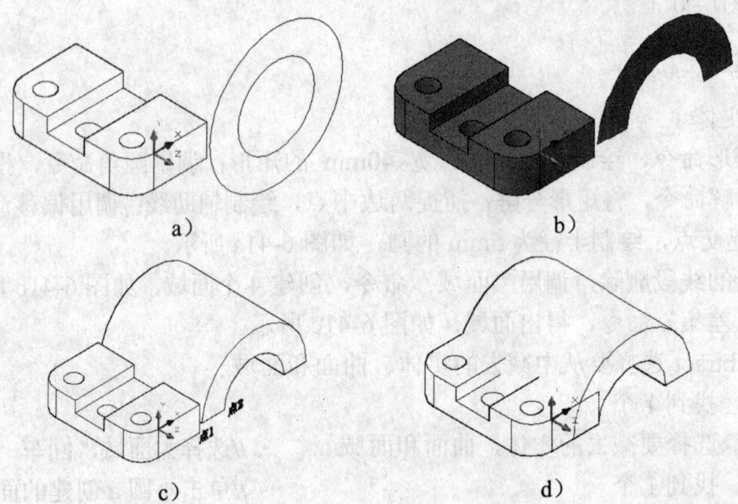

图 6-42　创建实体 2

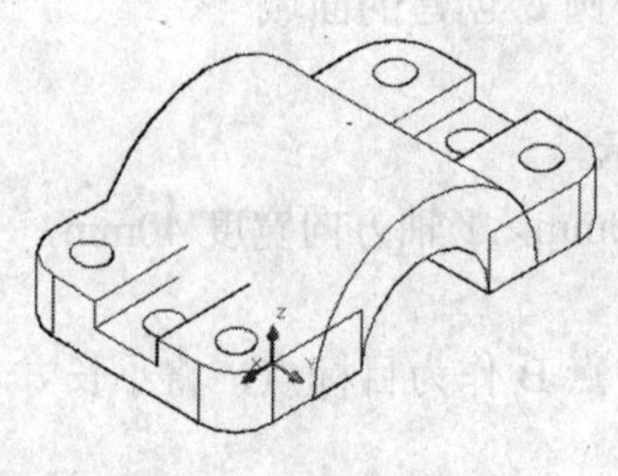

图 6-43　镜像实体 1

（3）镜像实体 1

调用“UCS”命令，创建新的用户坐标系；调用“镜像”命令，如图 6-43 所示。

（4）创建实体 3

1）调用“UCS”命令，捕捉面，创建新的用户坐标系；调用矩形命令，绘制长 30mm，宽 35mm 的矩形；调用圆命令，绘制半径为 15mm、8mm 的圆，如图 6-44a 所示。

2）调用修剪、面域命令，创建如图 6-44b 所示的两个面域。

3）调用差集、拉伸命令，指定拉伸高度为 25mm，如图 6-44c 所示。

4）调整视图方向为“西北等轴测方向”，调用移动命令，如图 6-44d 所示。

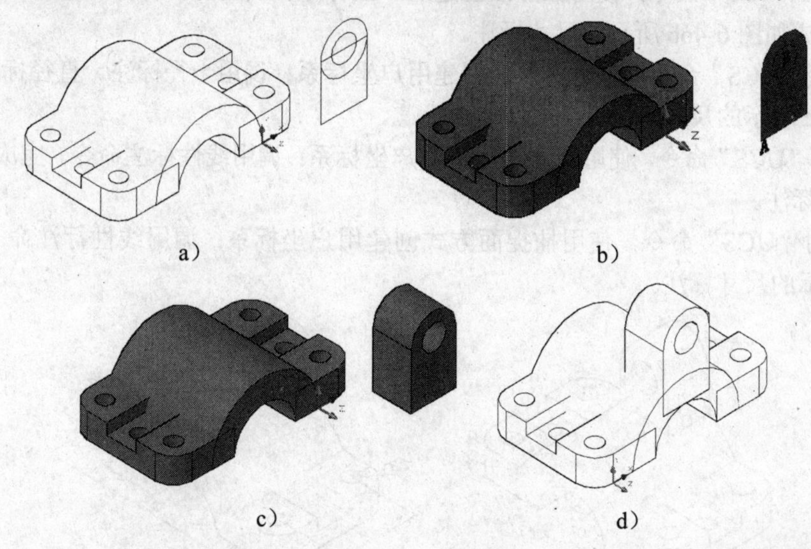

图 6-44　创建实体 3

（5）合并实体

1）将视图方向调整为“东南等轴测方向”，如图 6-45a 所示。

2）调用并集命令，将 4 个实体并为一体，如图 6-45b 所示。

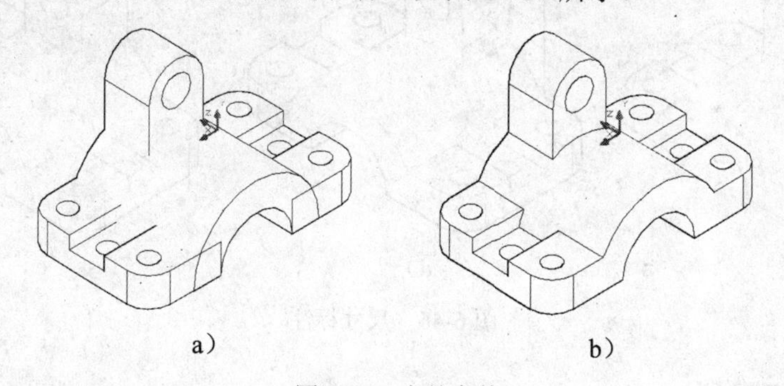

图 6-45　合并实体

6.6.3　尺寸标注

1．创建文字样式

（同 5.1）

2．创建标注样式

创建标注样式“三维图形造型实例 2”，参数设置同 5.3，需要修改参数如下：

打开“标注样式管理器”，单击“文字”页标签，打开“文字”页标签，在“文字对齐”选项组的选项组中，选择“ISO 标准”。

3．标注过程

调出“标注”工具栏。

1）调用“UCS”命令，使用三点法创建用户坐标系；调用半径标注、线性标注命令，完成如图 6-46a 所示的尺寸标注。

2）调用“UCS”命令，使用三点法创建用户坐标系；调用直径标注、半径标注、线性标注命令，完成如图 6-46b 所示的尺寸标注。

3）调用“UCS”命令，使用三点法创建用户坐标系；调用半径标注、直径标注命令，完成如图 6-46c 所示的尺寸标注。

4）调用“UCS”命令，使用三点法创建用户坐标系；调用线性标注命令，完成如图 6-46d 所示的尺寸标注。

5）调用“UCS”命令，使用捕捉面方式创建用户坐标系；调用线性标注命令，完成如图 6-46e 所示的尺寸标注。

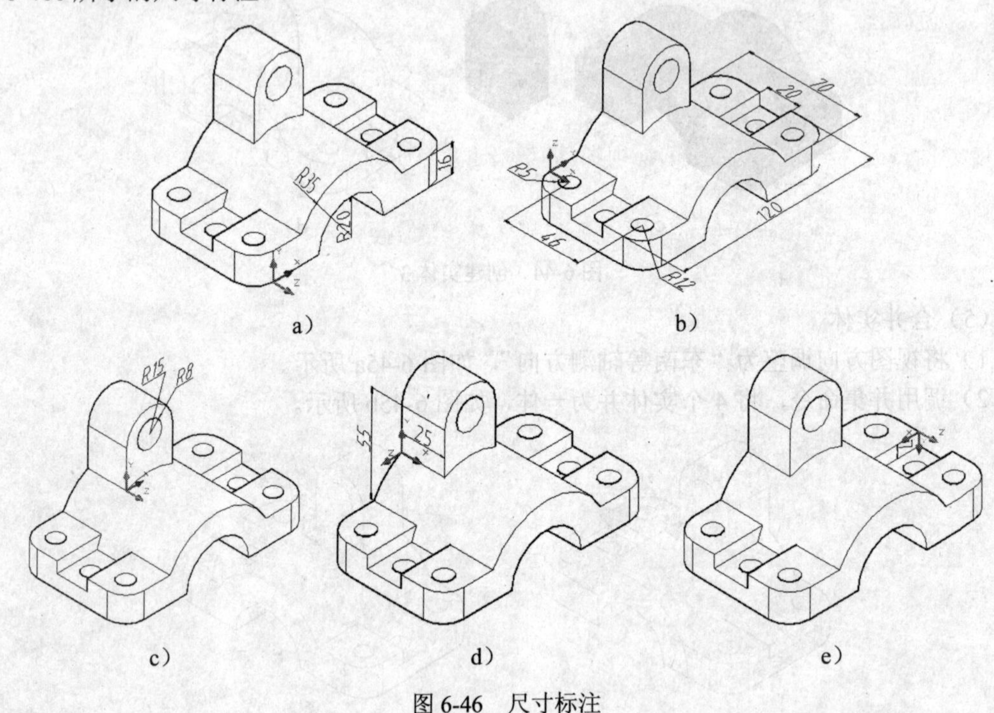

图 6-46　尺寸标注

6.6.4　知识扩展

1.“剖切”命令

（1）剖切位置

1）对象（O）：可以选择一个平面对象作为剖切面。

2）*Z* 轴（Z）：通过平面上指定一点和在平面的 *Z* 轴（法向）上指定另一点来定义剪切平面。

3）视图（V）：将剪切平面与当前视口的视图平面对齐。指定一点定义剪切平面的位置。

4）*XY* 平面（*XY*）/*YZ* 平面（*YZ*）/*ZX* 平面（*ZX*）：将剪切平面与当前用户坐标系（UCS）的 *XY*（*YZ*、*ZX*）平面对齐。指定一点定义剪切平面的位置。

5）三点（3）：用三点定义剪切平面。

（2）剖切保留部分。

1）在要保留的一侧指定点。定义一点从而确定图形将保留剖切实体的那一侧。该点不能位于剪切平面上。

2）保留两侧。剖切实体的两侧均保留。把单个实体剖切为两块，从而在平面的两边各创建一个实体。

2．“截面”命令

使用“截面”命令确定剖切位置时的命令选项与“剖切”命令的命令选项相同。

3．“偏移面”命令

“偏移面”命令按指定的距离或通过指定的点，将面均匀地偏移。距离为正值，增大实体尺寸或体积；为负，减小实体尺寸或体积。

4．“旋转面”命令

“旋转面”命令绕指定的轴旋转一个或多个面或实体的某些部分。

“旋转面”命令的命令选项如下：

指定轴点或 [经过对象的轴(A)/视图(V)/X 轴(X)/Y 轴(Y)/Z 轴(Z)] <两点>:

（1）轴点，两点

该选项使用两个点来定义旋转轴

（2）经过对象的轴

该选项将旋转轴与现有对象对齐。可选择作为旋转对象的轴有：

1）直线：将旋转轴与选定直线对齐。

2）圆：将旋转轴与圆的三维轴对齐（此轴垂直于圆所在的平面且通过圆心）。

3）圆弧：将旋转轴与圆弧的三维轴对齐（此轴垂直于圆弧所在的平面且通过圆弧圆心）。

4）椭圆：将旋转轴与椭圆的三维轴对齐（此轴垂直于椭圆所在的平面且通过椭圆中心）。

5）二维多段线：将旋转轴与由多段线起点和端点构成的三维轴对齐。

6）三维多段线：将旋转轴与由多段线起点和端点构成的三维轴对齐。

7）样条曲线：将旋转轴与由样条曲线起点和端点构成的三维轴对齐。

（3）X 轴、Y 轴、Z 轴

该选项将旋转轴与通过选定点的轴（*X*、*Y* 或 *Z* 轴）对齐。

5．“复制面”命令

“复制面”命令用于将实体的面复制为新的图形对象，该图形对象为面域体。

6．“倾斜面”命令

“倾斜面”命令按一个角度进行倾斜，所倾斜的面可以是平面，也可以是曲面，一次可以选择一个面，也可以选择多个面。倾斜角度的旋转方向由选择基点和第二点（沿选定矢量）的顺序决定。指定倾斜角为-90°～+90°，给定的角度值为正实体的体积减小，角度值为负则实体体积增大。

6.7 三维图形造型实例 4

6.7.1 图形分析

如图 6-47 所示，该实体为一台灯，共分为 4 部分，底座部分利用圆以及拉伸、圆角命令完成；开关按钮部分利用圆、拉伸命令完成，支撑架部分利用选定拉伸路径完成、灯头部分利用旋转面域、抽壳命令等完成。

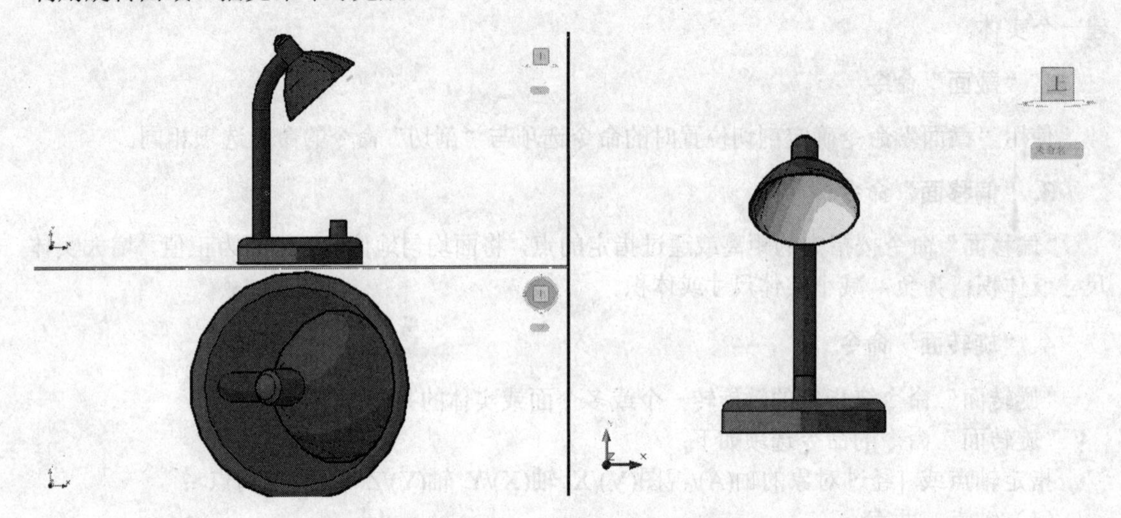

图 6-47　三维图形造型实例 4

6.7.2　图形绘制

1．前期准备

新建文件，将视图调整到“东南等轴测方向”，选择“三维隐藏视觉样式”，调出“建模”、“实体编辑”等工具栏。

2．绘制底座

1）调用“圆”命令，绘制半径为 80mm。

2）调用“拉伸”命令，如图 6-48a 所示。

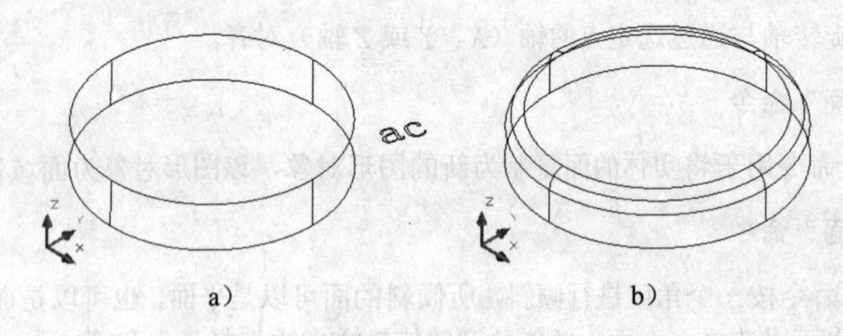

a）　　b）

图 6-48　绘制底座

命令：_extrude

当前线框密度：ISOLINES=4

选择要拉伸的对象：找到 1 个　　　　//选择圆

选择要拉伸的对象：　　　　//回车

指定拉伸的高度或 [方向(D)/路径(P)/倾斜角(T)]：t

指定拉伸的倾斜角度：1

指定拉伸的高度或 [方向(D)/路径(P)/倾斜角(T)]：30.0000

3）调用“圆角”命令，如图 6-48b 所示。

命令：_fillet

当前设置：模式=修剪，半径=0.0000

选择第一个对象或 [放弃(U)/多段线(P)/半径(R)/修剪(T)/多个(M)]:

//单击圆柱体上表面的 ac 边

输入圆角半径：10.0000　　　　//指定圆角半径为 10mm

选择边或[链(C)/半径(R)]:　　　　//回车

已选定 1 个边用于圆角

3．绘制开关按钮

1）调用偏移命令，给定偏移距为 50mm；调用“圆”命令，捕捉交点，给定圆半径为 10mm，如图 6-49a 所示。

2）调用“拉伸”命令，指定拉伸的倾斜角度 2°、指定拉伸的高度 22.0000，如图 6-49b 所示。

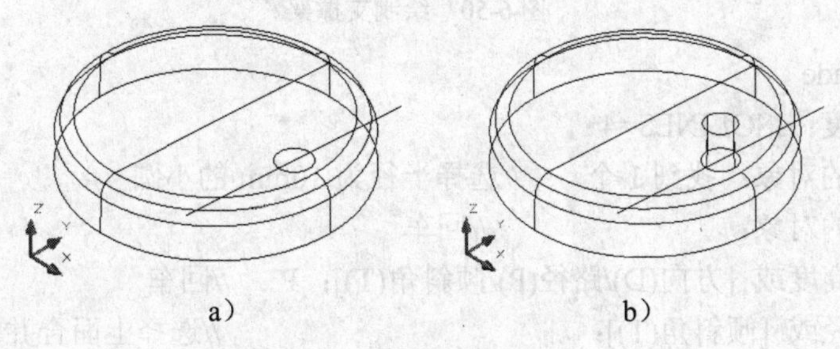

a）　　b）

图 6-49　绘制开关按钮

4．绘制支撑架

1）调用“偏移”命令，指定偏移距为 50mm；调用“圆”命令，捕捉交点，指定圆半径为 10mm，如图 6-50a 所示。

2）调用“UCS”命令，将坐标轴绕 X 轴旋转 90°；调用“直线”命令，开启正交功能，绘制长 160mm 的直线；调用“圆”命令，绘制 ϕ160mm 的圆；调用直线命令，绘制角度为 50° 的直线。如图 6-50b 所示。

3）调用修剪、多段线命令，将图 6-53c 所示的图形转化为多段线，并合并。

选择下拉菜单：【修改】/【对象】/【多段线】

在命令行输入命令：PEDIT

命令：PEDIT 选择多段线或[多条(M)]：M

选择对象：指定对角点：找到 2 个　　　　//选择直线 A、圆弧 B

选择对象：　　　　//回车

是否将直线、圆弧和样条曲线转换为多段线？[是(Y)/否(N)]? <Y>　　//回车

输入选项[闭合(C)/打开(O)/合并(J)/宽度(W)/拟合(F)/样条曲线(S)/非曲线化(D)/线型生成(L)/反转(R)/放弃(U)]：J

合并类型 = 延伸

输入模糊距离或 [合并类型(J)] <0.0000>：　　//回车

多段线已增加 1 条线段

输入选项 [闭合(C)/打开(O)/合并(J)/宽度(W)/拟合(F)/样条曲线(S)/非曲线化(D)/线型生成(L)/反转(R)/放弃(U)]:　　　　　　　//回车

4）调用“拉伸”命令，如图 6-50d 所示。

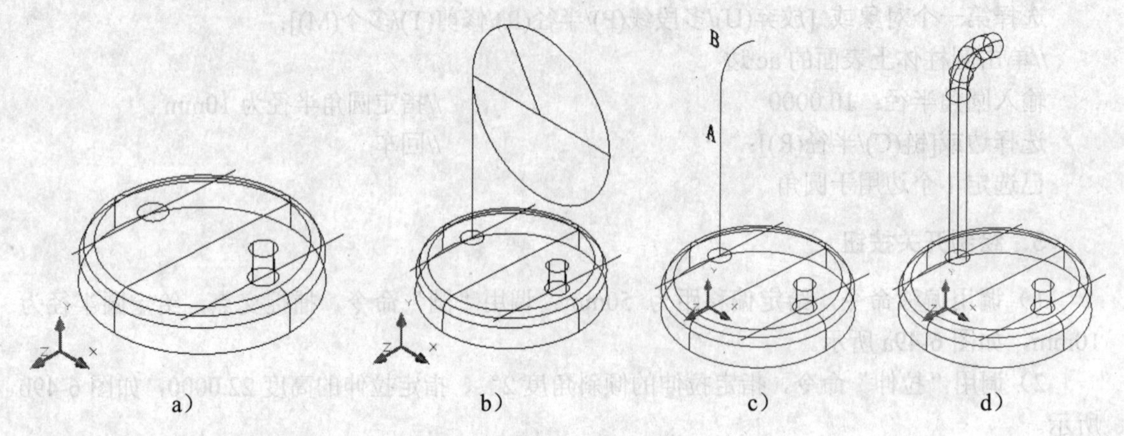

图 6-50　绘制支撑架

命令：_extrude

当前线框密度：ISOLINES=4

选择要拉伸的对象：找到 1 个　　//选择半径为 10mm 的小圆

选择要拉伸的对象：　　　　　　　//回车

指定拉伸的高度或 [方向(D)/路径(P)/倾斜角(T)]：P　//回车

选择拉伸路径或 [倾斜角(T)]:　　　　　　　　　　　//选择上面合并的多段线，回车

5．绘制灯头

1）调用直线和圆弧命令，绘制如图 6-51a 所示的图形。

2）调用修剪命令，修剪图形，如图 6-51b 所示。

3）调用“面域”命令，创建面域，如图 6-51c 所示。

4）调用“旋转”命令，创建如图 6-51d 所示实体。

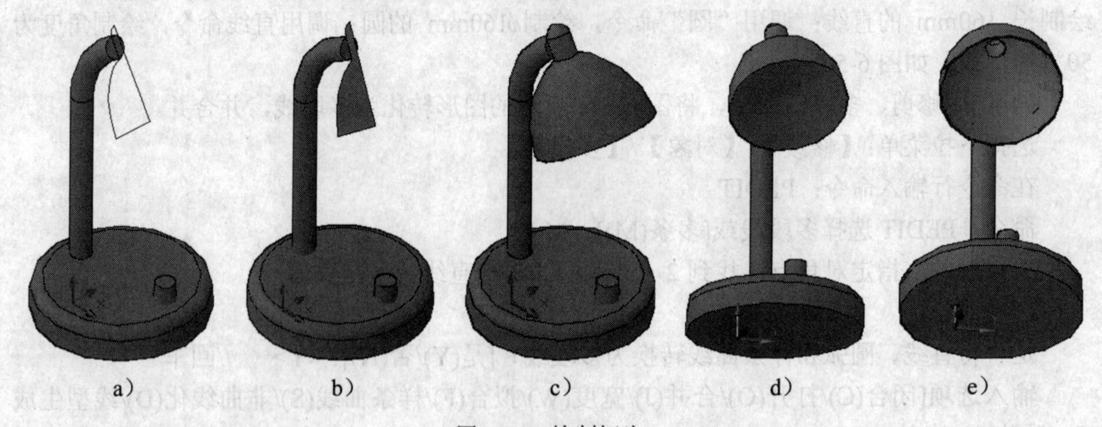

图 6-51　绘制灯头

◆ 选择下拉菜单【绘图】/【建模】/【旋转】

◆ 单击建模工具栏按钮

◆ 在命令行输入命令 Revolve

命令：_revolve
当前线框密度：ISOLINES=4
选择要旋转的对象：找到 1 个　　　　//选择图 6-51c 创建的面域
选择要旋转的对象：　　　　　　　　//回车
指定轴起点或根据以下选项之一定义轴 [对象(O)/X/Y/Z] <对象>：//捕捉点 A
指定轴端点：　　　　　　　　　　　//捕捉点 B
指定旋转角度或 [起点角度(ST)] <360>：//回车

5）使用动态观察器，将台灯稍微倾斜，调用“抽壳”命令，完成如图 6-51e 所示图形。

◆ 选择下拉菜单【修改】/【实体编辑】/【抽壳】
◆ 单击实体编辑工具栏按钮：
◆ 在命令行输入命令 Solidedit

命令：_solidedit
实体编辑自动检查：SOLIDCHECK=1
输入实体编辑选项 [面(F)/边(E)/体(B)/放弃(U)/退出(X)] <退出>：_body
输入体编辑选项
[压印(I)/分割实体(P)/抽壳(S)/清除(L)/检查(C)/放弃(U)/退出(X)] <退出>：_shell
选择三维实体：　　　　　　　　　　//选择灯头的内表面
删除面或 [放弃(U)/添加(A)/全部(ALL)]：找到一个面，已删除 1 个。
删除面或 [放弃(U)/添加(A)/全部(ALL)]：
输入抽壳偏移距离：1
已开始实体校验。
已完成实体校验。
输入体编辑选项
[压印(I)/分割实体(P)/抽壳(S)/清除(L)/检查(C)/放弃(U)/退出(X)] <退出>：
实体编辑自动检查：SOLIDCHECK=1
输入实体编辑选项[面(F)/边(E)/体(B)/放弃(U)/退出(X)] <退出>：

6．合并

调用“并集”命令，将底座、支撑架、开关按钮、灯头合并。

7．对台灯着色

如图 6-52 所示，调用“着色面”命令：

◆ 选择下拉菜单：【修改】/【实体编辑】/【着色面】
◆ 单击实体编辑工具栏按钮：
◆ 在命令行输入命令：Solidedit

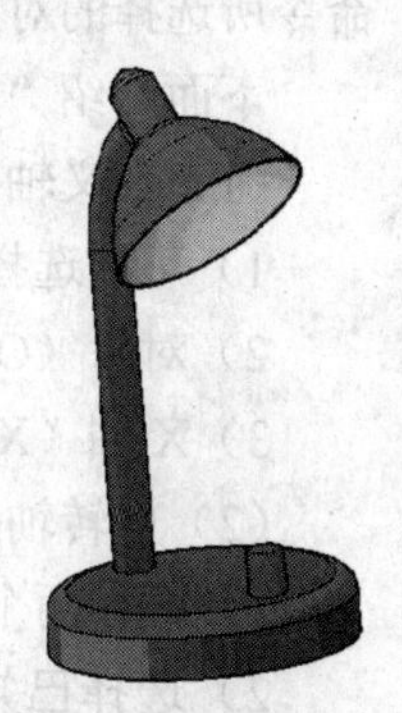

图 6-52　着色面

8．调整显示

调整视口并缩放平移图形显示，如图 6-47 所示。

1）调用“视口”命令。

◆ 选择下拉菜单【视图】/【视口】/【三个视口】
◆ 在命令行输入命令 Vports

命令：_-vports

输入选项[保存(S)/恢复(R)/删除(D)/合并(J)/单一(SI)/?/2/3/4] <3>：_3

输入配置选项 [水平(H)/垂直(V)/上(A)/下(B)/左(L)/右(R)] <右>：//回车

2）调整各视口中的视图方向，将左上角调整为“前视”、左下角视图调整为“俯视”右边视图调整为“右视”，并缩放各视口中的图形。

6.7.3 知识扩展

1.“移动面”命令

“移动面”命令可沿指定的高度或距离移动选定的三维实体对象的面，一次可以选择多个面。用户指定的两点定义位移矢量，此矢量指示选定面的移动距离和移动方向，通常以相对坐标的形式给出移动的距离和方向。也可给出距离值，则沿选择面的法线方向移动选择面：给定正值，则实体的体积增加；给定负值，则体积减小。

2.“删除面”命令

运用“删除面”命令可删除的面有圆角和倒角形成的面及其他一些表面，这些表面被删除后应有实体的“料”对其进行填充。

3.“着色面”命令

“着色面”命令是“实体面编辑”命令组中的一项，在该项完成操作后，系统会再次提示其他面编辑的命令选项，只有按 Esc 键，才能结束该命令。

4.“旋转”命令

三维实体的“旋转’命令是用于创建三维实体的基本方法，可以用于旋转的对象与“拉伸”命令所选择的对象相同。

下面介绍“旋转”命令的命令选项。

（1）定义轴

1）可以选择捕捉两个端点指定旋转轴，旋转轴方向由先捕捉点指向后捕捉点；

2）对象（O)：选择一条已有的直线作为旋转轴；

3）X 轴（X）或 Y 轴（Y)：选择 X 或 Y 轴旋转。

（2）旋转轴方向

1）捕捉两个端点指定旋转轴时，旋转轴方向由先捕捉点指向后捕捉点；

2）选择已知直线为旋转轴时，旋转轴的方向由直线距离坐标原点近的一端指向远的一端。

（3）旋转方向

旋转角度正向符合右手螺旋法则，即用右手握住旋转曲线，大拇指指向旋转轴正向，四指指向旋转角度方向，旋转角度为 0°～360°。

5.“抽壳”命令

抽壳是按指定的厚度创建一个空的薄层。可以为所有面指定一个固定的薄层厚度。通过选择面可以将这些面排除在壳外。一个三维实体只能有一个壳。AutoCAD 将现有的面偏移出它们原来的位置来创建新面，如果指定正值由实体外向实体内开始抽壳，指定负值由实体内开始向外抽壳。

6.8 三维图形造型实例 5

6.8.1 图形分析

如图 5-53 所示，该图形采用绘制多边形、拉伸命令绘制底部；调用圆柱体和三维阵列命令完成桌椅、柱子的绘制；调用旋转命令完成顶部的绘制。

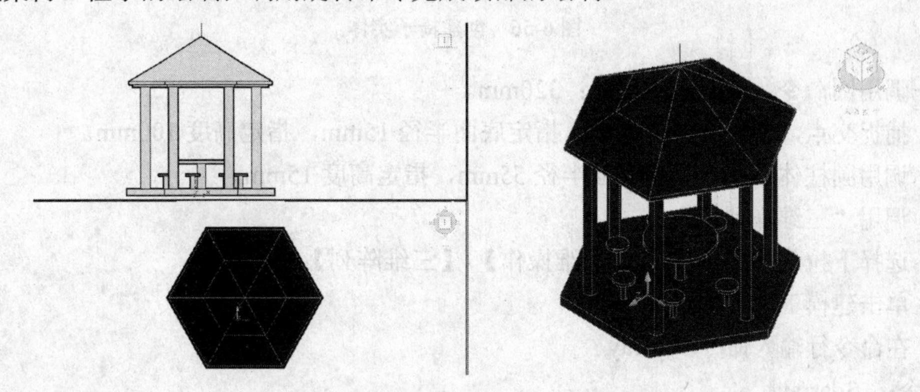

图 6-53　创建底部实体

6.8.2 图形绘制

1．前期准备

新建文件，将视图调整到“东南等轴测方向”，选择“三维隐藏视觉样式”，调出“建模”、“实体编辑”等工具栏。

2．创建底部实体

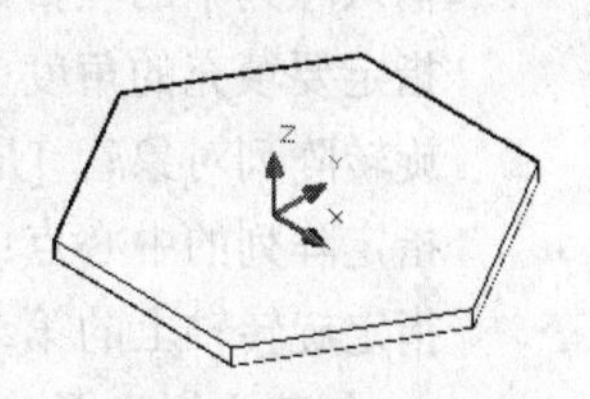

图 6-54　创建底部实体

1）调用多边形命令，绘制正六边形，指定内接圆的半径：600mm。

2）调用拉伸命令，指定拉伸距离为 50mm，如图 6-54 所示。

3．创建桌椅实体

（1）创建桌子实体（如图 6-55 所示）

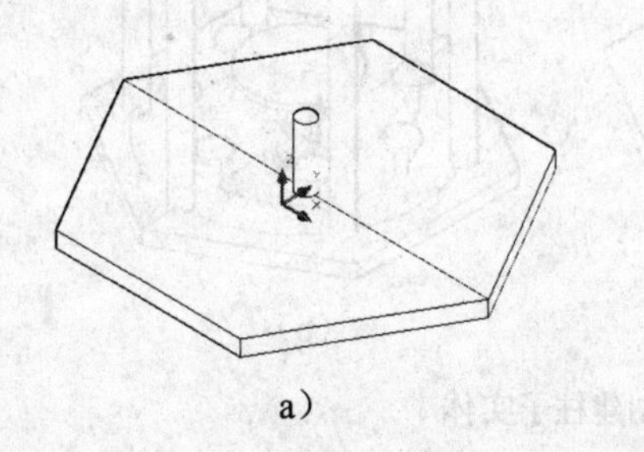

a）

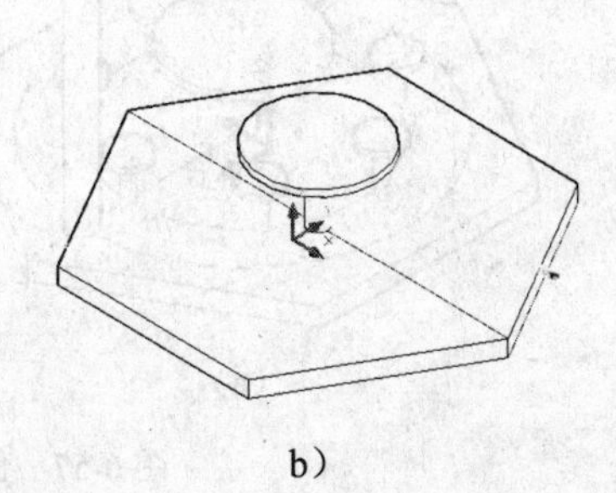

b）

图 6-55　创建桌子实体

1）调用圆柱体命令，指定底面半径 30mm，指定高度 200mm。

2）调用圆柱体命令，指定底面半径 180mm，指定高度 20mm。

（2）创建椅子实体（如图 6-56 所示）

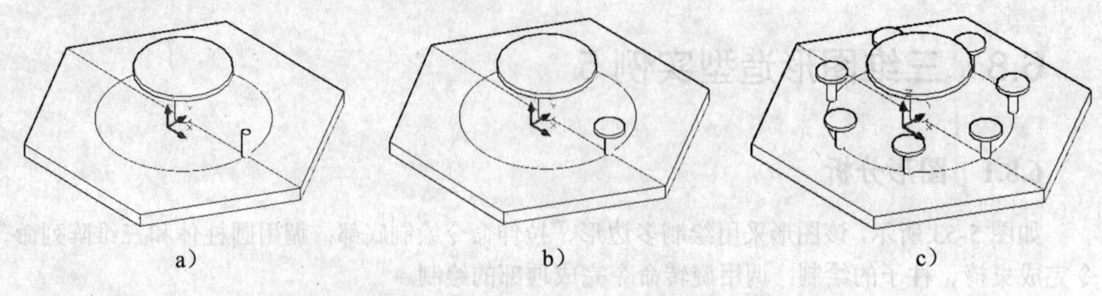

a）　　　　b）　　　　c）

图 6-56　创建椅子实体

1）调用圆命令，指定圆的半径：320mm。

2）捕捉交点，调用圆柱体命令，指定底面半径 15mm，指定高度 100mm。

3）调用圆柱体命令，指定底面半径 55mm，指定高度 15mm。

4）调用“三维阵列”命令。

◆ 选择下拉菜单【修改】/【三维操作】/【三维阵列】

◆ 单击建模工具栏按钮

◆ 在命令行输入命令 3darray

命令：_3darray

选择对象：找到 2 个　　　//选择椅子的两个实体

选择对象：　　　//回车

输入阵列类型 [矩形(R)/环形(P)] <矩形>：p

输入阵列中的项目数目：7

指定要填充的角度 (+=逆时针, -=顺时针) <360>：//回车

旋转阵列对象？ [是(Y)/否(N)] <Y>：　　　//回车

指定阵列的中心点：　　　//捕捉大圆圆心

指定旋转轴上的第二点：　　　//捕捉直线的一个端点

4．创建六根柱子（如图 6-57 所示）

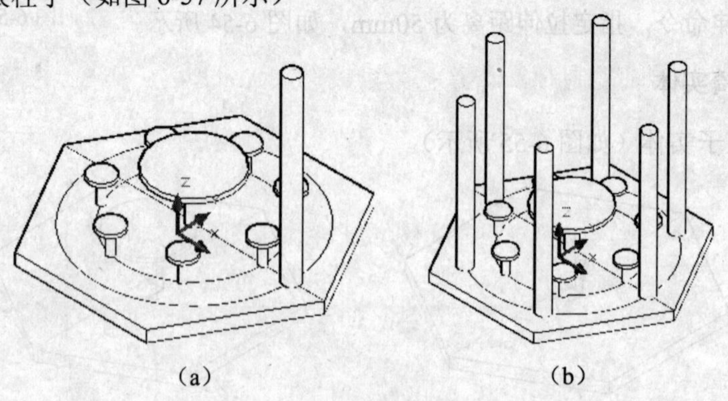

（a）　　　　（b）

图 6-57　创建柱子实体

1）调用圆命令，绘制半径为 450mm 的圆。

2）调用圆柱体命令，捕捉交点，绘制底面半径为 35mm，高为 800mm 的圆柱体，如

图 6-57a 所示。

3）调用三维阵列命令，输入阵列中的项目数目 6，指定要填充的角度 360。完成如图 6-57b 所示图形。

5．绘制亭盖

1）调用直线命令，捕捉象限点，绘制如图 6-58a 所示的直线。

2）调用 UCS 命令，指定坐标轴绕 X 轴旋转 90°；调用直线、多段线命令，绘制如图 6-58b 所示的图形。

3）调用旋转命令，将绘制的多段线绕垂直直线旋转 360°，如图 6-58c 所示。

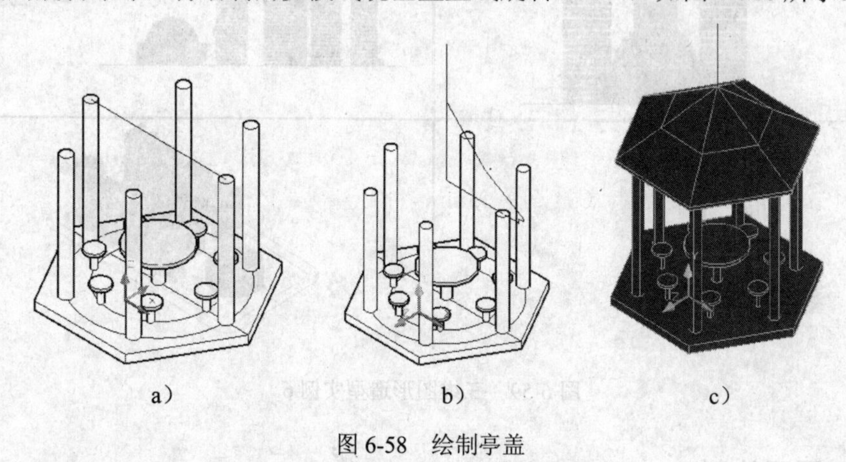

图 6-58　绘制亭盖

6．调用视口命令

将左上角调整为“前视”、左下角视图调整为“俯视”右边视图调整为“西南等轴测”，并缩放各视口中的图形，如图 6-59 所示。

6.8.3　知识扩展

1．“三维阵列”命令

三维阵列分为矩形阵列和环形阵列，矩形阵列 *X* 方向表示列方向，*Y* 方向表示行方向，*Z* 方向表示层方向。

环形阵列是绕旋转轴复制对象，指定的角度确定 AutoCAD 围绕旋转轴旋转阵列元素的间距。正值表示沿逆时针方向旋转，负值表示沿顺时针方向旋转。

2．“圆柱”命令

使用“圆柱”命令，可以创建截面为圆的圆柱和截面为椭圆的圆柱。高度方向为 Z 轴方向，当高度为正值时，沿 *Z* 轴正方向拉伸；当高度为负值时，沿 Z 轴负方向拉伸。也可通过指定圆柱另一底面中心的方式确定圆柱高度，两中心连线方向为圆柱体的轴线方向。

3．“圆锥”命令

使用“圆锥”命令可以创建截面为圆或椭圆的圆锥。可以通过给定高度创建圆锥，也可以给定圆锥顶点的方式确定圆锥高度和圆锥的朝向，圆锥顶点与底面的中心连线方向为圆锥体的轴线方向。

6.9　三维图形造型实例 6

6.9.1　图形分析

如图 6-59 所示，该图形地面部分调用矩形命令绘制，给出一定圆角，调用矩形、圆、直线、面域、拉伸、三维阵列完成；曲面调用圆弧、旋转网格命令完成。

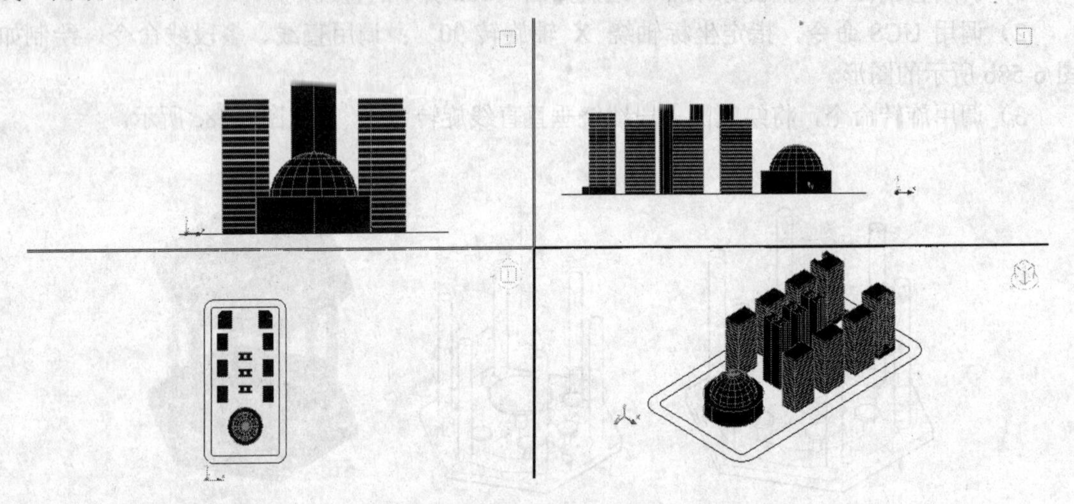

图 6-59　三维图形造型实例 6

6.9.2　图形绘制

1．前期装备

新建文件，将视图调整到“东南等轴测方向”，选择“三维隐藏视觉样式”，调出“建模”、“实体编辑”等工具栏。

2．绘制地面

调用矩形命令，长 1000mm、宽 2000mm、圆角半径 50mm；调用偏移命令，向外侧偏移 100mm；如图 6-60 所示。

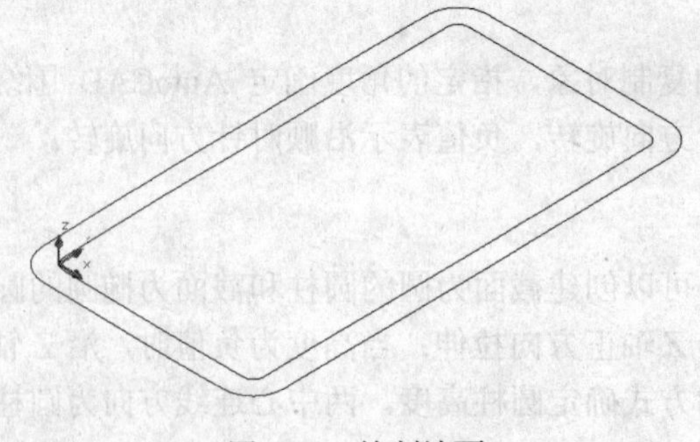

图 6-60　绘制地面

3．创建面域

（1）创建楼房 1 的面域。

1）调用直线命令，创建如图 6-61a 所示的面域。

2）调用偏移命令，将直线 AB 向左侧偏移 150mm 得到直线 EF；移动图 6-61a 所示的面域到 EF 边中点上，如图 6-61b 所示。

3）再次调用偏移命令，两次将直线 EF 向右侧偏移，偏移距离分别为 220mm、440mm；调用复制命令，复制小面域，如图 6-61c 所示。

4）调用“镜像”命令，绘制如图 6-61d 所示的图形。

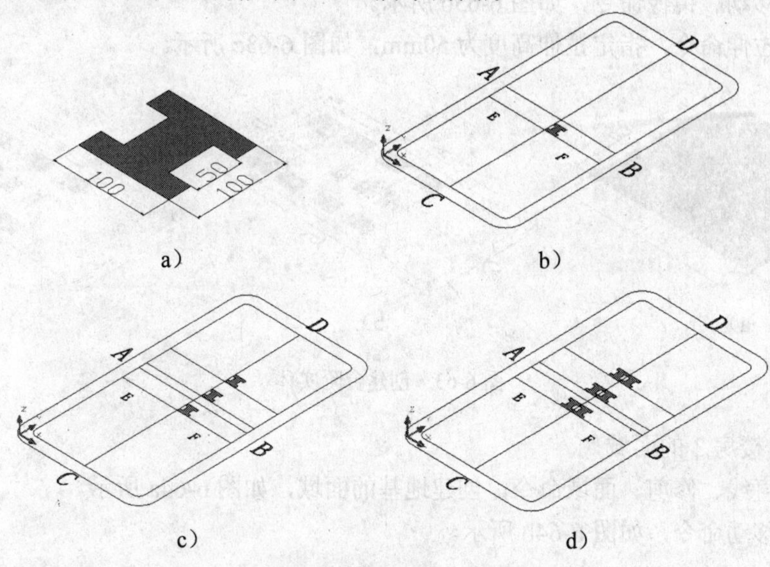

图 6-61　创建楼房 1 的面域

（2）创建楼房 2 的面域

1）调用“矩形”命令，绘制长 150mm,宽 225mm 的矩形；调用面域命令，将该矩形创建为面域，如图 6-62a 所示。

2）调用偏移命令，将直线 CD 向上偏移 260mm，将直线 AB 偏移向左侧 280mm 得出所示的直线 GH；移动图 6-62a 所示的面域到两条线的交点处，如图 6-62b。

3）调用偏移命令，将直线 GH 向右侧偏移 350mm；调用复制命令，复制矩形创建的面域，如图 6-62c 所示。

4）调用“镜像”命令，如图 6-62d 所示。

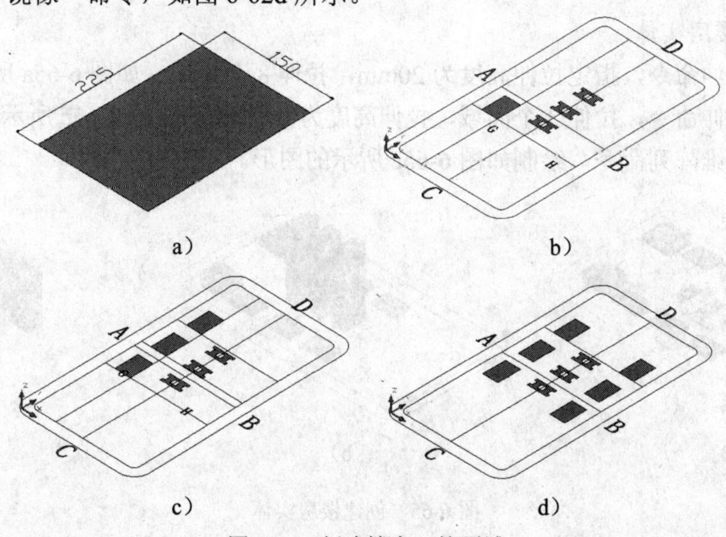

图 6-62　创建楼房 2 的面域

（3）创建台阶实体

1）调用矩形命令，绘制长 200mm,宽 240mm 的矩形；调用倒角命令，指定倒角角度为 45°，距离为 50mm；调用面域命令，如图 6-63a 所示。

2）调用偏移命令，将直线 AB 向右偏移 710mm，将直线 CD 向上偏移 400mm。

3）调用移动、镜像命令，如图 6-63b 所示。

4）调用拉伸命令，指定拉伸高度为 50mm，如图 6-63c 所示。

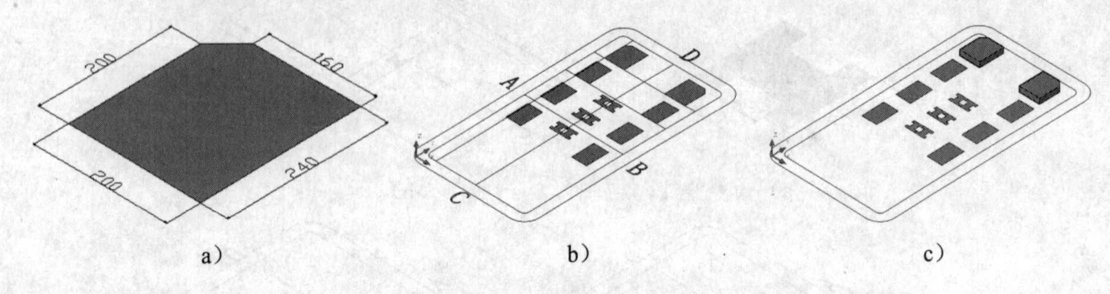

图 6-63　创建台阶实体

（4）创建楼房 3 的面域

1）调用直线、修剪、面域命令，创建地基的面域，如图 6-64a 所示。

2）调用移动命令，如图 6-64b 所示。

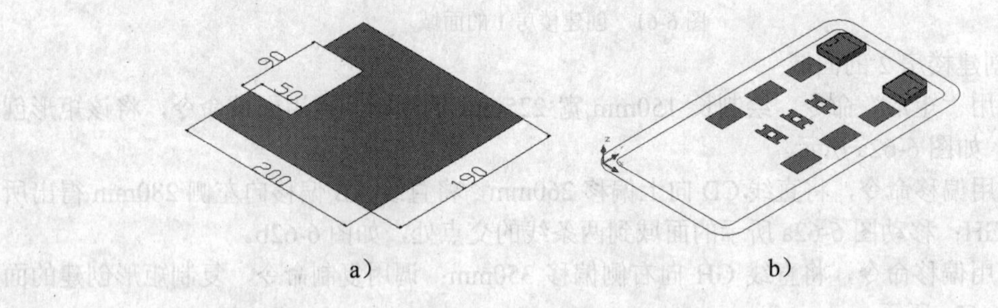

图 6-64　创建楼房 3 的面域

（5）创建楼房实体

1）调用拉伸命令，指定拉伸高度为 20mm，拉伸 8 个面域，如图 6-65a 所示。

2）调用拉伸命令，拉伸 3 个面域，拉伸高度为 600mm，如图 6-65b 所示。

3）调用三维阵列命令，绘制如图 6-65c 所示的图形。

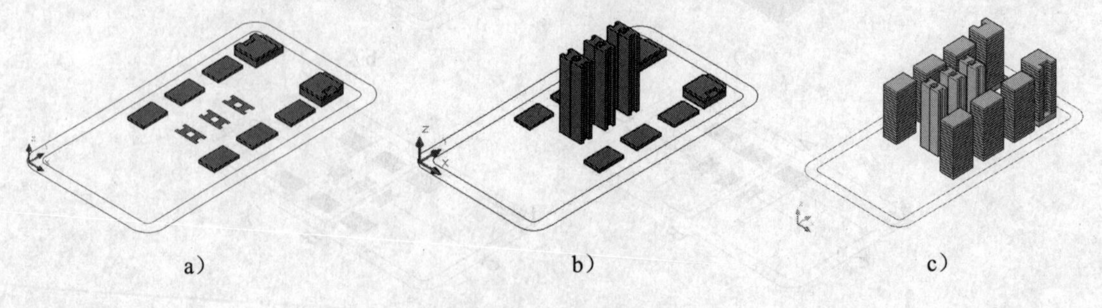

图 6-65　创建楼房实体

命令：_3darray

选择对象：找到 8 个　　　　　　　　　　　　　　//单击 8 个面域

选择对象：　　　　　　　　　　　　　　　　　　//回车

输入阵列类型 [矩形(R)/环形(P)] <矩形>：　　　//回车

输入行数 (---) <1>：

输入列数 (|||) <1>：

输入层数 (...) <1>：20　　　　　　　　　　　//输入层数：20

指定层间距 (...)：25　　　　　　　　　　　　　//输入层间距：25

（6）创建实体 5 与曲面

1）调用偏移命令，将内部矩形边，向右侧偏移 400mm、向上侧偏移 500mm；调用圆命令，绘制半径为 200mm、255mm 的圆，如图 6-66a 所示。

2）调调用面域命令，创建两个面域；调用差集命令，减去半径为 200 的圆创建的面域；调用“拉伸”命令，拉伸高度为 150mm，如图 6-66b 所示。

3）创建曲面

① 调用“UCS”命令，将坐标轴绕 X 轴旋转 90°，创建用户坐标系；开启正交功能，捕捉圆心，绘制长为 200mm 的直线；调用圆弧命令，如图 6-66c 所示。

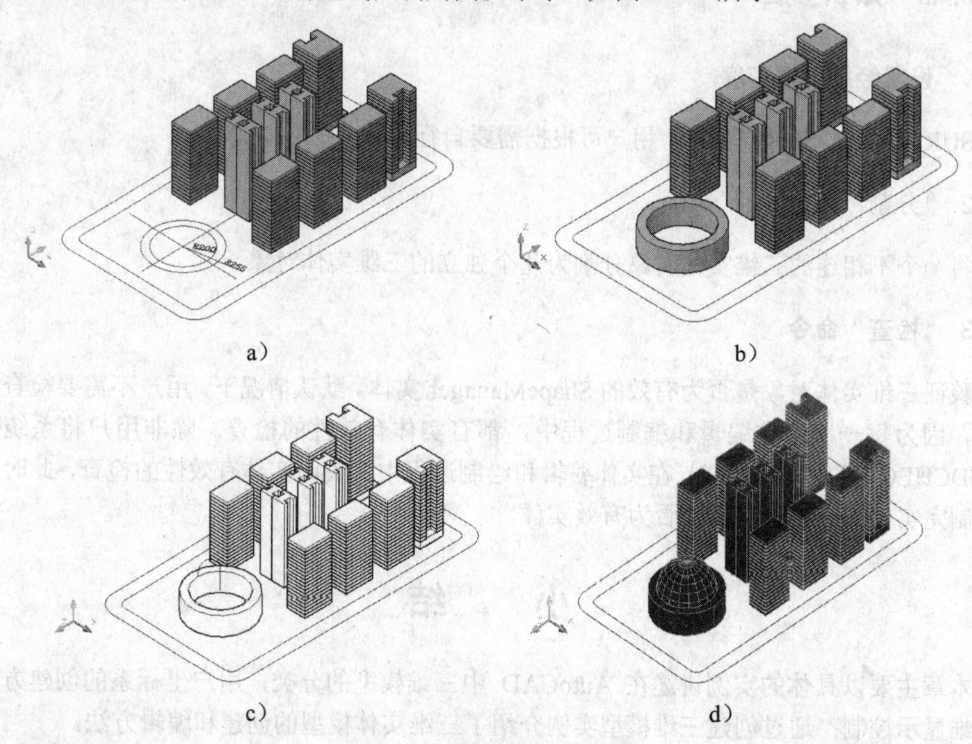

a）　b）　c）　d）

图 6-66　创建楼房 3 的面域

② 设置经线线框密度。

命令：surftab1

输入 SURFTAB1 的新值 <6>：18

4）调用“旋转网格”命令。

◆ 选择下拉菜单：【绘图】/【建模】/【网格】/【旋转网格】

◆ 在命令行输入命令：Revsurf

命令：_revsurf

当前线框密度：SURFTAB1=18 SURFTAB2=6

选择要旋转的对象： //选择圆弧

选择定义旋转轴的对象： //选择直线

指定起点角度 <0>： //回车

指定包含角 （+=逆时针，-=顺时针）<360>： //回车，完成图 6-66d

（7）调整显示

调整视口并缩放平移图形显示，如图 6-59 所示。

1）调用“视口”命令。

命令：_-vports

输入选项 [保存(S)/恢复(R)/删除(D)/合并(J)/单一(SI)/?/2/3/4] <3>：_4

2）调整各视口的视图方向：左上方图形视图调整为“前视”；左下方图形视图调整为“俯视”；右上方图形视图调整为“左视”；右下方图形视图调整为“东南等轴测方向”。调用缩放命令，调整各视口中的图形的大小。

6.9.3 知识扩展

1．设置经纬线框密度

SURFTAB1、SURFTAB2，用户可根据需要自行设置。

2．“分割”命令

将一个不相连的三维实体对象分割为几个独立的三维实体对象。

3．“检查”命令

验证三维实体对象是否为有效的 ShapeManager 实体。默认情况下，用户不需要检查实体错误，因为每一次实体编辑和编制过程中，都有实体有效性的检查。除非用户将系统变量 SOLIDCHECK 的值设置为 0，在实体编辑和绘制过程中将关闭实体有效性的检查，此时用户在绘制完实体后应检查实体是否为有效实体。

小　结

本章主要以具体的实例讲述在 AutoCAD 中三维模型的分类，用户坐标系的创建方法以及三维显示控制；通过创建三维模型实例介绍了三维实体模型的创建和编辑方法。

在三维模型的分类中介绍了 3 类三维模型的不同特点与使用场合。在坐标系一节中，介绍了使用不同的方法建立用户坐标系，并绘制三维图形。在三维显示控制中，介绍了基本视图和等轴测视图，设置视点和使用动态观察器来观察三维对象的方法，以及在不同的视觉样式下三维图形的显示效果。

在 AutoCAD 中，可以使用其提供的预定义三维实体对象建立基本几何形体，通过将二维对象沿路径延伸或绕轴旋转的方法来创建实体。还可以使用并集、差集和交集等命令对已有实体对象进行布尔运算来创建复杂的实体。

创建实体后，可对其进行圆角、倒角、剖切、截面和分解等操作，还可以使用干涉命令对重叠的实体检查干涉，创建干涉实体。除了以上几种功能外，AutoCAD 还提供一个强大的三维实体编辑命令，可用于对实体的面、边和体等元素进行编辑操作。面编辑命令有移动面、复制面、倾斜面、旋转面、偏移面、着色面、拉伸面、删除面等；边编辑命令有复制边、着色边等；体操作命令有抽壳、压印、清除、检查操作等。

此外，本章还介绍了 3 种用于在三维空间中修改对象的命令，包含三维阵列、三维镜像、三维对齐命令；还介绍了一种用于曲面创建的命令：旋转网格命令。

思考与练习

一、选择题

1. 在 AutoCAD 中，系统默认是在________平面上绘制图形。

   A. *XY* 平面　　B. *XZ* 平面

   C. 任意平面　　D. *YZ* 平面

2. 能够真实地观察三维模型立体感的试图方式是：________。

   A. 俯视图　　B. 左视图

   C. 右视图　　D. 西南等轴测

3. 创建用户坐标系的命令是：________。

   A. WCS　　B. UCS　　C. US　　D. MS

4. 设置线框密度值的系统变量是：________。

   A. ISOLINES　　B. SURFTAB1

   C. SURFTAB2　　D. DISPSILH

5. 不可用旋转命令生产回转体的对象有：________。

   A. 圆　　B. 矩形

   C. 多段线绘制和封闭图形　　D. 面域

二、判断题

1. 拉伸厚度不能取负值。（　　）

2. 二维镜像命令只能镜像平面图形，三维镜像命令只能镜像三维图形。（　　）

三、简答题

1. AutoCAD 中共有几种视觉样式？

2. AutoCAD 中 3 种模型有什么异同？AutoCAD 中常使用的模型类型是哪种？

3. 简述建立用户坐标系的方法，常用的 3 点创建用户坐标系方式，其选择的 3 个点各有什么意义。

4. 在 AutoCAD2010 中使用“三维对齐”命令时，需要指定几对点？每对点的意义是什么？

5. 使用“抽壳”命令对实体编辑时，抽壳距离是否可以为负？

四、操作题

完成题图 6-1 所示实体的创建与尺寸标注。

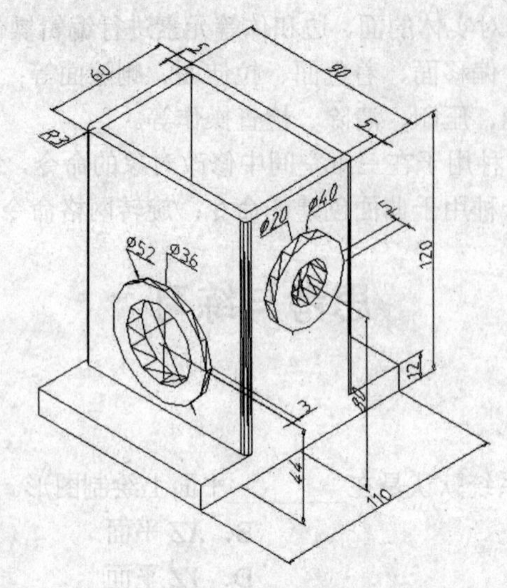

题图 6-1　操作题

第 7 章　机械图绘制

教学目标

本章主要以实例的形式，介绍机械图的绘制方法。通过本章的学习，将掌握绘制零件图、装配图的方法。进一步掌握视图、剖视图、断面图等的绘制方法，尺寸公差、形位公差、粗糙度、断面等的标注方法。

学习重点

✧ 零件图的绘制方法
✧ 装配图的绘制方法

7.1　零件图的绘制实例 1

7.1.1　图形分析

任务是根据图 7-1 注释的尺寸精确绘制零件图，并标注图形。具体要求为：创建图层 L1、L2 及 L3 三个图层，其中图层 L1，颜色设置为红色，线型设置为 CENTER2，线宽为 0，轴线绘制在该图层上；图层 L2，颜色设置为棕色，线型设置为 DASHED2，线宽为 0，虚线绘制在该图层上；图层 L3，颜色设置为蓝色，线型设置为 Continuous，线宽为 0，尺寸标注绘制在该图层上；其余图形均绘制在默认图层 0 上。

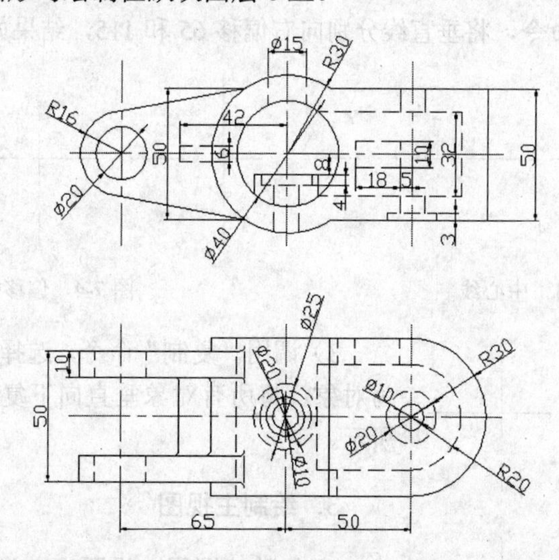

图 7-1　绘制完成后的图形

该零件图包含主视图和俯视图，画图时要注意两者之间的对应关系，以提高绘图效率。该图的俯视图上下基本对称，可以适当使用“镜像”命令，节省画图时间。此外，图形拥有实线、虚线、标注线及中心线 4 种线型，因此在绘制过程中，要注意图层的变换。

7.1.2　图形绘制

1. 设置图层

根据要求，设置好图层，如图 7-2 所示。

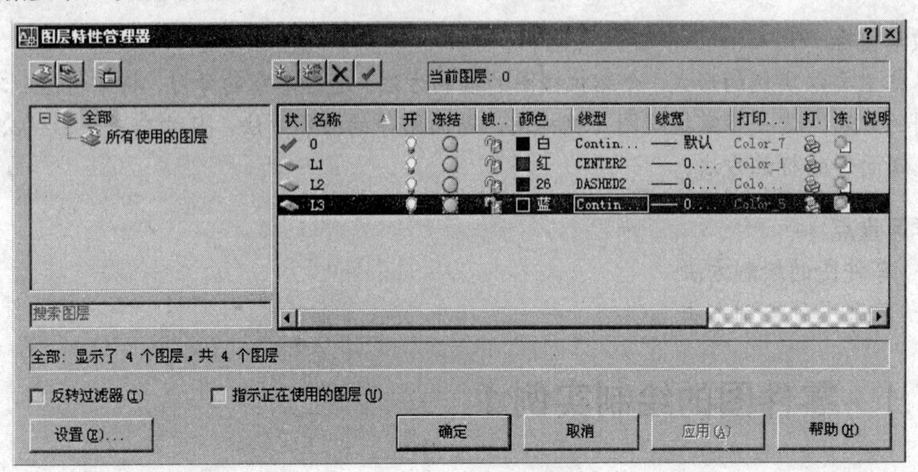

图 7-2　图层设置

2. 绘制中心线

1）将图层 L1 设置为当前图层，调用“直线”命令，结合图 7-1 中的尺寸，绘制中心线如图 7-3 所示，其中水平线的长度为 171，垂直线的长度为 70，垂直线距水平线左端点的距离为 20。

2）调用“偏移”命令，将垂直线分别向右偏移 65 和 115，结果如图 7-4 所示。

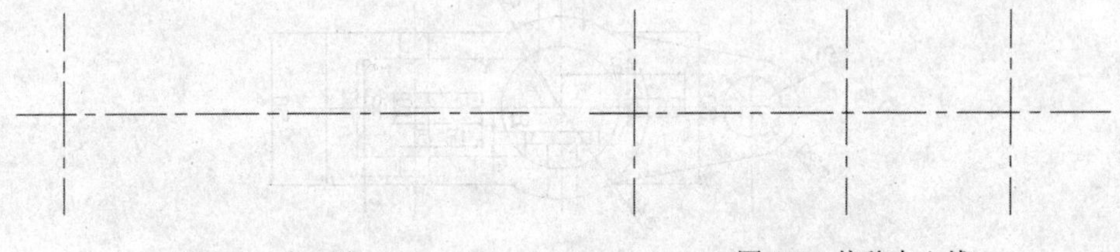

图 7-3　中心线　　　　图 7-4　偏移中心线

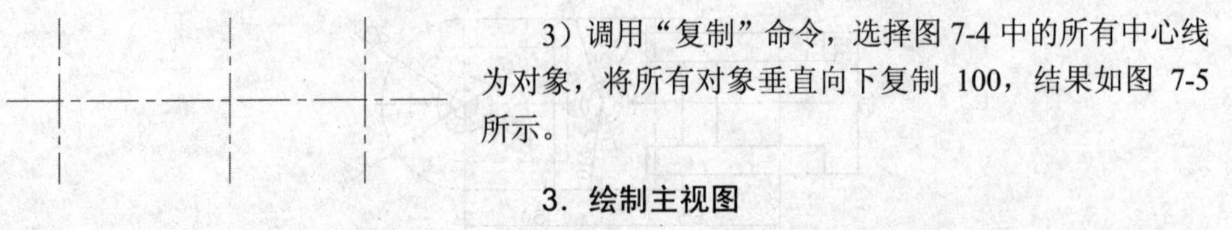

图 7-5　复制中心线

3）调用“复制”命令，选择图 7-4 中的所有中心线为对象，将所有对象垂直向下复制 100，结果如图 7-5 所示。

3. 绘制主视图

1）将默认图层 0 设置为当前图层，调用“圆”命令，在相应的位置分别绘制 R16、R10、$\phi60$、$\phi40$，结果如图 7-6 所示。

2）调用“偏移”命令，将水平中心线，分别向上、下偏移 16、25，将最右端的垂直中心线向右偏移 20 和

30，结果如图 7-7 所示。

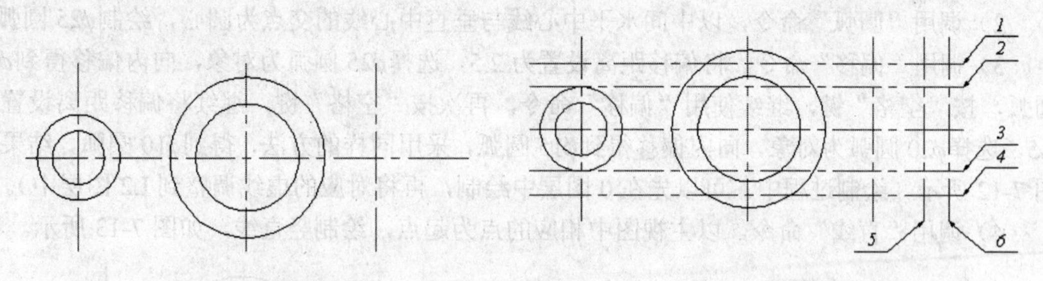

图 7-6　绘制圆弧　　　　图 7-7　偏移中心线

3）将图 7-7 中的 1、4、6 三根线调到图层 0 中，将 2、3、5 三根线调到图层 L2 中，并调用“修剪”命令，进行相应的修剪，结果如图 7-8 所示。

4）调用“直线”命令，分别以 a、b 为起点绘制 R16 圆弧的切线，并调用“修剪”命令，进行相应的修剪，结果如图 7-9 所示。

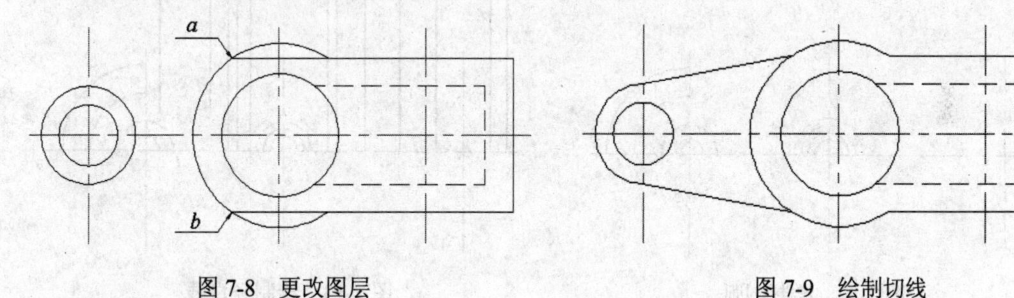

图 7-8　更改图层　　　　图 7-9　绘制切线

5）调用“偏移”命令。

① 将水平中心线，分别向上、下偏移 3、5。

② 将水平中心线向下偏移 8、12 和 22。

③ 将中间的垂直中心线分别向左、右偏移 5、7.5、10 和 12.5。

④ 将中间的垂直中心线向左偏移 42。

⑤ 将最右端的垂直中心线分别向左、右偏移 5 和 10。

⑥ 将最右端的垂直中心线向左偏移 23，结果如图 7-10 所示。

6）调用“修剪”命令，对偏移的线进行修剪，并将修剪后的线分别调整到 0 层（实线调整到该层）和 L2 层（虚线调整到该层），得到主视图如图 7-11 所示。

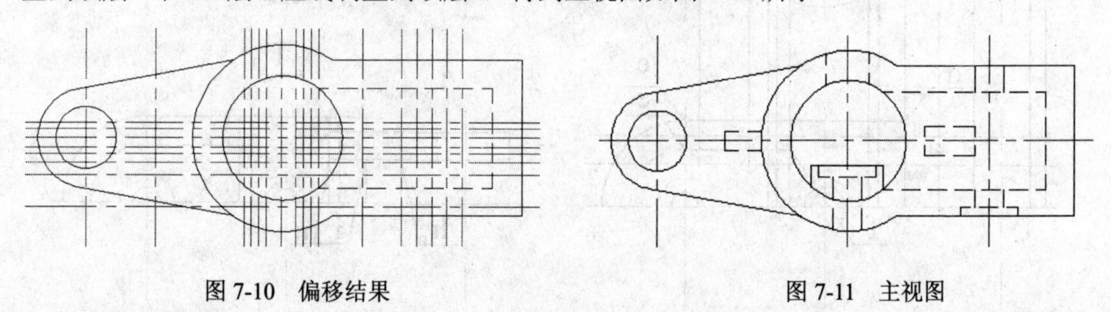

图 7-10　偏移结果　　　　图 7-11　主视图

4．绘制俯视图

1）调用“圆弧”命令，以右端水平中心线与垂直中心线的交点为圆心，绘制 R30、R20、

ϕ20 及ϕ10 圆弧。

2）调用“圆弧”命令，以中间水平中心线与垂直中心线的交点为圆心，绘制ϕ25 圆弧。

3）调用“偏移”命令，将偏移距离设置为 2.5，选择ϕ25 圆弧为对象，向内偏移得到ϕ20 圆弧，按“空格”键，继续使用“偏移”命令，再次按“空格”键，继续将偏移距离设置为 2.5，选择ϕ20 圆弧为对象，向内偏移得到ϕ15 圆弧，采用同样的方法，得到ϕ10 圆弧，结果如图 7-12 所示（绘制过程中，可以先在 0 图层中绘制，再将对应的虚线调整到 L2 图层中）。

4）调用“直线”命令，以主视图中相应的点为起点，绘制竖直线，如图 7-13 所示。

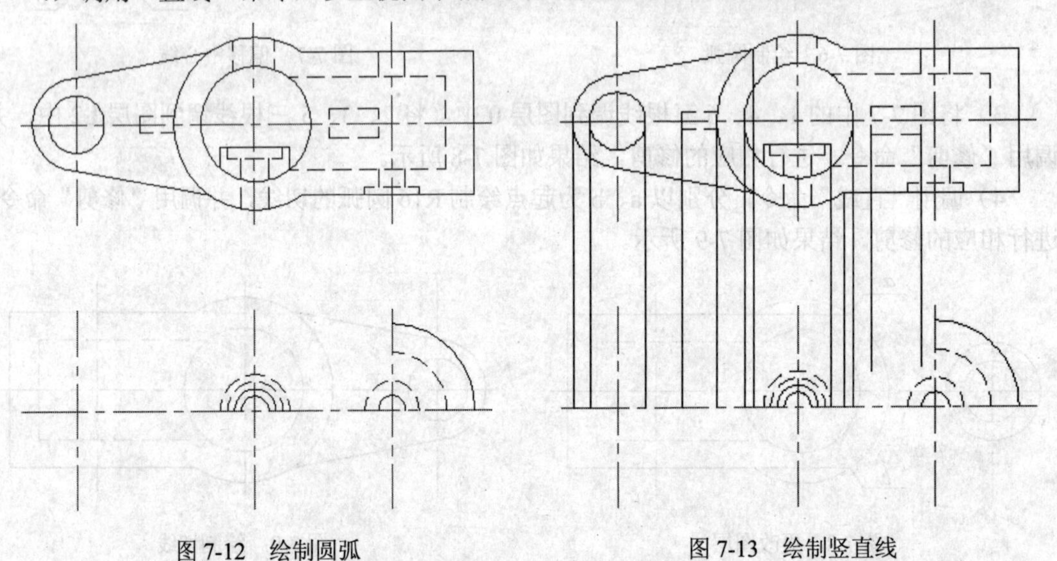

图 7-12　绘制圆弧　　　　图 7-13　绘制竖直线

5）调用“直线”命令，分别以图 7-14 中的 c、e 两点为起点绘制 cd、ef 两条水平直线。

6）调用“偏移”命令，将下方的水平中心线，向上偏移 15 和 25，结果如图 7-14 所示。

7）调用“修剪”命令，对图线进行修剪，并将修剪后的线分别调整到 0 层（实线调整到该层）和 L2 层（虚线调整到该层），结果如图 7-15 所示。

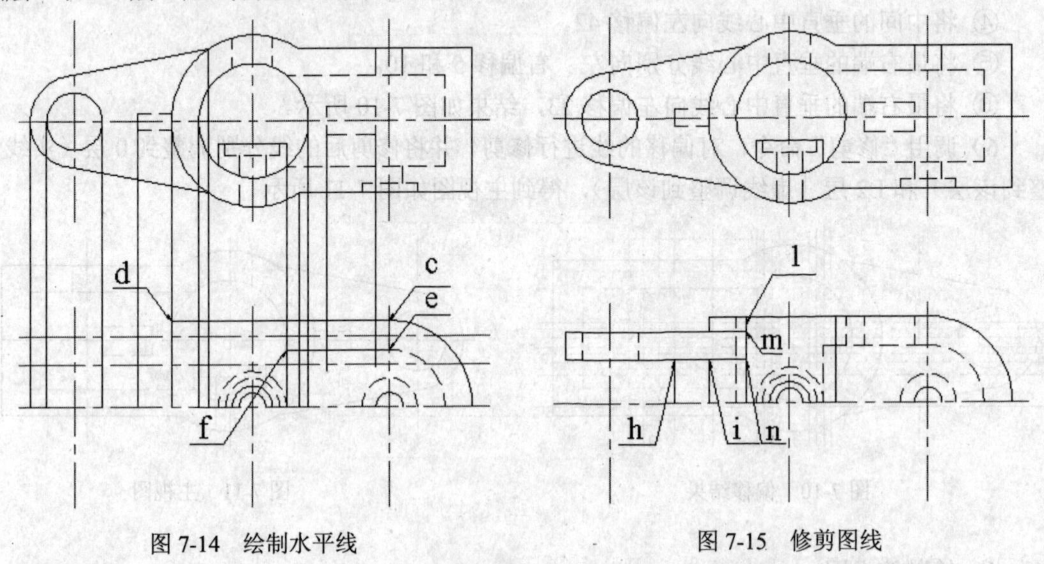

图 7-14　绘制水平线　　　　图 7-15　修剪图线

8）调用“打断”命令，将图 7-15 中的“1”号线在 m、n 两点打断。

9）调用“圆角”命令，将“半径”设置为 2，“修剪”选项设置为“不修剪”在 h、i、

m、n 四处进行圆角操作，将多余的线剪掉，结果如图 7-16 所示。

10）调用“镜像”命令，选择“俯视图中水平中心线上方的所有图形”为对象，选择“水平中心线”为镜像线，将不对称部分删除，得到零件的主、俯视图，如图 7-17 所示。

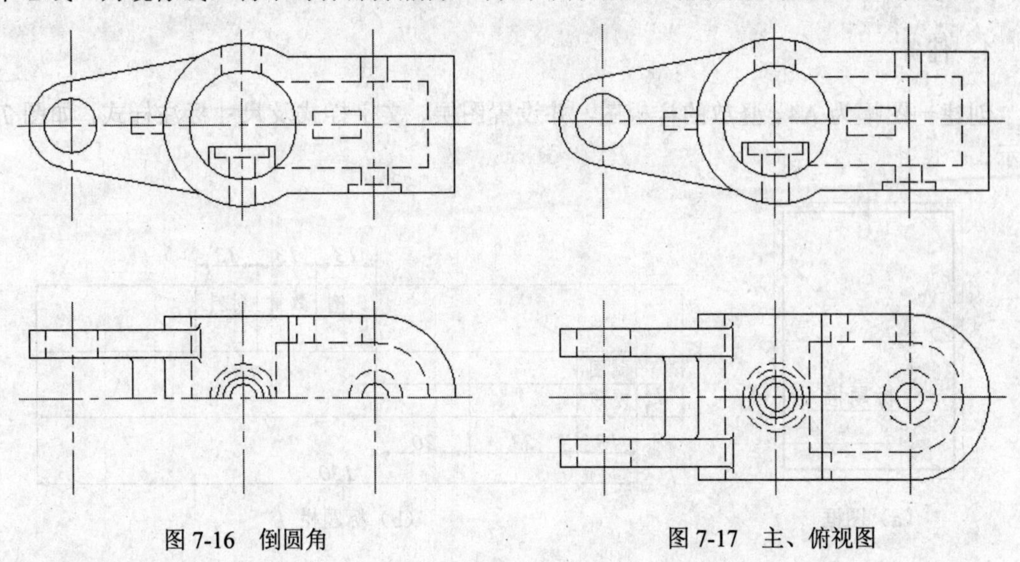

图 7-16　倒圆角　　　　图 7-17　主、俯视图

5．标注尺寸

1）采用前面章节介绍的方法设置标注样式，将“字体的高度”设置为 5。

2）调用“线性标注”命令，标出线性尺寸，结果如图 7-18 所示。

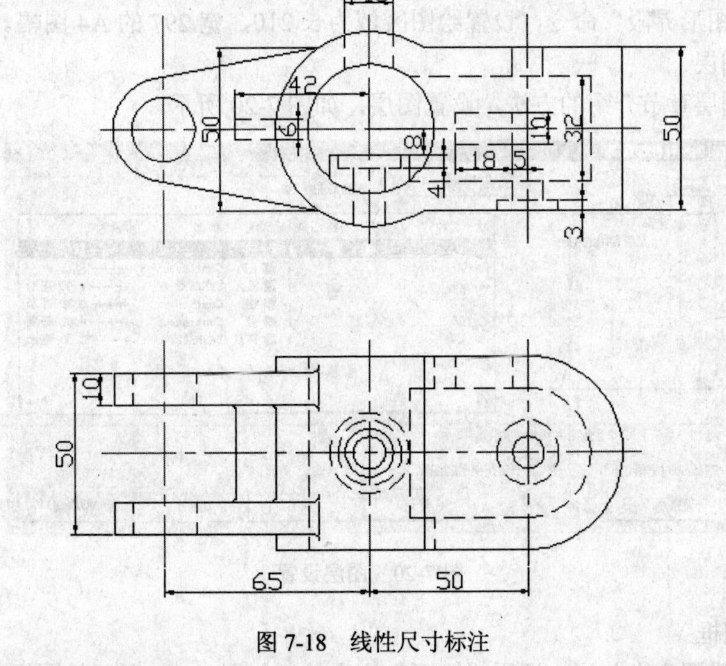

图 7-18　线性尺寸标注

3）调用“直径标注”命令，标出直径尺寸。

4）调用“半径标注”命令，标出半径尺寸。至此，完成整个零件图的绘制，最终结果如

图 7-1 所示。

7.1.3 知识扩展

1. 任务

创建一图幅为 A4、竖放的样板图，并设置图层、文字样式及尺寸标注样式，如图 7-19 所示。

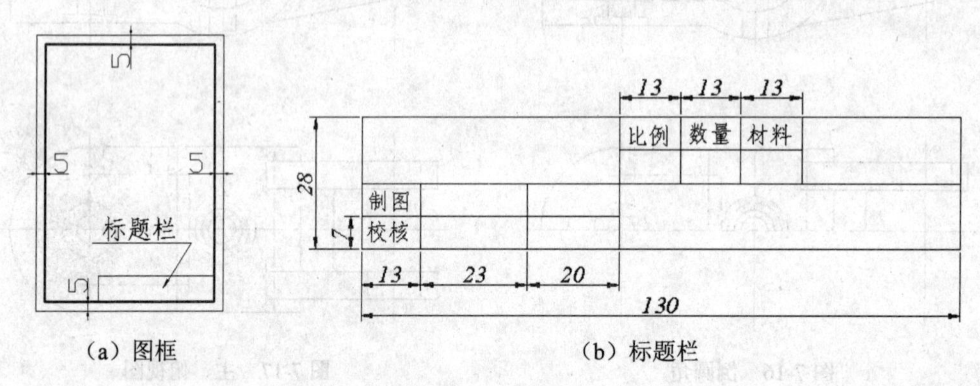

(a) 图框　　(b) 标题栏

图 7-19　样板图

2. 样板图的创建过程

(1) 设置图幅

1) 调用"新建"命令，打开"选择样板"对话框，选择"acadiso"样板打开。

2) 调用"图形界限"命令，设置绘图区域为长 210，宽 297 的 A4 图幅。

(2) 设置图层

采用前面图层章节介绍的方法，设置图层，如图 7-20 所示。

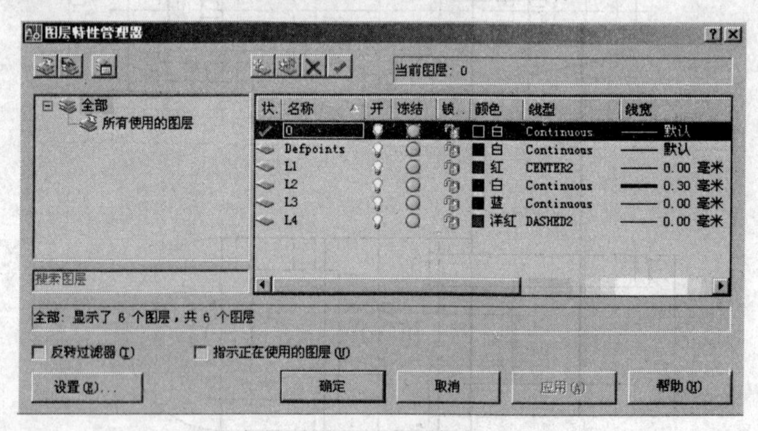

图 7-20　图层设置

(3) 绘制图框

将图层 L2 设置为当前层，调用"矩形"命令绘制如图 7-19a 所示的图框。

(4) 设置文字、尺寸标注样式

1) 采用前面章节介绍的方法设置仿宋体、斜体文字样式。仿宋体选择"仿宋 GB2312"，斜体文字选择“Times New Roman”字高统一设置为 3.5。

2）采用前面章节介绍的方法设置尺寸标注样式，将字体高度设置为 3.5。

（5）绘制标题栏

调用“直线”、“多行文字”命令，完成标题栏的绘制，如图 7-19b 所示。

（6）保存样板图

调用“保存”命令，打开“图形保存”对话框，输入文件名“机械图”，在“文件类型”下拉列表中选择“AuotCAD 图形样板（*.dwt）”，单击“保存”按钮，弹出“样板说明”对话框，在对话框中输入有关说明，单击“确定”按钮，完成样板图的创建

7.2　零件图的绘制实例 2

7.2.1　图形分析

任务是根据图 7-21 注释的尺寸精确绘制零件图，并标注图形。具体要求为：创建图层 L1、L2 及 L3 三个图层，其中图层 L1，颜色设置为红色，线型设置为 CENTER2，线宽为 0，轴线绘制在该图层上；图层 L2，颜色设置为白色，线型设置为 Continuous，线宽为 0.3，粗实线绘制在该图层上；图层 L3，颜色设置为蓝色，线型设置为 Continuous，线宽为 0，尺寸标注绘制在该图层上；其余图形均绘制在默认图层 0 上。

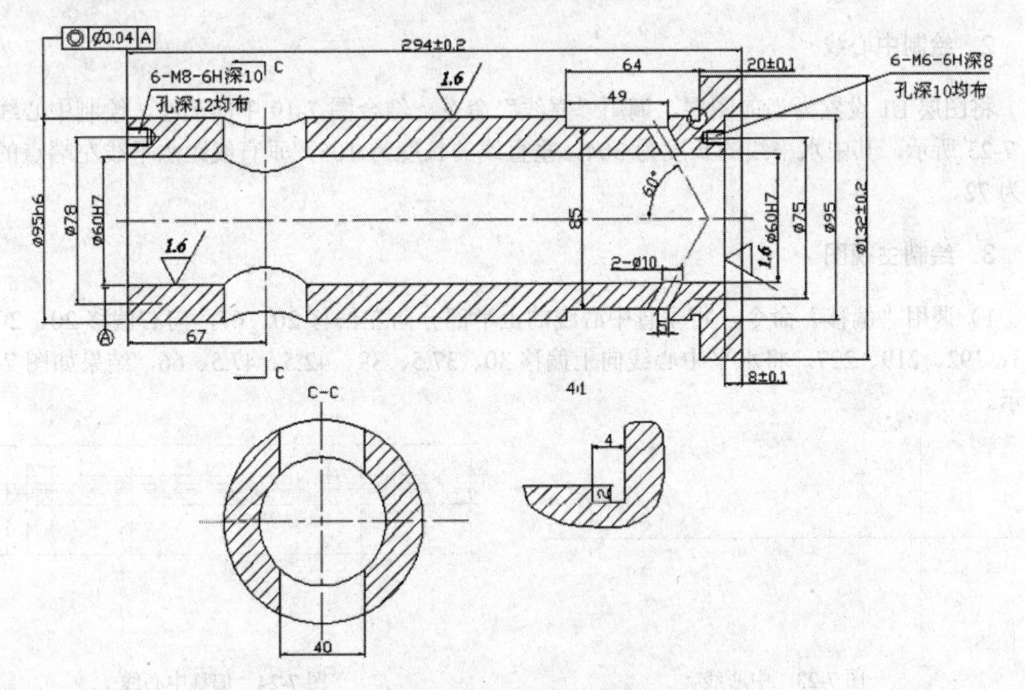

图 7-21　绘制完成后的图形

该零件图的上下部分是完全对称的，因此只需绘制上（下）半部分的图形，然后利用“镜像”命令完成整个图形的绘制。此外，图形中拥有粗实线、细实线、标注线及中心线 4 种线型，因此在绘制过程中，要注意图层的变换。

7.2.2 图形绘制

1．设置图层

根据要求，设置好图层，如图 7-22 所示。

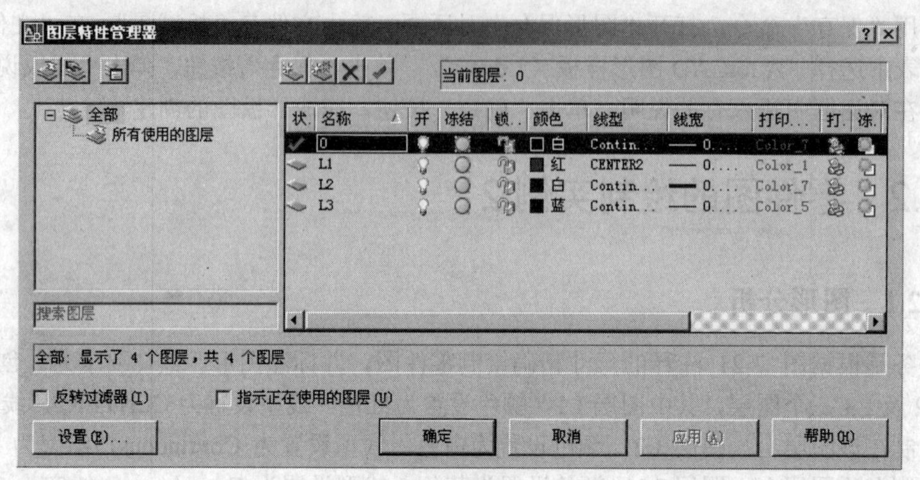

图 7-22　图层设置

2．绘制中心线

将图层 L1 设置为当前图层，调用“直线”命令，结合图 7-19 中的尺寸，绘制中心线如图 7-23 所示，其中水平线的长度为 304，垂直线的长度为 105，垂直线距水平线左端点的距离为 72。

3．绘制主视图

1）调用“偏移”命令，将垂直中心线的上半部分向左偏移 20、67，向右偏移 20、207、143、192、219、227，将水平中心线向上偏移 30、37.5、39、42.5、47.5、66，结果如图 7-24 所示。

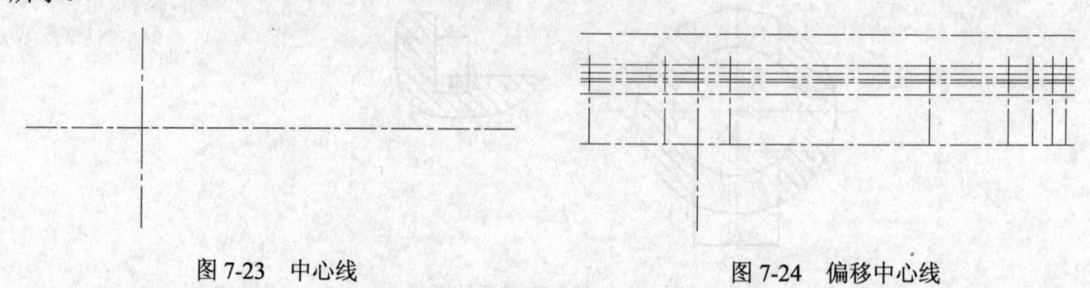

图 7-23　中心线　　　　图 7-24　偏移中心线

2）调用“延长”命令，将图 7-24 中最右边的“三条竖直线”延长致最高位置的“水平线”。

3）调用“修剪”命令，对偏移的线进行修剪，并将修剪后的线分别调整到 L2 图层上，结果如图 7-25 所示。

4）调用“偏移”命令，将图 7-25 中的“1”线向左偏移 5，“2”线向下偏移 2，“3”线向左偏移 4mm。

5）利用“延伸”、“修剪”命令，完成宽为 4、高为 2 的沟槽的绘制，结果如图 7-26 所示。

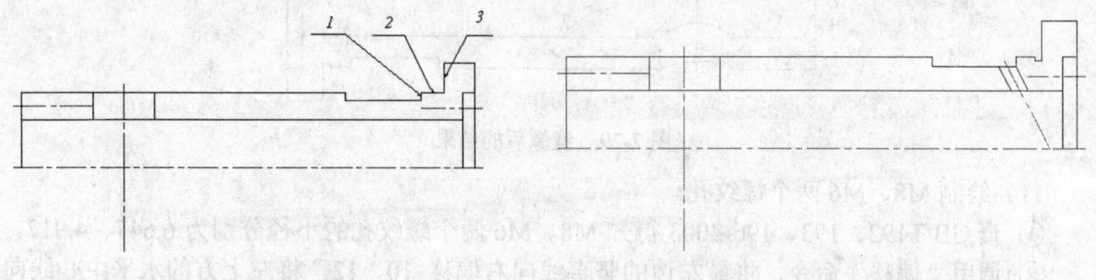

图 7-25　修剪后的图形　　　　图 7-26　沟槽及小孔的绘制

6）将 L1 图层设置为当前层，调用“偏移”命令，以“1”线向左偏移 5 后的直线与水平线的交点为端点，利用相对坐标绘制角度为 300°，长度为 50 的中心线，并利用“拉伸”、“修剪”命令进行相应的处理，结果如图 7-26 所示。

7）调用“偏移”命令，选用通过点的方式进行偏移，将第 6）步绘制好的中心线，通过图 7-25 中“1”线下端点与“水平线”的交点进行偏移，结果如图 7-26 所示。

8）调用“镜像”命令，选择第 7）步的偏移线为对象，选择第 6）步绘制好的中心线为镜像线，进行镜像操作，并调用“修改”命令剪掉对多余的线，结果如图 7-26 所示。

9）相贯线的绘制。

① 调用“圆”命令，以图 7-27 中的 O 点为圆心，绘制 ϕ60、ϕ95 两个圆。

② 调用“圆弧”命令，使用三点画弧，依次选中 a、h、c 三点，其中 h 点和 b 点在同一水平线上，可以打开“对象捕捉”和“对象追踪”两个选项来找到 h 点。

③ 调用“圆弧”命令，使用三点画弧，依次选中 d、k、f 三点，其中 k 点和 e 点在同一水平线上，可以打开“对象捕捉”和“对象追踪”两个选项来找到 k 点，结果如图 7-27 所示。

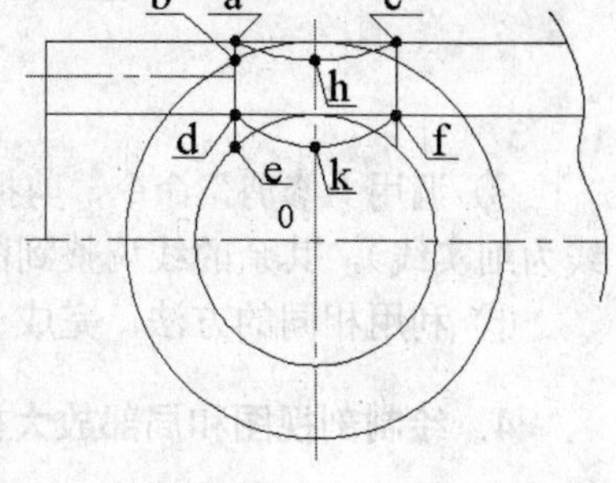

图 7-27　左边相贯线的绘制

④ 利用同样的方法，完成图形右方圆孔处相贯线的绘制。

⑤ 利用“修剪”命令，修剪多余的线，得到结果如图 7-28 所示。

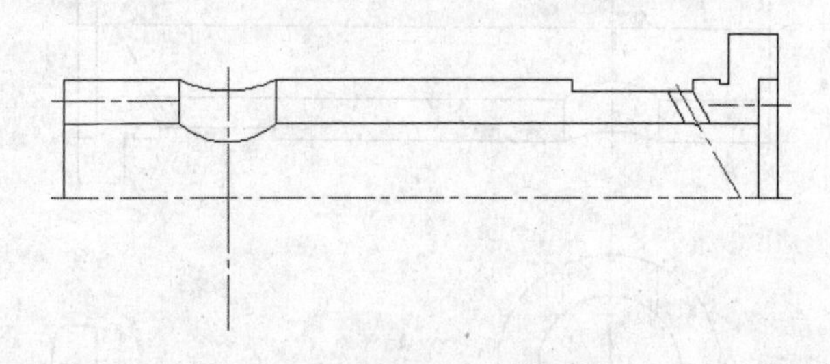

图 7-28　相贯线的绘制结果

10）调用“镜像”命令，选择“水平中心线上方的所有图形”为对象，选择“水平中心线”为镜像线，得到结果如图 7-29 所示。

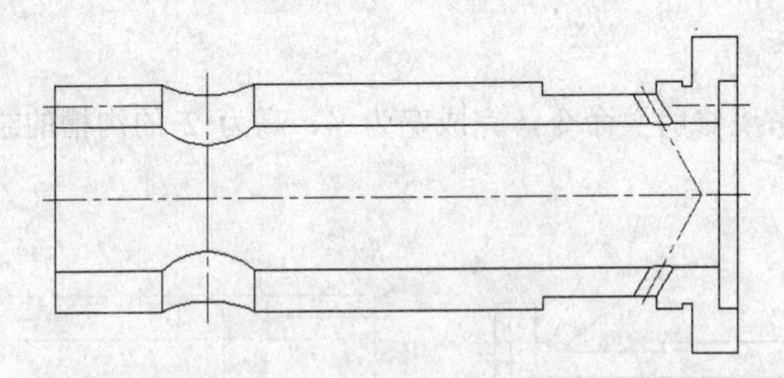

图 7-29　镜像后的结果

11）绘制 M8、M6 两个螺纹孔。

① 查 GB/T192、193、196-2003 得知 M8、M6 两个螺纹孔的小径分别为 6.647、4.917。

② 调用“偏移”命令，将最左边的竖直线向右偏移 10、12，将左上方的水平中心线向上、下两个方向都偏移 3.3235 和 4。

③ 调用“直线”命令，捕捉图 7-30 中的“P”点，在命令栏输入（@10<300）画一斜线，并利用“镜像”命令，将该斜线镜像到水平中心线的下方。

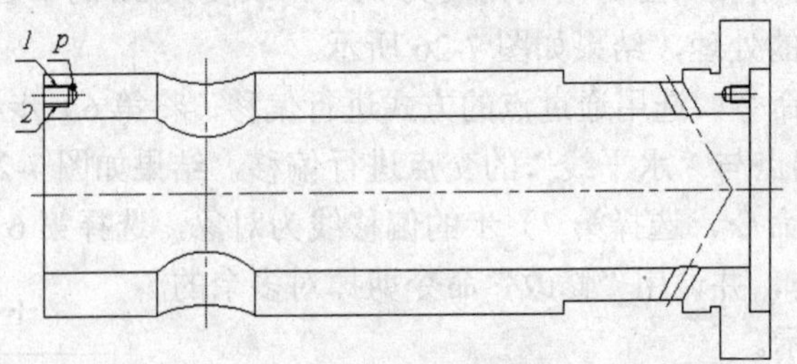

图 7-30　螺纹孔的绘制

④ 调用“修剪”命令，剪掉多余的线，并将“1”、“2”两根线调整到 0 图层中（此两根线为细实线），其余的线调整到图层 L2 中（中心线除外），完成 M8 螺纹孔的绘制。

⑤ 利用相同的方法，完成 M6 螺纹孔的绘制，结果如图 7-30 所示。

4．绘制剖视图和局部放大视图

调用“直线”、“圆”、“样条曲线”、“偏移”及“修剪”命令，完成剖视图和局部放大视图的绘制，如图 7-31 所示，其中局部放大视图的放大比例为 4∶1。

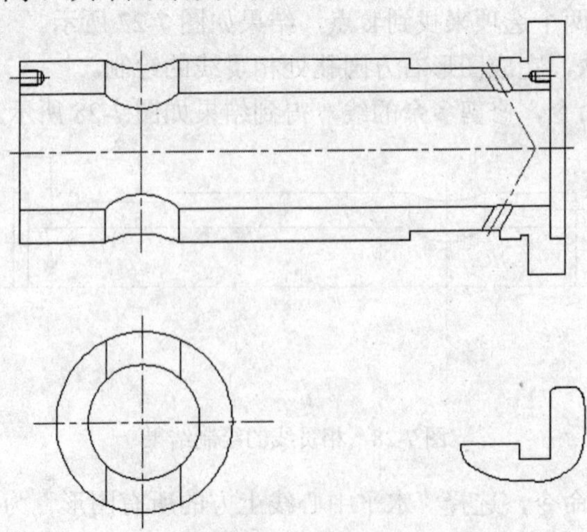

图 7-31　剖视图和局部放大视图的绘制

5. 绘制剖面线

1）调用“图案填充”命令，打开“图案填充和渐变色”对话框，如图 7-32 所示。

2）按照图 7-32 设置各个选项。

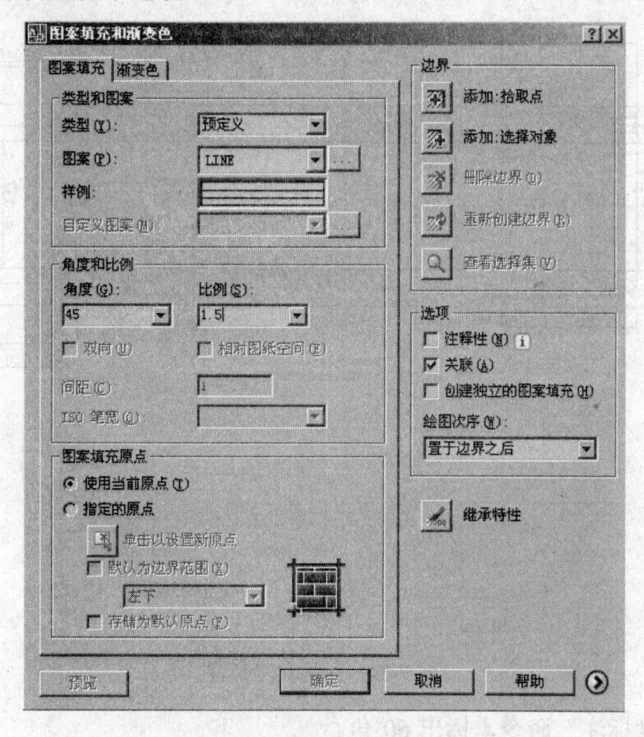

图 7-32 “图案填充和渐变色”对话框

3）单击右上角“添加：拾取点”命令，到图中选择需要添加剖面线的区域，按“回车”键，回到“图案填充和渐变色”对话框，点击“确定”按钮，完成剖面线的绘制，结果如图 7-33 所示。

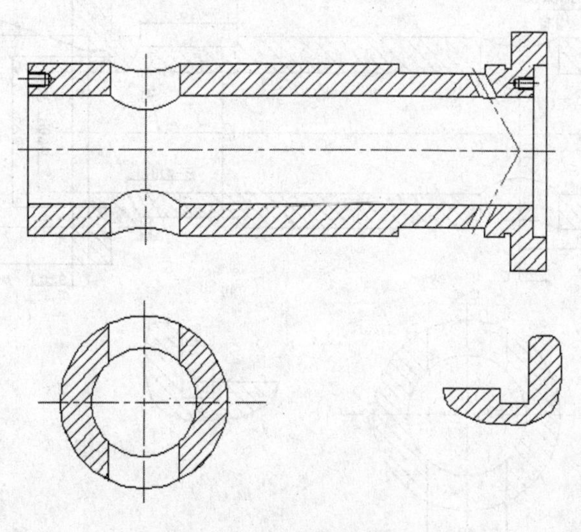

图 7-33 剖面线的绘制

6. 标注尺寸

1）采用前面章节介绍的方法设置标注样式，将“字体的高度”设置为5。

2）调用“线性标注”命令，标出线性尺寸，结果如图7-34所示。

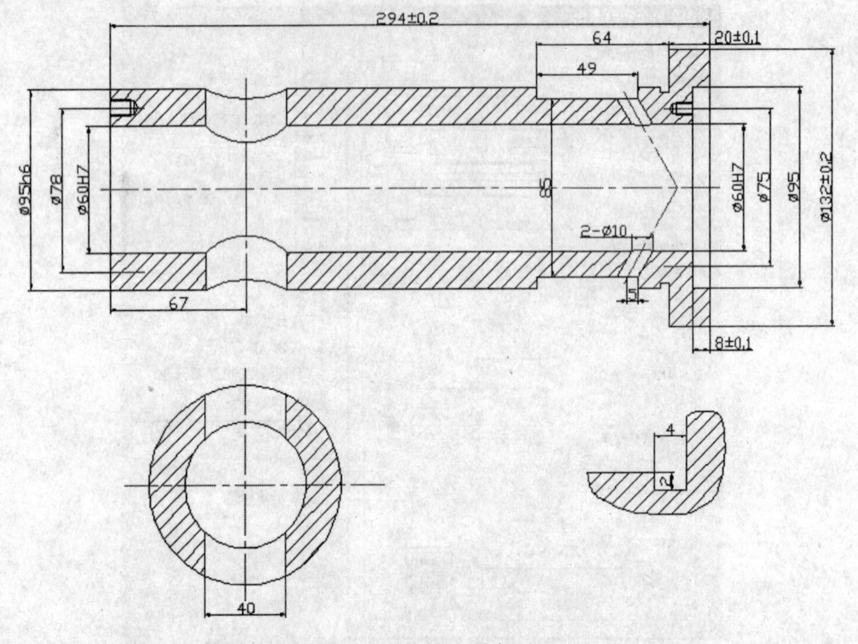

图7-34 线性尺寸标注

3）调用“角度标注”命令，标出60°角。

4）调用“引线标注”和“文字”命令，标注形位公差和两个螺纹孔的说明。

5）调用“文字”命令，标出剖视图和局部放大视图的标记，结果如图7-35所示。

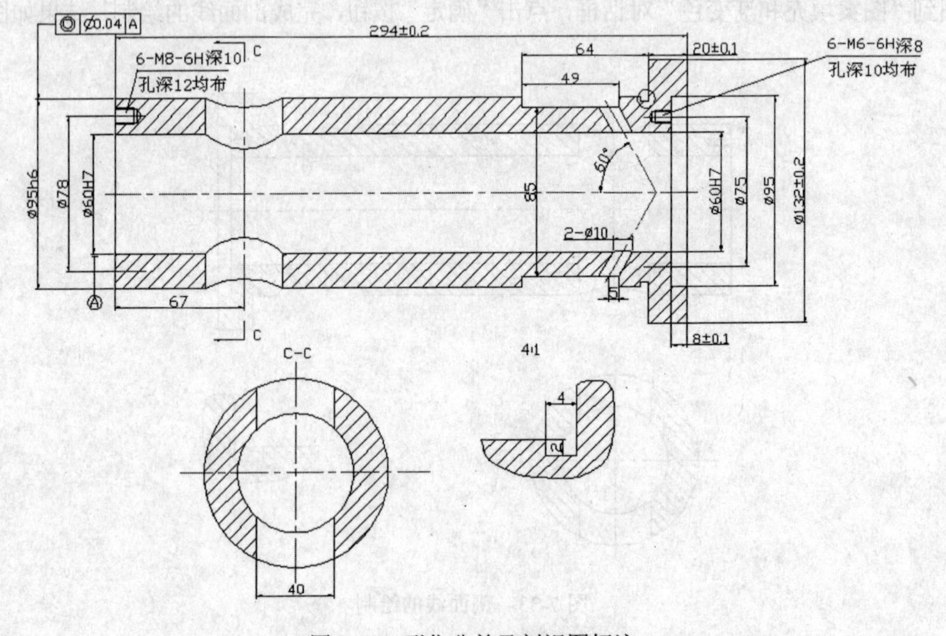

图7-35 形位公差及剖视图标注

6）采用前面介绍的插入粗糙度块的方法，完成粗糙度的标注，至此，完成整个图形的绘制，结果如图 7-21 所示。

7.3 零件图的绘制实例 3

7.3.1 图形分析

任务是根据图 7-36 注释的尺寸精确绘制零件图，并标注图形。具体要求为：创建图层 L1、L2、L3 三个图层，其中图层 L1，颜色设置为红色，线型设置为 CENTER2，线宽为 0，轴线绘制在该图层上；图层 L2，颜色设置为蓝色，线型设置为 Continuous，线宽为 0，尺寸线绘制在该图层上；图层 L3，颜色设置为白色，线型设置为 Continuous，线宽为 0，剖面线绘制在该图层上；其余图形制在默认图层 0 上，粗实线的线宽为 0.3。未注圆角为 2。

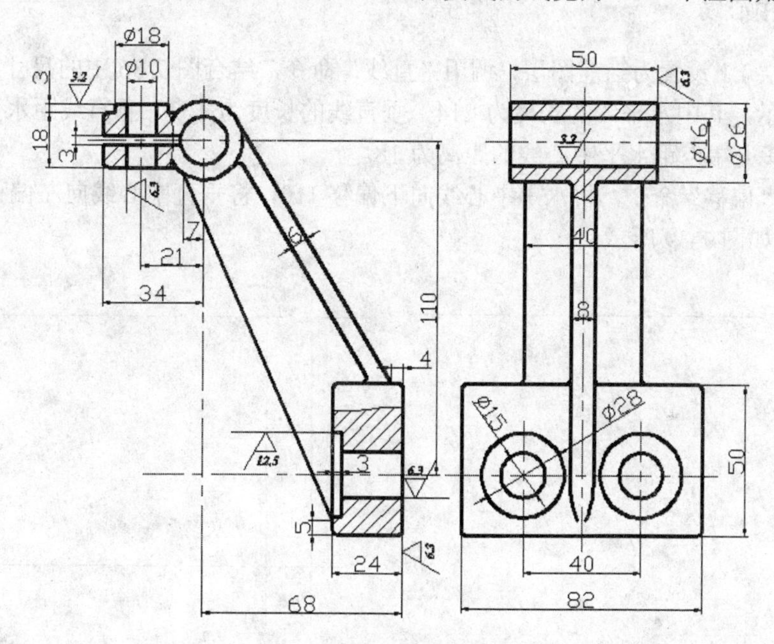

图 7-36　绘制完成后的图形

该零件图包含主视图和左视图两个视图，可以利用两个视图在水平方向的对应关系，同时绘制两个视图。左视图左右对称，因此只需绘制其左（右）半部分的图形，然后利用“镜像”命令完成整个左视图的绘制。此外，图形中拥有实线、标注线、剖面线及中心线 4 种线型，在绘制过程中，要注意图层的变换。

7.3.2 图形绘制

1. 设置图层

根据要求，设置好图层，将默认图层的线宽设置为 0.3（绘制在该图形中的是粗实线），如图 7-37 所示。

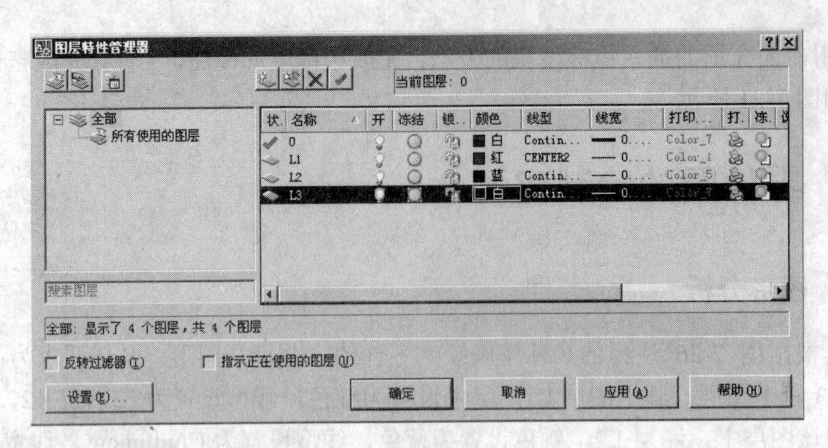

图 7-37　图层设置

2. 绘制中心线

1）将图层 L1 设置为当前图层，调用“直线”命令，结合图 7-36 中的尺寸，绘制中心线如图 7-38 所示，其中水平线的长度为 214，垂直线的长度为 153，垂直线距水平线左端点的距离为 39，其上端点距水平中心线的距离为 18。

2）调用“偏移”命令，将水平中心线向下偏移 110，将垂直中心线向左偏移 21、向右偏移 129，结果如图 7-39 所示。

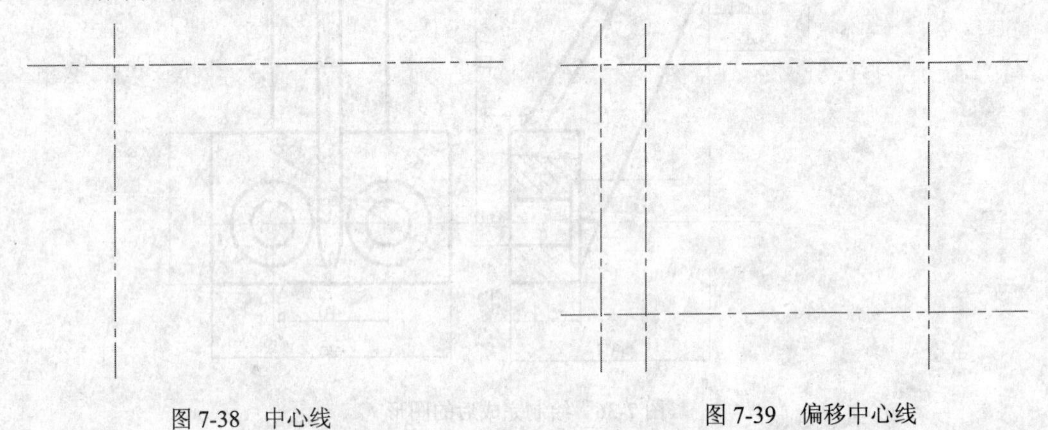

图 7-38　中心线　　　　图 7-39　偏移中心线

3. 绘制视图

1）调用“偏移”命令，将左边垂直中心线向左偏移 5、9、13，将水平中心线向上偏移 1.5、9、12，向下偏移 1.5、9。

2）调用“圆”命令，以中间垂直中心线与上水平中心线的交点为圆心，绘制ϕ16、ϕ26 两个圆。

3）调用“修剪”命令，剪掉多余的线，并将修剪的线调整到 0 图层上。

4）调用“镜像”命令，将左边垂直中心线左边部分的图形镜像到其右边，结果如图 7-40 所示。

5）调用“偏移”命令，将下方水平中心线向上偏移 30，向下偏移 20；将中间垂直中心线向右偏移 44、68；将右边垂直中心线向左偏移 4、20、25、41。

6）调用“直线”命令，通过第2）步绘制的两个圆与中间垂直中心线的交点绘制四条直线，结果如图7-41所示。

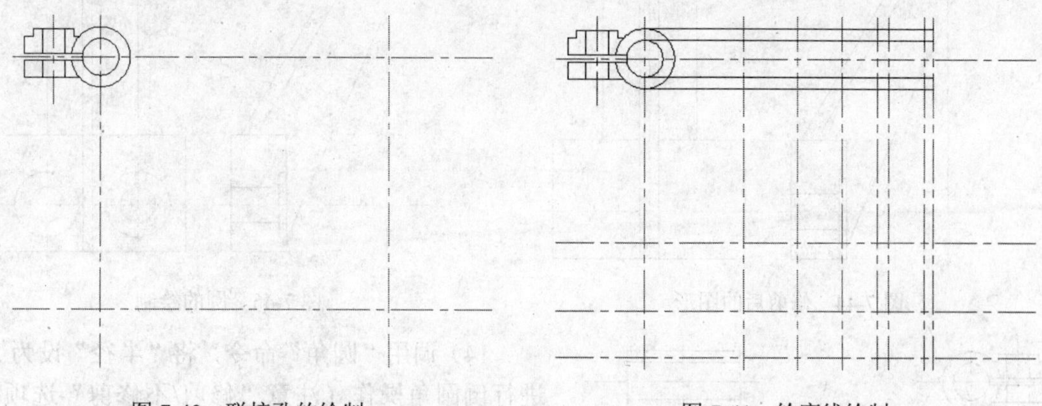

图7-40　联接孔的绘制　　　　图7-41　轮廓线绘制

7）调用“修剪”命令，对偏移的线进行修剪，并将修剪后的线分别调整到相应的图层上。

8）调用“镜像”命令，选择“左视图的左半部分”为对象，选择右边垂直中心线为镜像线，结果如图7-42所示。

9）调用“偏移”命令，将图7-43中的“1”线向左偏移4，“2”线向右偏移3，“3”线向上偏移7.5、14，向下偏移7.5、14，“4”线向上偏移5，中间垂直中心线向左偏移7。

10）调用“直线”命令，通过MN两点绘制斜线，通过A点绘制$\phi26$圆的切线，调用“偏移”命令，将该切线向下偏移6，结果如图7-43所示。

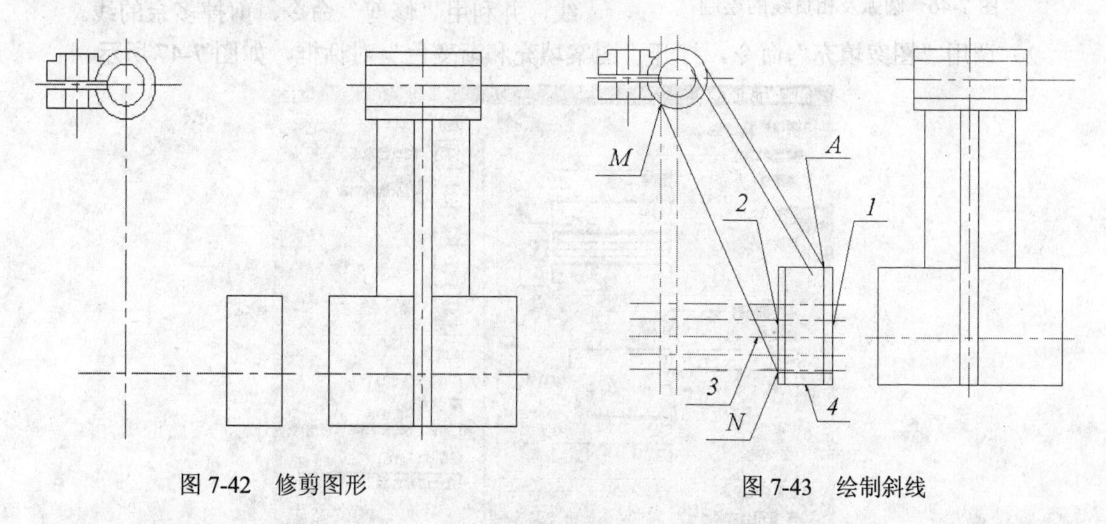

图7-42　修剪图形　　　　图7-43　绘制斜线

11）调用“修剪”命令，剪掉多余的线，并将修剪的线调整到0图层上，结果如图7-44所示。

12）将L1层设置为当前层，调用“直线”命令，绘制左视图中左边两个圆的中心线。

13）将0层设置为当前层，调用“圆”命令，绘制$\phi15$、$\phi28$两个圆，并调用“镜像”命令，将这两个圆镜像到右边，结果如图7-45所示。

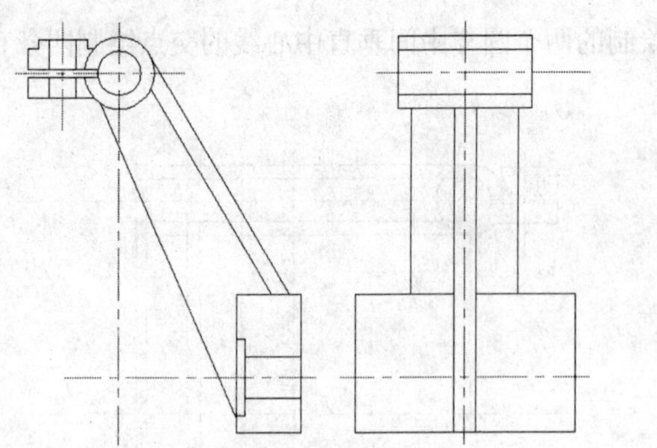

图 7-44　修剪后的图形

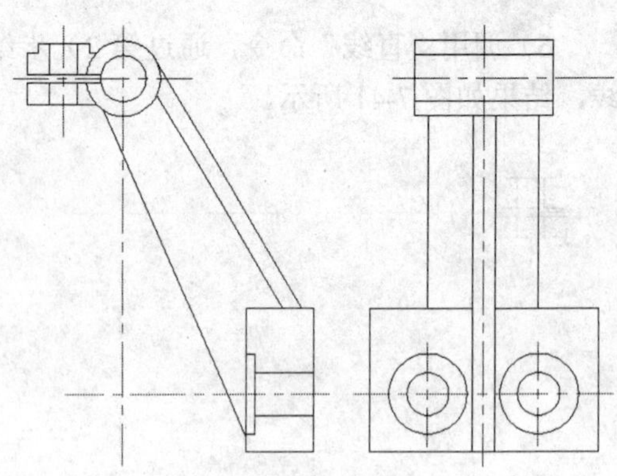

图 7-45　圆的绘制

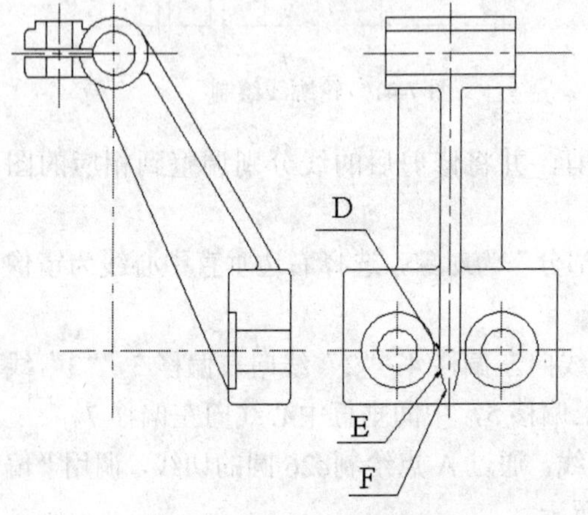

图 7-46　圆弧及相贯线的绘制

14）调用“圆角”命令，将“半径”设为 2，进行倒圆角操作（注意“修剪/不修剪”选项的设置）。

15）调用“圆弧”命令，依次通过 D、E、F 三点绘制圆弧，D 点为两直线的交点，F 点应跟图 7-43 中的 N 点在同一水平线上，E 点根据弧的形状适当选择。利用“镜像”命令完成另一半相贯线的绘制，结果如图 7-46 所示。

4．绘制剖面线

1）调用“样条曲线”命令，绘制对应的边界线，并利用“修剪”命令，剪掉多余的线。

2）调用“图案填充”命令，打开“图案填充和渐变色”对话框，如图 7-47 所示。

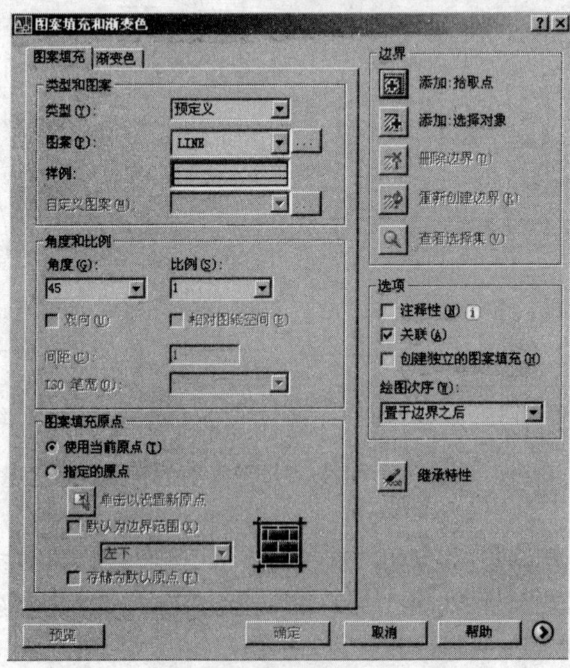

图 7-47　“图案填充和渐变色”对话框

3）按照图 7-47 设置各个选项。

4）单击右上角“添加：拾取点”命令，到图中选择需要添加剖面线的区域，按“回车”键，回到“图案填充和渐变色”对话框，点击“确定”按钮，完成剖面线的绘制，结果如图 7-48 所示。

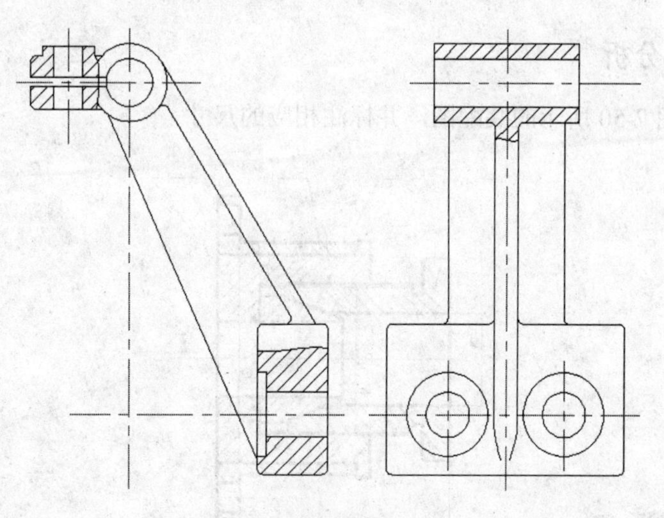

图 7-48　剖面线的绘制

5．标注尺寸

1）采用前面章节介绍的方法设置标注样式，将“字体的高度”设置为 5。

2）调用“线性标注”、“对齐标注”及“直径标注”命令，标出尺寸，结果如图 7-49 所示。

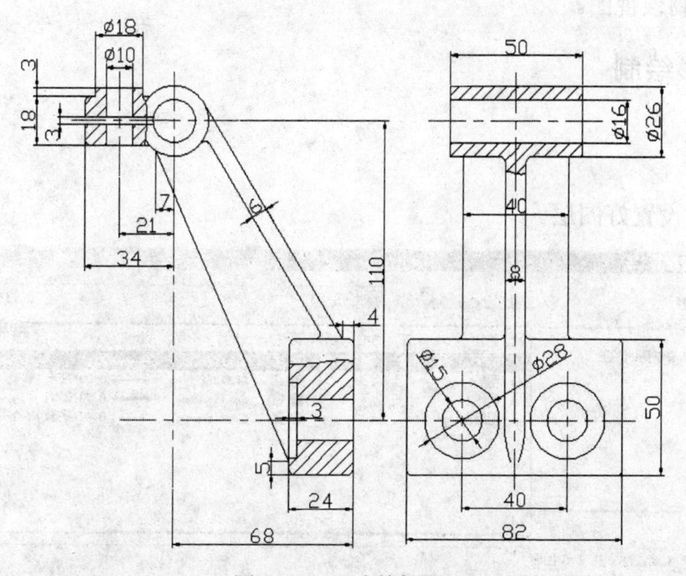

图 7-49　尺寸的标注

6．粗糙度标注

采用前面介绍的插入粗糙度块的方法，完成粗糙度的标注，至此，完成整个图形的绘制，点击屏幕下方的“线宽”选项，显示线宽，结果如图 7-36 所示。

7.4 装配图绘制实例 1

7.4.1 图形分析

任务是绘制图 7-50 所示的装配图，并标注相应的尺寸。

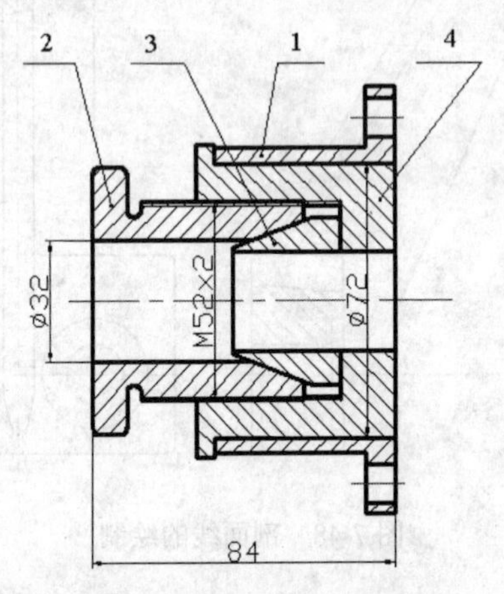

图 7-50 绘制完成后的图形

该图形是一个装配图，可以先绘制各个零件图，并将各个零件图制作成图块，最后，利用“插入图块”命令将各个图块组合成装配图。由于该装配图的零件图线比较少，因此也可以采用直接绘制的方法绘制。为了复习前面所讲的“块制作、插入”命令，下面利用“插入图块”的方法绘制该视图。

7.4.2 图形绘制

1．设置图层

按照图 7-51 设置好图层。

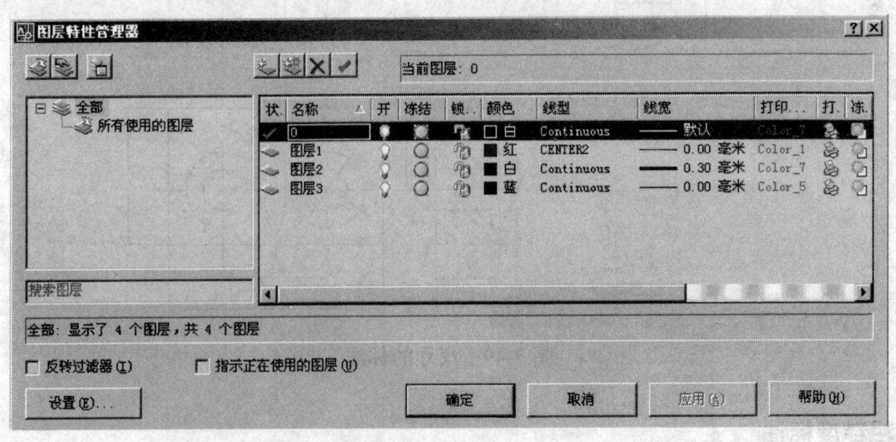

图 7-51 图层设置

2. 绘制零件图

采用前面介绍的方法，按照图 7-52 绘制零件图。

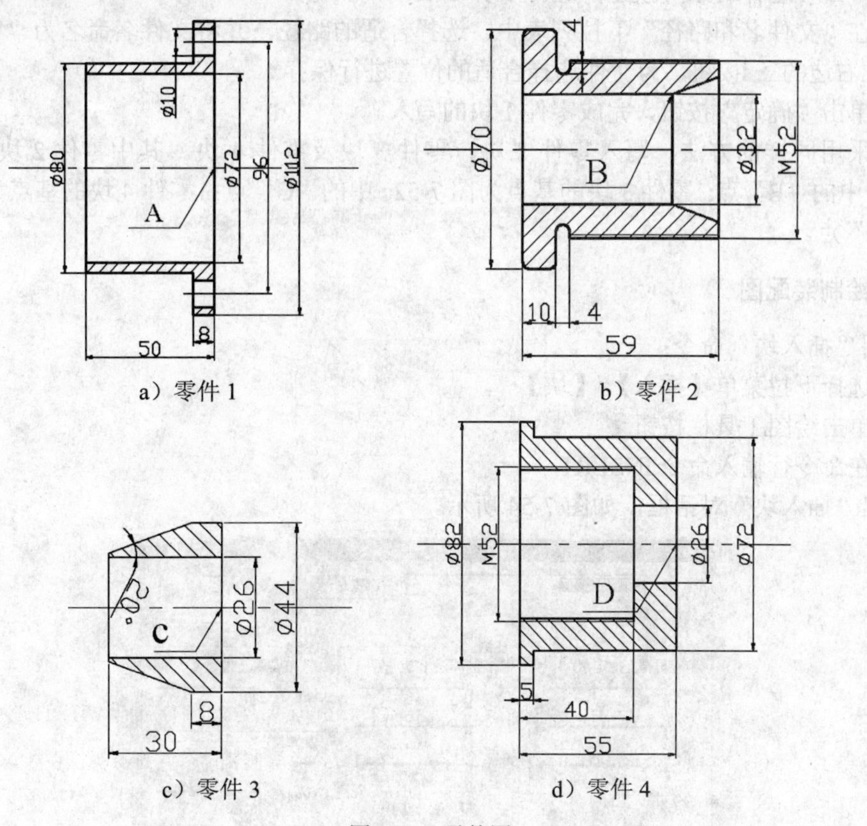

图 7-52　零件图

3. 制作图块

1）在命令行输入“WBLOCK”命令（简写为 W），则弹出“写块”对话框，如图 7-53 所示。

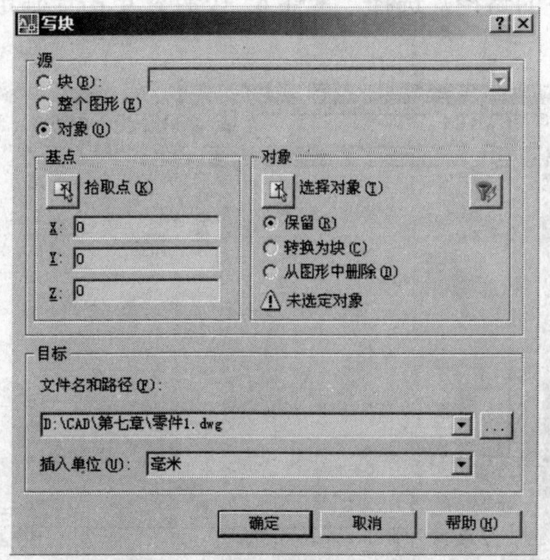

图 7-53 “写块”对话框

2）在对象来源中选择“对象”。

3）单击“拾取点”按钮，选择图 7-52a 中的“A”点为插入点基点。

4）单击“选择对象”按钮，选择零件 1 图。

5）在“文件名和路径”下拉列表中，选择合适的路径，并将文件名命名为“零件 1”，也可通过右边的 … 按钮，为文件选择合适的位置进行保存。

6）单击“确定”按钮，完成零件 1 块的写入。

7）采用同样的方法，写入零件 2 块、零件 3 块及零件 4 块。其中零件 2 块的基点为图 7-52b 中的“B”点；零件 3 块的基点为图 7-52c 中的“C”点；零件 4 块的基点为图 7-52d 中的“D”点。

4．绘制装配图

调用“插入块”命令：

◆ 选择下拉菜单【插入】/【块】

◆ 单击绘图工具栏按钮

◆ 在命令行输入命令 INSERT

弹出“插入块”对话框，如图 7-54 所示。

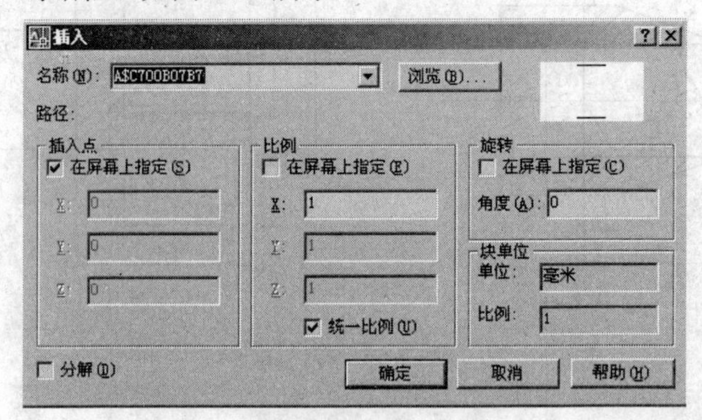

图 7-54 “插入图块”对话框

1）在“名称”项，单击右边的“浏览”按钮，弹出“选择图形文件”对话框，如图 7-55 所示。找到刚才所存的块的路径，选择“零件 4”文件，单击“确定”按钮，回到“插入块”对话框。

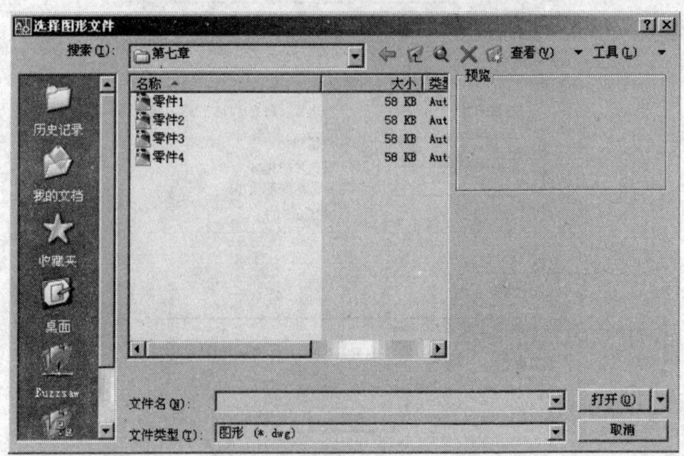

图 7-55 “选择图形文件”对话框

2）在“插入点”选项中，选择“在屏幕上指定”。

3）缩放比例设置为 1。

4）旋转角度输入 0。

5）单击“确定”按钮，AutoCAD 提示，“指定插入点”，在屏幕中间位置单击鼠标左键，完成零件 4 的插入，结果如图 7-56 所示。

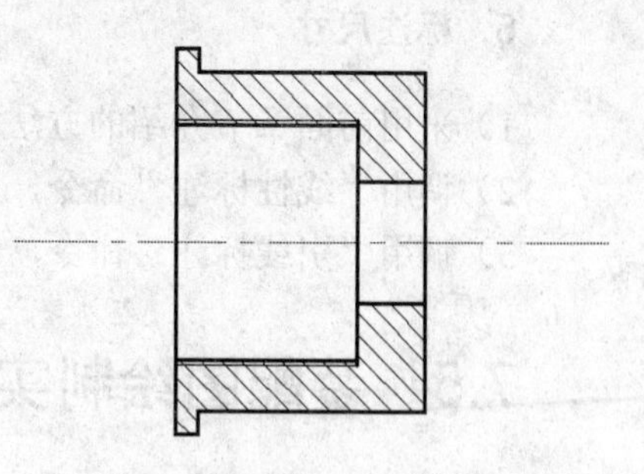

图 7-56　零件 4 块的插入

6）利用同样的方法，插入零件 1 块，AutoCAD 提示，“指定插入点”，捕捉图 7-52d 中的“D”点，完成零件 1 块的插入，结果如图 7-57 所示。

7）利用同样的方法，插入零件 3 块，AutoCAD 提示，“指定插入点”，捕捉图 7-57 中的“E”点，完成零件 3 块的插入，结果如图 7-58 所示。

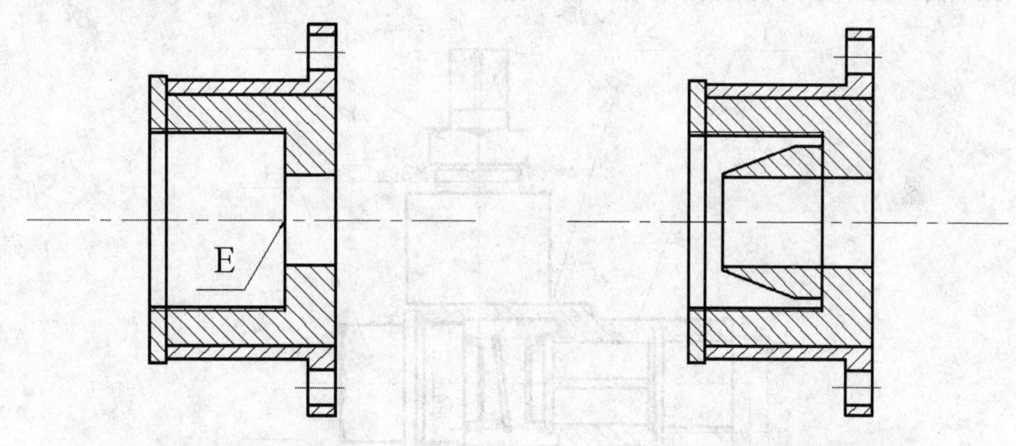

图 7-57　零件 1 块的插入　　　　图 7-58　零件 3 块的插入

8）利用同样的方法，插入零件 2 块，AutoCAD 提示，“指定插入点”，将零件 2 块的斜边与零件 3 块的斜边对齐（使两者重合），结果如图 7-59 所示。

9）调用“分解”命令，将图中所有的块进行分解（如果没有分解，就不能单独对图块中的每根线进行编辑）。

10）调用“修剪”命令，剪掉多余的线，结果如图 7-60 所示。

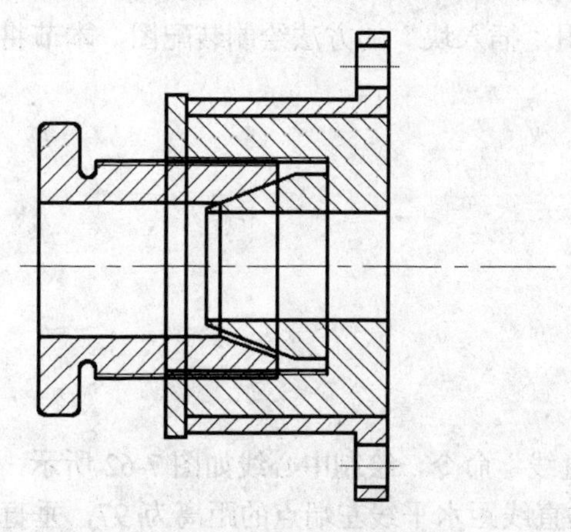

图 7-59　零件 2 块的插入

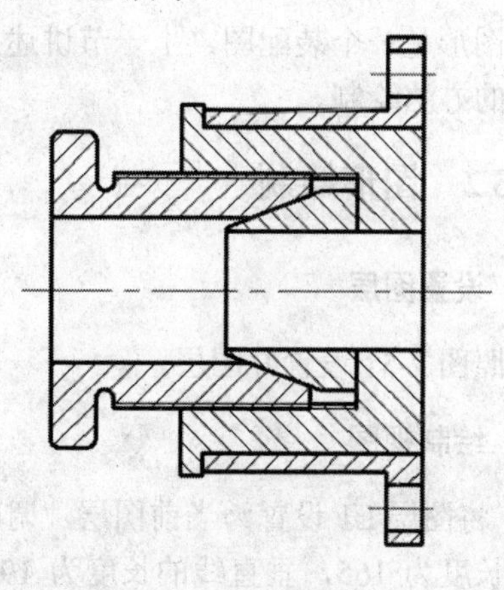

图 7-60　修剪后的图形

5．标注尺寸

1）采用前面章节介绍的方法设置标注样式，将“字体的高度”设置为 5。

2）调用“线性标注”命令，标出尺寸。

3）调用“引线标注”命令，编写零件序号，结果如图 7-50 所示。

7.5 装配图绘制实例 2

7.5.1 图形分析

绘制图 7-61 所示的装配图，并标注相应的尺寸。

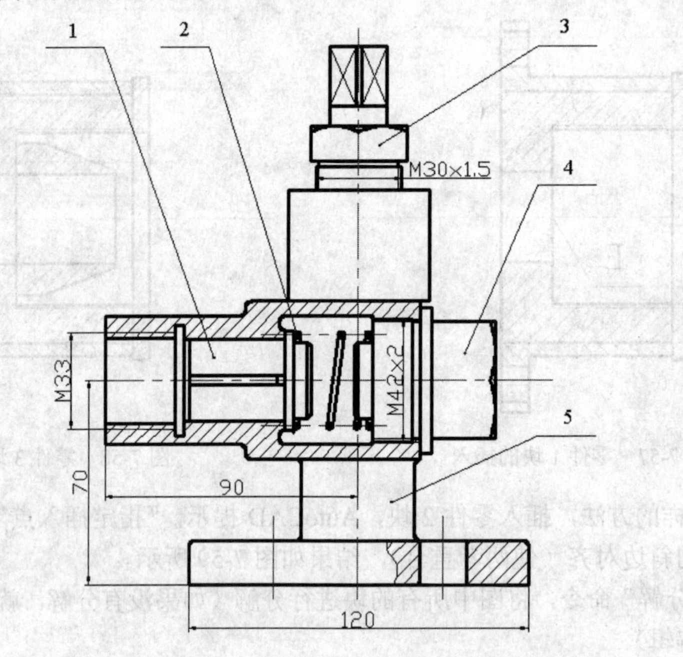

图 7-61 绘制完成后的图形

该图形是一个装配图，上一节讲述了利用“插入块”的方法绘制装配图，本节将采用直接绘制的方法绘制。

7.5.2 图形绘制

1．设置图层

按照图 7-51 设置好图层。

2．绘制视图

1）将图层 L1 设置为当前图层，调用“直线”命令，绘制中心线如图 7-62 所示，其中水平线的长度为 165，垂直线的长度为 195，垂直线距水平线左端点的距离为 97，垂直线在水平线上方段的长度为 120。

2）调用“偏移”命令，将垂直中心线向左偏移 10、15、17、20、25、26、28、40、60、

90；向右偏移 5、10、15、17、20、22、25、60。将水平中心线向上偏移 14、17、22、27、65、75、87、114；向下偏移 14、17、22、27、55、70。

3）调用“修剪”命令，对图形进行编辑，并改变修剪后线的图层，结果如图 7-63 所示。

4）调用“偏移”命令，将图 7-63 中的“1”线向下偏移 20，“2”线向左偏移 9。

5）调用“修剪”命令，剪掉多余的线。

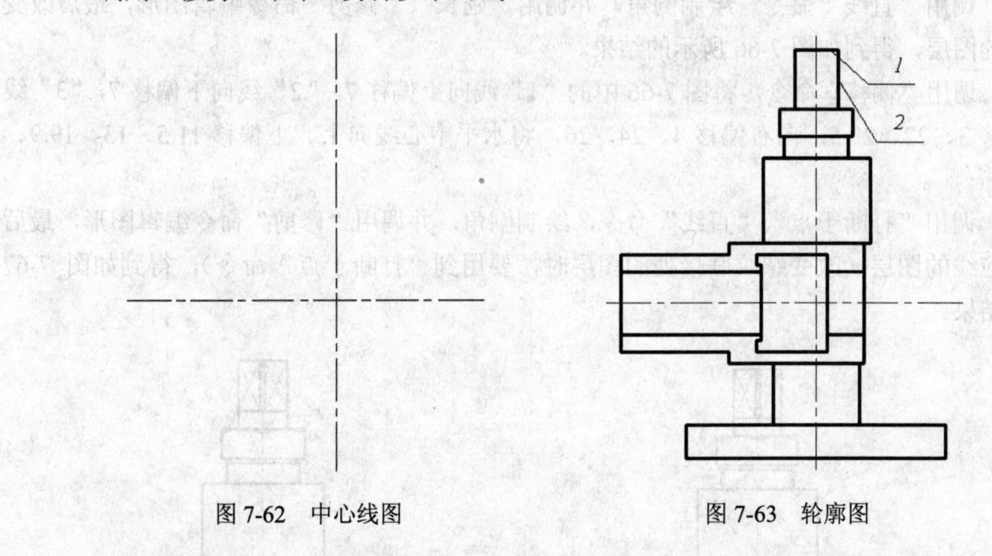

图 7-62　中心线图　　　　图 7-63　轮廓图

6）将图层 0 设置为当前图层，调用“直线”命令，如图 7-64 所示绘制两对角线。

7）调用“镜像”命令，选择“偏移、修剪后的线及对角线”为对象，选择垂直中心线为镜像线，结果如图 7-64 所示。

8）调用“偏移”命令，将图 7-62 中的“1”、“2”线向下偏移 2，“3”、“4”线向内偏移 1。

9）调用“打断于点”命令，将图 7-64 中的“1”线在其中点处打断（便于捕捉“1”线的 1/4 处点）。

10）调用“圆弧”命令，使用三点画弧的方式绘制螺母的圆弧，第一点选中“1”线的偏移线与左边竖直线的交点，第二点选中“1”线的 1/4 处点（即打断后的“1”线左边段的中点），第三点选中“1”线的偏移线与竖直中心线的交点，绘制结果如图 7-65 所示。

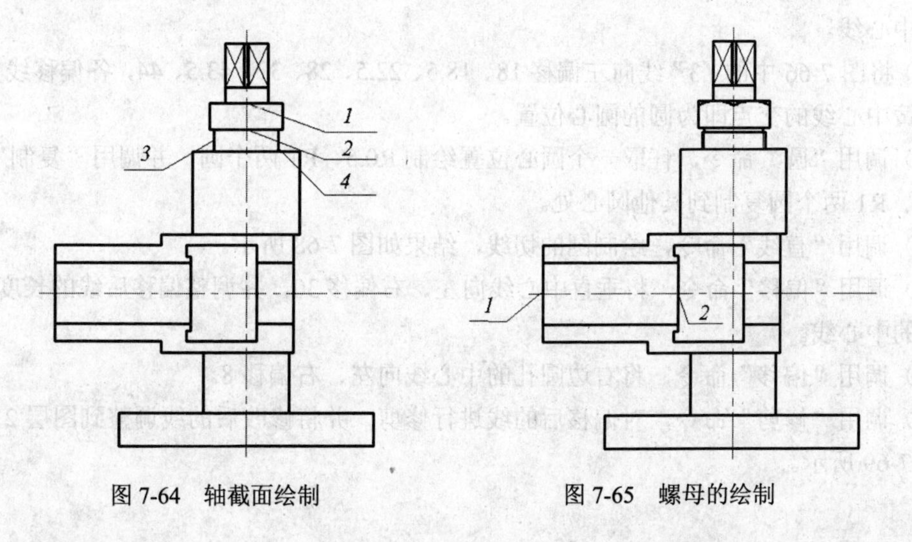

图 7-64　轴截面绘制　　　　图 7-65　螺母的绘制

11）调用“修剪”命令，剪掉多余的线，并改变相应线的图层，得到如图 7-65 所示的结果。

12）调用“偏移”命令，将图 7-65 中的“1”线向右偏移 25、28、30，“2”线向左偏移 3，向右偏移 3、8、9.5，将水平中心线向上、下偏移 1.5、11.5、13、14.6、16.5、19。

13）调用“直线”命令，绘制倒角，并调用“延长”、“修剪”命令编辑图形，最后改变相应线的图层，得到如图 7-66 所示的结果。

14）调用“偏移”命令，将图 7-66 中的“1”线向上偏移 7，“2”线向下偏移 7，“3”线向左偏移 3、22、23.5，向右偏移 4、24、26，将水平中心线向上、下偏移 11.5、13、19.9、25。

15）调用“打断于点”、“直线”命令，绘制倒角，并调用“修剪”命令编辑图形，最后改变相应线的图层（改变螺纹联接处的图层时，要用到“打断于点”命令），得到如图 7-67 所示的结果。

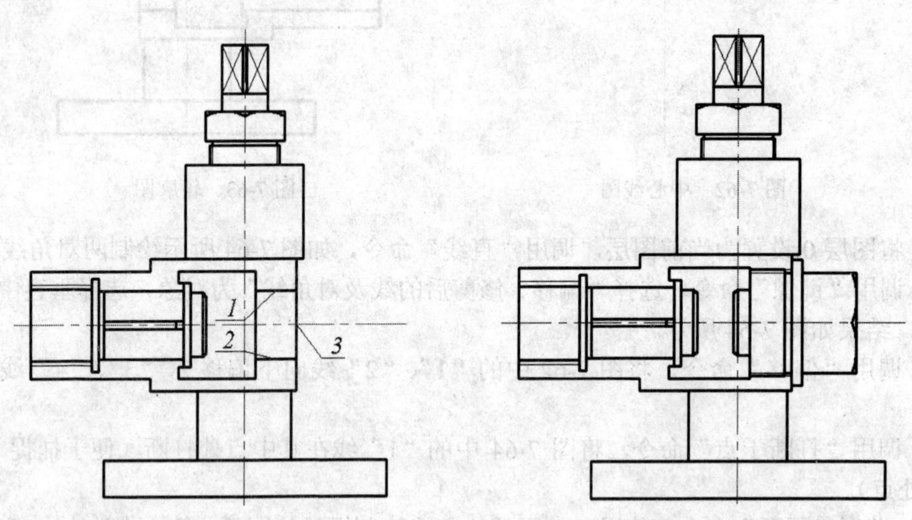

图 7-66　螺纹孔及相关组件的绘制　　　图 7-67　螺母及相关组件的绘制

16）调用“偏移”命令，将水平中心线向上、下偏移 15.5，并调整偏移后线的长度，得到弹簧中心线。

17）将图 7-66 中的“3”线向左偏移 18、18.5、22.5、28、32、43.5、44，各偏移线与（16）步的弹簧中心线的交点即为圆的圆心位置。

18）调用“圆”命令，任取一个圆心位置绘制 R0.5、R1 两个圆，并调用“复制”命令，将 R0.5、R1 两个圆复制到其他圆心处。

19）调用“直线”命令，绘制圆的切线，结果如图 7-68 所示。

20）调用“偏移”命令，将垂直中心线向左、右偏移 30，并调整偏移后线的长度，得到两圆孔的中心线。

21）调用“偏移”命令，将右边圆孔的中心线向左、右偏移 8。

22）调用“修剪”命令，对偏移后的线进行修剪，并将修改后的线调整到图层 2 中，结果如图 7-69 所示。

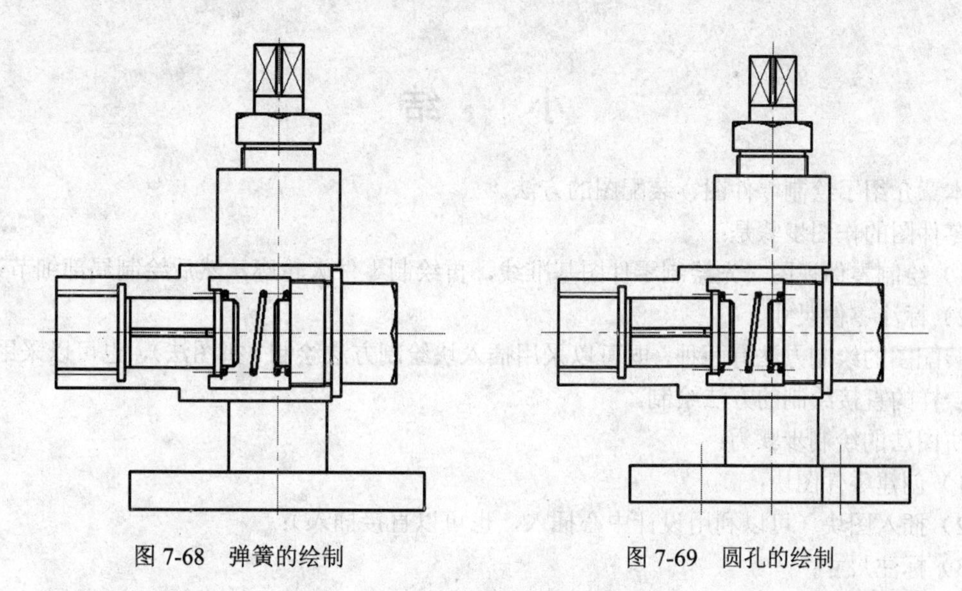

图 7-68　弹簧的绘制　　　　图 7-69　圆孔的绘制

23）调用“圆角”命令，将倒角半径设为 2（图 7-70 中“1”、“2”处的倒角半径为 1），进行倒圆角处理，结果如图 7-70 所示。

3．绘制剖面线

1）将图层 0 设置为当前层，调用“样条曲线”命令，绘制对应的边界线，并利用“修剪”命令，剪掉多余的线。

2）调用“图案填充”命令，打开“图案填充和渐变色”对话框，图案选择“LINE”角度设置为“45”，比例设置为“1”，选择相应的区域进行填充，如图 7-71 所示。

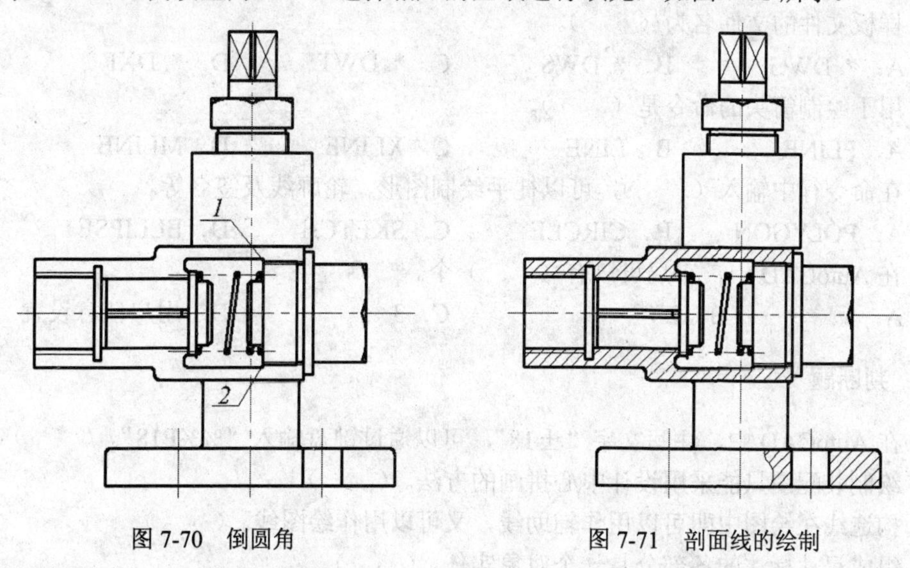

图 7-70　倒圆角　　　　图 7-71　剖面线的绘制

4．标注尺寸

1）采用前面章节介绍的方法设置标注样式，将“字体的高度”设置为 5。

2）将图层 3 设置为当前层，调用“线性标注”命令，标出尺寸。

3）调用“引线标注”命令，编写零件序号，结果如图 7-61 所示。

小　　结

本章介绍了绘制零件图、装配图的方法。

零件图的作图步骤是：

1）绘制零件视图（先绘制零件图基准线，再绘制零件大轮廓，然后绘制局部细节）；

2）标注零件尺寸。

装配图的绘制方法有两种，既可以采用插入块绘制方法绘制（拼图法），也可以采用与零件图一样的直接绘制的方法绘制。

拼图法的绘制步骤为：

1）创建零件图块；

2）插入图块（可以利用设计中心插入，也可以直接插入）；

3）标注尺寸；

4）编写零件序号。

思考与练习

一、选择题

1．下面哪个命令设置图形边界（　　）。

A．GRID　　B．SNAP　　C．LIMITS　　D．OPTIONS

2．样板文件的文件名为（　　）。

A．*. DWG　　B．*. DWS　　C．*. DWT　　D．*. DXF

3．用于绘制箭头的命令是（　　）。

A．PLINE　　B．LINE　　C．XLINE　　D．MLINE

4．在命令行中输入（　　），可以徒手绘制图形、轮廓线及签名等。

A．POLYGON　　B．CIRCLE　　C．SKETCH　　D．ELLIPSE

5．在 AutoCAD 中，布局可以有（　　）个。

A．1　　B．2　　C．3　　D．用户任意设置

二、判断题

1．在 AutoCAD 中，注写文字“±18”，可以通过键盘输入“%%P18”。（　　）

2．绘制装配图只能采用设计中心拼画的方法。（　　）

3．构造线在绘图中即可以用作辅助线，又可以用作绘图线。（　　）

4．组成尺寸标注的各部分是一个对象实体。（　　）

5．在默认情况下，AutoCAD 沿 45°方向绘制填充图案。（　　）

三、简答题

1．如何标注形位公差及配合尺寸？

2．简述样板文件包括的一般内容。

第 8 章　建筑图绘制

教学目标：

本章主要以实例练习的形式，让学习者能够初步了解简单建筑图的一些组成形式、绘制和标注方法，进一步加强 CAD 常用命令的练习。

学习重点：

✧ 绘图命令
✧ 编辑命令
✧ 建筑制图的绘制
✧ 建筑制图的标注

8.1　建筑图绘图基础

建造房屋一般包括设计和施工两个阶段。建筑设计是在总体规划的前提下，根据建设任务和工程技术条件进行房屋的空间组合和细部设计，选择切实可行的结构方案，并用设计图的形式表现出来。建筑施工必须依照施工图进行施工，施工图是在初步设计的基础上，将建筑、结构、设备等工作相互配合、协调、校核和调整，并把满足工程施工的各项具体要求反映在图纸上，是建造房屋的唯一技术依据。土木建筑工程图一般包括结构施工图、给水排水工程图和道路工程图等。其中房屋结构施工图、给排水施工图与第 9 章介绍的建筑施工图有非常紧密的联系。一幢房屋设计时首先进行建筑设计，表明建筑物的外部形状、内部布置和装饰构造等情况，在此基础上进行结构设计，保证建筑物的牢固和稳定，同时进行水、暖、电等设备施工图设计，完善建筑物的使用功能。

建筑工程图除了要符合投影原理以及正投影图、剖面图和断面图等图示方法外，为了保证制图质量、提高效率、表达统一和便于识读，在绘制施工图时还应严格遵守土木工程制图国家标准，即《建筑结构制图标准》（GB/T50105-2001）、《给排水制图标准》（GB/T50106-2001）和《道路工程制图标准》（GB50162-1992）中的有关规定。

8.1.1　设置绘图区域

用手工绘制一张建筑施工图时，一般先要根据建筑物的实际大小，确定绘图比例，再计算出图纸幅面。而用计算机绘图软件 AutoCAD 绘图时，采用适当的单位、精度。我们就可以将建筑物按将绘图形的实际尺寸用 1∶1 的比例绘图。如果选择不同的出图比例时，可以绘出不同幅面图纸。因此，绘图前应确定图形占多大区域，即确定绘图边界。绘图边界一般大于或等于图形区域。

8.1.2　设置尺寸样式

1．尺寸标注标准

根据《房屋建筑制图统一标准》（GB/T50001—2001）规定，尺寸线、尺寸界线用细实线绘制，尺寸起止符用 45° 中粗短斜线绘制，长度宜 2～3mm，尺寸界线距离图样不小于 2mm，另一端宜超出尺寸线 2～3mm，尺寸数字应依据其读数方向注写在靠近尺寸线的上方中部，尺寸线之间的间距宜为 7～8mm，数字和文本的字高应大于或等于 3.5mm。

2. 设置尺寸样式

尺寸样式中参数的设定与尺寸标注标准规范值和出图比例有关。出图比例为 1∶1 时，直接按照尺寸标注规范值设定；出图比例改变时，参数值等于尺寸标注规范值与出图比例之比。如出图比例为 1∶100，为使文字高度为 3.5mm，须将字高设置为 350mm。

8.2 建筑图绘制实例 1

结构施工图是表达房屋结构的整体布置和各种城中构件（梁、板、柱、墙、基础等）的材料、形状、大小、构造等结构设计的图样。主要包括基础平面图，楼层结构平面布置图，屋面结构平面图，楼梯结构详图，梁、板、柱基础结构详图，屋架结构详图等。结构施工图是构建制作、安装和指导施工的重要依据。

8.2.1 图形分析

绘制如图 8-1 所示的梁结构图。从图形特点看，该梁左右对称，所以在绘制时可以先完成“一半”，然后用镜像命令完成另一半。

通过应用图层、直线、圆角、偏移等基本命令，了解钢筋的绘制方法。

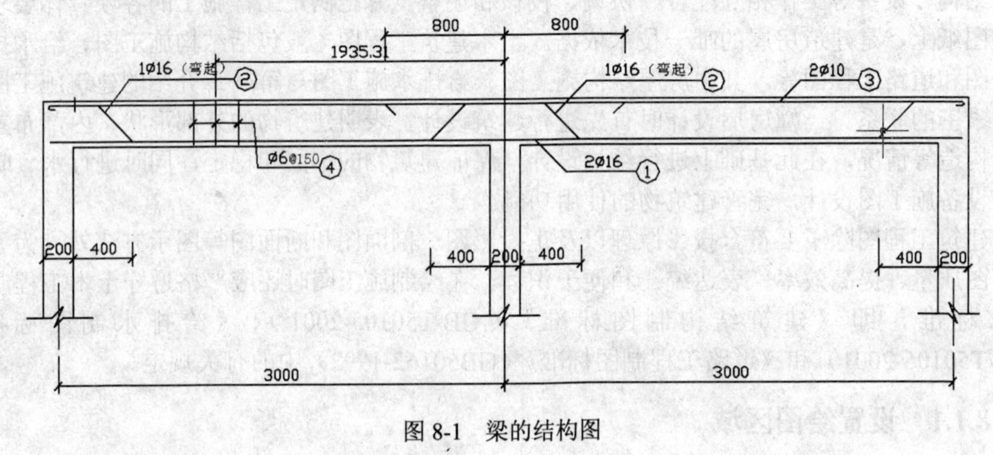

图 8-1 梁的结构图

8.2.2 图形绘制

1. 新建文件

单击“标准”工具栏上的“新建”按扭，在弹出的选择样板对话框中选择“acadiso.dut”样版文件，点击“打开”按扭。

2. 新建图层

单击“格式”菜单的“图层”按钮，弹出“图层特性管理器”对话框，再单击“新建”

按钮，根据图形的需要来确定图层的数目。

名称：标注线　颜色：蓝色　　线型：实线　　线宽：0.13

名称：粗线　　颜色：白色　　线型：实线　　线宽：0.30

名称：细线　　颜色：白色　　线型：实线　　线宽：0.13

名称：轴线　　颜色：红色　　线型：虚线　　线宽：0.13

设置完成后单击保存，如图 8-2 所示。

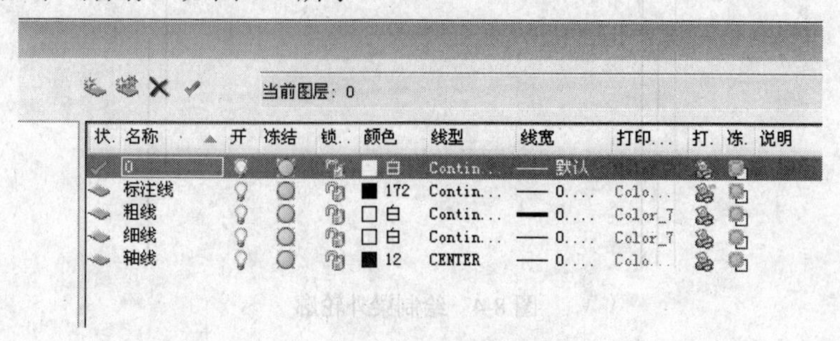

图 8-2　新建图层

3．绘制轴线

（1）准备工作

点取图层工具栏中的“图层特性管理器”按钮，选取“轴线图层”，并把该图层设为当前图层。

（2）画轴线及辅助线（如图 8-3 所示）

图 8-3　画轴线及辅助线

1）点击图层工具栏中的轴线图层。

2）点击绘图工具栏的“直线”按钮，再点击状态栏的“正交”按钮，画出一条竖直的点画线。

3）点击绘图工具栏的“偏移”按钮，根据状态栏的命令输入指定偏移距离为 3000，按“enter”确定。再根据命令选择要偏移的对象，左击点画线左侧。

4）根据上述步骤将左侧的点画线分别左右各偏移 100。

5）再点击绘图工具栏的“直线”按钮，画一条与点画线相交的水平轴线。

4．绘制部分轮廓线

1）点击图层工具栏中的细线图层。

2）点击绘图工具栏的“直线”按钮，点击水平轴线和最左侧点画线的交点，在状态栏中输入指定下一点的距离为 1400，绘制出竖直向上的直线。再使用直线命令，以刚绘制的竖向直线终点为起点，绘制水平向右的直线，长度 3100。

3）点击绘图工具栏的“直线”按钮，点击从左向右的第三个交点，在状态栏中输入指定下一点的距离为1100，绘制出竖直向上的直线。以刚绘制的竖向直线终点为起绘制水平向右的直线，长度2800。

4）使用与上述步骤同样的方法，绘制竖直向下的直线，长度1100（如图8-4所示）。

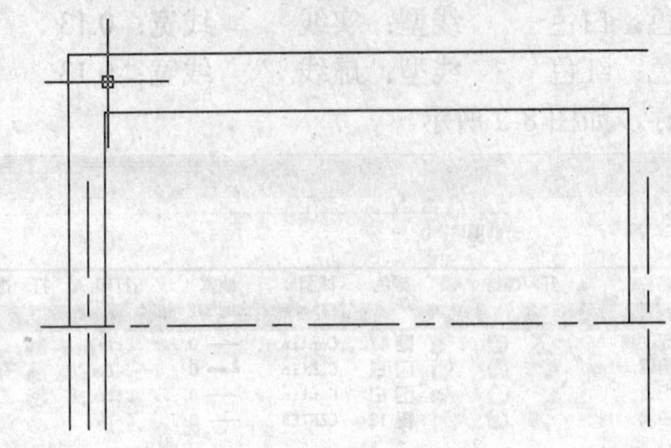

图8-4　绘制梁外轮廓

5. 画平行粗线（主筋）

1）把梁的上轮廓线向下偏移30，绘出水平辅助线。

2）点击图层管理器中的“轴线”图层，将从左至右的第二条点画线向左偏移53。

3）点击图层管理器中的“粗线”图层，再点击绘图工具栏的“直线”按钮，点选刚才绘制的辅助线和点画线的交点并且鼠标指针移向右侧，在状态栏中输入指定下一点的距离为3053，绘制水平粗直线。

4）将水平粗直线向下偏移235（如图8-5所示）。

图8-5　绘制主筋

6. 绘制钢筋弯钩

1）将刚才绘制的水平辅助线向下偏移28，选择图层管理器中的粗线图层，点击绘图工具栏的“直线”按钮，点击刚偏移辅助线和点画线的交点，在状态栏中输入指定下一点的距离为32，绘出水平向右的粗直线。

2）点击绘图工具栏的“圆角”按钮，在状态栏中输入“r”，圆的半径为14，按回车键确定。选择上下两条粗实线，按回车键确定，绘出钢筋钩的圆弧段。

3）将从左至右的第二条点划线分别向左偏移318，553。将其与上下两根主筋的交点用粗实线连接起来。

4）按上述类似步骤完成效果如图8-6所示。

7．绘制另一半图

1）点击“绘图”工具栏的“镜像”按钮。

2）根据状态栏中的命令选择对象，按回车键确定下一个命令，再根据命令选择镜像基线将其复制（如图 8-7 所示）。

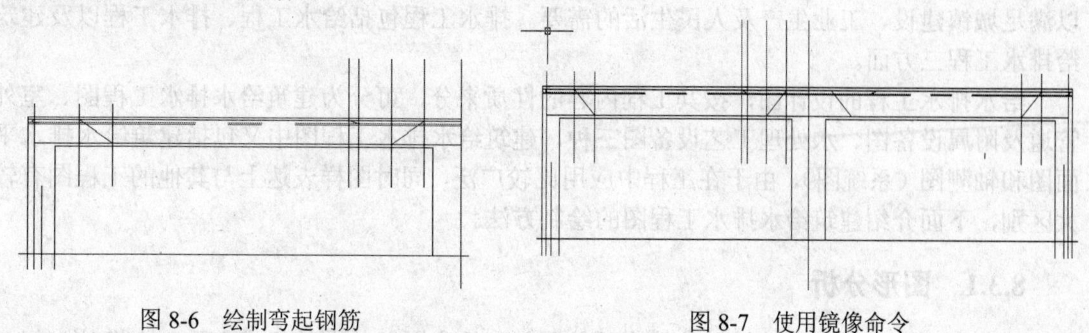

图 8-6　绘制弯起钢筋　　　　图 8-7　使用镜像命令

8．画三根粗线（箍筋）

1）将梁的中心对称点画线向左侧偏移 1935。

2）点击图层管理器中的“粗线”图层，再点击绘图工具栏的“直线”按钮，点击刚偏移的直线和最上边第一根钢筋的交点并且鼠标指针向下移动，在状态栏中输入指定下一点的距离为 273，绘出竖直向下的直线。

3）再将绘制好的粗线分别向左、右各偏移 150。

4）点击绘图工具栏的“直线”按钮，用细实线将折断线画出，完成结果如图 8-8 所示。

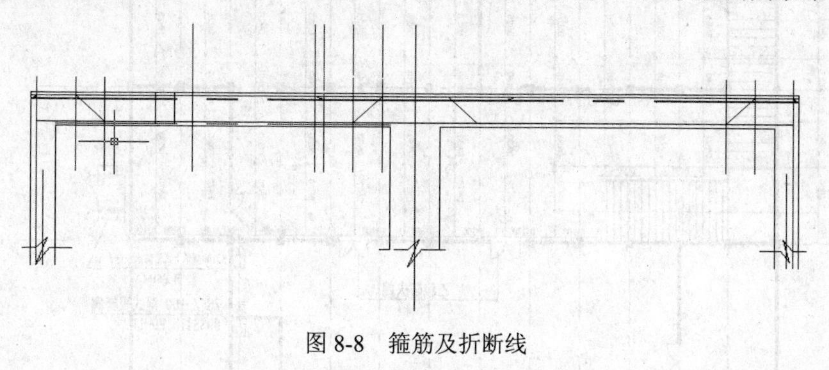

图 8-8　箍筋及折断线

9．标注

1）选择图层管理器中的“标注”图层。

2）标注的设置：点击菜单栏中的“标注”按钮,弹出一个标注样式管理器对话框，点击新建按钮将样式名设为建筑，按继续按钮，弹出一个修改标注样式对话框，点击“文字”，将文字高度设为 80。其他可根据自己的要求来设置。

3）标注斜粗线，点击绘图工具栏的“直线”按钮，画出标注线。再点击绘图工具栏的“文字”按钮，左键点击输入文字的位置，弹出一个文字框，输入“1%%c16”。

4）点击绘图工具栏的“圆”按钮，在状态栏中输入半径为 30，按回车键确定。

5）点击绘图工具栏的“文字”按钮，左键点击输入文字的位置，弹出一个文字框，输入 2 即可。

6）其他标注按上述类似步骤进行，完成结果如图 8-1 所示。

8.3 建筑图绘制实例 2

给排水工程是为了解决生产、生活、消防的用水及排除、处理污水和废水这些基本问题所必须的城镇建设工程，通过修建自来水厂、给水管网、排水管网及污水处理厂等市政设施，以满足城镇建设、工业生产及人民生活的需要。排水工程包括给水工程、排水工程以及建筑给排水工程三方面。

给水排水工程的设计图，按其工程内容的性质来分，可分为建筑给水排水工程图、室外管道及附属设备图、水处理工艺设备图三种。建筑给水排水工程图中又包括建筑给水排水平面图和轴测图（系统图），由于在工程中应用比较广泛，同时图样表达上与其他的工程图有较大区别，下面介绍建筑给水排水工程图的绘制方法。

8.3.1 图形分析

绘制如图 8-9 所示的建筑消防给水系统图。该给水图，从图的组成来看，由墙体、门、楼梯、给水干管、给水支管和消防附属设备组成。

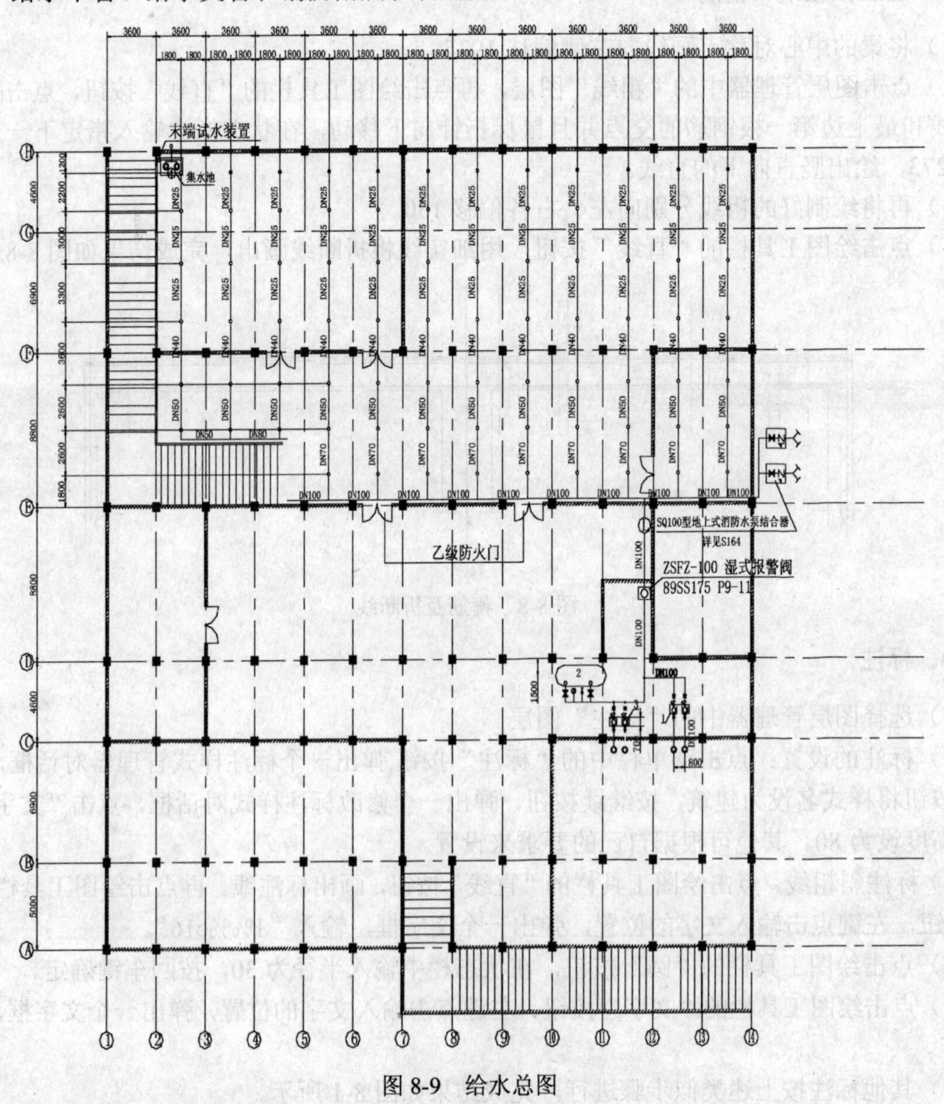

图 8-9 给水总图

通过绘制此图形，学习建筑轴线的绘制和标注方法，进一步熟悉多线的设置和使用。

8.3.2 图形绘制

1．新建文件

单击“标准”工具栏上的“新建”按钮，在所弹出的“选择样版”对话框中选择“acadiso.dwt”样版文件，单击“打开”按钮（如图 8-10 所示）。

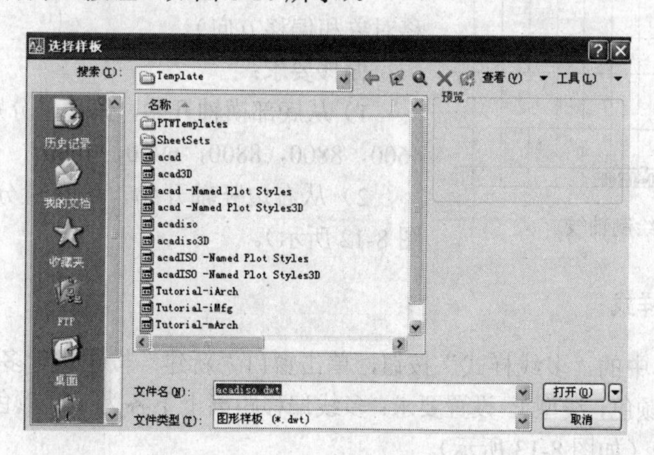

图 8-10 新建文件窗口

2．建立图层

打开“格式”菜单，点击“图层”窗口，单击窗口中“新建图层”按钮（如图 8-11 所示）。

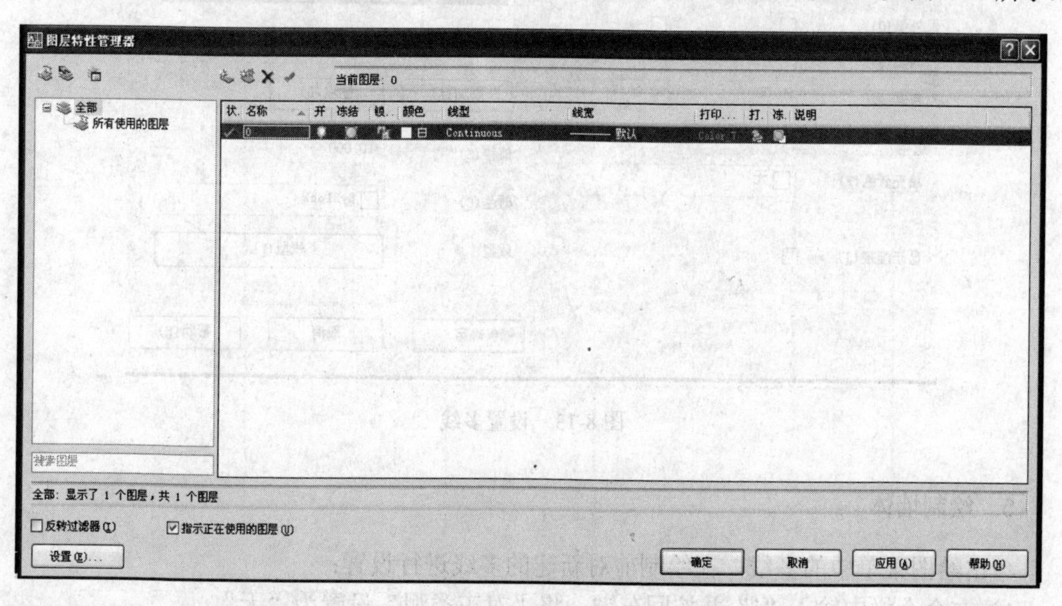

图 8-11 新建图层窗口

按要求，创建如下图层：

1）“轴线”：颜色设置为红色，线型设置为点画线，线宽为 0.13。

2）“墙体”：颜色设置为黑色，线型设置为细实线，线宽为 0.13。

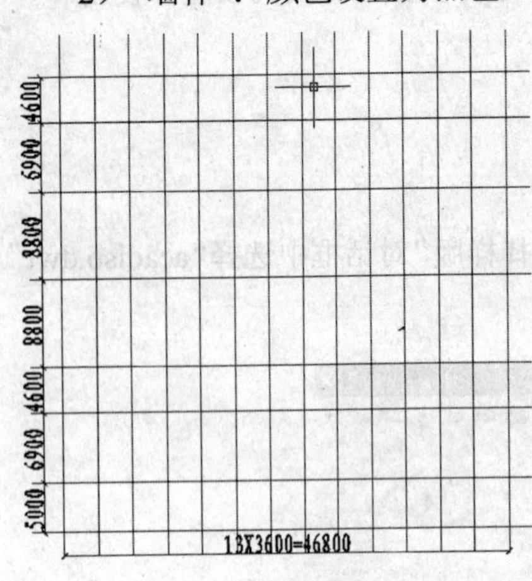

图 8-12　绘制轴线

3）“标注”：颜色设置为蓝色，线型设置为细实线，线宽为 0.13。

3．绘制轴线

根据图 8-9 中墙体间隔大小进行轴线偏移（单击工具栏中“偏移”按钮，并输入指定偏移距离，然后单击偏移对象和偏移方向）。

偏移要求：

1）从底部横轴开始，偏移量分别为：5000，6900，4600，8800，8800，6900，4600。

2）从右边竖轴开始，偏移量分别都为 3600（如图 8-12 所示）。

4．设置多线样式

单击格式菜单中的“多线样式”按钮，单击窗口“新建”按钮进行多线样式设置（设置对象：偏移距离，颜色，线型）。设置要求：多线偏移距离上下各为 10，颜色为“BYBLOCK”，线型设置为细实线（如图 8-13 所示）。

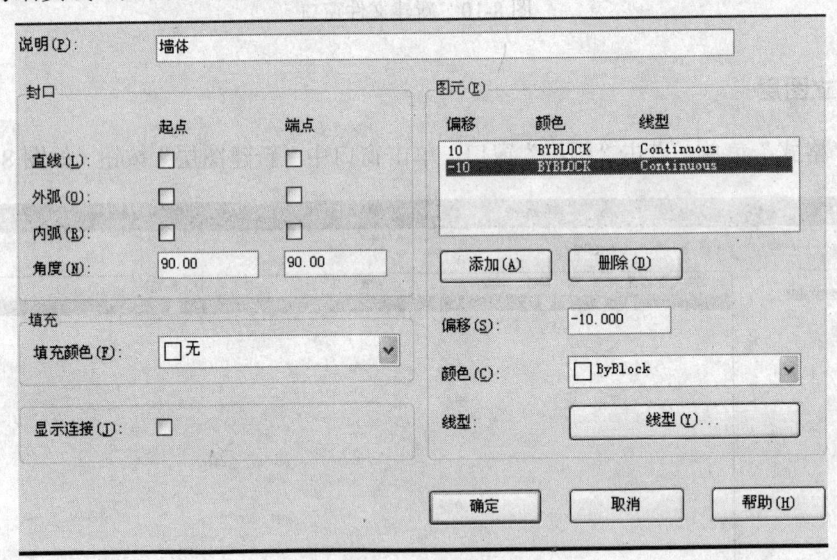

图 8-13　设置多线

5．绘制墙体

单击绘图菜单中的多线，在绘制前对新建的多线进行设置：

1）在命令栏中输入“j”并按回车键，将“对正类型”设置为“无”。

2）在命令栏中输入“s”并按回车键，将比例更正为“1”。

3）根据轴线绘制出部分墙体（如图 8-14 所示）。

4）绘制出内部墙体、楼梯及门洞，楼梯每步水平间距为 450（其他尺寸如图 8-15 所示）。

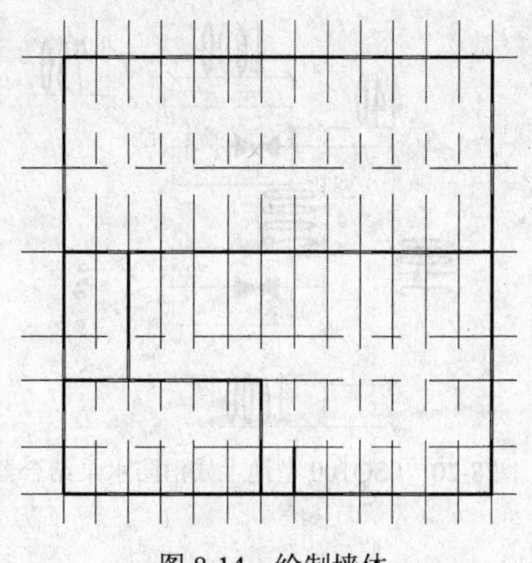

图 8-14　绘制墙体

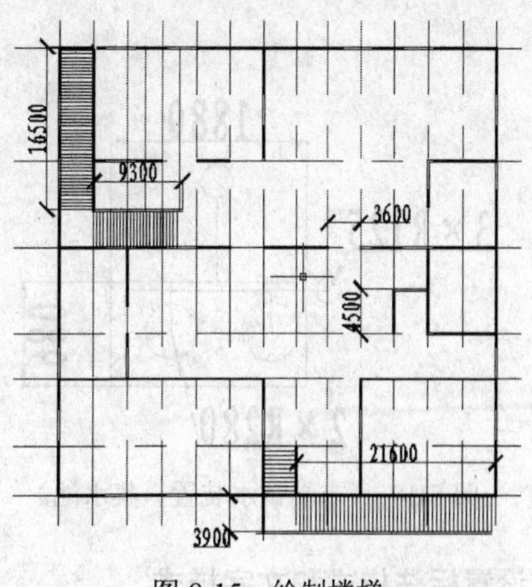

图 8-15　绘制楼梯

6. 绘制门、管道和柱

1）以 E 轴线为基准向上分别以 1800、2600、2600、3600、3300、3000、2200、1200 为距离，在绘图工具栏调用“圆”命令，绘制给水干管（直径 400），如图 8-16 所示。

2）按相应门洞位置应用绘图工具栏的“圆弧”、修改工具栏的“阵列”、“复制”等命令，绘制双开 3600 的大门（如图 8-16 所示）。

3）在相应位置应用绘图工具栏的“矩形”、“填充”命令，修改工具栏的“阵列”、“复制”等命令，绘制 500×500 的柱。绘制效果如图 8-17 所示。

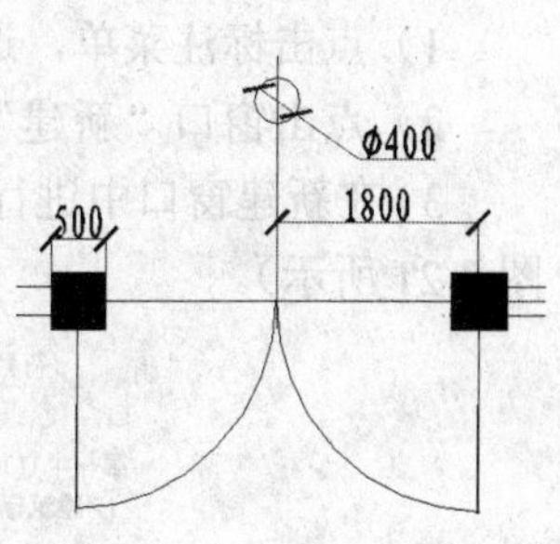

图 8-16　门和柱细部

注意：在绘制管道和柱时，可使用右边工具栏中的“阵列”或“复制”命令，从而使得绘制更加方便快捷。

7. 绘制平面图内消防系统附属设备

平面图中消防系统包括 ZSFZ-100 湿式报警阀、末端试水装置、集水池、SQ100 型地上式消防水泵结合器（ZSFZ-100 湿式报警阀设备，尺寸可自行选定），如图 8-18、8-19、8-20 所示。

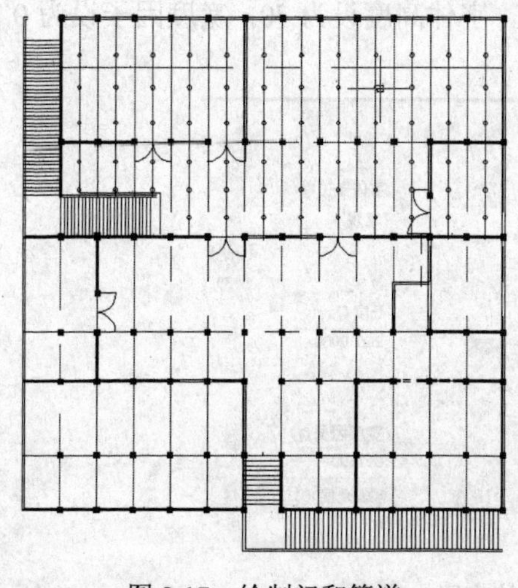

图 8-17　绘制门和管道

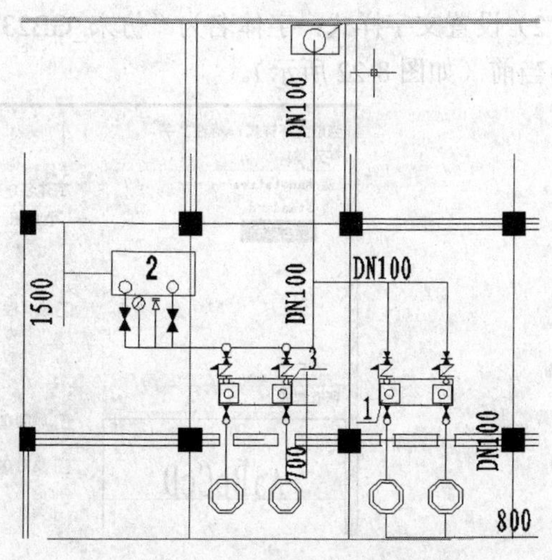

图 8-18　ZSFZ-100 湿式报警阀

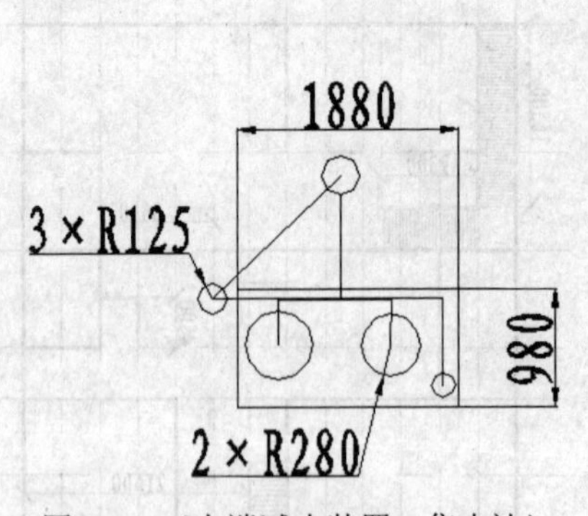

图 8-19 （末端试水装置、集水池）

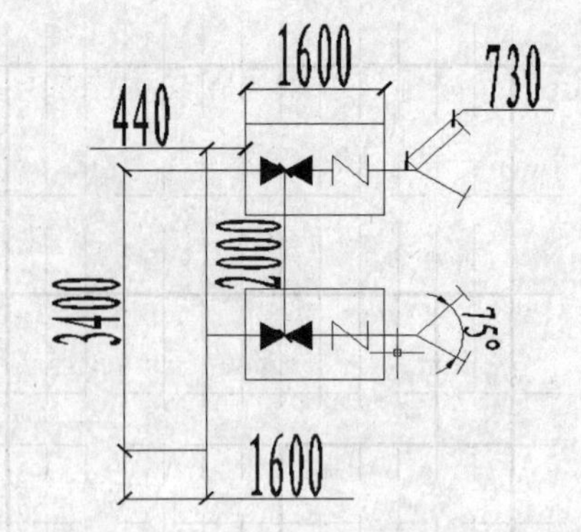

图 8-20 （SQ100 型地上式消防水泵结合器）

8．设置标注样式和文字样式

（1）标注样式

1）点击标注菜单，选择“标注样式”点击确定。

2）点击窗口“新建”按钮创建新的标注样式。

3）在新建窗口中进行设置：箭头设置为“建筑标记”，箭头大小设置为 30 并置为当前（如图 8-21 所示）。

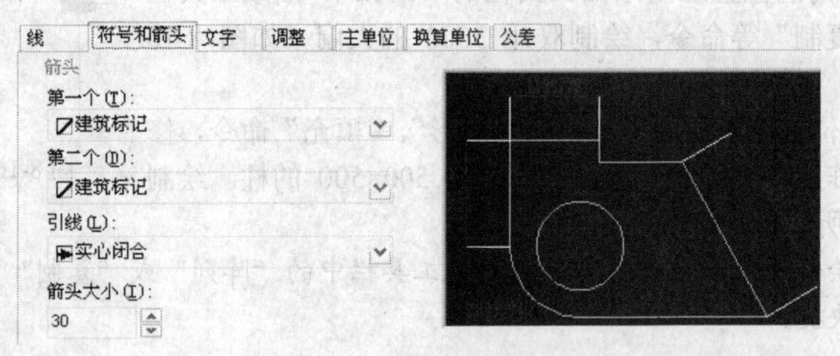

图 8-21 标注样式箭头的设置

（2）文字样式

1）点击格式菜单中的“文字样式”。

2）设置文字样式：字体名为“仿宋_GB2312”，字体高度设为 70，宽度因子设为 0.75 并置为当前（如图 8-22 所示）。

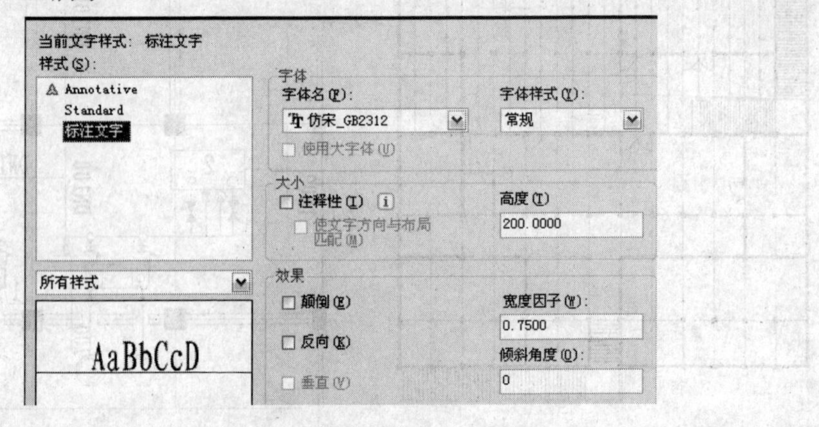

图 8-22 新建标注文字

9．进行尺寸标注、轴号和文字添加

（1）尺寸标注

按如图 8-23、8-24 所示标注图形轴线尺寸。

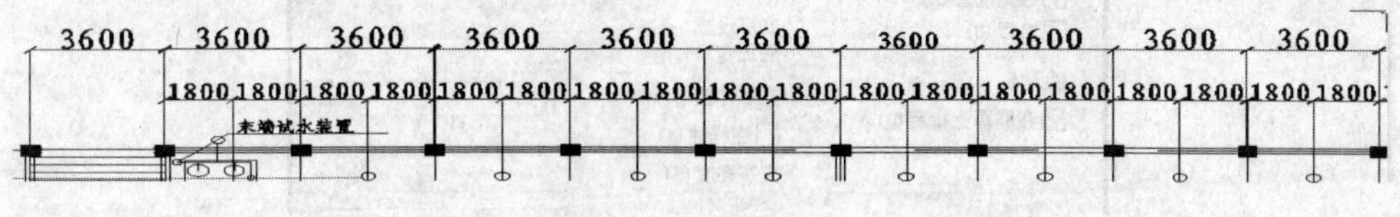

图 8-23 尺寸标注（一）

（2）添加文字

1）在 5～14 轴线和 E～H 轴线范围内，以 H 轴线为基准，向下标注管径依次为 DN25、DN25、DN25、DN40、DN50、DN70、DN100。

2）在 2～5 轴线和 E～H 轴线范围内，以 H 轴线为基准，向下标注管径依次为 DN25、DN25、DN25、DN40、DN50（如图 8-25 所示）。

3）添加其他文字到相应位置

（3）添加轴号

1）绘制出半径为 75 的圆。

2）点击绘图菜单中的“块”按钮，选择“属性定义”。

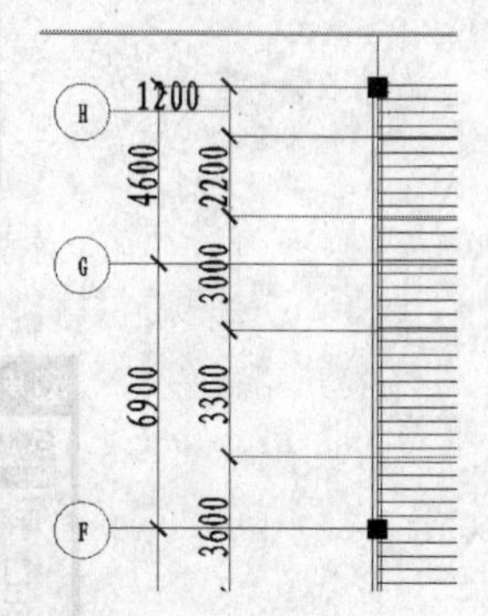

图 8-24 尺寸标注（二）

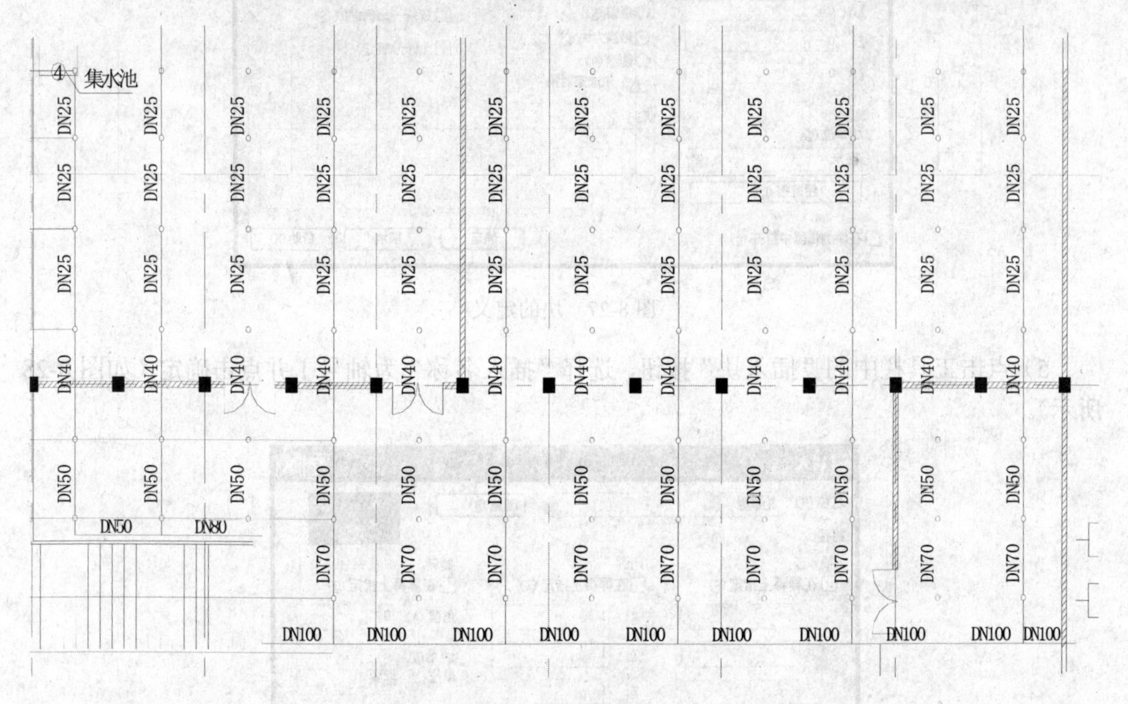

图 8-25 管径的标注

3）在“标记”栏中输入“A”点击确定按钮，并将“A”放入绘制的圆内（如图 8-26 所示）。

4）点击工具栏中的“创建块”按钮，在“名称”中输“轴号 1”，并选“拾取点”拾取圆的上侧象限点，选取整个对象并确认（如图 8-27 所示）。

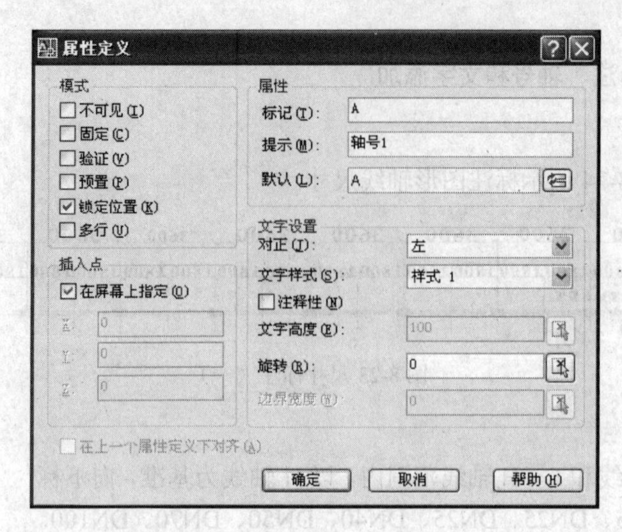

图 8-26　块属性的定义

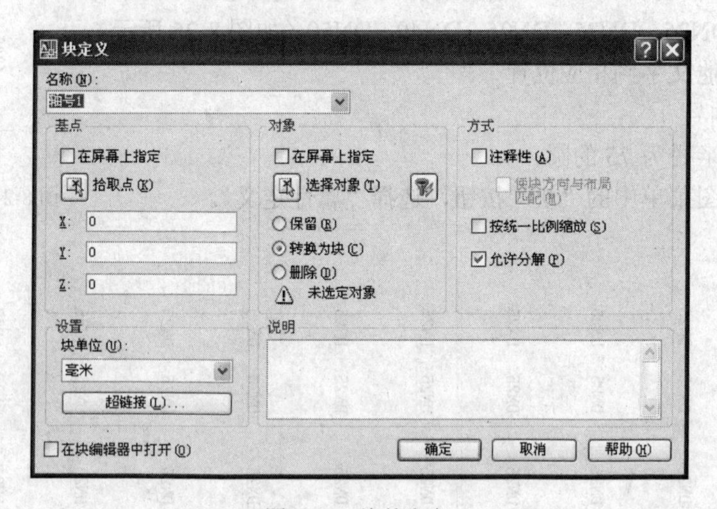

图 8-27　块的定义

5）点击工具栏中的“插入块”按钮，选择“插入名称”为轴号 1 并点击确定（如图 8-28 所示）。

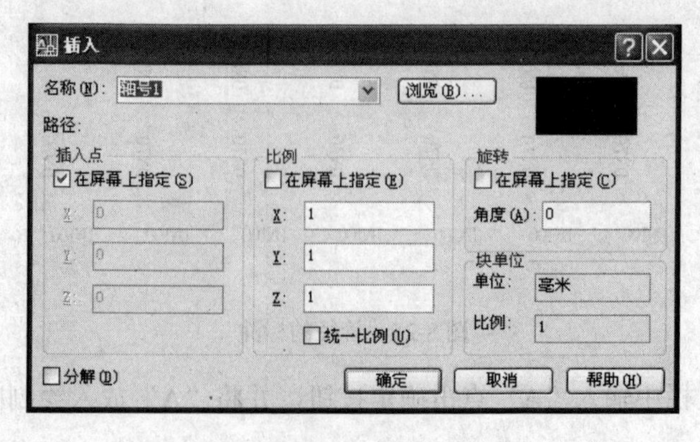

图 8-28　属性“块”的插入

6）将创建的块插入到相应位置，输入相对的轴号并确认，多次使用“插入块”命令并修改属性块的输入值为相应轴号（如图 8-29 所示）。

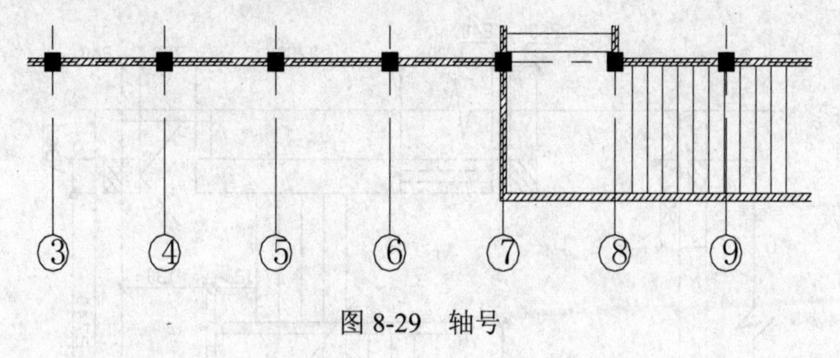

图 8-29 轴号

10．删除多余线条，重新生成图形

得到如图 8-9 所示图形。

小　　结

本章通过具体实例的讲解，让学习者了解绘制建筑图的要求和特点。应用“多线”绘制墙体、“建筑箭头”标注尺寸、建筑轴线的绘制标注等表示方法，所涉及的有些问题是和前面章节机械制图绘制方法有明显区别的，学习者应该予以重视。

思考与练习

操作题

1．完成如题图 8-1 所示的图形。

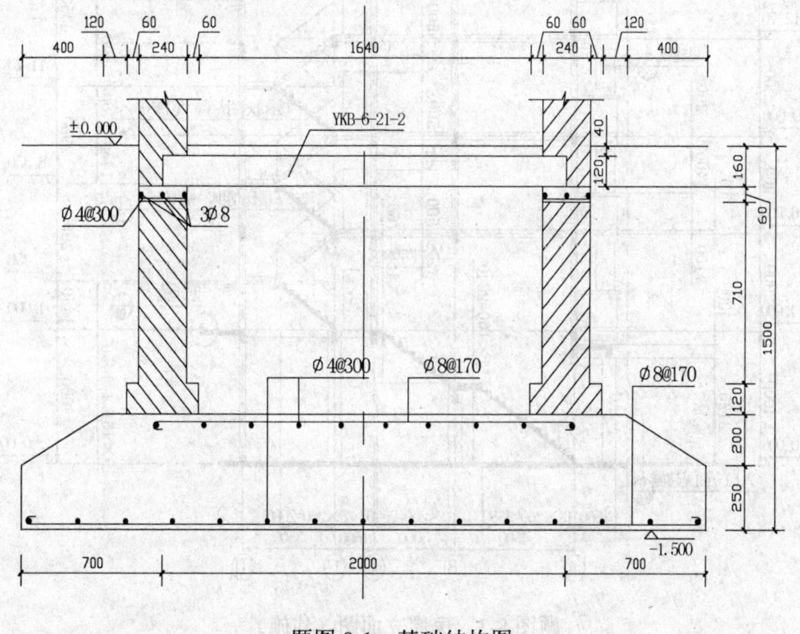

题图 8-1 基础结构图

2．完成如题图 8-2 所示的图形。

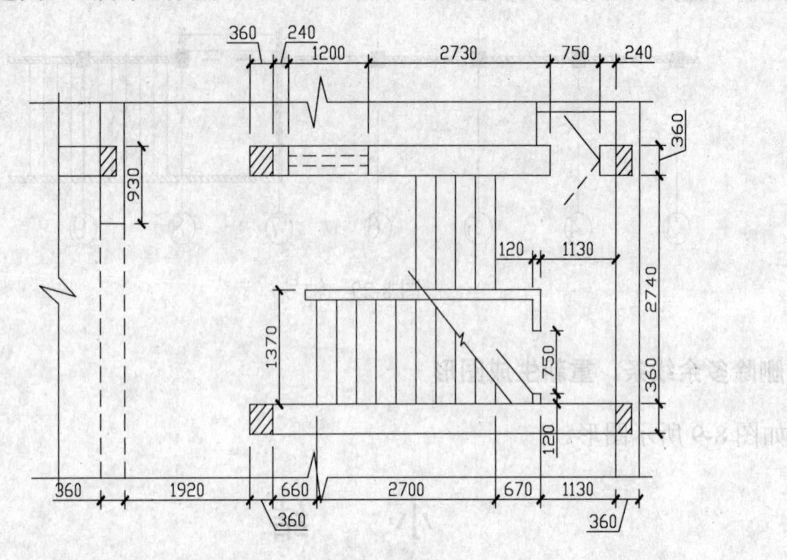

题图 8-2　楼梯和休息平台

3．完成如题图 8-3 所示的图形。

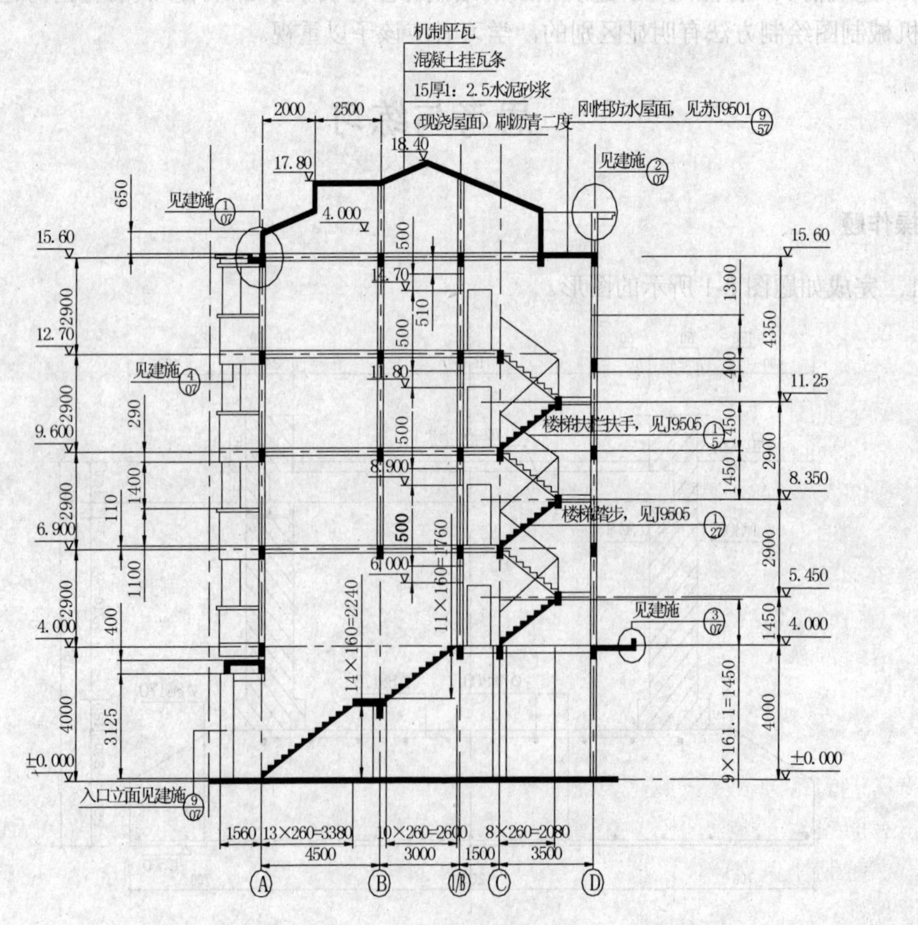

题图 8-3　房屋立面图（建施）

第 9 章　建筑施工图绘制

教学目标：

本章主要以实例练习的形式，让学习者在掌握第 8 章简单建筑图的绘制方法和技巧的前提下，深入了解建筑施工图的绘制方法和特点。

学习重点：

✧ 绘图命令
✧ 编辑命令
✧ 建筑施工图的绘制
✧ 建筑施工图的标注

9.1　建筑施工图概述

9.1.1　建筑平面图的绘制

建筑平面图是反映建筑物内部功能、结构、建筑内外环境、交通联系及建筑构件设置、设备及室内布置最直观的手段，它是立面、剖面及三维模型和透视图的基础。建筑设计一般是从平面设计开始的。

建筑平面图可以表示建筑物在水平方向上房屋各部分之间的组合关系。从总体上来说，建筑平面设计包括使用部分和交通联系部分。使用部分指使用面积和辅助面积，即各类建筑物中的使用房间和辅助房间，如卧室，厨房、卫生间等。交通联系部分是建筑物中各个房间之间，楼层之间和房屋内外之间联系通行的面积，即各类建筑物中的走廊、门厅、楼梯等。

建筑平面图实际上是房屋的水平剖面图（除屋顶平面图外），也就是假想用一个水平平面经过门窗洞处将房屋剖开，移去剖切平面以上的部分，对剖切平面以下的部分用正投影法得到的投影图，简称为平面图。它用以表达建筑物的平面形状、大小和房间的布置，以及墙、柱、门窗等构件的位置、尺寸、材料和做法等。

建筑平面图中的图线应粗细有别，层次分明。被剖切到的墙、柱的断面轮廓线用粗线实线绘制，门的开启线用中实线绘制，其余可见轮廓线、尺寸线、标高符号等用实线绘制，定位轴线用细点画线绘制。

9.1.2　建筑立面图的绘制

将房屋的各个立面按照正投影的方法投影到与之平行的投影面上，所得到的正投影图称为建筑立面图，简称立面图。建筑立面图是建筑施工图中的重要图样，也是指导施工的基本依据。在绘制建筑立面图之前，应首先了解立面图的内容、图示原理和方法，才能将实际意图和设计内容准确表达出来。

为了加强立面图的表达效果，使建筑物的轮廓突出、层次分明，通常选用的线性如下：

屋脊线和外墙最外轮廓线用粗实线（*b*），室外地坪线采用特粗实线（1.4*b*），所有凹凸部位如阳台、雨棚、肋脚、门窗洞等用中实线（0.5*b*），其他部分门窗扇、雨水管、尺寸线、标高等用细实线（0.25*b*），其中基准线宽 *b* 可以采用 2.0，1.4，1.0，0.7 四种线宽中一种。

9.1.3 建筑剖面图的绘制

用一个假想的垂直外墙轴线的铅垂平面沿制定的位置将建筑物切成两部分，将其中一部分进行投影得到的平面图形，称为建筑剖面图，简称剖面图。建筑剖面图也是建筑施工图中的一个重要内容，和平面图及立面图配合在一起，更加清楚地反映建筑物的总体结构特征。

应首先了解剖面图的内容、图示原理和方法，才能将实际意图和实际内容准确地表达出来。同平面图一样，建筑剖面图的设计与绘制也应符合国家标准《房屋建筑制图统一标准》（GB/T50001-2001）和《建筑制图标准》（GB/T50104-2001）中的有关规定。

建筑剖面图是用来表达建筑物竖向构造的方法，主要可以表现建筑物内部的垂直方向的高度、楼层的分层、垂直空间的利用以及简要的结构形式和构造方式，如屋顶的形式、屋顶的坡度、檐口的形式、楼板的搁置方式和搁置位置、楼梯的形式等。

建筑剖面图中凡是剖到的墙、板、梁等构件的轮廓线用粗实线表示，没有剖到的其他构件的投影线用中实线表示，细部构造用细实线表示。

9.2 建筑施工图绘制实例 1

9.2.1 图形分析

绘制如图 9-1 所示的房屋平面图。该房屋平面图，由墙体、门、窗和台阶组成。

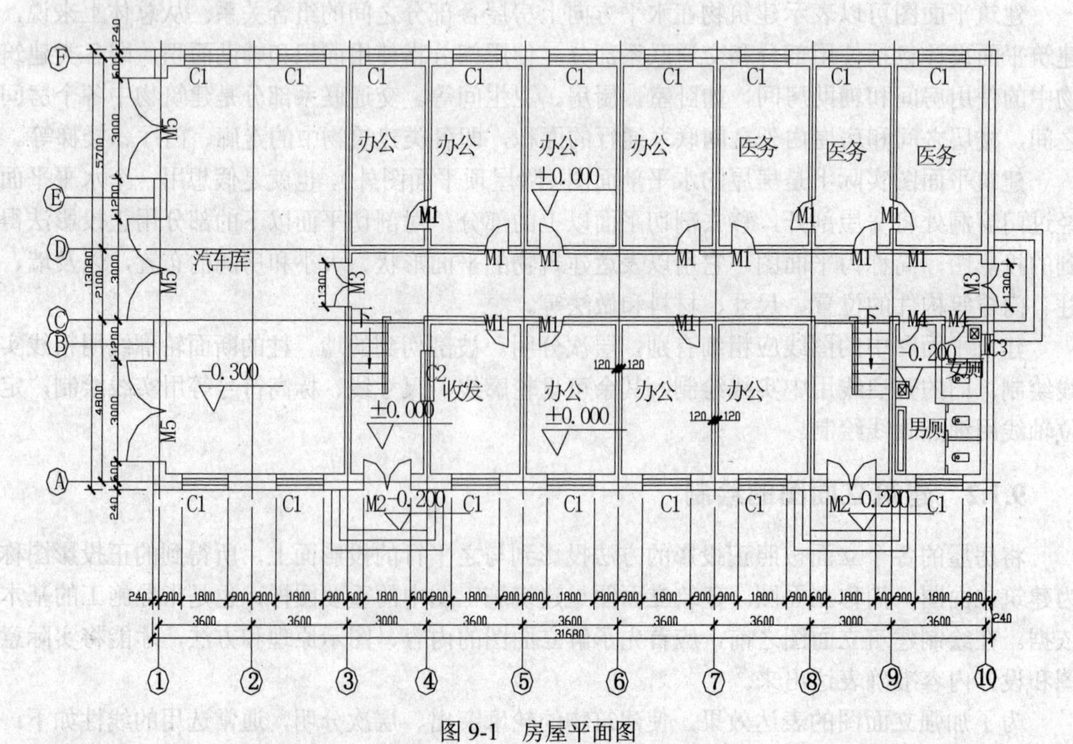

图 9-1 房屋平面图

通过绘制此图形，复习使用多线绘制墙体、使用块的属性管理器，学习多线的编辑方法。

9.2.2 图形绘制

1．新建文件

单击“标准”工具栏上的“新建”按钮，在弹出的“选择样板”对话框中，选择“acadiso.dwt”样板文件，点击“打开”按钮。

2．新建图层

创建如图 9-2 所示图层。

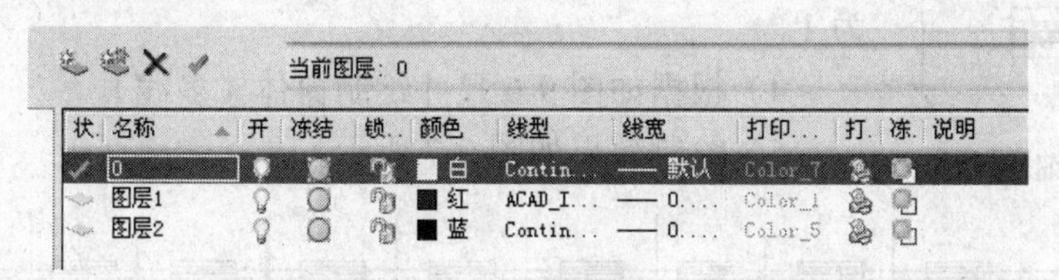

图 9-2 新建图层

3．绘制轴线

（1）准备工作

点取图层工具栏中的“图层特性管理器”按钮，选取图层 1，并把该图层设为当前图层。

（2）绘制轴线

点击绘图工具栏中的“直线”按钮，并根据图 9-3 尺寸绘制轴线。

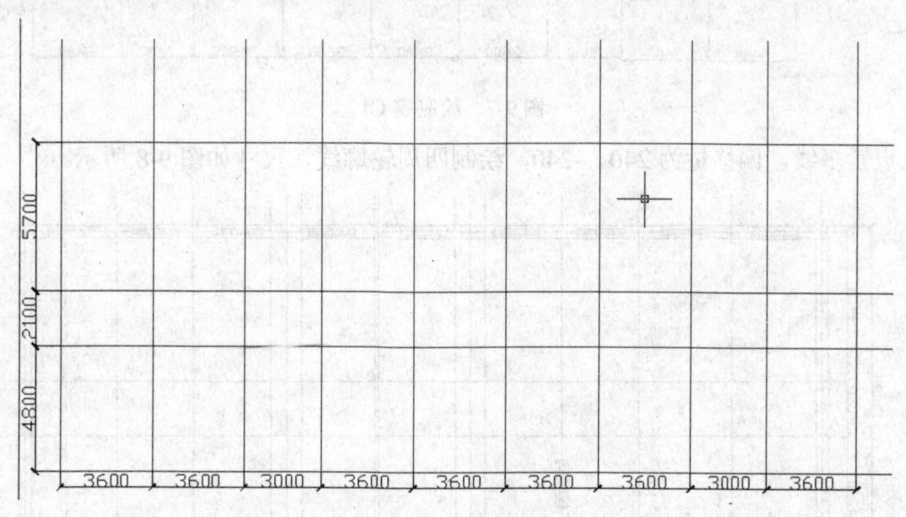

图 9-3 绘制轴线

4．绘制平面轮廓线

1）设置多线“图元”，偏移量设置如图 9-4 所示。

2）在设置多线“封口”，选中直线的的起点和端点，如图 9-5 所示。

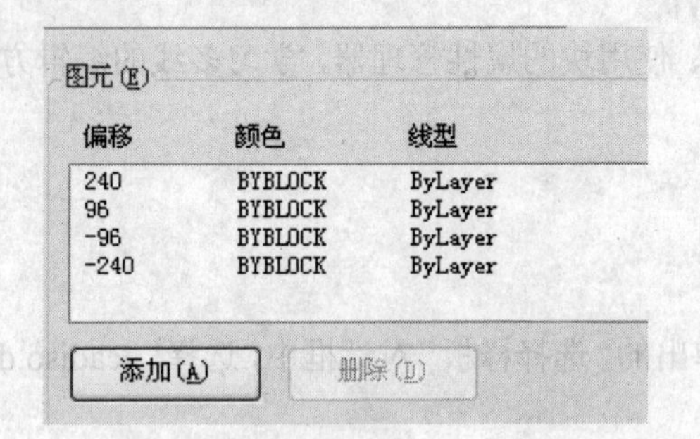

图 9-4　新建多线

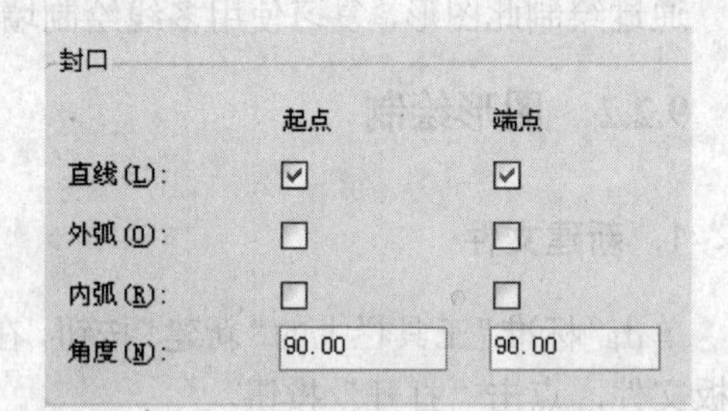

图 9-5　设置多线

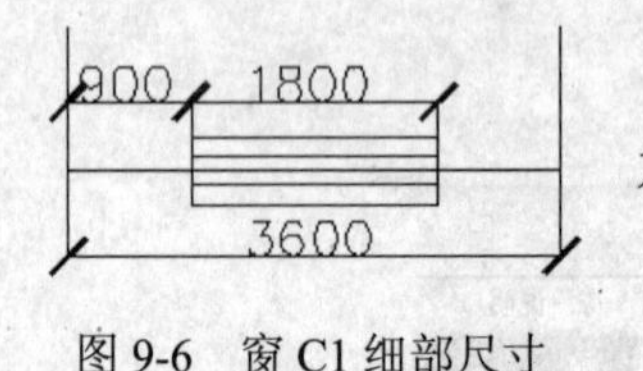

图 9-6　窗 C1 细部尺寸

3）点击“绘图”菜单栏中的“多线”，进行绘制，比例设置为 1。

4）根据如图 9-6 尺寸绘制窗体（多线）。

5）绘制效果如图 9-7 所示。

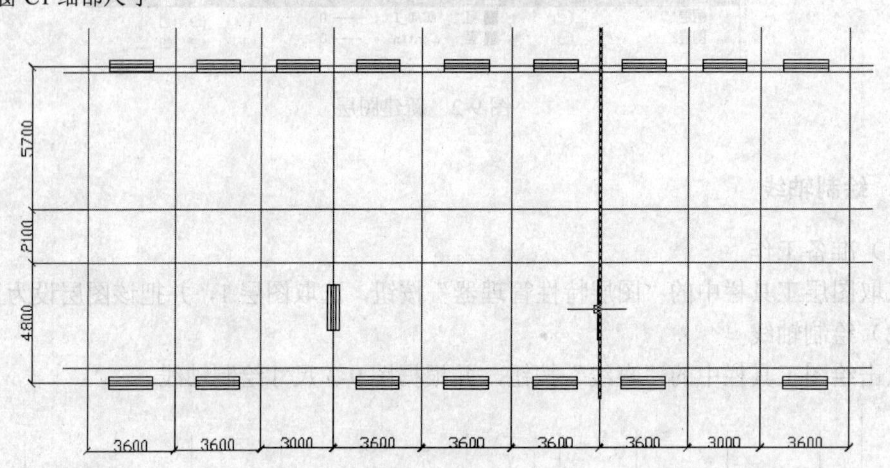

图 9-7　绘制窗 C1

6）设置多线，偏移量为 240、-240，绘制四周轮廓线，尺寸如图 9-8 所示。

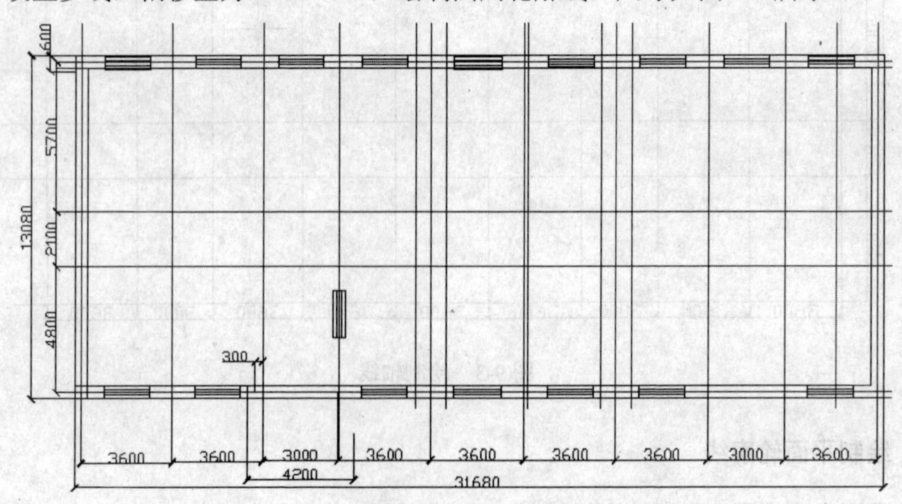

图 9-8　绘制外墙

5．绘制内部的多线（墙体）

1）设置多线“图元”，偏移量设置如图 9-9 所示。

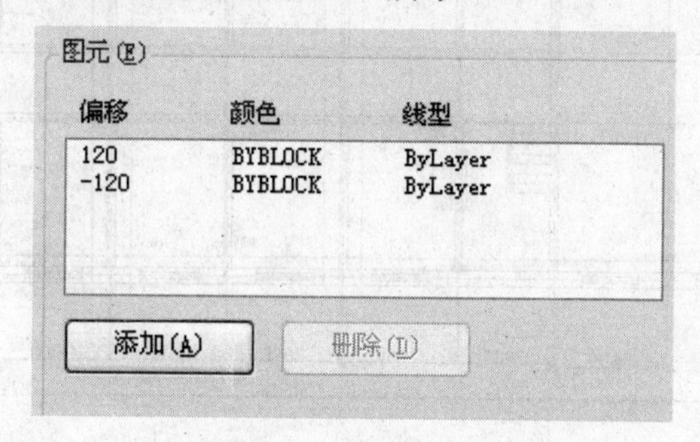

图 9-9　设置“内部”的多线

2）根据图 9-10 所示尺寸用多线绘制。

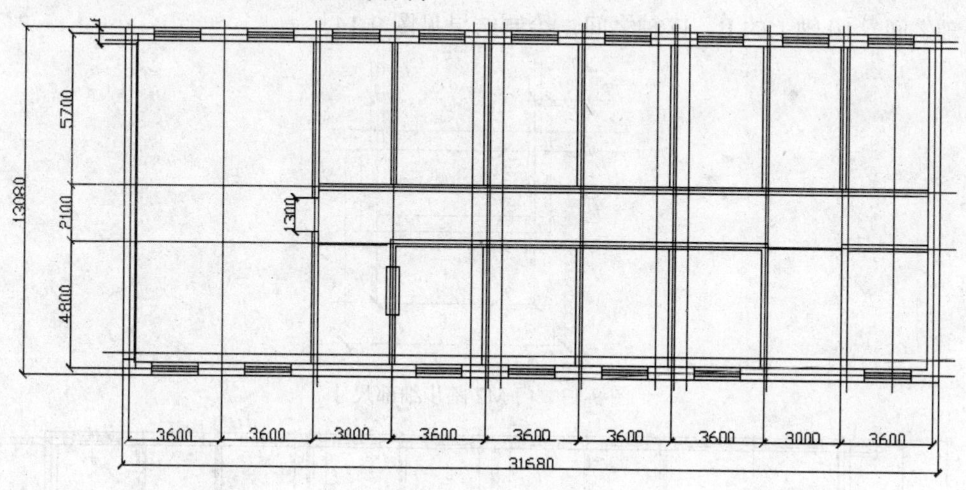

图 9-10　绘制内墙

6．绘制楼梯及门台阶

1）应用格式工具栏中的“多重引线样式”，根据图 9-11 的尺寸在图 9-1A、B 和 3、4，8、9 轴线之间绘制室内楼梯。效果如图 9-12 所示。

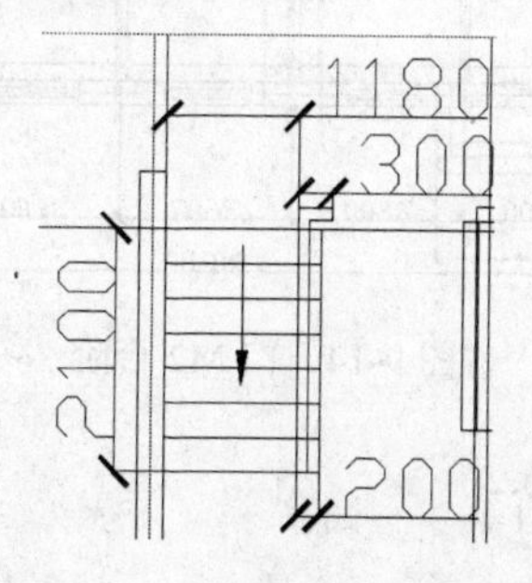

图 9-11　楼梯细部尺寸

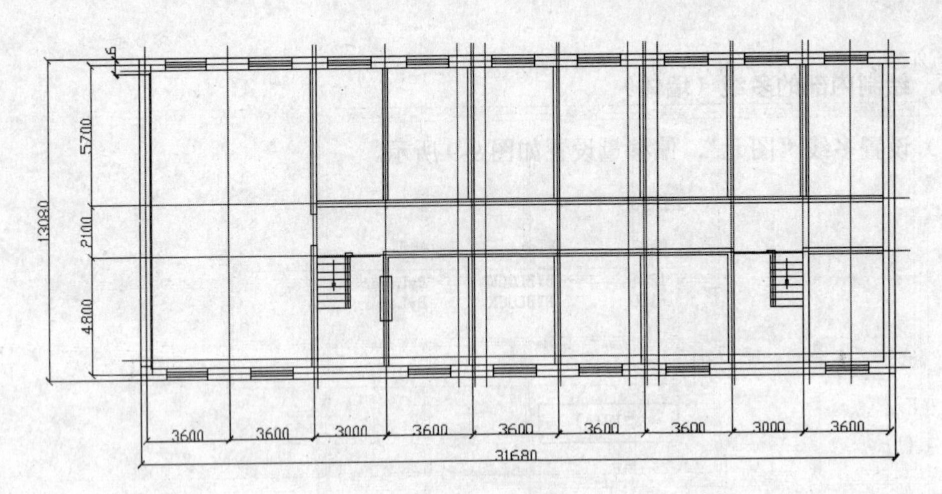

图 9-12　绘制楼梯

2）绘制门口的楼梯，尺寸如图 9-13 所示。把门台阶放在图 9-1 所示 A 轴上的 3、4 轴，8、9 轴之间，10 轴上的 B、D 轴之间，绘制结果见图 9-14。

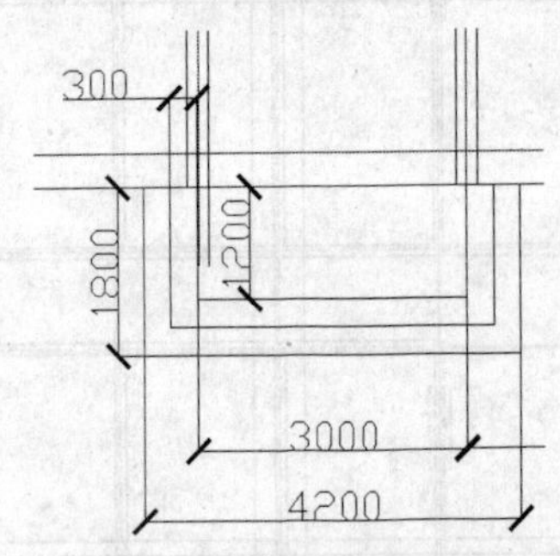

图 9-13　门 M2 踏步细部尺寸

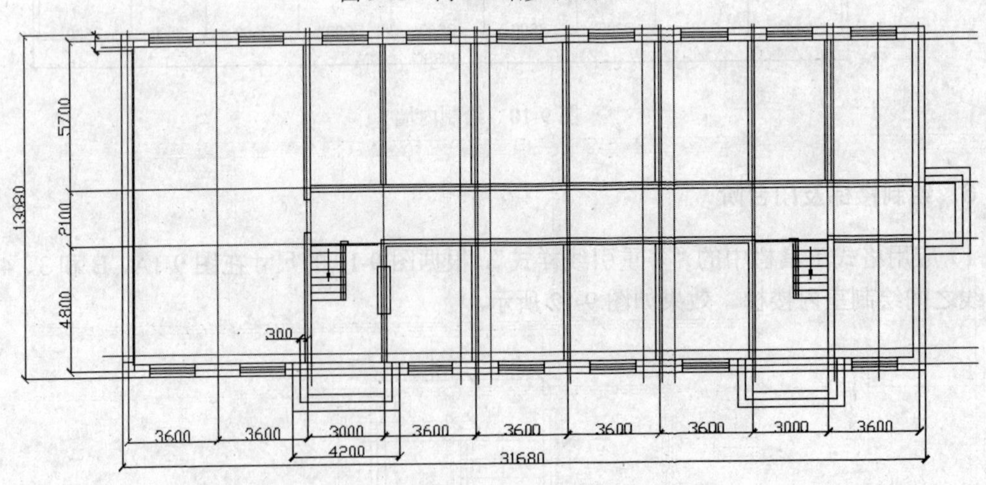

图 9-14　门 M2 台阶

图 9-15　门 M1 尺寸

7．绘制门

1）创建块，尺寸如图 9-15 所示。

2）反复应用插入块的命令，把上图所建的块添加到图中相应位置

（门洞边距轴线距离为 600），如图 9-16 所示。

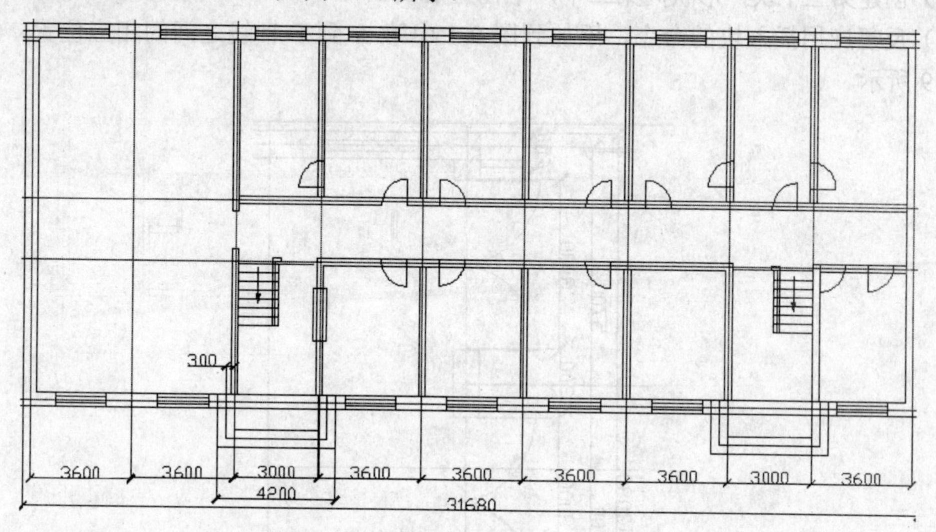

图 9-16　绘制门

3）创建第二个块，尺寸如图 9-17 所示。

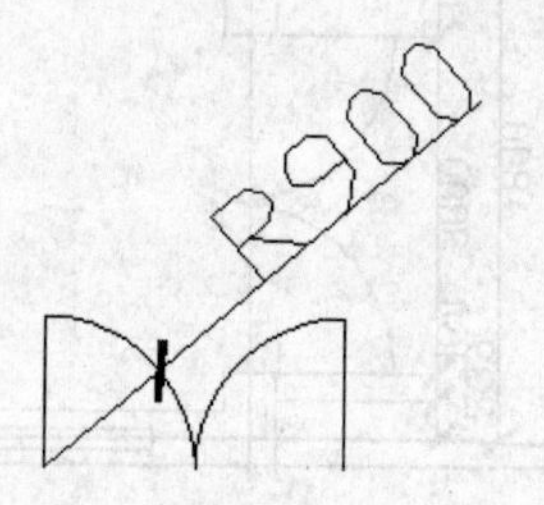

图 9-17　门 M2 尺寸

4）反复应用插入块的命令，把上图所建的块添加到图 9-1 所示。A 轴上的 3、4，8、9 轴之间，绘制结果见图 9-18。

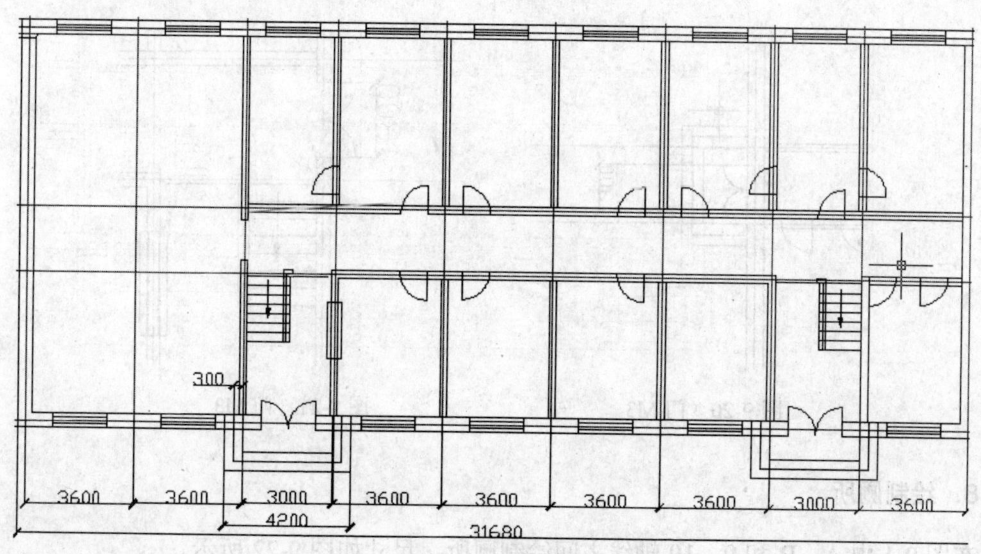

图 9-18　绘制门 M2

5）创建第三个块，形状同第二个，半径为1500。

6）反复应用插入块的命令，添加到图9-1中第A到F轴线之间的相应位置，结果如图9-19所示。

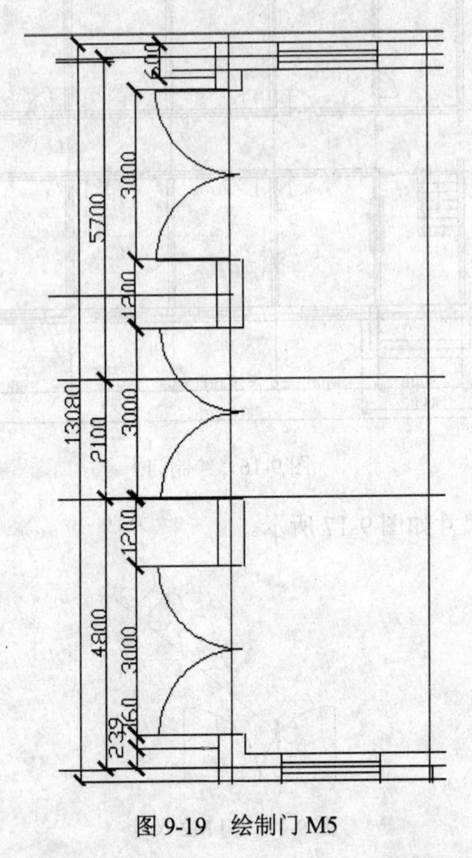

图9-19　绘制门M5

7）在图9-1中B、C和9、10轴线间，B、C和2、3轴线间插入半径为650的门，如图9-20和9-21所示。

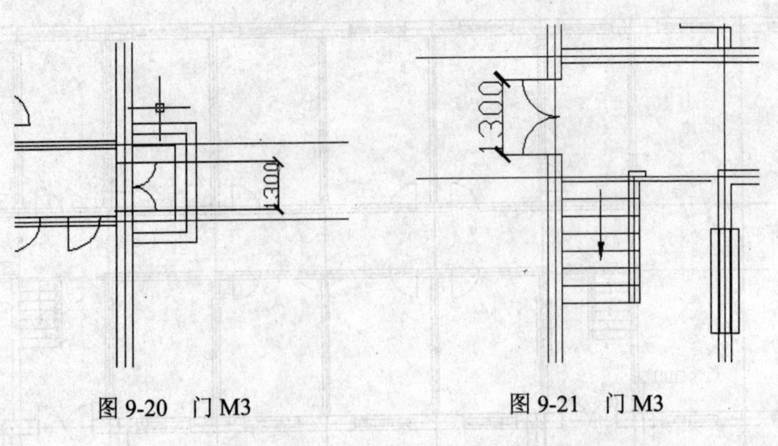

图9-20　门M3　　　　图9-21　门M3

8．绘制厕所

在图9-1中A、B和9、10轴线之间绘制厕所，尺寸如图9-22所示。

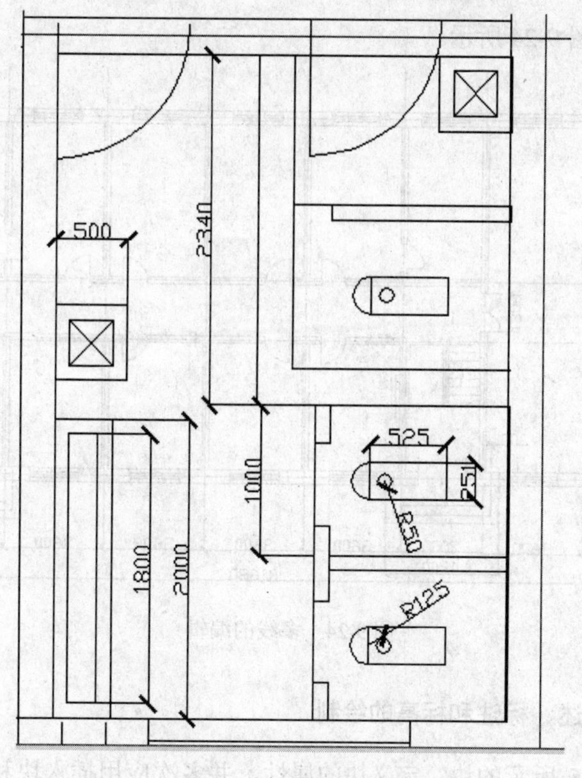

图 9-22　厕所平面图

9．多线的编辑

反复应用修改工具栏中的修剪、打断命令，并用多线编辑工具（如图 9-23 所示）修改图形。

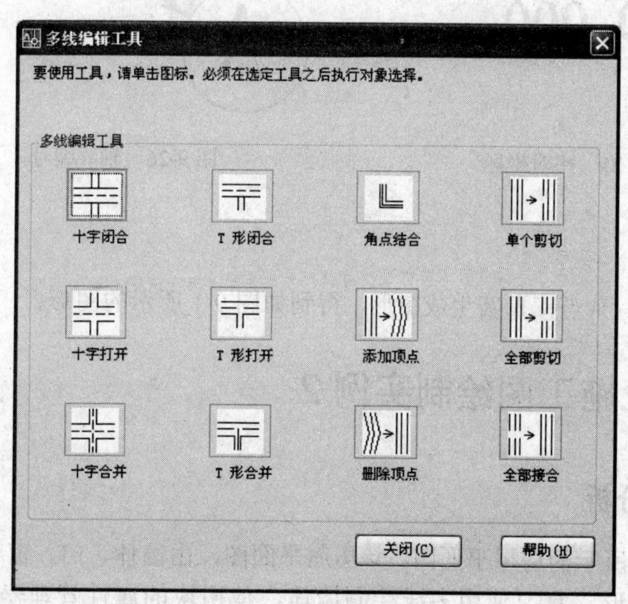

图 9-23　多线编辑窗口

多线编辑效果如图 9-24 所示。

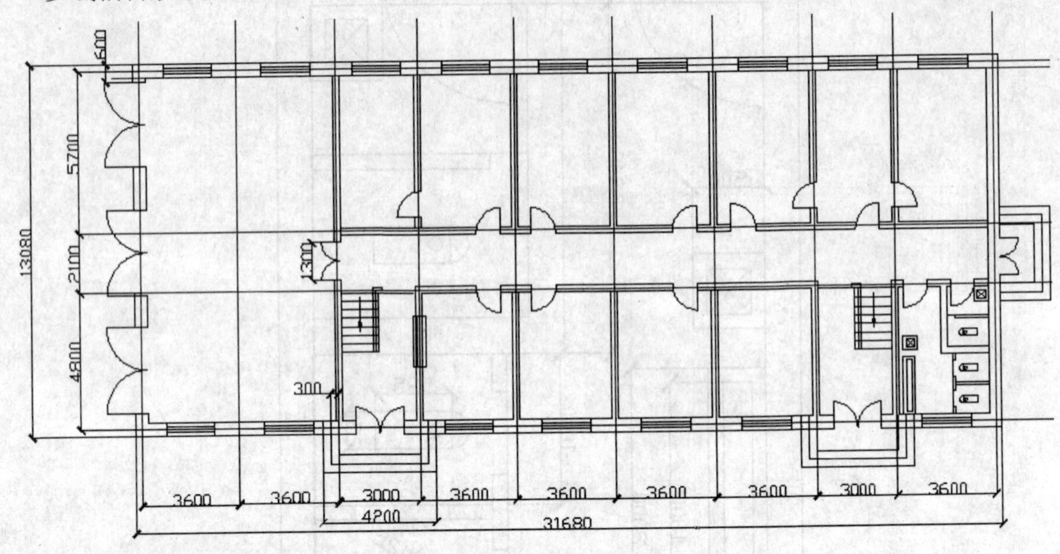

图 9-24　多线的编辑

10．进行文字描述、标注和标高的绘制

1）创建如图 9-25 所示的块，定义块的属性，并多次应用插入块和块的属性编辑命令，将标高绘制到相应位置。

2）创建如图 9-26 所示的块，定义块的属性，并多次应用插入块和块的属性编辑命令，将轴线绘制到相应位置。

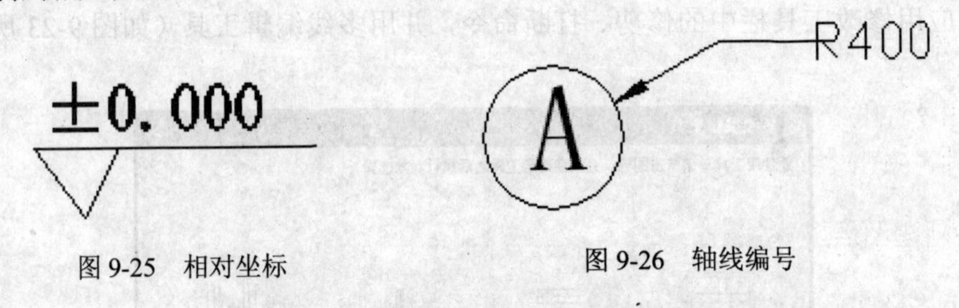

图 9-25　相对坐标　　　　图 9-26　轴线编号

11．整理

删除多余线条、杂点，重新生成图形，得到如图 9-1 所示的图形。

9.3　建筑施工图绘制实例 2

9.3.1　图形分析

绘制如图 9-27 所示的房屋平面图。该房屋平面图，由墙体、门、窗和台阶组成。

通过绘制此图形，复习使用多线绘制墙体、使用块的属性管理器，学习多线的编辑方法。

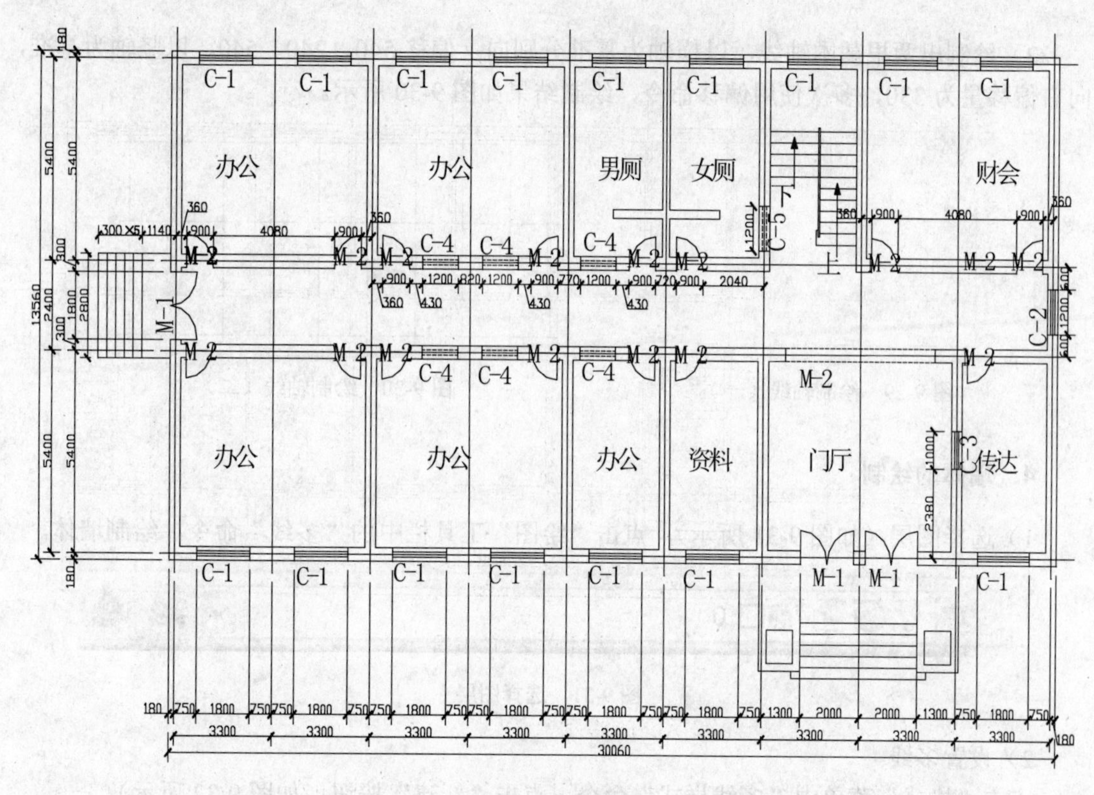

图 9-27 平面图

9.3.2 图形绘制

1. 新建文件

单击“标准”工具栏上的“新建”按钮，在弹出“选择样板”对话框中选择“acadis.dwt”样板文件，点击“打开”按钮。

2. 新建图层

点击“格式”中“图层”按钮，设置图层，如图 9-28 所示。

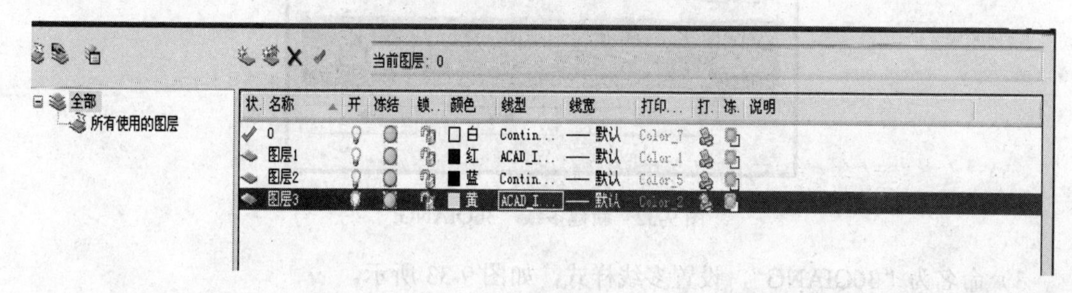

图 9-28 新建图层

3. 画轴线

1）选择图层 1，点击“直线”工具绘制轴线，如图 9-29 所示。

2）绘制出两根基本轴线，以横轴为基准分别向上偏移540、240、540，以竖轴为基准，向右偏移量为330，多次使用偏移命令，绘制结果如图9-30所示。

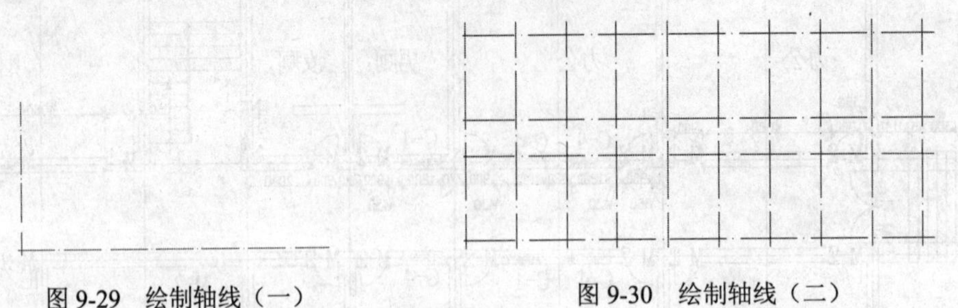

图9-29　绘制轴线（一）　　图9-30　绘制轴线（二）

4．墙体的绘制

1）选择图层（如图9-31所示），点击“绘图”工具栏中的“多线”命令，绘制墙体。

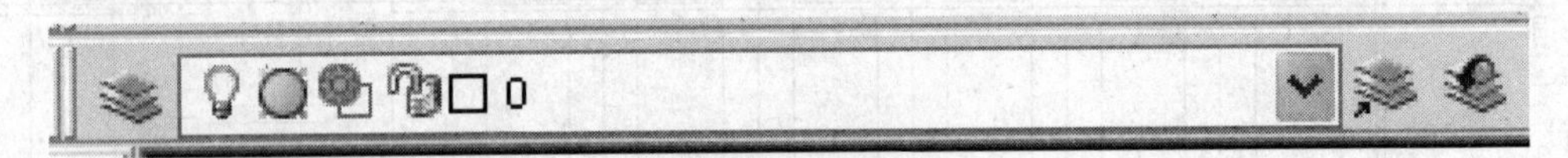

图9-31　选择图层

2）设置多线

点击“格式”菜单中“多线样式”命令，点击“新建”按钮（如图9-32所示）。

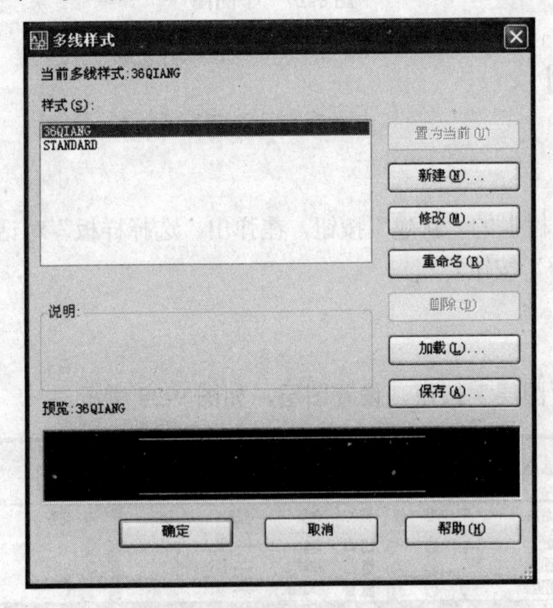

图9-32　新建多线“36QIANG”

3）命名为“36QIANG”，设置多线样式，如图9-33所示。

4）偏移量为“18”和“-18”，设为当前，点击“绘图”工具栏中的“多线”命令对多线进行具体的设置，如图9-34所示。

5）应用多线命令进行绘制，如图9-35所示。

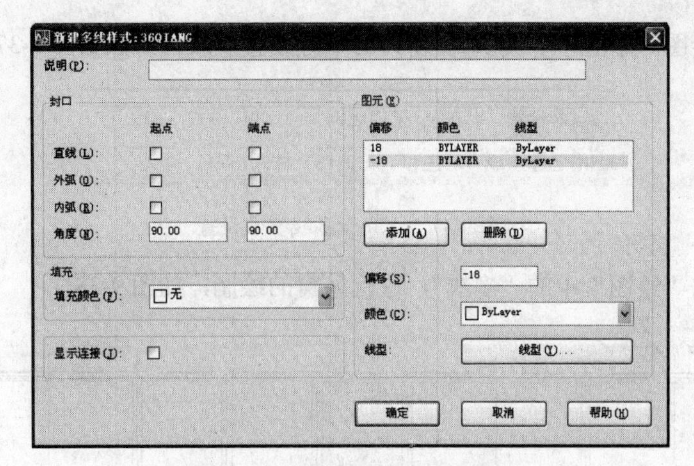

图 9-33 “新建多线样式”窗口

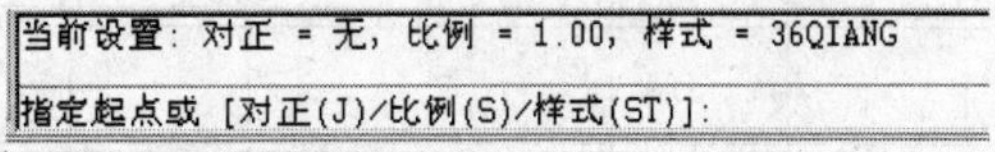

当前设置：对正 = 无，比例 = 1.00，样式 = 36QIANG
指定起点或 [对正(J)/比例(S)/样式(ST)]:

图 9-34 “36QIANG”多线参数设置

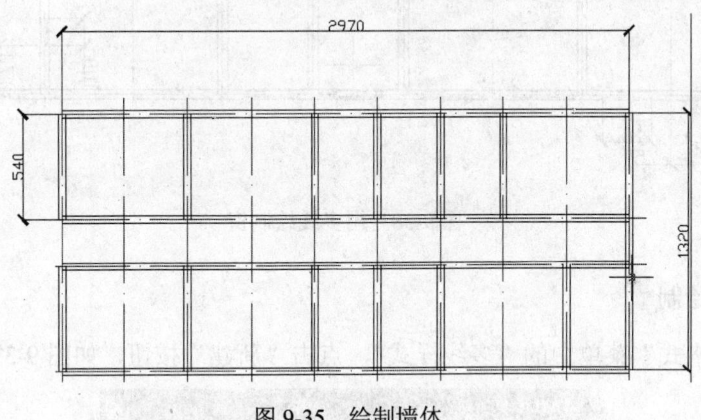

图 9-35 绘制墙体

5．外窗的绘制

1）点击“格式”菜单中的“多线样式”命令再次设置多线样式，命名为“36”，如图 9-36 所示。

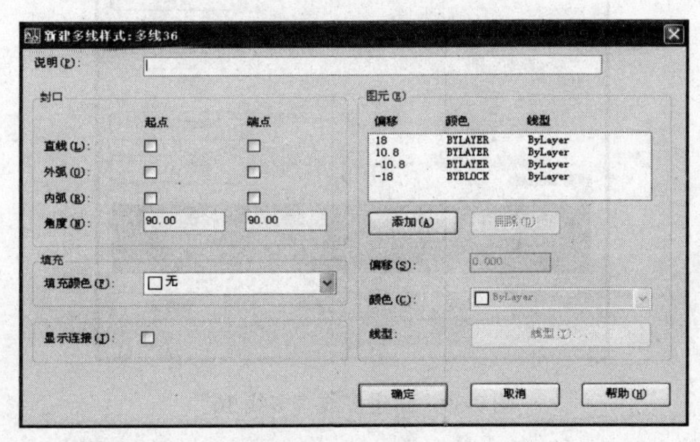

图 9-36 新建多线“36”

2）点击“绘图”中的“多线”，在窗口的下方设置多线样式，如图 9-37。

```
当前设置: 对正 = 无, 比例 = 1.00, 样式 = 36
指定起点或 [对正(J)/比例(S)/样式(ST)]:
```

图 9-37 “36”多线参数设置

3）再次点击“绘图”中的“多线”，进行外窗的绘制，如图 9-38。

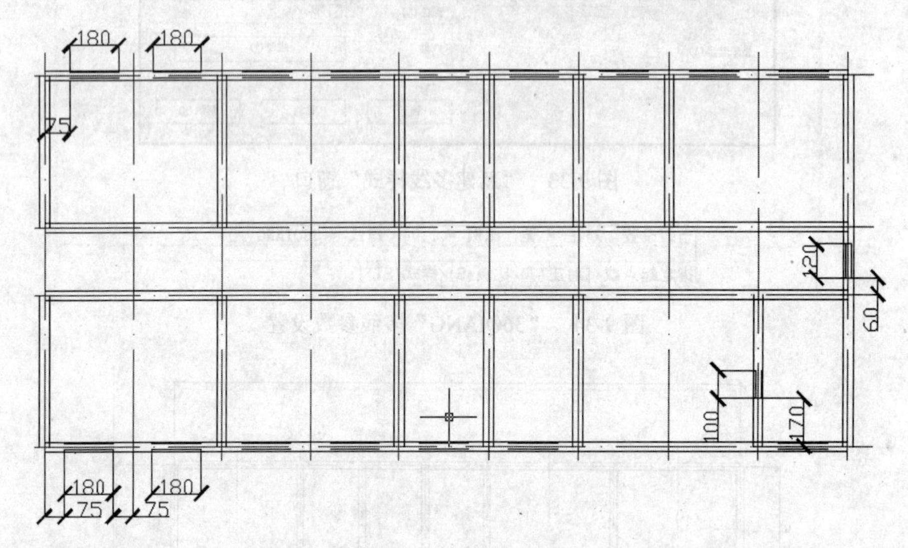

图 9-38 用多线绘制窗

6. 内窗的绘制

1）点击“格式”菜单中的“多线样式”，点击“新建”按钮，如图 9-39。

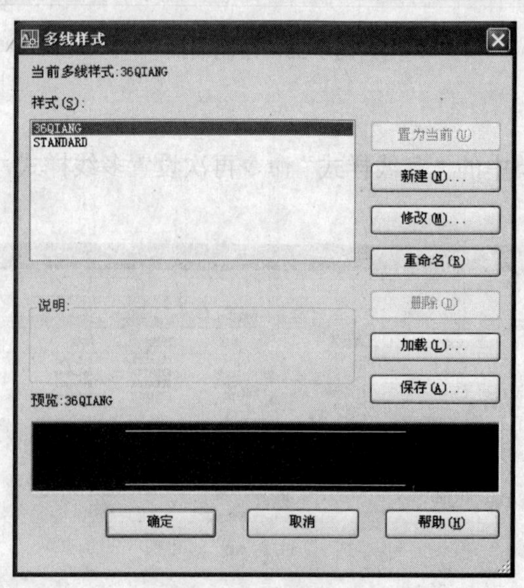

图 9-39 新建多线“多线 36”

2）新建多样式，命名为“多线 36”，设置多线样式，如图 9-40 所示，其中偏移量“10.8”

和“-10.8”。

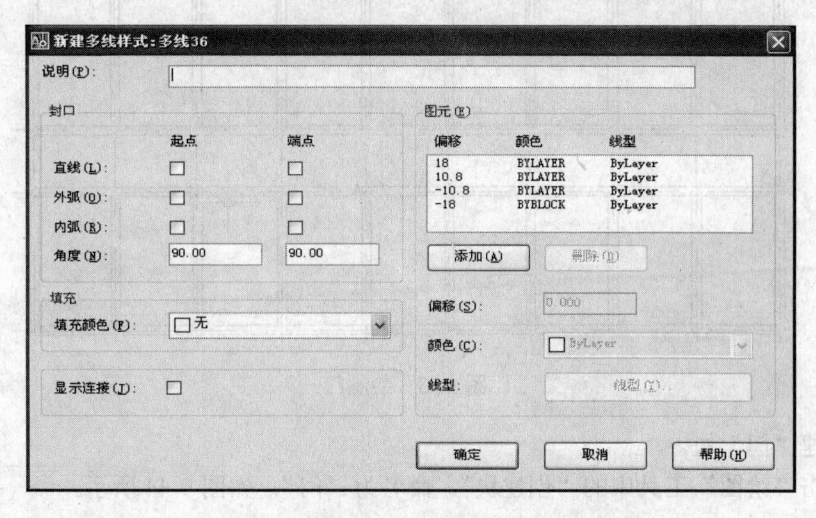

图 9-40 设置“多线 36”

3）点击“绘图”中的“多线”，在窗口的下方设置多线样式。如图 9-41 所示。

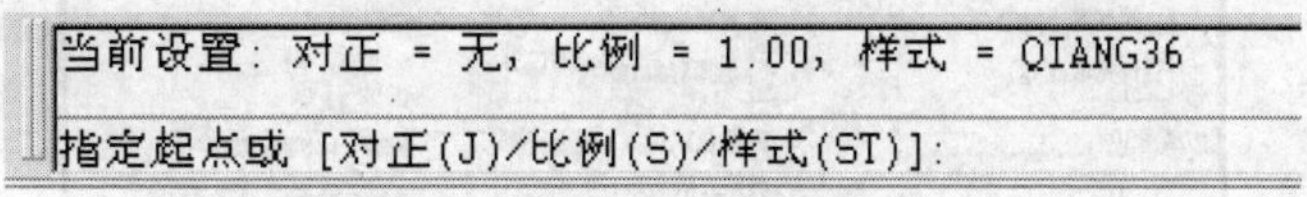

当前设置：对正 = 无，比例 = 1.00，样式 = QIANG36

指定起点或 [对正(J)/比例(S)/样式(ST)]:

图 9-41 “多线 36”绘图参数设置

4）再次点击“绘图”中的“多线”，进行绘制。如图 9-42 所示。

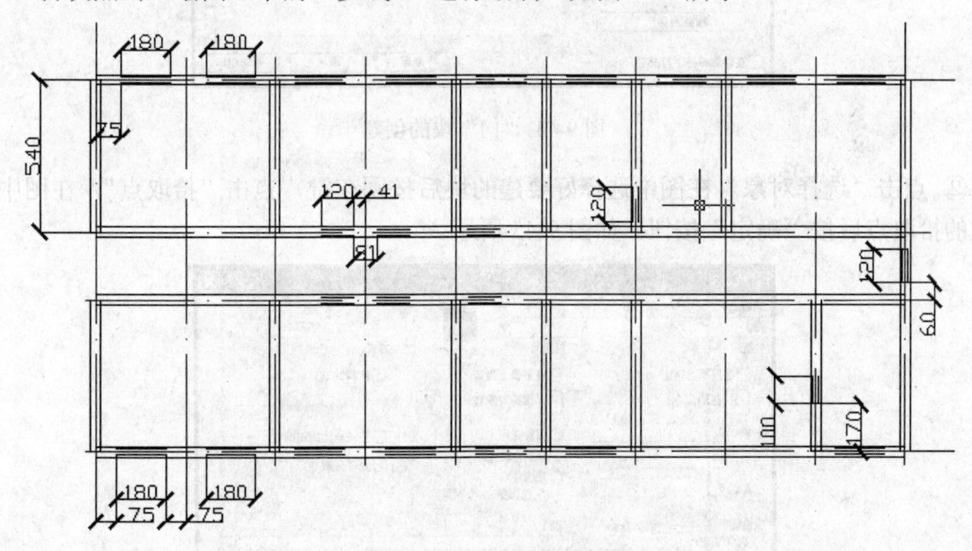

图 9-42 多线的绘制

7．绘制门

1）点击“绘图”工具中的“圆”按钮，画出半径为 90 的圆，使用“修剪”和“打断”命令进行修剪，绘制出门，如图 9-43 所示。

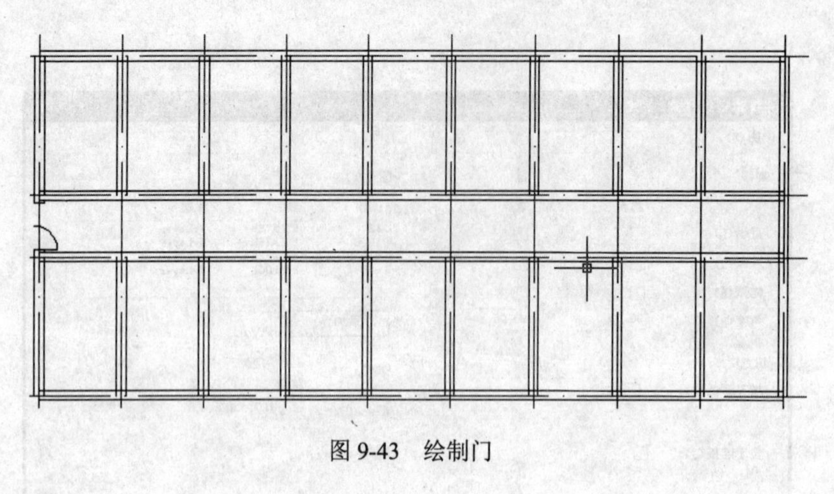

图 9-43　绘制门

2）创建“门”块。

① 点击“绘图”工具中的“创建块”，命名为“门”，如图 9-44 所示。

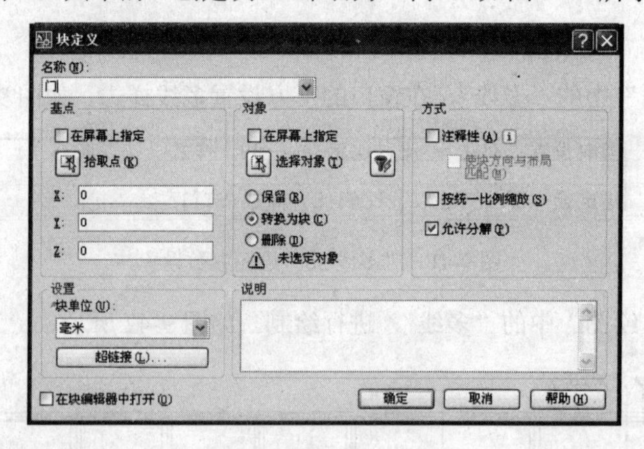

图 9-44　“门”块的创建

② 点击“选择对象”在图中选择好要建的块后按回车键，点击“拾取点”，在图中选取合适的拾取点后按“确定”按钮。如图 9-45 所示。

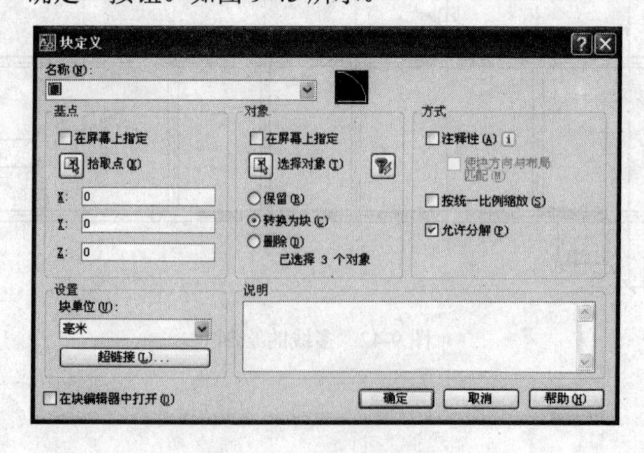

图 9-45　“门”块的定义

3）大门的创建。

① 点击绘图工具栏中的“插入块”按钮选择名称为“门”的块后确定，插入到图中。如

图 9-46 所示。

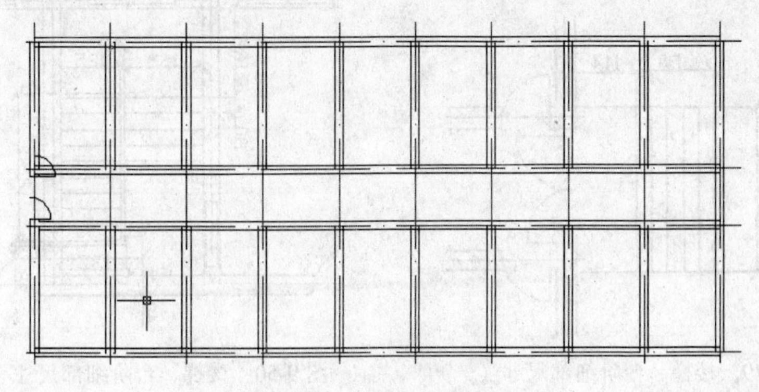

图 9-46 “门”块的插入

② 点击“修改”工具栏中的“旋转”按钮，选中门，将其旋转 90°，如图 9-47 所示。

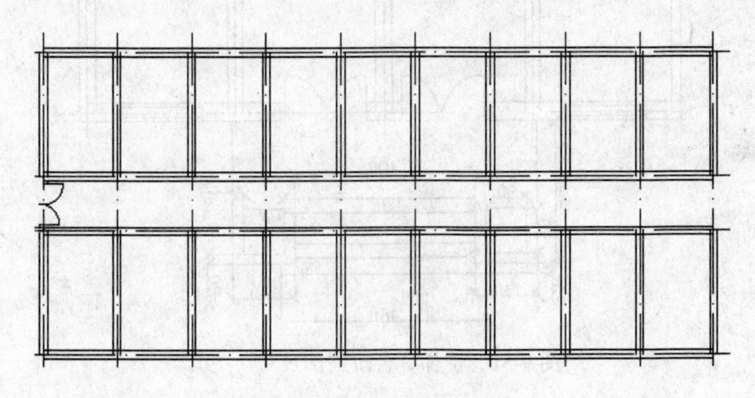

图 9-47 “门”块的旋转

4）绘制门。

多次使用“插入块”命令和“复制”命令将创建好的“门”块和大门插入到图中相应位置（门洞距墙面距离为 180），如图 9-48 所示。

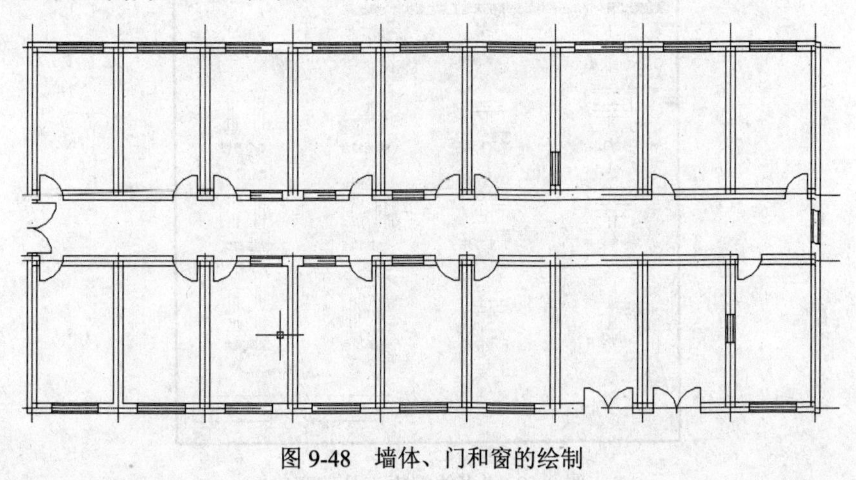

图 9-48 墙体、门和窗的绘制

8．画出楼梯、台阶

按照如图 9-49、9-50 和 9-51 所示尺寸绘制。

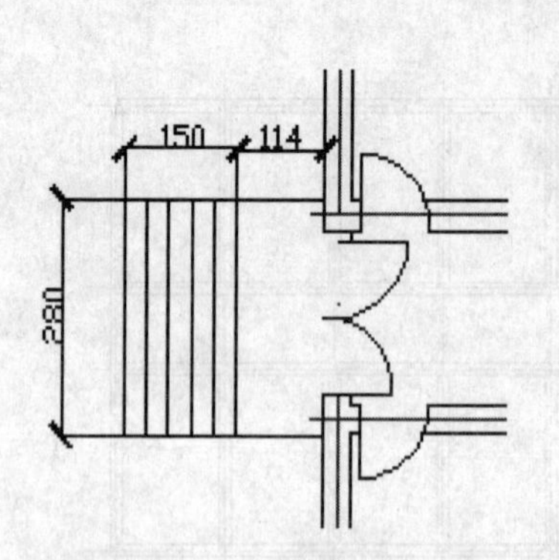

图 9-49　楼梯、台阶细部尺寸（一）

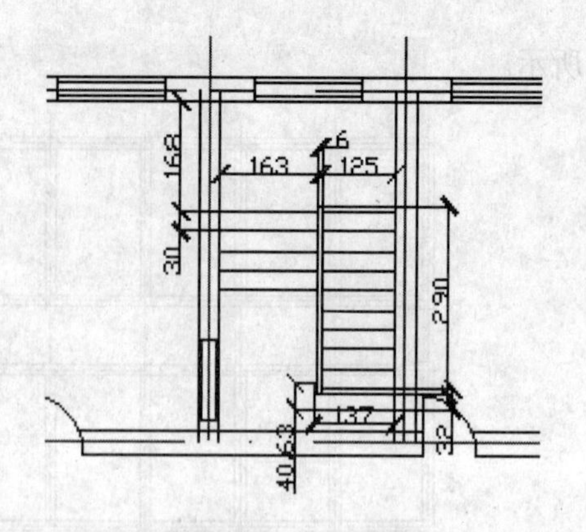

图 9-50　楼梯、台阶细部尺寸（二）

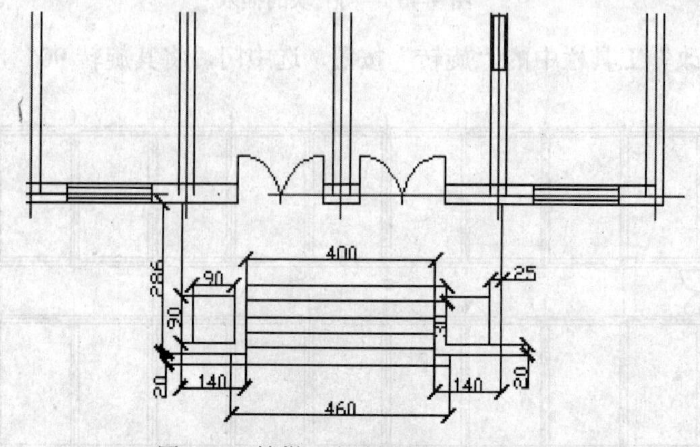

图 9-51　楼梯、台阶细部尺寸（三）

9．多线的编辑

1）点击“修改”工具栏中的“修剪”按钮，将图上多余的线条修剪掉（如图 9-52 所示）。

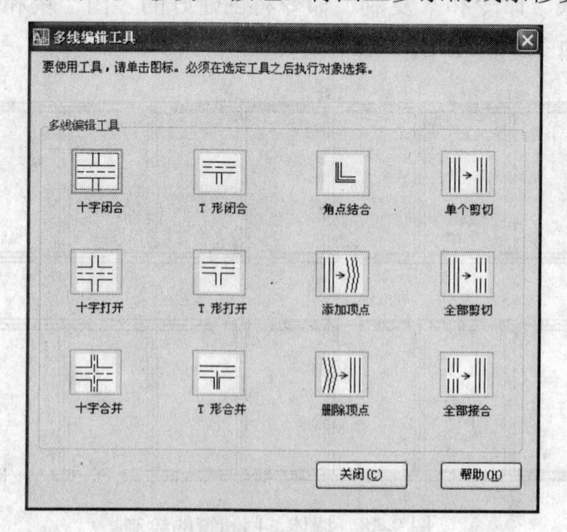

图 9-52　“多线编辑工具”窗口

2）在修剪多线时，用“修改”菜单中“对象”子菜单的“多线”选项，选择“多线编辑工具”相应命令进行修改，完成如图 9-53 所示。

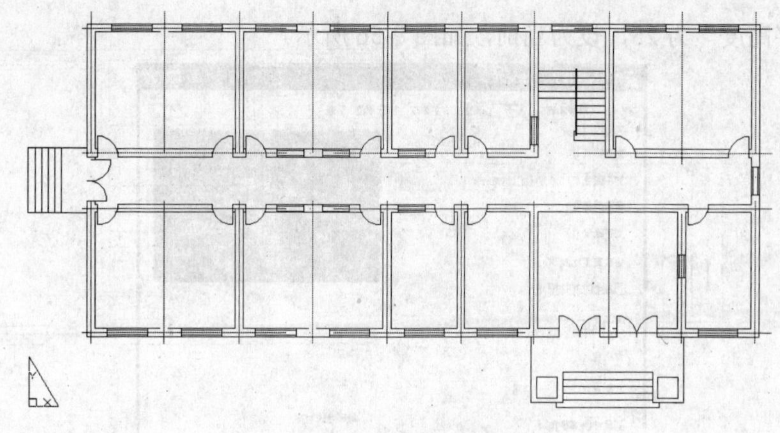

图 9-53　多线编辑

10. 尺寸的标准和文字的输入

（1）线段长度的标注

1）点击“标注”按钮，选择“线型”，在“格式”中选择“标注样式”，如图 9-54 所示。

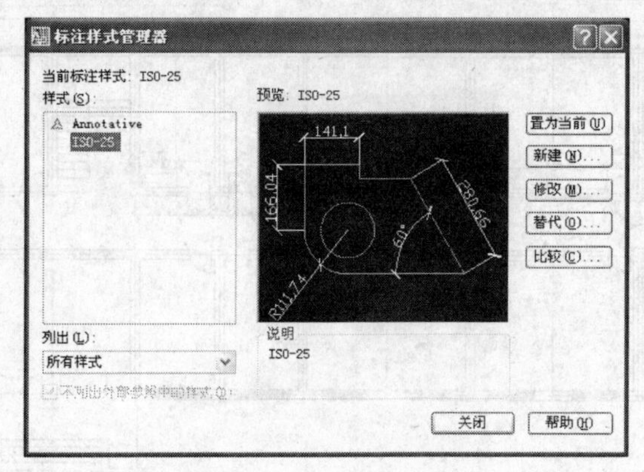

图 9-54　新建标注样式

2）选择“修改”，“箭头大小”改为 25，如图 9-55 所示。

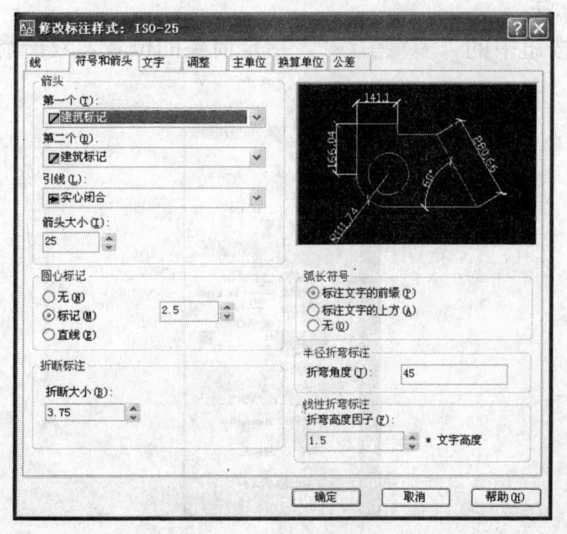

图 9-55　标注样式设置（一）

3）“文字高度”为25，设为当前，如图9-56所示。

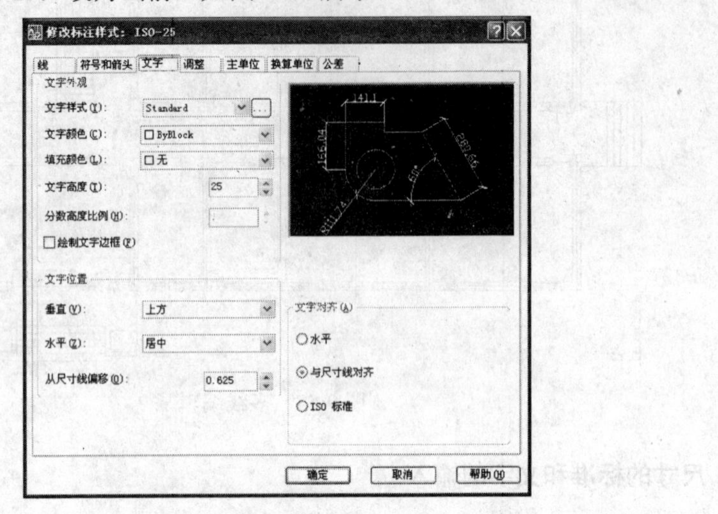

图9-56　标注样式设置（二）

4）长度标准结果如图9-57所示。

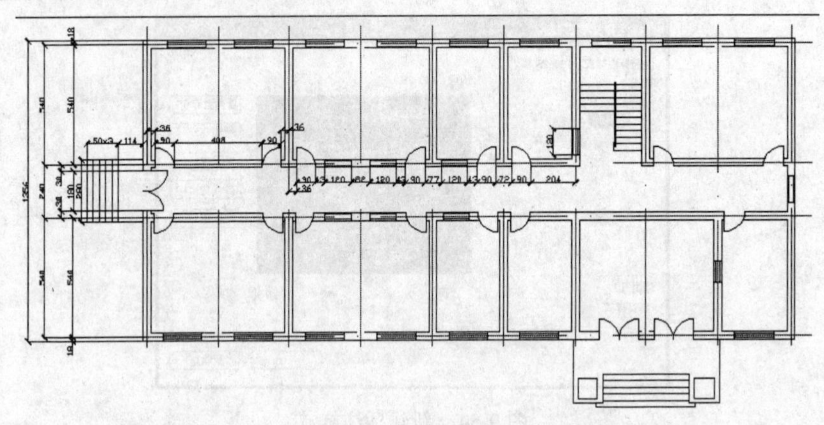

图9-57　尺寸的标注（一）

（2）楼梯走向的标注

1）点击“标注”按钮中的“多重引线”，指定箭头的位置，双击箭头，对箭头进行设置，如图9-58所示。

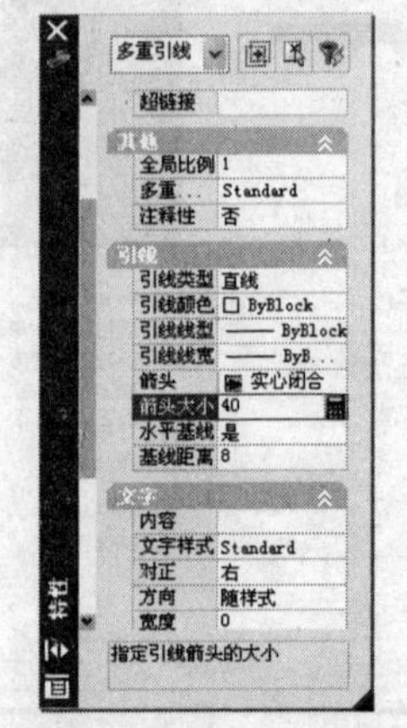

图9-58　多重引线

2）“箭头大小”设置为 40，如图 9-59 所示。

3）按“修改”工具栏中的“复制”按钮，进行复制。选中箭头按回车键，找到指定基点，进行复制。如图 9-60 所示。

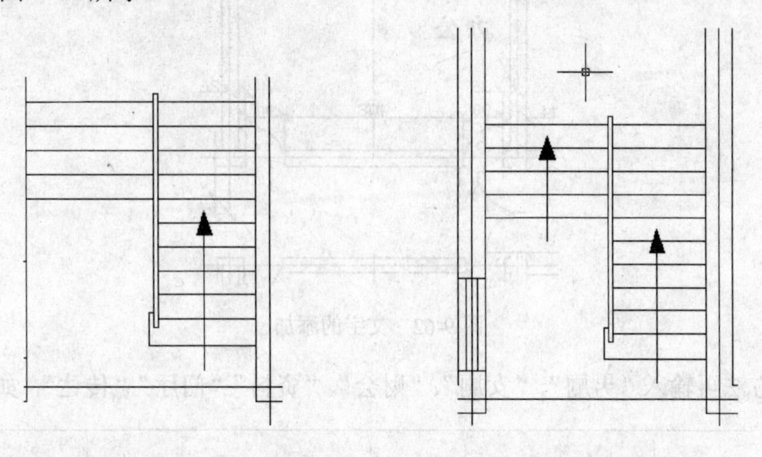

图 9-59　楼梯走向的绘制（一）　　图 9-60　楼梯走向的绘制（二）

4）通过上述步骤标注结果（楼梯走向“上、下”文字的输入方法见“文字的输入”部分）参考下一步，如图 9-61 所示。

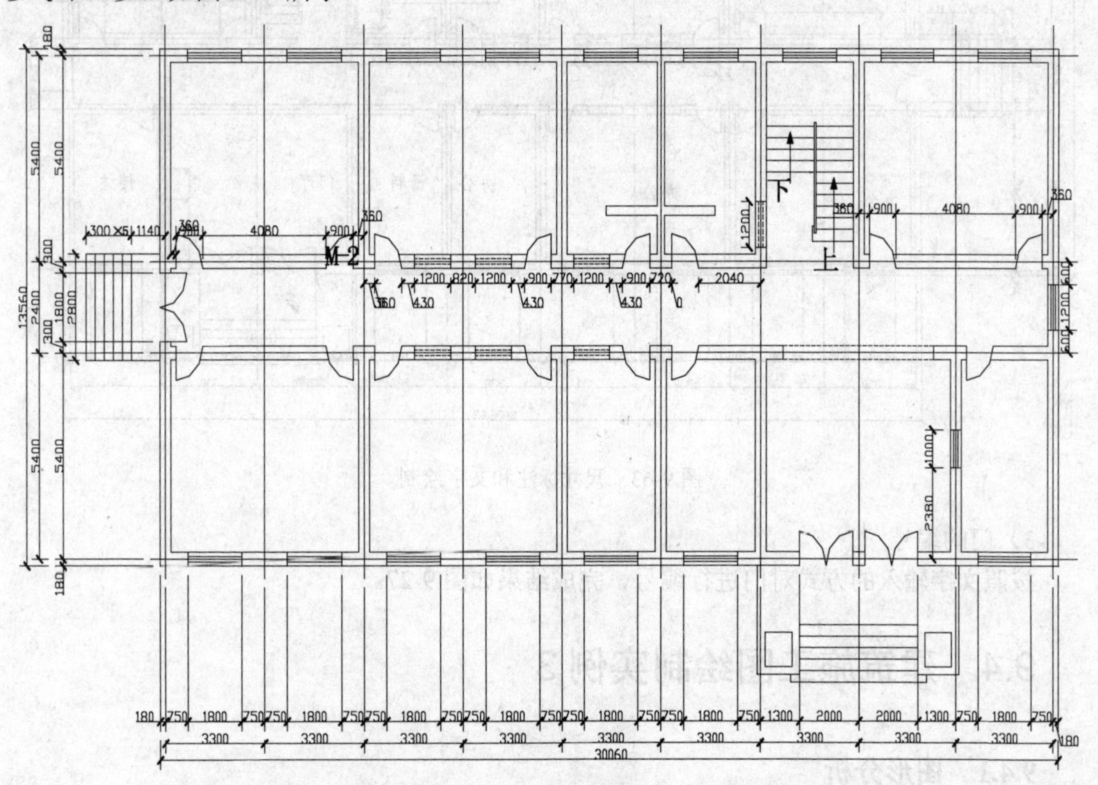

图 9-61　尺寸标注（三）

（3）文字的输入

1）点击“绘图”工具栏中的“多行文字”按钮设置文字，字体为“宋体”文字高度为 50，输入“办公”。如图 9-62 所示。

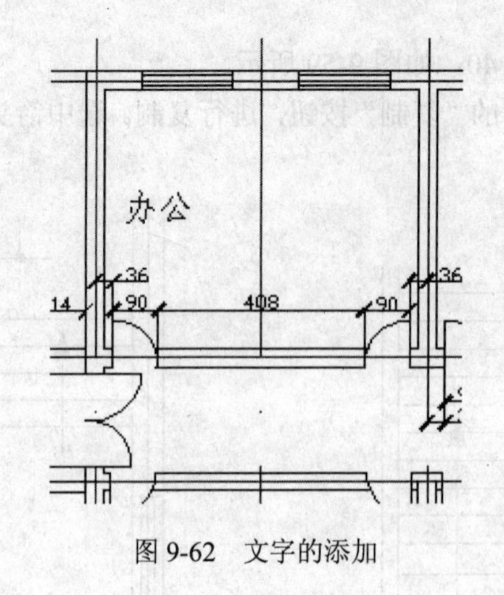

图 9-62　文字的添加

2）照此方法再输入“男厕”、“女厕”、“财会”、“资料”“门厅”“传达”，如图 9-63 所示。

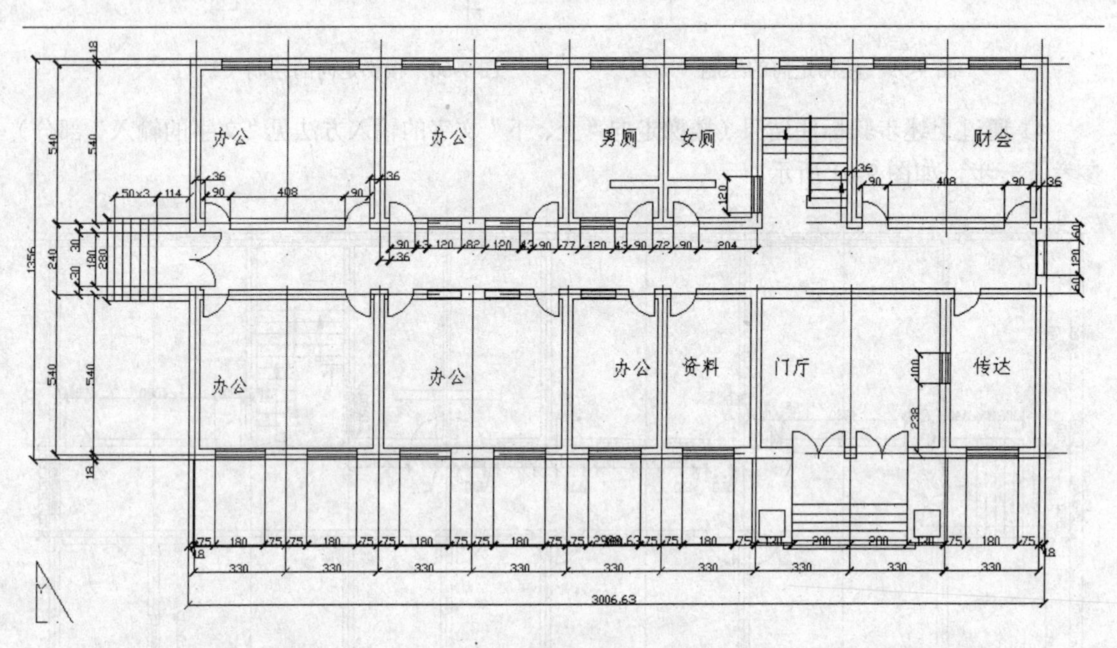

图 9-63　尺寸标注和文字绘制

3）门的编号

按照文字输入的方式对门进行编号，完成结果如图 9-27。

9.4　建筑施工图绘制实例 3

9.4.1　图形分析

绘制如图 9-64 所示的房屋立面图。该房屋立面图，由墙体、门、窗和台阶组成。

通过绘制此图形，复习使用多线绘制墙体、使用块的属性管理器，学习多线的编辑方法。

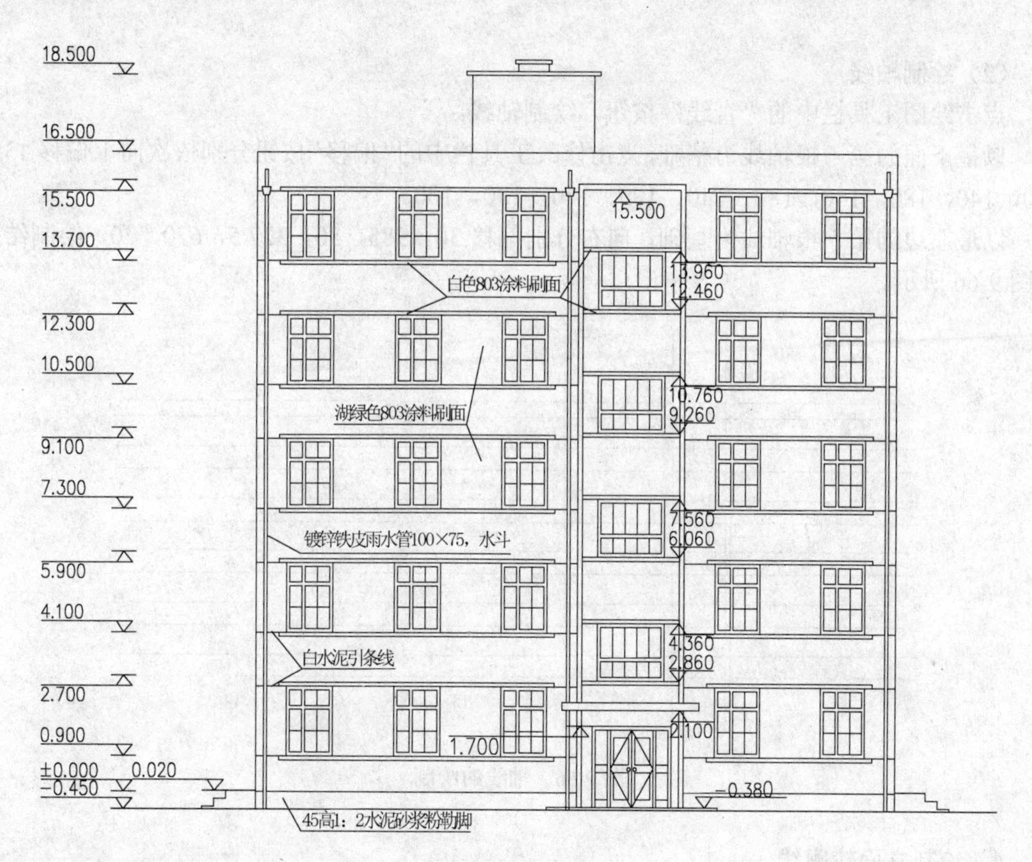

图 9-64　立面图

9.4.2　图形绘制

1．新建文件

单击“标准”工具栏上的“新建”按钮，在弹出的“选择样板”对话框中，选择“acadiso.dwt”样板文件，点击“打开”按钮。

2．新建图层

创建如图 9-65 所示图层。

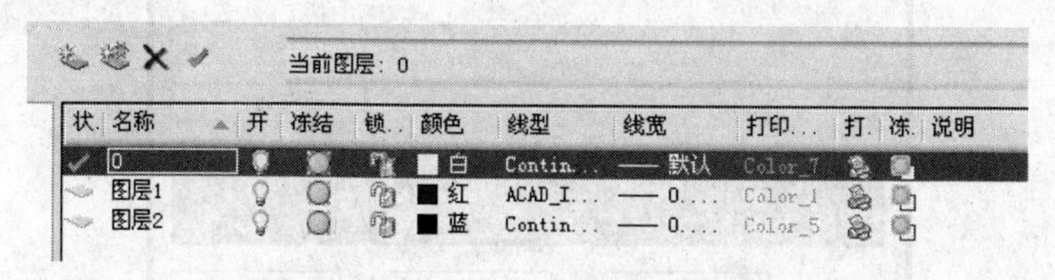

图 9-65　新建图层

3．绘制轴线

（1）准备工作

点击图层工具栏中的“图层特性管理器”按钮，选取图层 1，并把该图层设为当前图层。

（2）绘制轴线

点击绘图工具栏中的“直线”按钮，绘制轴线。

以最下面的第一根轴线为基础，点击修改工具栏中的“偏移”按钮分别依次向上偏移 135，180，140，180，140，180，140，180，140，180，100。

以最左边的第一根轴线为基础，向右分别偏移 30，985，30，327.5，670，20，绘制结果如图 9-66 所示。

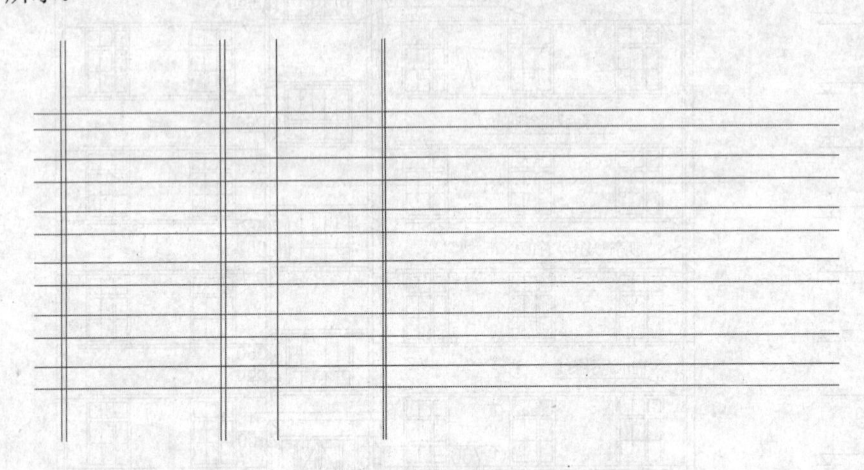

图 9-66　轴线的绘制

4．绘制立面轮廓线

（1）设置多线

1）点击“格式”菜单中的“多线样式”，弹出如图 9-67 对话框。

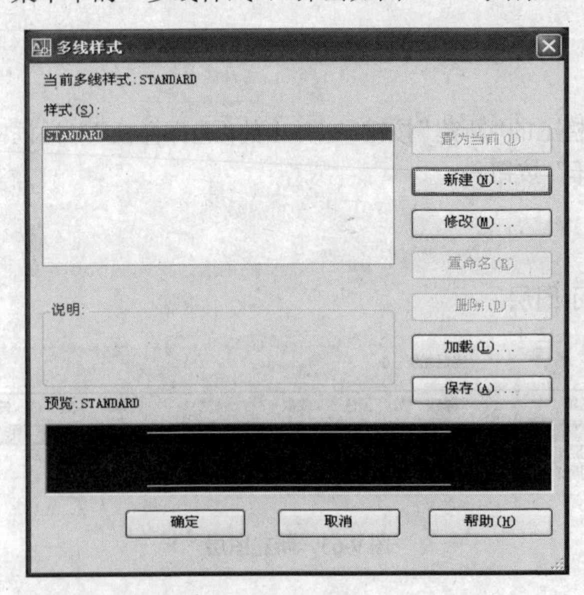

图 9-67　“多线样式”窗口

2）新建多线样式，参数如图 9-68 所示。

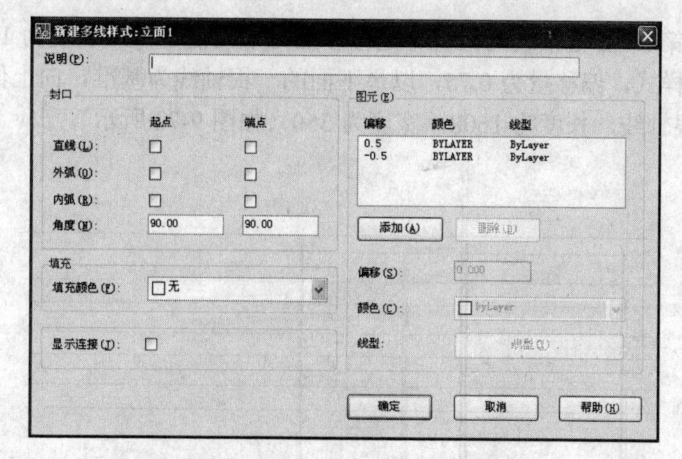

图 9-68　新建“立面 1”多线（一）

3）点击添加按钮，分别输入偏移量 0.5，-0.5，如图 9-69 所示。

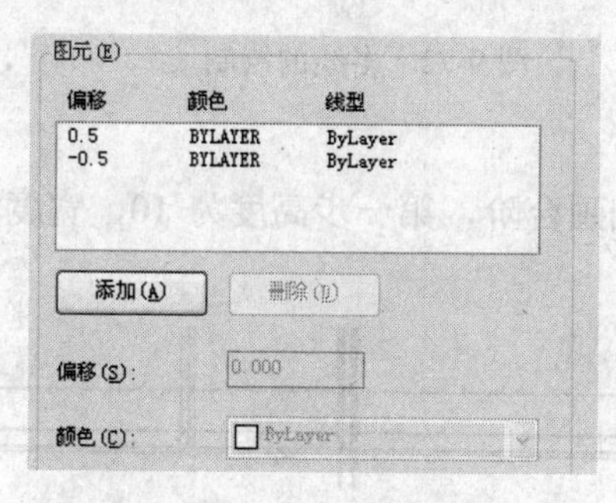

图 9-69　新建“立面 1”多线（二）

（2）多线的绘制

1）点击“绘图”菜单栏中的“多线”，进行绘制，比例设置为 10（如图 9-70 所示）。

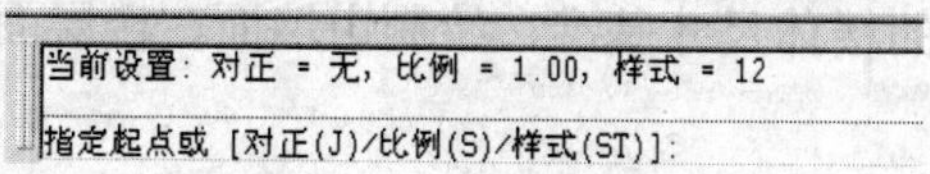

```
当前设置：对正 = 无，比例 = 1.00，样式 = 12
指定起点或 [对正(J)/比例(S)/样式(ST)]:
```

图 9-70　多线的参数设置

2）在右边第二根竖向轴线的位置绘制多线，实际长度为 1650（如图 9-71 所示）。

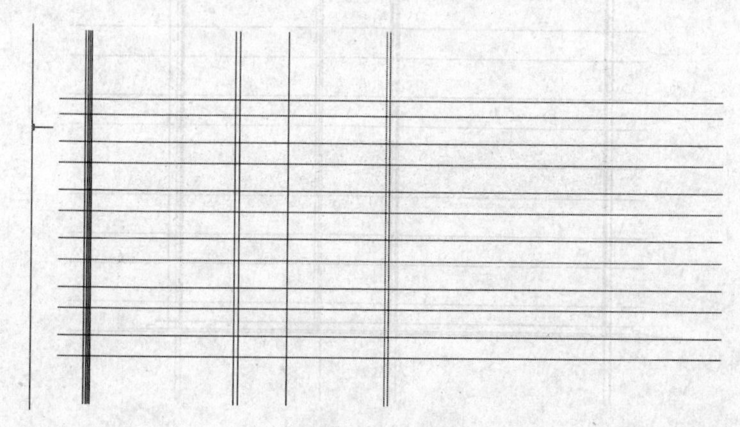

图 9-71　多线的绘制（一）

3）在左边起第 3、6 根轴线的位置分别按以上方法绘制多线，长度为 1650。

4）新建多线样式，偏移量为 0.75，以最下面的一根轴线为基准，向上偏移 7，然后用多线绘制左起第五根轴线，长度为 1608，宽度为 350（如图 9-72 所示）。

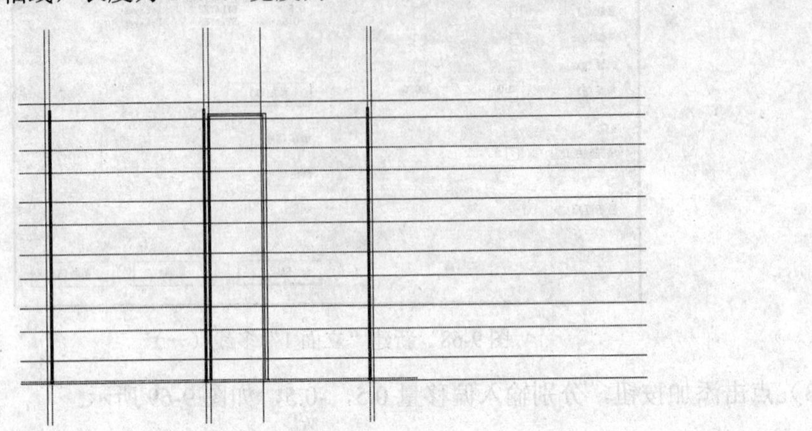

图 9-72　多线的绘制（二）

5）绘制大门台阶。

以最下面一根轴线为基础画台阶，第一步高度为 10，宽度为 40，第二步高度为 20，宽度为 40（如图 9-73 所示）。

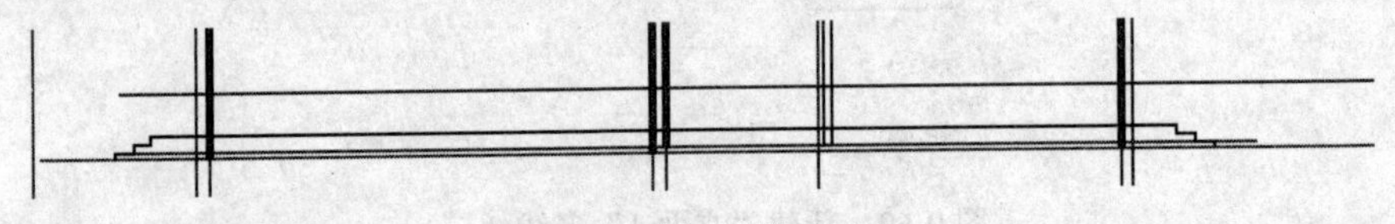

图 9-73　大门台阶及平台

5. 绘制左右山墙面、楼层面、地面轮廓线

以长 1695，高 2100 的楼体尺寸基准，绘制山墙面、楼层面、地面散水的轮廓线，如图 9-74 所示。

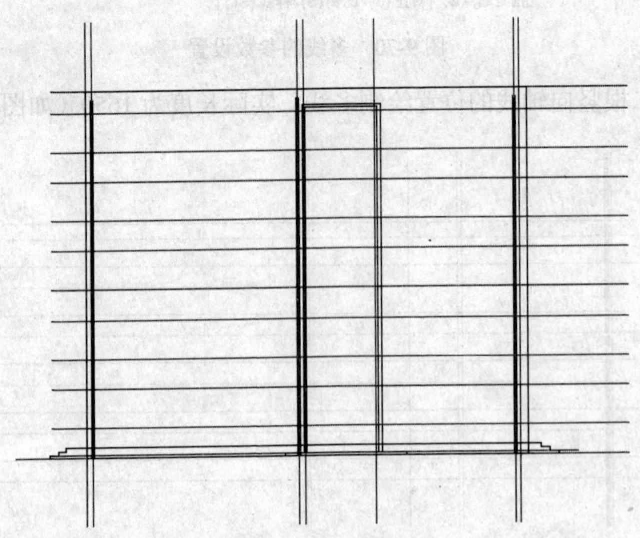

图 9-74　绘制外墙轮廓

6. 绘制帽厅及屋面

以最上面一根轴线（屋面）为基准，绘制宽度为 400，高度为 200 的帽厅，帽厅屋面宽度为 440，高度为 10。帽厅左侧墙面距楼体左侧外墙面距离为 700，如图 9-75 所示。

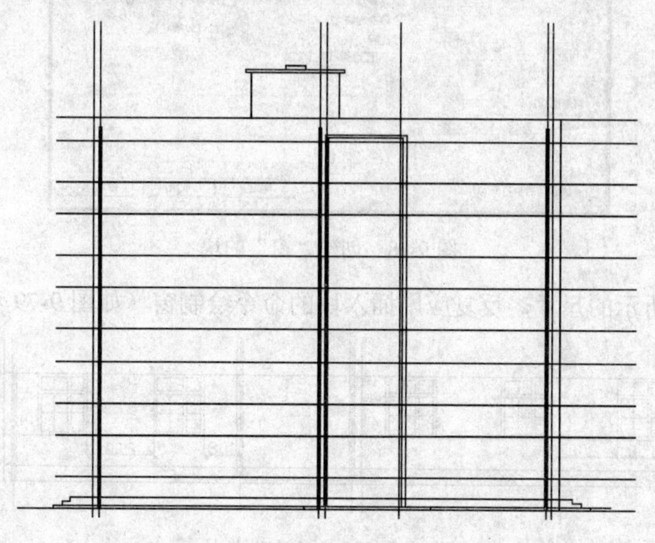

图 9-75 绘制帽厅及屋面

7. 绘制雨水斗和通气管

按如图 9-76 所示尺寸，应用“直线”、“分解”、“修剪”命令，绘制雨水斗和通气管。

8. 绘制窗

1）创建块，按如图 9-77 所示尺寸应用“直线”、“修剪”命令，绘制窗。

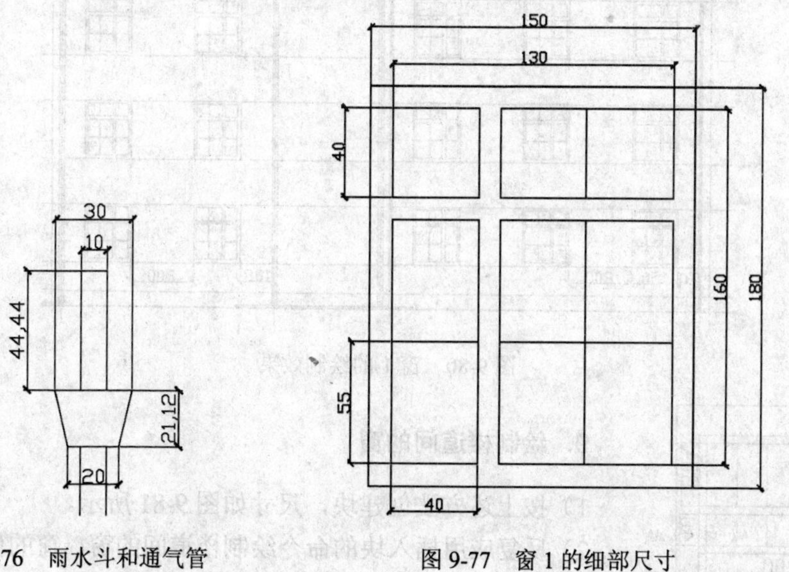

图 9-76 雨水斗和通气管　　图 9-77 窗 1 的细部尺寸

2）点击绘图工具的“创建块”按钮，弹出对话框（如图 9-78 所示）。

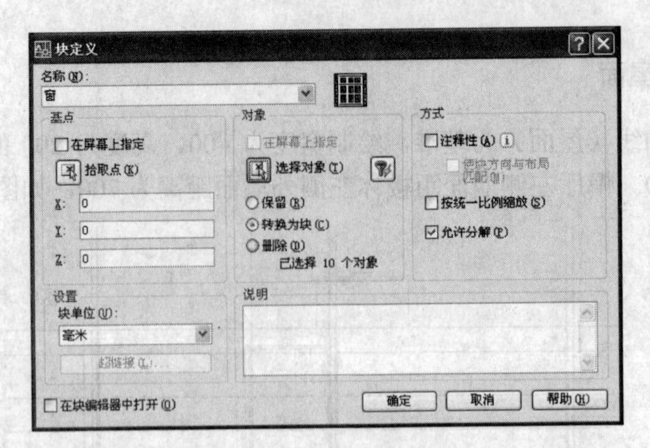

图 9-78 创建“窗”的块

3）根据下图所示的尺寸，反复应用插入块的命令绘制窗（如图 9-79 和 9-80 所示）。

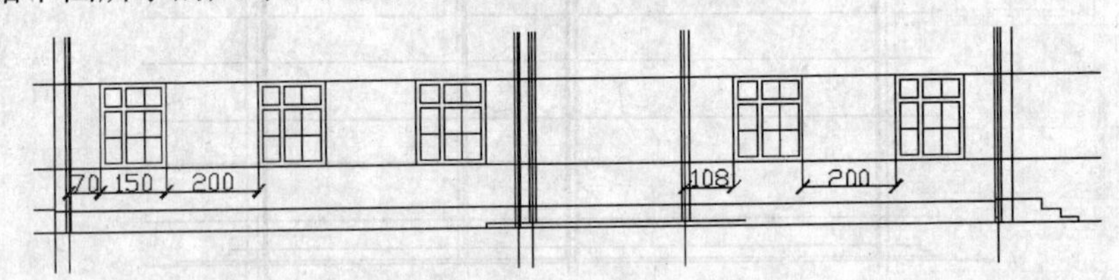

图 9-79 插入“窗”的块

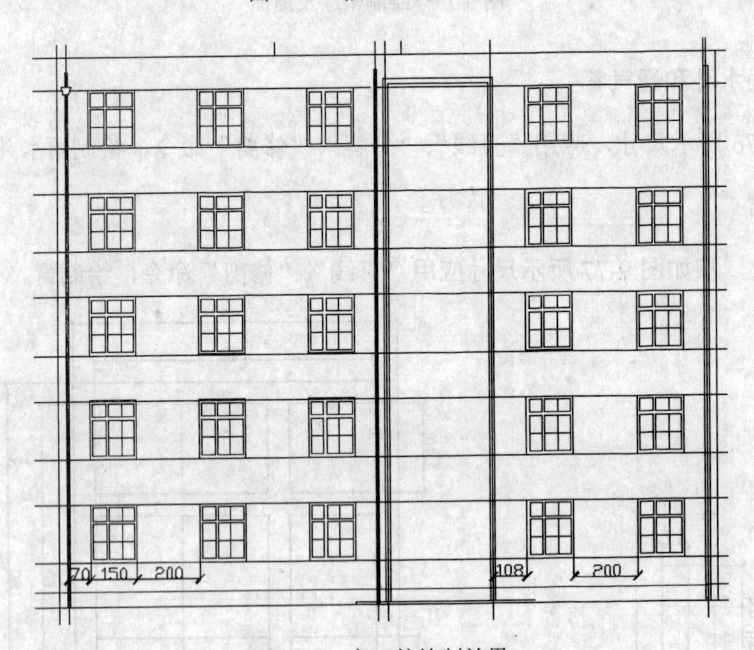

图 9-80 窗 1 的绘制效果

9．绘制楼道间的窗

1）按上述方法创建块，尺寸如图 9-81 所示。

2）反复应用插入块的命令绘制楼道间的窗，窗的位置如图 9-82 所示。

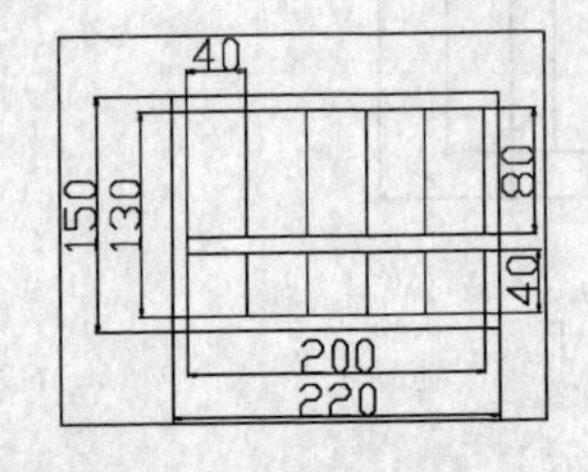

图 9-81 窗 2 的细部尺寸

10．绘制大门

按图 9-83 所示的尺寸，用直线绘制大门，放在第 4 和第 5 根竖轴线之间的散水上。

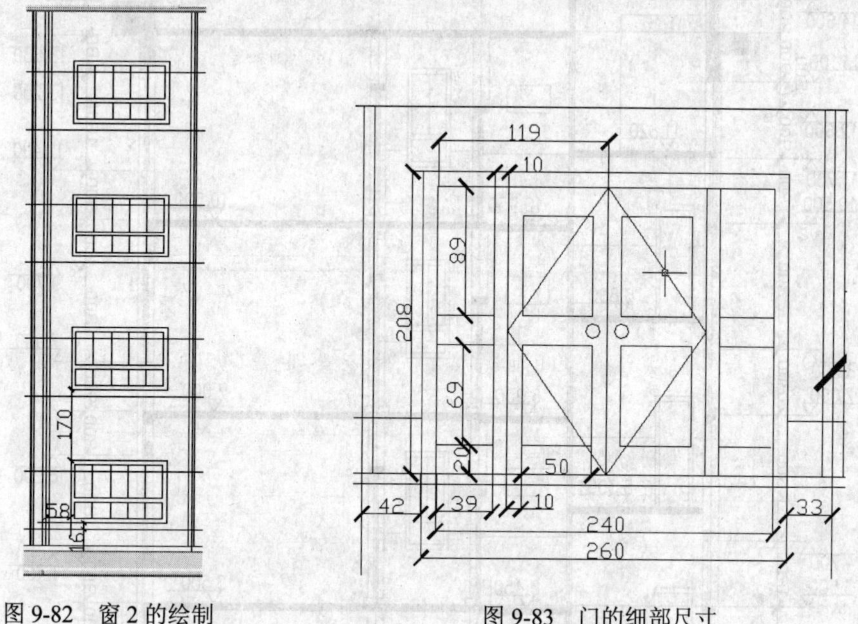

图 9-82　窗 2 的绘制　　　　图 9-83　门的细部尺寸

11．绘制窗台和雨篷

1）根据以下尺寸绘制第 2、3 根竖轴线之间每层的窗台和雨篷（如图 9-84 所示）。

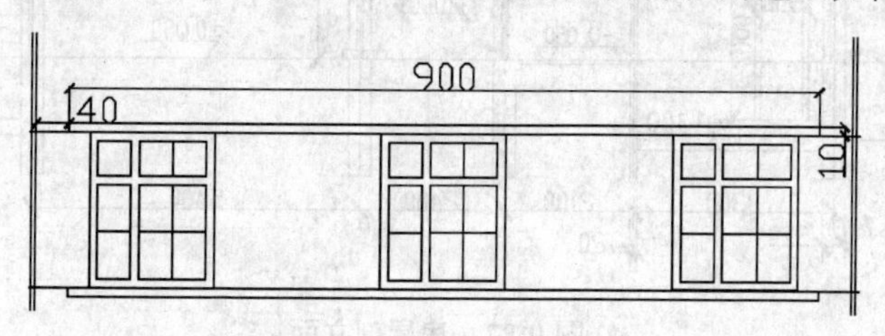

图 9-84　窗台和雨篷（一）

2）根据以下尺寸绘制楼梯间每层的窗台和雨篷（如图 9-85 所示）。

3）根据以下尺寸绘制第 5、6 根竖轴线之间每层的窗台和雨篷（如图 9-86 所示）。

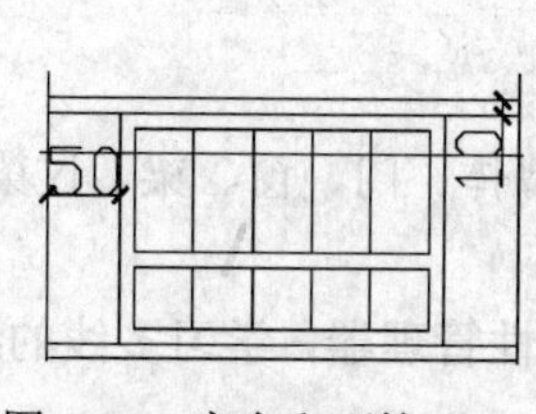

图 9-85　窗台和雨篷（二）

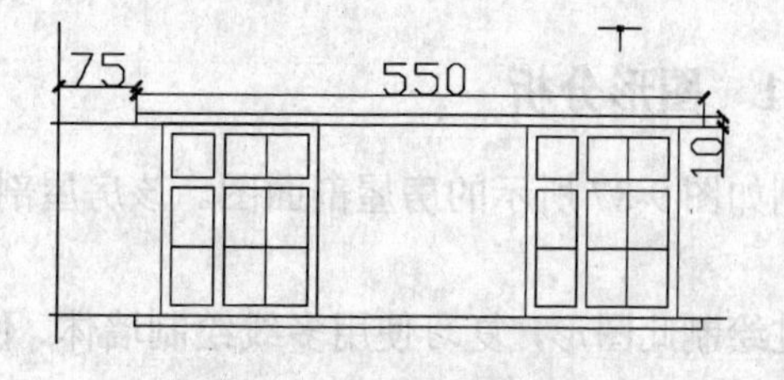

图 9-86　窗台和雨篷（三）

12．图形的完成

1）进行文字的输入，尺寸和标高的标注。

2）删除绘制图形过程中产生的多余线条和杂点。

3）在图层特性管理器中，冻结红色轴线图层，最终效果如图 9-87 所示。

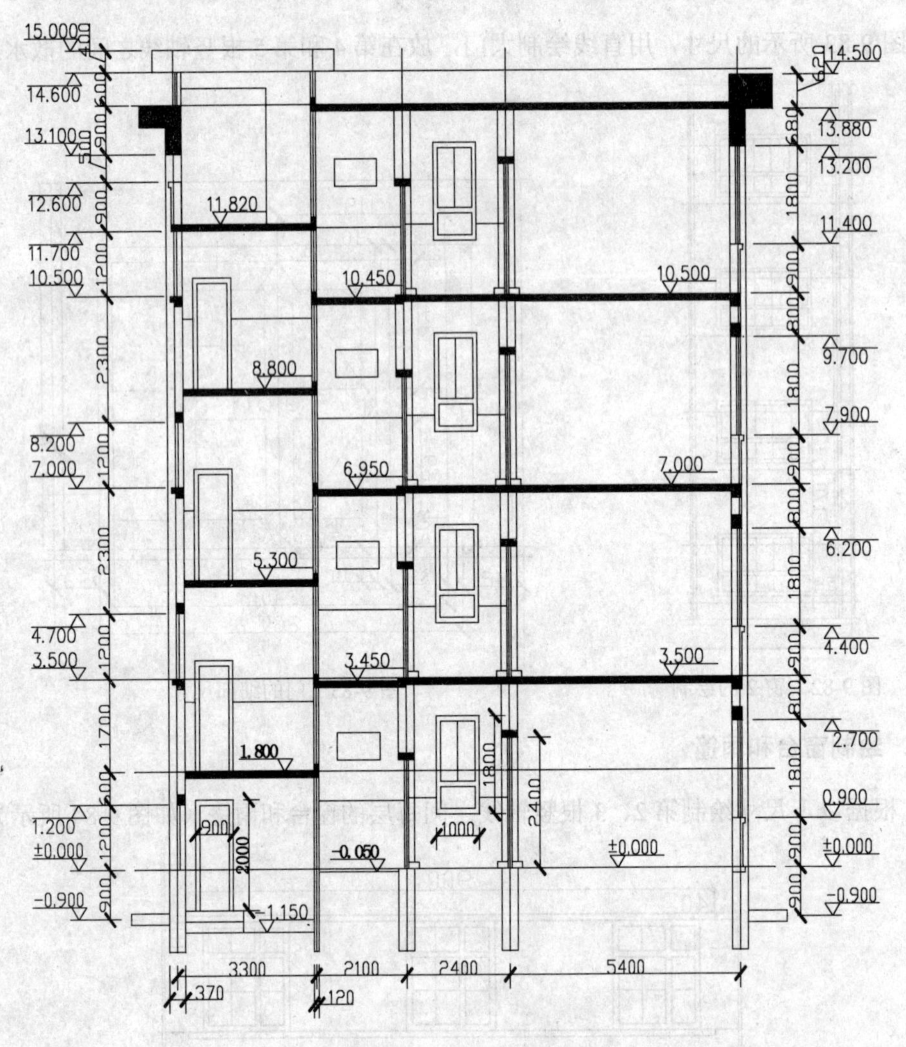

图 9-87　房屋剖立面

9.5　建筑施工图绘制实例 4

9.5.1　图形分析

绘制如图 9-87 所示的房屋剖面图。该房屋剖面图，由墙体、门、窗、梁、过梁和台阶等组成。

通过绘制此图形，复习使用多线绘制墙体、使用块的属性管理器，学习多线的编辑方法。

9.5.2　图形绘制

1．新建文件

单击“标准”工具栏上的“新建”按钮，在弹出的“选择样板”对话框中选择“acadiso.dwt”

样板文件，点击“打开”按钮。

2．新建图层

单击“格式”按钮，选择“图层”，用图层属性，对每一层的颜色、线型和状态进行编辑。如图 9-88 所示。

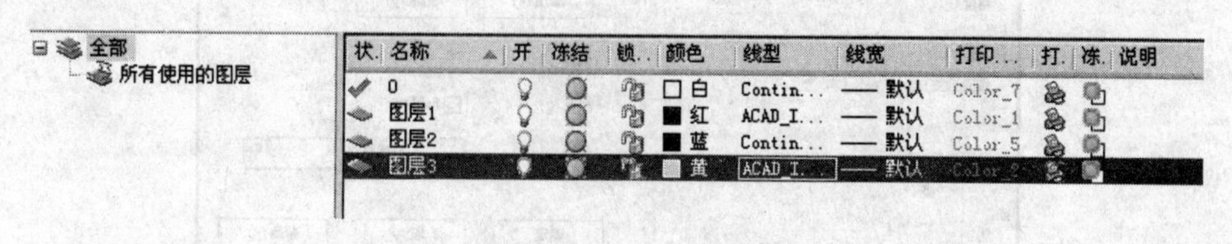

图 9-88　新建图层

3．绘制轴线

1）创建并选择“轴线”图层，绘制两根基础的轴线，如图 9-89 所示。

2）在“修改”工具栏中按“偏移”按钮，将水平轴线向上依次偏移 3500、3500、3500、3500、600，如图 9-90。

3）再以下方第一根轴线为基础再向上偏移 1700、3500、3500、3020，如图 9-91 所示。

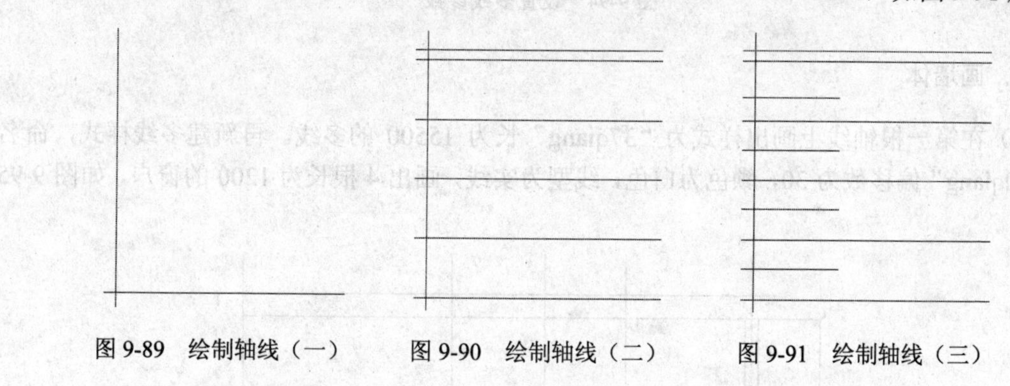

图 9-89　绘制轴线（一）　　图 9-90　绘制轴线（二）　　图 9-91　绘制轴线（三）

4）以左边第一条竖轴线为基准，向右偏移 3300、2100、2400、5400。

4．设置多线

1）点击“格式”菜单中的“多线样式”命令，创建线的多线样式，并命名为“37qiang”，如图 9-92 所示。

设置多线样式，偏移量为 185，颜色为白色，线型为实线，设为当前，如图 9-93 所示。

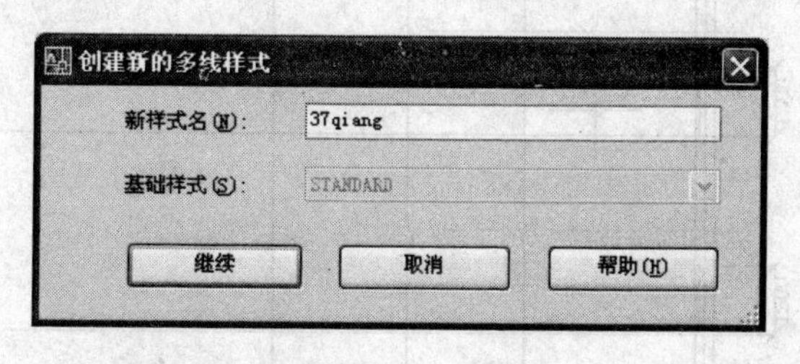

图 9-92　新建多线“37qiang”（一）

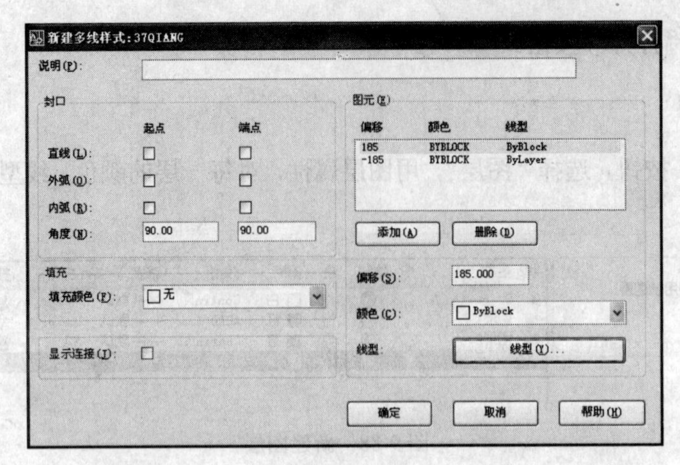

图 9-93　新建多线“37qiang”（二）

2）点击“确定”后，点击“绘图”中的“多线”，输入“st”选择样式，输入上一步中中新建的多线样式，再输入“s”设置比例为 1，对正方式为“无”。如图 9-94 所示。

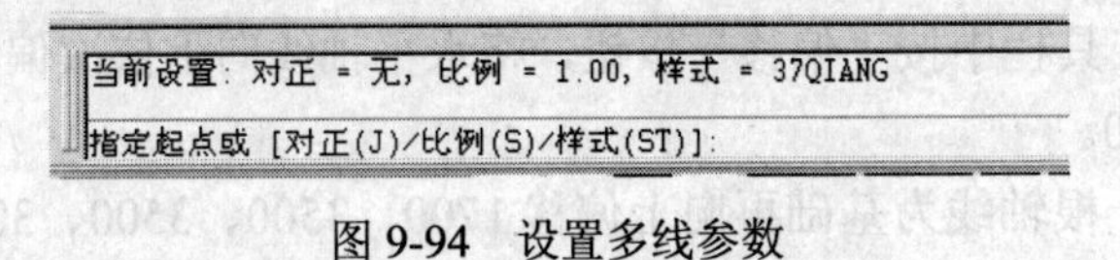

图 9-94　设置多线参数

5．画墙体

1）在第一根轴线上画出样式为“37qiang”长为 15500 的多线。再新建多线样式，命名为“60qiang”偏移数为 30，颜色为白色，线型为实线，画出 4 根长为 1200 的窗户，如图 9-95 所示。

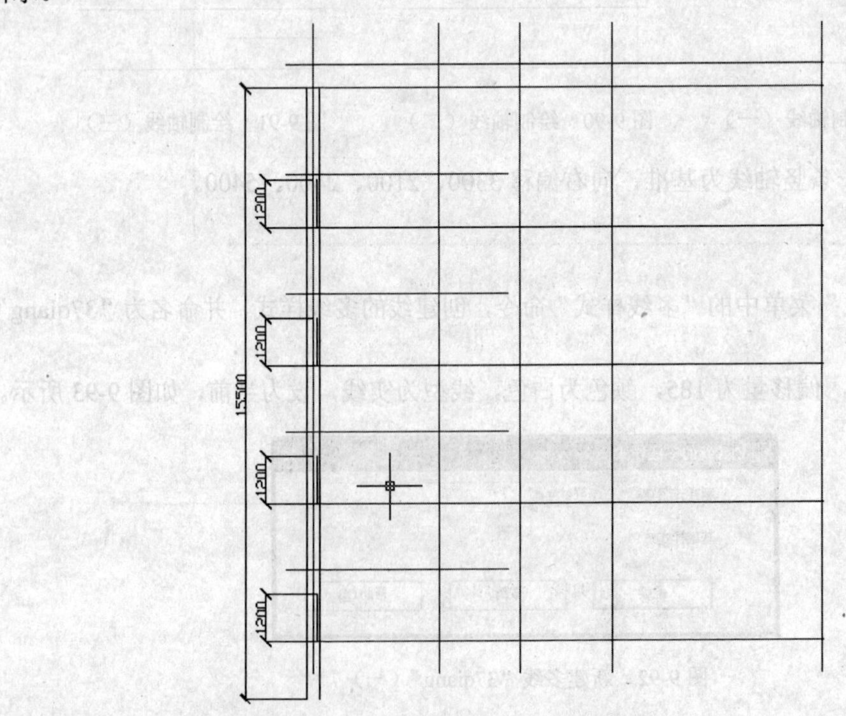

图 9-95　绘制外墙和窗

2）在窗户上画出高为185的窗过梁，如图9-96所示。

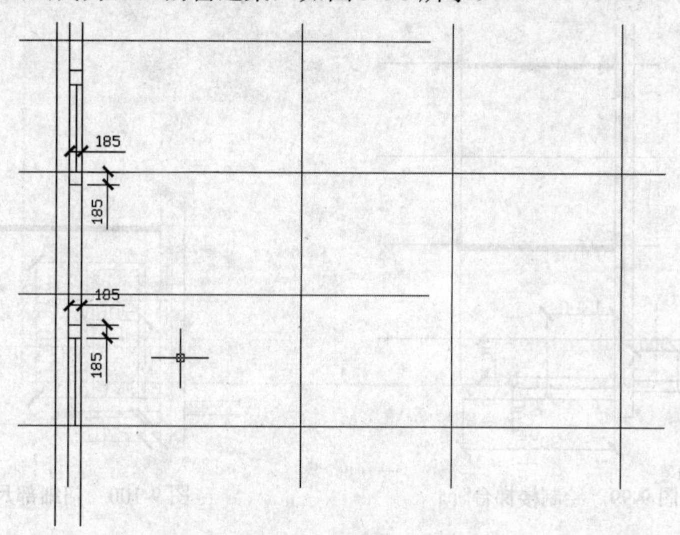

图9-96　窗和过梁

3）在第2、4、6、8横轴上用多线的方式画出楼板，新建名为“120ban”的多线，填充颜色为“白色”，偏移数为60，如图9-97所示。

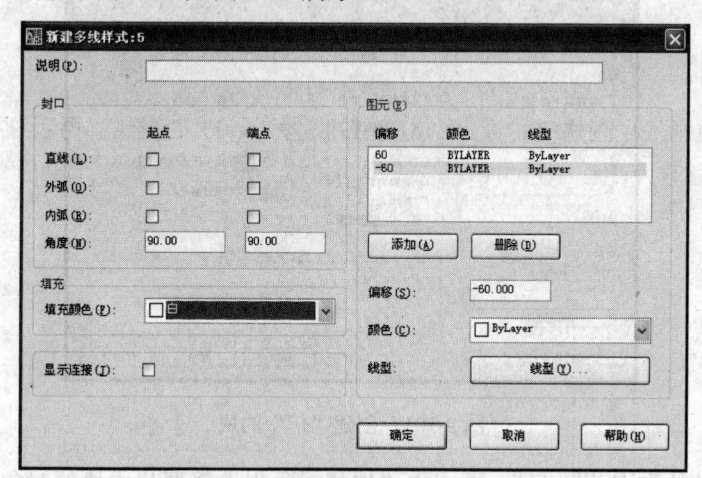

图9-97　新建多线“120ban”

多线对正方式选为“上”对正，画出楼板。如图9-98所示。

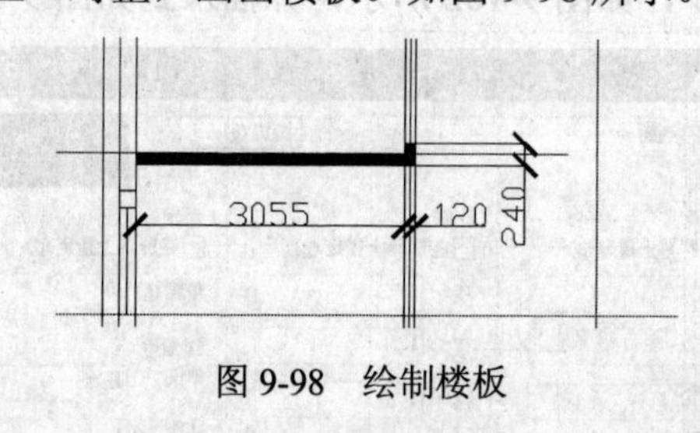

图9-98　绘制楼板

6. 画楼梯和门

1）用“绘图”工具栏中的“直线”工具画出楼梯，如图9-99所示。

2）再画出门，如图 9-100 所示。

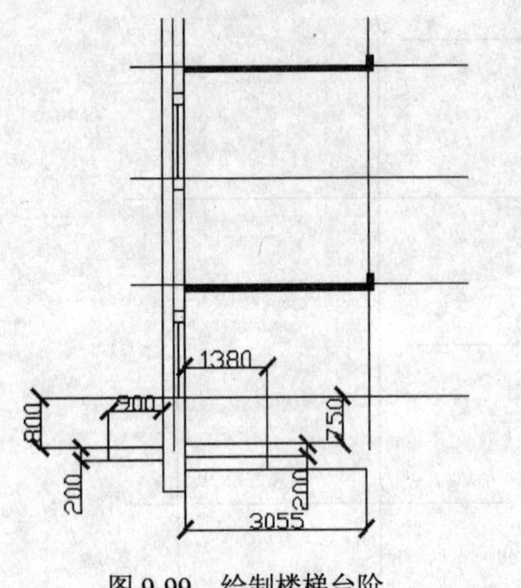

图 9-99　绘制楼梯台阶

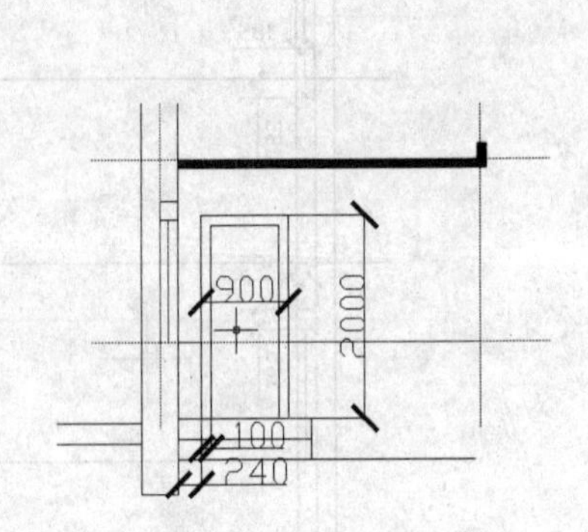

图 9-100　门细部尺寸

7. 创建并插入块

1）在“绘图”工具栏中点击“创建块”按钮，如图 9-101 所示。

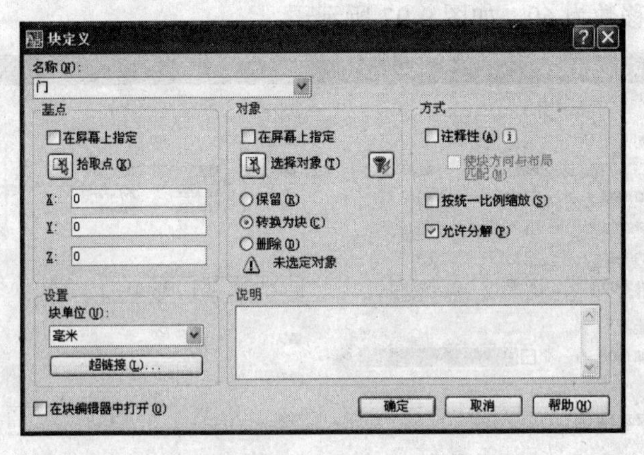

图 9-101　创建“门”的块

2）给创建的块取名为“门”，再点击“选择对象”选择要建成块的对象，选好之后按回车键，选择基点，选好基点后确定。

3）激活“插入块”命令，如图 9-102 所示，并插入到如图 9-103 所示的位置。

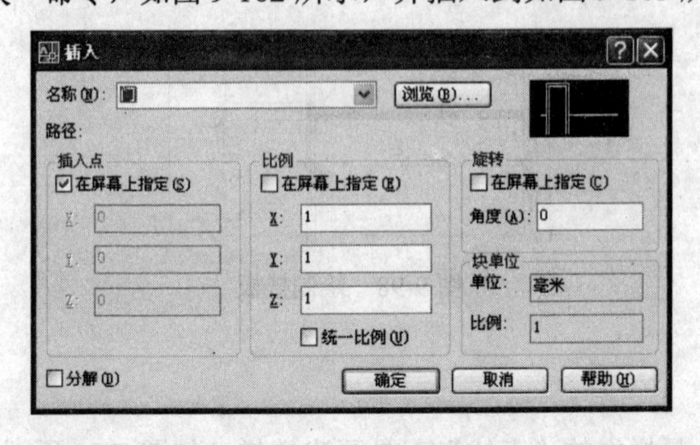

图 9-102　插入“门”的块（一）

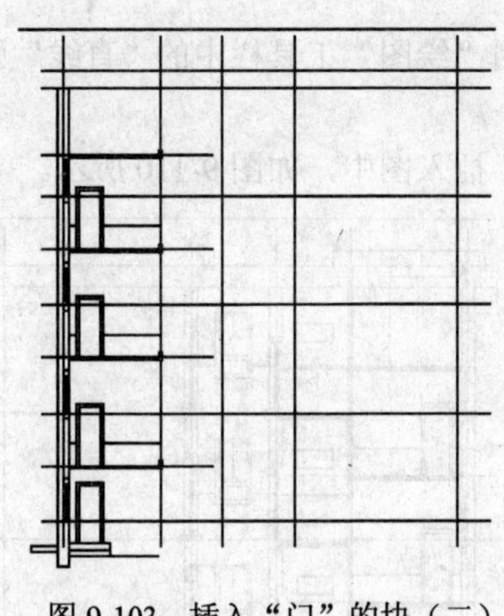

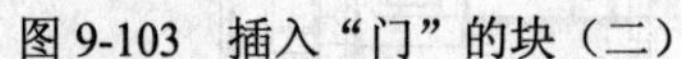

图 9-103　插入“门”的块（二）

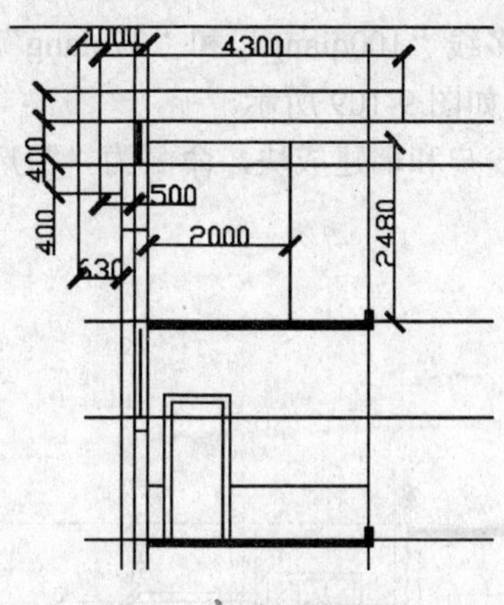

图 9-104　剖面局部

8．帽厅门的绘制

用“绘图”工具栏中的“直线”命令在从下至上的 7、8、9 横轴位置完成出如图 9-104 所示的图形。

9．画出墙、楼板和窗

1）用“直线”命令画出如图 9-105 所示图形。

2）用多线方式画出墙，先创建新的多线，命名为“100qiang”，偏移量为“50”，画出高 1200 的墙，再用样式为“37qiang”的多线画出高为 1380 的墙，如图 9-106 所示。

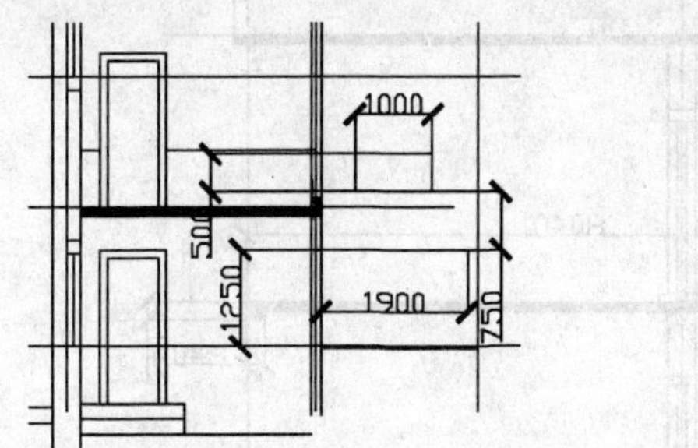

图 9-105　绘制墙、楼板和窗（一）

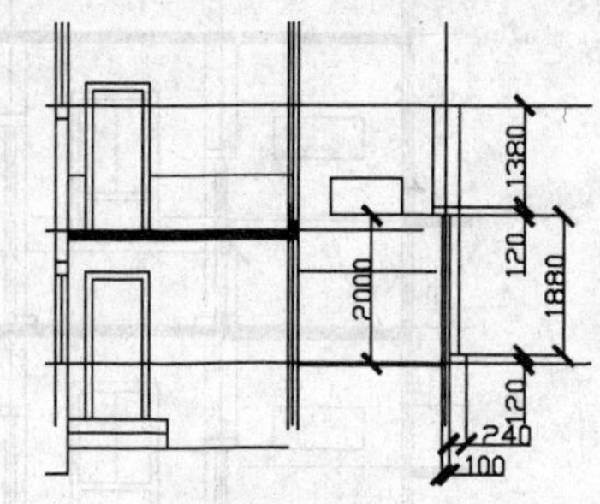

图 9-106　绘制墙、楼板和窗（二）

3）将如图 9-105 的窗户建成块，并命名为“窗户”插入图中，如图 9-107 所示。

4）用多线“120ban”画出楼板，如图 9-108 所示。

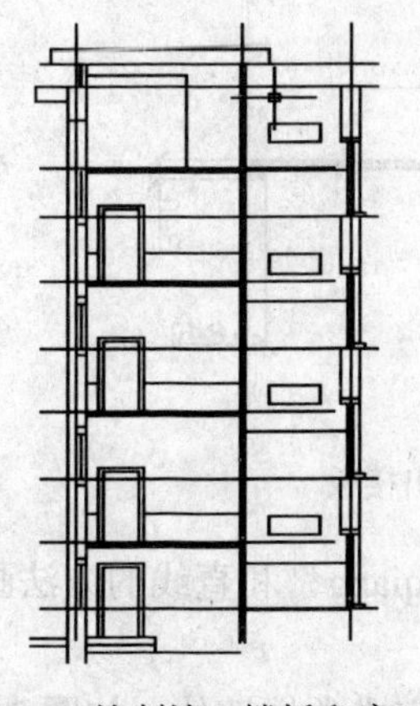

图 9-107　绘制墙、楼板和窗（三）

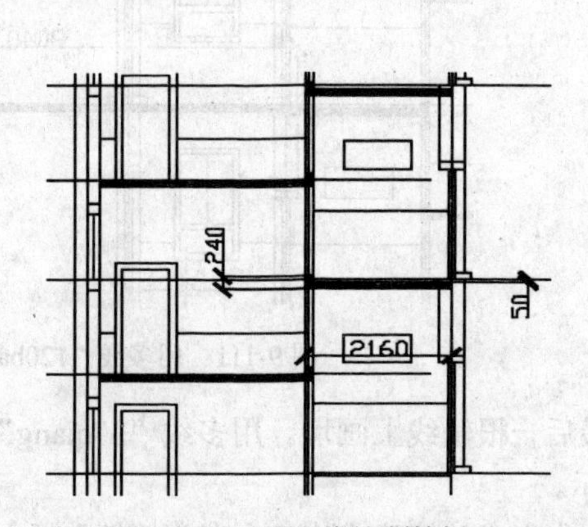

图 9-108　用多线绘制楼板

5）用多线“100qiang”和“37qiang”，并运用“绘图”工具栏中的“直线”画出另一种窗户和墙，如图 9-109 所示。

6）将窗户和墙建成块，命名为“窗户和墙”，插入图中，如图 9-110 所示。

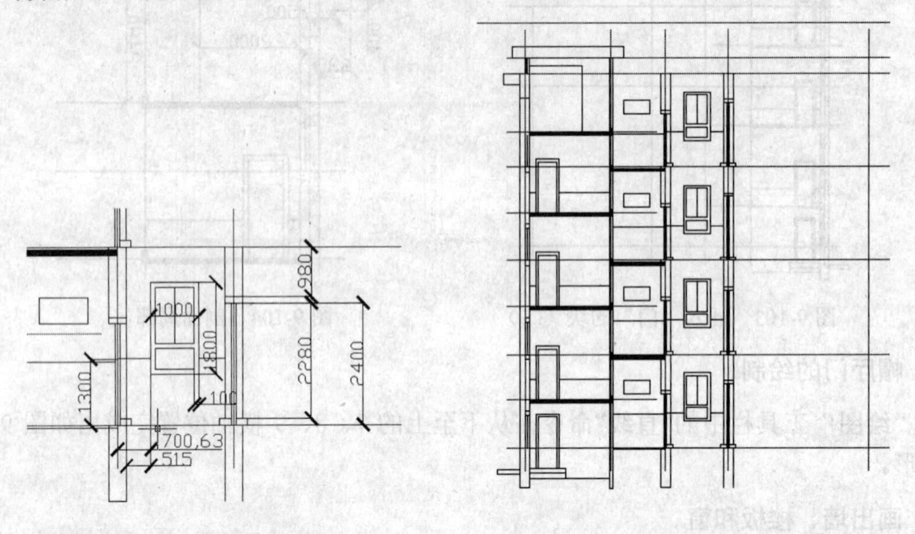

图 9-109　窗户和墙体细部尺寸　　　图 9-110　窗和墙体绘制效果

7）用多线“120ban”画出楼板，如图 9-111 所示。

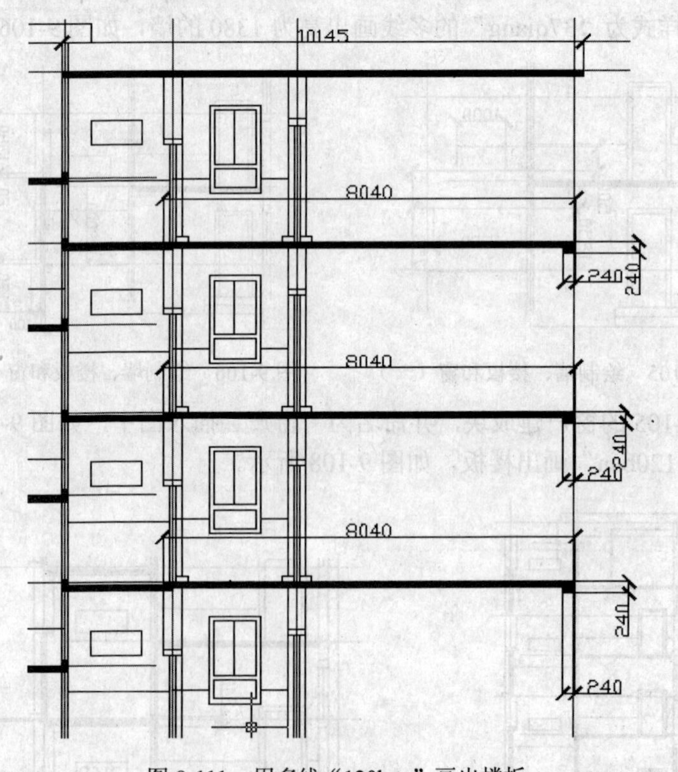

图 9-111　用多线“120ban”画出楼板

8）在最后一根轴线上画墙。用多线“37qiang”“100qiang”和直线的方法画出墙体，如图 9-112 所示。

9）将上步完成的墙建成块，命名为“墙”插入图中完成顶楼墙体，如图 9-113 所示。

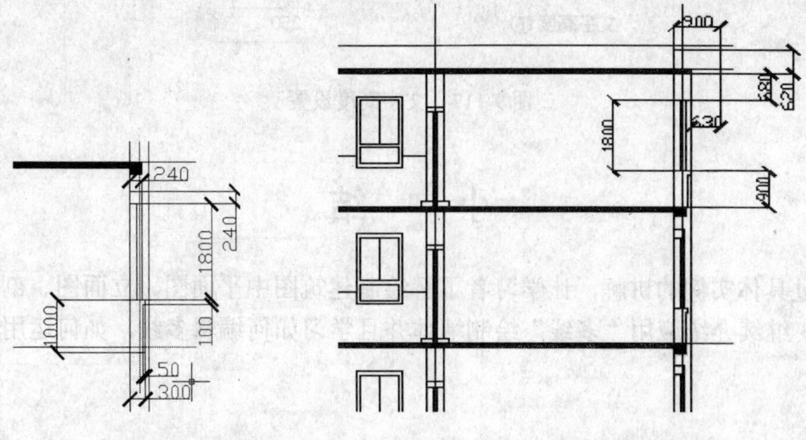

图 9-112　用多线和直线画出墙体　　图 9-113　绘制墙体的效果

10. 图案填充

1）点击“绘图”工具栏中的“图案填充”按钮，如图 9-114 所示。

2）图案选择“SOLID”，点击“添加：拾取点”，确定后进行填充，效果如图 9-115 所示。

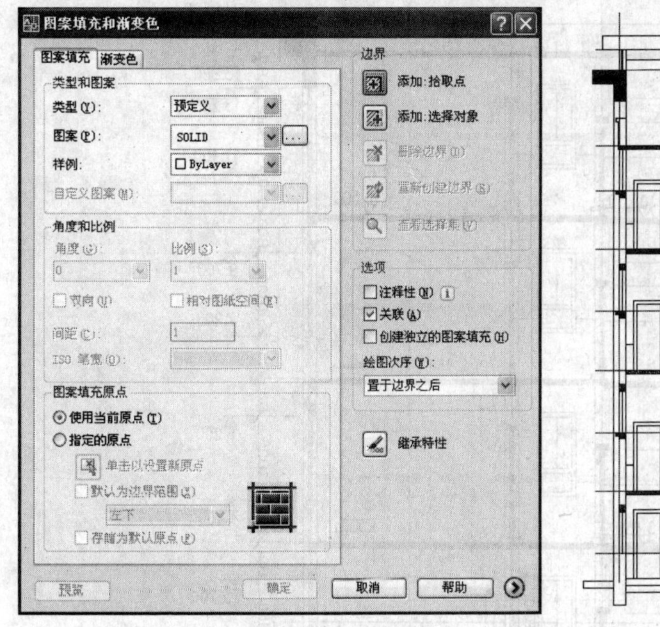

图 9-114　“图案填充和渐变色”窗口　　图 9-115　填充效果

11. 尺寸标注

1）点击“标注”按钮中的“线型”，在“格式”中点击“标注样式”，选择“修改”，将箭头大小设为 250，箭头设为建筑标记，如图 9-116 所示。

2）文字高度设为 250，如图 9-117 所示。

3）进行标注，删除多余辅助线，绘图结果如图 9-87 所示。

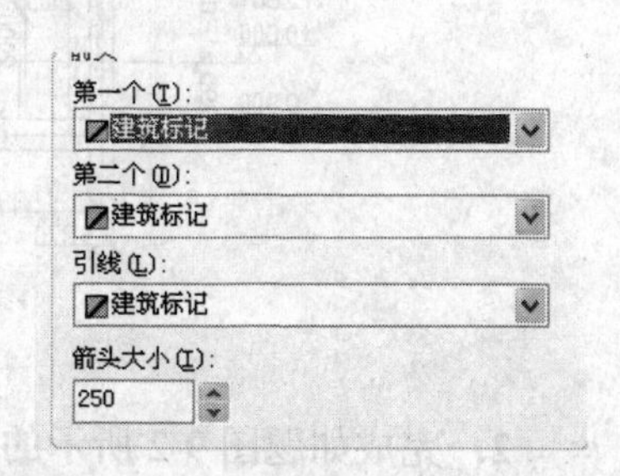

图 9-116　新建“建筑”标注样式

文字高度(T): 250

图 9-117　文字高度设置

小　　结

本章通过具体实例的讲解，让学习者了解绘制建筑图中平面图、立面图、剖面图的绘制方法和技巧。继续介绍应用“多线”绘制墙体并且学习如何编辑多线，如何运用属性块标注轴线。

思考与练习

操作题

1. 完成如题图 9-1 所示的图形。

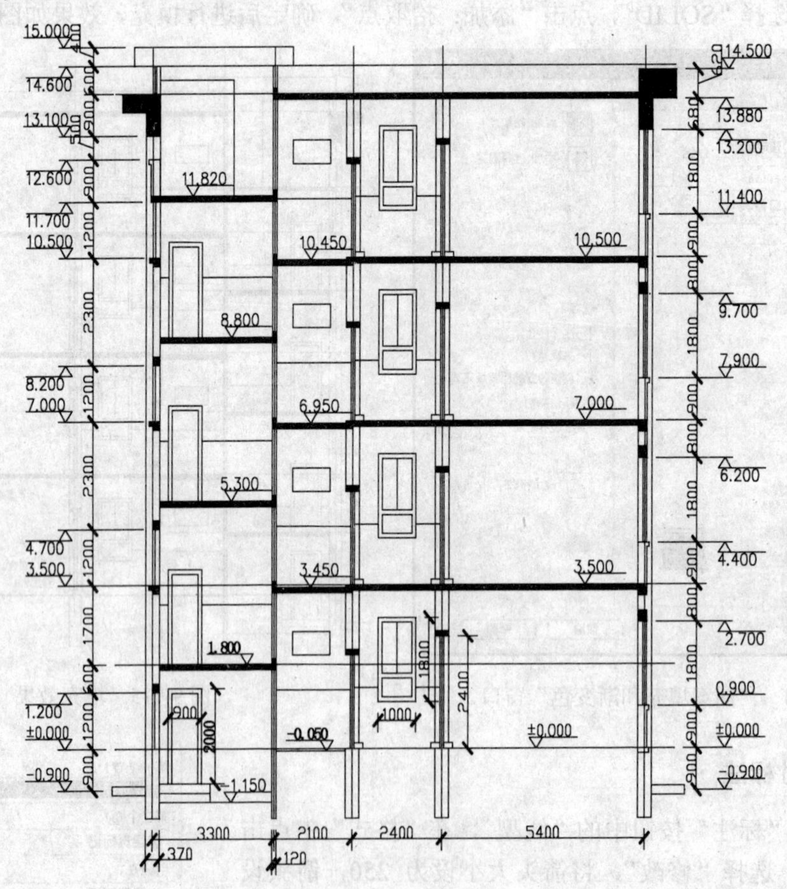

题图 9-1　房屋剖立面

2. 完成如题图 9-2 所示的图形。

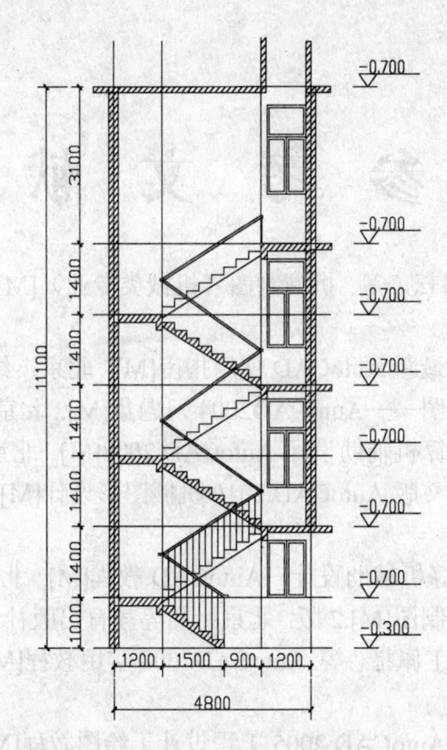

题图 9-2　楼梯间剖面图

3. 完成如题图 9-3 所示的图形。

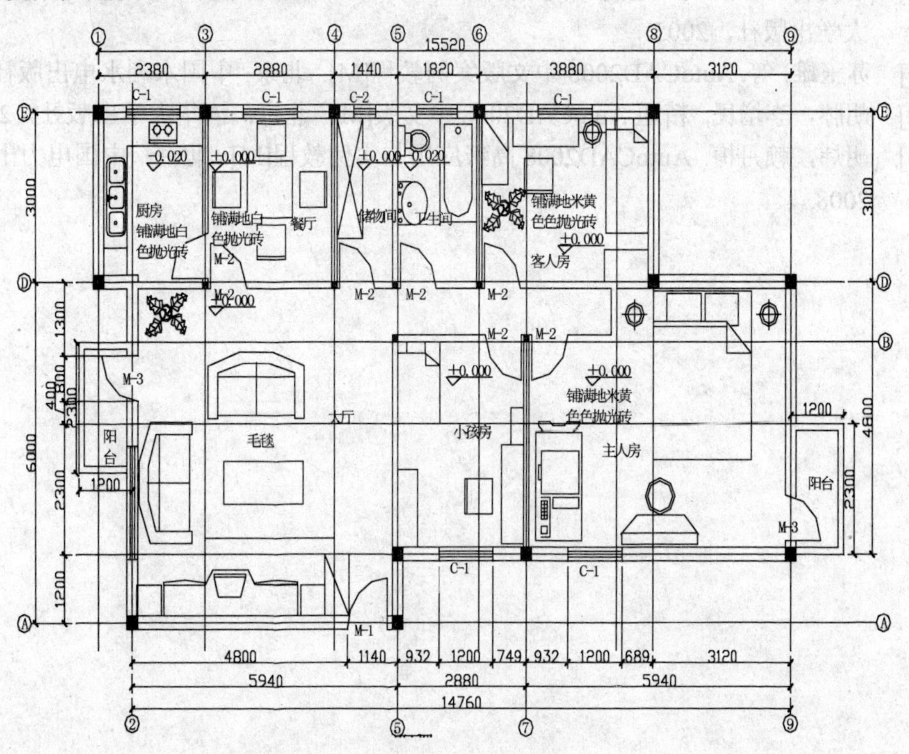

题图 9-3　装饰平面图

参 考 文 献

[1] 安增桂，闫蔚，田耘，等. 机械制图（机械类专业）[M]. 北京：中国铁道出版社，2006.

[2] 宋昌平，田春霞. 最新 AutoCAD 使用指南[M]. 北京：经济管理出版社，2006.

[3] 赵国增. 计算机绘图——AutoCAD2004 习题集[M]. 北京：高等教育出版社，2006.

[4] 陈在良，熊江. 计算机辅助设计-AutoCAD 2008[M]. 北京：高等教育出版社，2008.

[5] 张晓峰，常玮. 中文版 AutoCAD 2010 机械图形设计[M]. 北京：清华大学出版社，2009.

[6] 刘宏丽，王宏. 计算机辅助设计—AutoCAD 教程[M]. 北京：高等教育出版社，2005.

[7] 刘力，王冰. 机械制图[M].2 版. 北京：高等教育出版社，2004.

[8] 张银彩，史青绿，王佩楷，等. AutoCAD2008 实用教程[M]. 北京：机械工业出版社，2008.

[9] 郭克希，袁果，等. AutoCAD 2005 工程设计于绘图教程[M]. 北京：高等教育出版社，2006.

[10] 崔晓利，崔洪斌，赵霞. 中文版 AutoCAD 工程制图（2006 版）[M]. 北京：清华大学出版社，2005.

[11] 苏玉雄，等. AutoCAD2008 中文版案例教程[M]. 北京：中国水利水电出版社，2008.

[12] 胡滕，李增民. 精通 AutoCAD2008 中文版[M]. 北京：清华大学出版社，2007.

[13] 胡炜，赖月梅. AutoCAD2008 高级应用与实例教程[M]. 北京：中国电力出版社，2008.